工程结构抗震设计

（第2版）

主　编　陈兴冲

副主编　韩建平　王　琳

重庆大学出版社

内 容 提 要

　　本书是为了适应高等院校专业调整及新的建筑抗震设计规范即将颁布实施的新形势而编写的。书中除了包括工业与民用建筑结构的抗震设计内容外，还包括了"结构控制、隔震和消能减震"、"桥梁抗震设计"等内容。

　　本书根据《建筑抗震设计规范》(2000年送审稿)、《铁路工程抗震设计规范》(GBJ 111—87)及2000年修订稿、《公路工程抗震设计规范》(JTJ 004—89)编写。

　　本书可作为大专院校土木工程专业的教材，也可作为从事工程结构抗震设计、施工和科研人员的参考用书。

图书在版编目(CIP)数据

工程结构抗震设计/陈兴冲主编. —2版. —重庆：
重庆大学出版社,2013.9(2014.9重印)
高等学校土木工程本科规划教材
ISBN 978-7-5624-2394-2

Ⅰ.①工… Ⅱ.①陈… Ⅲ.①建筑结构—防震设计—
高等学校—教材 Ⅳ.①TU352.104

中国版本图书馆CIP数据核字(2013)第204552号

工程结构抗震设计
(第2版)

主 编 陈兴冲

责任编辑:彭 宁　版式设计:彭 宁
责任校对:文 鹏　责任印制:赵 晟

*

重庆大学出版社出版发行
出版人:邓晓益
社址:重庆市沙坪坝区大学城西路21号
邮编:401331
电话:(023)88617190　88617185(中小学)
传真:(023)88617186　88617166
网址:http://www.cqup.com.cn
邮箱:fxk@cqup.com.cn(营销中心)
全国新华书店经销
重庆紫石东南印务有限公司印刷

*

开本:787×1092　1/16　印张:18.25　字数:456千
2013年9月第2版　2014年9月第6次印刷
印数:10 541—12 540
ISBN 978-7-5624-2394-2　定价:35.00元

土木工程专业本科系列教材
编审委员会

第2版前言

本书是为了适应高等院校专业调整及新的建筑抗震设计规范即将颁布实施的新形势而编写的。书中除了包括工业与民用建筑结构的抗震设计内容外，还包括了"结构控制、隔震和消能减震"、"桥梁抗震设计"等内容。以满足调整后的土木工程专业的教学要求，并适当反映结构抗震领域的最新研究成果。

为了便于读者掌握工程结构抗震设计的基本概念、基本原理和基本计算方法，本书各章均配有章前"要点"和章后"小结"及部分思考题和习题，并附有综合性的工程结构抗震设计算例，以培养读者的综合运用能力。

本书共分8章。第1章至第6章为专业调整前建筑工程专业结构抗震设计课程的主要内容，按照《建筑抗震设计规范》编写。第7章桥梁抗震设计是为适应调整后的"大土木"专业而编写的，简明扼要地介绍了铁路及公路工程抗震设计规范中的有关桥梁的主要内容。规范条文介绍以铁路抗震规范为主，对于公路抗震规范则主要介绍与铁路规范的不同之处。为了反映这两部规范的原貌，公式符号仍保持原规范中的符号。第8章介绍了结构控制、隔震和消能减震设计的基本原理，以反映结构抗震设计规范中的最新内容。

本书第1章由陈兴冲、田琪编写；第2、3章由田琪编写；第4章由韩建平、王琳编写；第5、6章由王春芬编写；第7章由陈兴冲编写；第8章由韩建平编写。本书的主编为陈兴冲，副主编为韩建平、王琳。甘肃工业大学李慧教授主审。

由于编者水平所限，书中难免有不少缺点和错误，敬请读者批评指正。

编　者

2013年5月

目录

第**1**章
绪　论

本章要点　本章首先简要叙述了地震成因、常用地震术语、地震波等有关地震的基本知识,然后给出了地震震级、烈度、多遇地震、罕遇地震的定义。最后介绍了抗震设计的基本要求。

1.1　地震初步知识

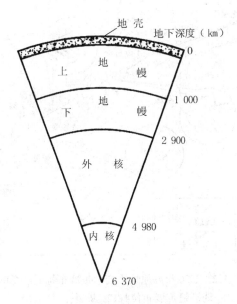

图 1.1　地球内部构造

1.1.1　地球的构造

地球是一个椭球体,其平均半径约为 6 370km。地球内部构造常可归纳为地壳、地幔和地核三部分(图 1.1)。

地球表层的地壳是由厚薄不均的岩石构成的。在海洋底下的地壳最薄,一般不到 10km。大陆部分地壳较厚,在高山地区地壳最厚,我国西藏高原厚达 60 ~ 80km。地壳平均厚度 30 ~ 40km。

地壳以下是地幔。根据地震波速在地幔中的变化,推测地幔顶部物质呈粘弹性,一般称之为软流层。地幔其他部分由质地坚硬的橄榄岩组成。

目前人们对地核的认识尚不十分清楚,地核外层表现出液体的性质,内部可能存在一个由铁镍组成的固体内核。

1.1.2 构造地震

地球自转产生的能量以及地球内部蕴藏的放射能、重力能等,驱使地壳软流层的岩石在不同的部位受到挤压、拉伸、扭转等力的作用,在构造脆弱处岩石遭到破裂,产生错动。这种由地质构造作用产生的地震,叫构造地震。

1920年12月16日,甘肃海原(海原县现属宁夏回族自治区)大地震产生长达220km的断裂带,其地面变形带的宽度由十几米到一百多米,是我国近代构造地震的典型事例。海原大地震虽然发生在80年前,现在不少现象已被破坏,但当年形成的变形带依然明显可见,一系列地堑式的下陷、地裂缝、鼓包、地震陡坎及成串的崩塌、滑坡等仍然历历在目。它们穿越山梁,横跨沟谷,不受任何地形和岩性的影响,按着既定的方向伸展,显示出其严格受断裂控制的特点(图1.2)。

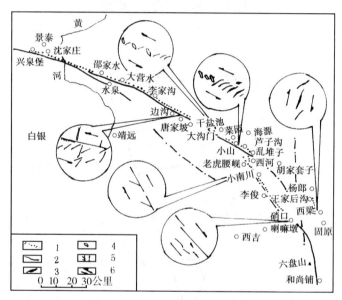

图1.2 1920年海原地震变形带展布特征示意图
1. 地裂缝带展布位置;2. 断裂;3. 张裂缝;
4. 鼓包;5. 压扭性裂缝;6. 反映的扭动方式

就我国而言,中国大陆北部相对太平洋地块和青藏地块向南的移动,太平洋地块向西对大陆的推移,印度洋地块相对向北偏东挤压,以及上地幔深部物质运动对地壳施加的垂直力,它们共同造成了我国地壳运动的驱动力。从图1.3可看出,在大区域各构造应力的联合作用下,鄂尔多斯地块向西推挤,阿拉善地块向南挤压,它们共同受到青藏地块的强大的阻挡。这样,在它们之间的接触带上发生了相互挤压和扭错,使该发震断裂带上在构造特殊的地段积累了大量的应变能,当达到一定程度时,岩石就会突然破裂,引起了海原大地震的爆发。

世界上的地震90%以上属于构造地震,除此之外,还有因火山爆发、溶洞塌陷、水库蓄水、核爆炸等原因引起的地震,但其影响小、频度低,不作为工程抗震研究的重点。

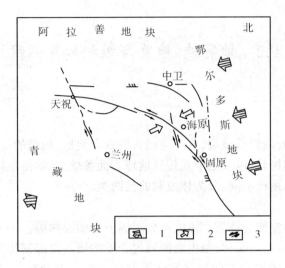

图1.3 海原地震的应力来源及作用方式
1.动力来源;2.海源地区主压应力方向;3.力偶

1.1.3 几个常用地震术语

地壳深处发生岩层断裂、错动的地方叫震源。构造地震的震源不是一个点,而是有一定范围的体。震源到地面的垂直距离称为震源深度(图1.4)。人们已经观测到最深的震源约700多公里,可见震源发生在地壳中和地幔的上部。一般把震源深度小于60km的地震称为浅源地震;60~300km的地震称为中源地震;大于300km的地震称为深源地震。我国发生的绝大部分地震属于浅源地震,一般深度为5~40km。浅源地震造成的危害最大,例如唐山大地震的断裂岩层深约11km。

震源正上方的地面称为震中。震中邻近地区称为震中区。地面上某点至震中的距离称为震中距,地面上某点至震源的距离称为震源距。

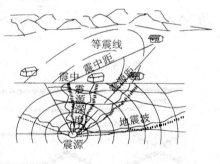

图1.4 地震术语示意图

1.2 地震波、地震震级和地震烈度

1.2.1 地震波

地震发生时,震源处的岩石破裂,并产生巨大的残余变形,地震的能量便从震源释放出来,其中小部分的能量引起振动,以波的形式传到地球表面各处,这就是地震波。

地震波按其传播的途径不同,分为体波和面波两类。

(1)体波

在地球内部传播的波称为体波。体波又分为纵波和横波两类。

纵波,或称 P 波(Primary wave),是由震源通过介质的质点以疏密相间的方式向四周传播的压缩波(图 1.5),其质点的振动方向与波的传播方向一致。声音在空气中的传播即是一种纵波。纵波的周期短、振幅小、波速快。其波速可按下式计算:

$$v_{\mathrm{p}} = \sqrt{\frac{E(1-\mu)}{\rho(1+\mu)(1-2\mu)}} \tag{1.1}$$

式中　E——介质弹性模量;

　　　μ——介质泊松比;

　　　ρ——介质密度。

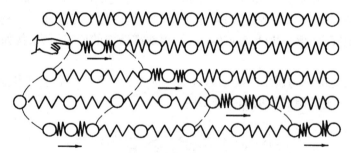

图 1.5　纵波

图 1.6　横波

横波,或称 S 波(Secondary wave),它通过介质的质点在垂直于传播方向以蛇形振动的形式

传播(图1.6)。横波传播时,物体的体积不变,但形状改变,即发生剪切变形,故又称为剪切波。因此,对于没有固定形状的液体,横波无法通过。地震学者据此推测地核的外核可能为液体。横波介质质点的振动方向与波的传播方向垂直。与纵波相比,横波的周期长、振幅大、波速慢。横波的波速可按下式计算:

$$v_s = \sqrt{\frac{E}{2\rho(1+\mu)}} = \sqrt{\frac{G}{\rho}} \tag{1.2}$$

式中　G——介质的剪切模量。其余符号意义同(1.1)式。

纵波引起地面垂直方向振动,横波引起地面水平方向的振动。

由(1.1)、(1.2)式,当取 $\mu = 1/4$ 时,得

$$v_p = \sqrt{3}v_s \tag{1.3}$$

可见,纵波比横波传播速度要快。根据波速不同,分析地震记录图上纵波和横波到达的时差,常用来确定震源距。

(2)面波

从震源发生的以弹性波形式向各个方向传播的体波到达地球表面后,经过途中层状地壳岩层界面的折射和反射,产生沿地表传播的波称为面波,它是在一定条件下激发的次生波。面波有两种——瑞利波(Rayleigh wave)和乐甫波(Love wave)。

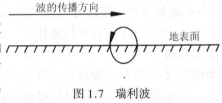

图1.7　瑞利波

瑞利波传播时,质点在波的传播方向和地面法线所确定的铅垂平面内,以滚动形式作逆进椭圆运动(图1.7)。而乐甫波传播时,质点在地面上作垂直于波传播方向的振动,以蛇形运动的方式前进(图1.8)。

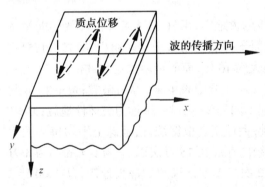

图1.8　乐甫波

面波振幅大、周期长,只在地表附近传播,振幅随深度的增加迅速减小,速度约为横波的90%,面波比体波衰减慢,能传播到很远的地方。

地震发生时,在地震仪上可记录到如图1.9所示的地震记录。最先达到的是纵波(P),表现出周期短、振幅小的特点。其次到达的是横波(S),表现出周期长、振幅较大的特点。接着是面波中的乐甫波(L)、瑞利波(R)。过去一般认为,面波的振幅最大,横波和面波都达到时振动最为剧烈,使工程结构物发生破坏,但近年来,尤其是从1995年1月17日日本阪神大地震震后的宏观调查及地震记录中发现,由纵波造成的破坏也是不容忽视的。

1.2.2　震级

震级是用来表示一次地震大小的等级。一般用符号 M 来表示。

地震的规模应该用地震时释放出来的弹性波的能量 E 来表示。但直接测量或计算 E 的困难较大。1935年美国地震学者里克特(Richter)首先引入震级这一概念。他想在人的感觉,及结构物与自然界的反应之外,用地震仪器来定量地区分地震的大小。定义地震震级 M 的大

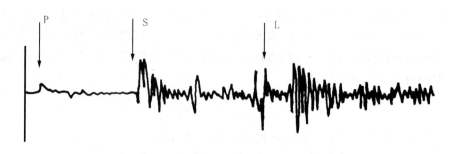

图 1.9 地震记录

小为用标准地震仪在距震中 100km 处记录的以微米（$1\mu m = 1 \times 10^{-3}$ mm）为单位的最大水平地面位移（单振幅）A 的常用对数值，即

$$M = \lg A \tag{1.4}$$

该定义中所说的标准地震仪，指的是当时在美国南加州地区通用的伍德-安德逊（Wood-Anderson）标准扭摆仪，其自振周期为 0.8s，阻尼系数为 0.8，静态放大倍数为 2 800。随着仪器的改进，现在已不用这种地震仪了。例如我国目前常用的地震仪是短周期的 64 型、65 型和长周期的基本型。并且，地震台的震中距也不一定是 100km。因此，实际上要按震动台的震中距和所用的地震仪，用相应的换算公式确定震级 M。

上述震级 M 又称为里氏震级或近震震级 M_L。此外，还有面波震级 M_S、体波震级 M_b、震矩震级 M_w 等。因本书中不使用，故不再介绍。

震级 M 与震源释放的弹性波能量 E 有如下经验关系：

$$\lg E = 1.5M + 11.8 \tag{1.5}$$

式中　E 的单位为尔格。

地震时释放的能量是很大的。对于一个 8.6 级的大地震，用(1.5)式可算出释放的能量 E 为 5×10^{24} 尔格。据推测相当于在日本广岛爆炸的原子弹能量的数千倍。由(1.4)式、(1.5)式可知，若震级 M 升高一级，则地面振动的振幅将增大约 10 倍，而能量增加近 32 倍。

一般说来，$M < 2$ 的地震，人们感觉不到，只有仪器才能记录下来，称为微震；$M = 2 \sim 4$ 的地震称为有感地震；$M > 5$ 的地震对建筑物就要引起不同程度的破坏，统称为破坏性地震；$M > 7$ 的地震称为强烈地震或大地震；$M > 8$ 的地震称为特大地震。根据统计，地球上平均每年发生可以记录到的地震达 500 万次以上，其中 $M > 2.5$ 级的地震在 15 万次以上，$M > 4$ 的约为 4 万次，而造成严重破坏的则不到 20 次，$M > 8$ 的仅约 2 次。迄今记录到的最大地震，是 1960 年 5 月 22 日发生在智利的 8.9 级地震。

应当说明，实际地震发生时，岩石中所积累的应变能大部分转变成热能和使岩石发生断裂、位移的机械能，仅有一小部分能量转变为波能。我们以上所讨论的，仅限于转变成地震波的能量。

1.2.3　地震烈度、烈度表

表示一次地震的强度，除了使用震级这个概念来反映地震释放能量的大小外，还使用地震烈度的概念。地震烈度是指某一地区地震时震动的强烈程度。它不仅与本次地震的震级有关，而且与震源深度、震中距、地质地形条件等因素有关。

人们多次经受地震灾害后,试图采用一种简便的方法来表示地震、地震动或震害的大小,这就是地震烈度的起因。当时,没有地震仪器,只能采用当时最普遍的宏观现象,即大量存在的事物的地震反应,主要是由人的感觉,工程结构物的破坏程度,器物的反应及地表自然现象的变化(如山崩、滑坡、地裂、冒水、喷砂、地面变形、地下水位升降)4 个方面的指标来综合评价地震烈度,并且沿用至今。通俗地讲,地震烈度是用以上 4 把模糊的尺度给出一个定量的某个地区震害的简便估计。说它们是模糊的,是因为这些尺度都带有很大的任意性,是凭人们主观综合考虑的。例如唐山地震时,在天津市内,1~2 层房屋的震害最多为 7 度,而工业厂房与砖烟囱的震害达到了 8 度。由于这种情况,现有烈度评定的精度是不高的,在极端情况下相差可达 4 度之多,一般说来可以有一度之差的精度。因此,国际上的惯例是烈度只有整数度数,而不存在中间等级,如 7.5 度、8 度弱等。

评定地震烈度的标准是地震烈度表,它主要是宏观描述,因此评定时容易掺入鉴定者的主观倾向性,评定结果会有出入。从工程抗震方面来看,地震烈度是抗震设防的标准,希望烈度表中给出抗震设计需要的定量指标,例如地面运动加速度峰值、速度峰值等。考虑到抗震设计的需要,国家地震局 1980 年修订了 1957 年颁布的仅以宏观尺度评价地震烈度的中国地震烈度表,颁布了具有参考物理指标的《中国地震烈度表(1980)》,见表 1.1。

表 1.1　中国地震烈度表(1980)

烈度	人的感觉	一般房屋		其他现象	参考物理指标	
		大多数房屋震害程度	平均震害指数		水平加速度 /cm·s^{-2}	水平速度 /cm·s^{-1}
1	无感					
2	室内个别静止中的人感觉					
3	室内少数静止中的人感觉	门、窗轻微作响		悬挂物微动		
4	室内多数人感觉。室外少数人感觉。少数人梦中惊醒	门、窗作响		悬挂物明显摆动,器皿作响		
5	室内普遍感觉。室外多数人感觉。多数人梦中惊醒	门窗、屋顶、屋架颤动作响,灰土掉落,抹灰出现微细裂缝		不稳定器物翻倒	31 (22~44)	3 (2~4)
6	惊慌失措,仓皇逃出	损坏——个别砖瓦掉落、墙体微细裂缝	0~0.1	河岸和松软土上出现裂缝。饱和砂层出现喷砂冒水。地面上有的砖烟囱轻度裂缝、掉头	63 (45~89)	6 (5~9)
7	大多数人仓皇逃出	轻度破坏——局部破坏、开裂,但不妨碍使用	0.11~0.30	河岸出现坍方。饱和砂层常见喷砂冒水。松软土上地裂缝较多。大多数砖烟囱中等破坏	125 (90~177)	13 (10~18)
8	摇晃颠簸,行走困难	中等破坏——结构受损,须要修理	0.31~0.50	干硬土上亦有裂缝。大多数砖烟囱严重破坏	250 (178~353)	25 (19~35)

续表

烈度	人的感觉	一般房屋		其他现象	参考物理指标	
		大多数房屋震害程度	平均震害指数		水平加速度/cm·s⁻²	水平速度/cm·s⁻¹
9	坐立不稳。行动的人可能摔跤	严重破坏——墙体龟裂、局部倒塌,修复困难	0.51~0.70	干硬土上有许多地方出现裂缝,基岩上可能出现裂缝。滑坡、坍方常见。砖烟囱可能倒塌	500 (354~707)	50 (36~71)
10	骑自行车的人可能会摔倒。处不稳状态的人会摔出几尺远。有抛起感	倒塌——大部倒塌,不堪修复	0.71~0.90	山崩和地震断裂出现。基岩上的拱桥破坏。大多数砖烟囱从根部破坏或倒塌	1 000 (708~1 414)	100 (72~141)
11		毁灭	0.91~1.00	地震断裂延续很长。山崩常见。基岩上拱桥毁坏		
12				地面剧烈变化、山河改观		

注：①1~5度以地面上人的感觉为主,6~10度以房屋震害为主,人的感觉仅供参考,11、12度以地面现象为主。11、12度的评定,需要专门研究。

②一般房屋包括用木构架和土、石、砖墙构造的旧式房屋和单层或数层的、未经抗震设计的新式砖房。对于质量特别差或特别好的房屋,可根据具体情况,对表列各烈度的震害程度指数予以提高或降低。

③震害指数以房屋"完好"为0,"毁灭"为1,中间按表列震害程度分级。平均震害指数指所有房屋的震害指数的总平均值而言,可以用普查或抽查方法确定之。

④使用本表时可根据地区具体情况,作出临时的补充规定。

⑤在农村可以自然村为单位,在城镇可以分区进行烈度的评定,但面积以1km²左右为宜。

⑥烟囱指工业或取暖用的锅炉房烟囱。

⑦表中数量词的说明,个别:10%以下;少数:10%~50%;多数:50%~70%;大多数:70%~90%;普遍,90%以上。

1.2.4 等震线、基本烈度

一次地震发生后,在该地震波及的地区内,根据现场调查和通讯调查,按照烈度表可对该区域内尽可能多的点评出一个烈度。烈度相同区域的外包线,称为等烈度线或等震线。图1.10示1976年唐山大地震的等震线。

一般来说,某地点的烈度随震中距的增大而递减。因此,等震线的度数也随震中距的增加而递减。但由于震源往往不是一个点,尤其是大地震或强烈地震,其震源往往是几十、几百公里的断裂错位,所以,等震线不可能是一些同心圆,又由于地质、地形等影响,等震线多是一些不规则的曲线。

在等震线图中常可见到一些零星分布的烈度异常区。所谓异常,指的是这一片小地区的烈度与其周围大片地区的烈度相比不一样。例如1970年唐山地震时,在唐山西北约50km处的玉田县,就是Ⅶ度区中的Ⅵ度低异常区。

一个地区的基本烈度是指该地区在设计基准期50年内,一般场地条件下,可能遭遇超越概率为10%的地震烈度(图1.11)。国家地震局颁布的《中国地震烈度区划图》给出了全国各

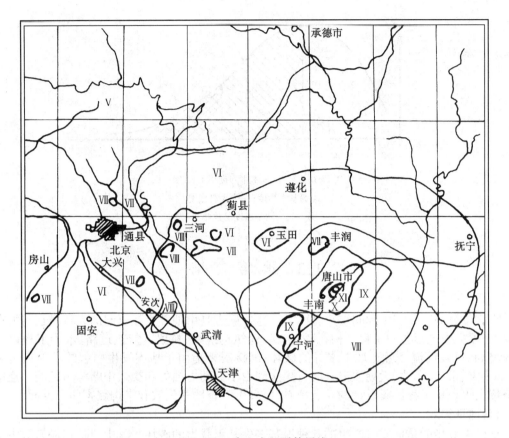

图 1.10 唐山大地震等震线

地基本烈度的分布。该图上,各个地区的基本烈度是根据未来 50 年内可能发震的断层、震级的大小、烈度衰减规律等,用概率论的方法确定的。

1.2.5 抗震设防烈度、多遇地震和罕遇地震

抗震设防烈度是按国家规定的权限批准作为一个地区抗震设防依据的地震烈度。一般情况下抗震设防烈度可采用中国地震烈度区划图的地震基本烈度。

根据地震危险性分析,我国地震烈度的概率分布符合极值Ⅲ型分布,图 1.11 示其概率密度函数。称烈度密度函数曲线上峰值所对应的烈度为多遇地震烈度或众值烈度(I_m),多遇地震烈度在设计基准期 50 年内超越概率为 63.2% 。在设计基准期 50 年内超越概率为 10% 的地震烈度称为地震基本烈度(I_0),超越概率为 2% ~ 3% 的地震烈度称为罕遇地震烈度(I_s)。多遇地震与罕遇地震又分别称为小震和大震。

根据我国有关单位对华北、西南、西北 45 个城镇的地震烈度概率分析,基本烈度与多遇烈度相差约为 1.55 度,而与罕遇烈度相差约为 1 度。

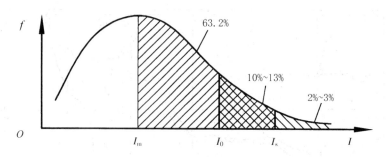

I_m 为众值烈度,比基本烈度小 1.55 度;

I_0 为基本烈度;I_s 为大震烈度

图 1.11　烈度密度函数曲线

1.3　地震震害

震害可分为直接震害和间接震害两类。直接震害是由地震直接引起的人身伤亡与财产损失,财产损失中包括各种工程结构物,如房屋、建筑构筑物、桥梁、隧道、道路、水利工程以及自然环境如农田、河流、湖泊、地下水等的破坏;间接震害指由于地震发生引起的其他灾害和损失,如火灾、水灾(海啸、大湖波浪)、流行疾病和由于劳动力损失和交通中断等引起的一连串的经济损失等。从工程抗震设计的观点来看,应着重考查地基失效和结构震害两个方面。

(1)地基失效

地基失效指的是地震时产生的各种地基丧失其承载力的破坏。其中包括在极震区中常常发生的断层位错引起的震害和由地震波引起地震动而产生的震害。

断层位错引起的震害包括断层两侧的水平和竖直相对位移、滑坡及由此而产生的堵河成湖和淹没村庄与自然资源、地基相对变形。

地震波引起地震动而产生的震害指的是在地震波作用下,由土壤组成的地基因其强度下降或完全丧失致使地基破坏,而产生的边坡失稳、砂土液化、软粘土地基震陷等震害。

(2)结构震害

结构震害指的是各种工程结构物由于地基振动而产生的结构、地基共同体系的破坏。它包括由水平和竖向振动引起的各种破坏,扭转破坏,脆性或塑性破坏,结构物丧失整体性的整体破坏和由承重结构强度不足引起的局部、甚至整个结构物的破坏。

(3)典型地震震害例

1920 年 12 月 16 日我国甘肃和宁夏交界处发生的海原大地震,$M = 8.5$,震源深度 $h = 29km$,死亡 234 117 人,烈度大于 IX 度的地区面积达二万余平方公里。地震时,这里山崩地裂、河流壅塞、交通断绝、房屋倒塌,景象十分凄惨。地震中,从固原县的哨口起至景泰县的兴泉堡产生了一条长达 220km,由一系列大小不等的裂缝组成的地震断裂带。极震区烈度可达 XI ~ XII 度,长约 170km,宽 20 ~ 30km。这次地震释放的能量特别大,强烈地震持续了十几分钟,世界上有 96 个地震台都记录到了这次地震。位于震中距 17 758km 的拉巴斯(La Paz,南美洲玻利维亚国首都)地震台也记录了 P 波和 S 波的清楚到时。因此,兰州市白塔山公园的庙碑上用"环球大震"四个字来形容这次大震,是最恰当不过的了。日本东京台振动仪的垂直分量记录如图 1.12。1920 年海原大地震等震线如图 1.13,极震区内外居民区震害简图如图 1.14,地震变形展布特征示意图如图 1.2。

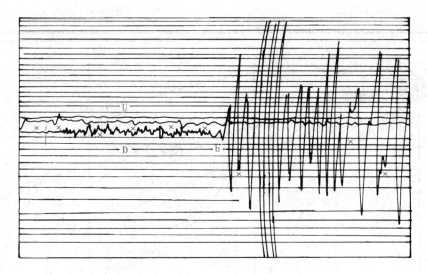

图 1.12 东京台振动仪的垂直分量记录
放大系数 15.2,摆的自振周期 16s

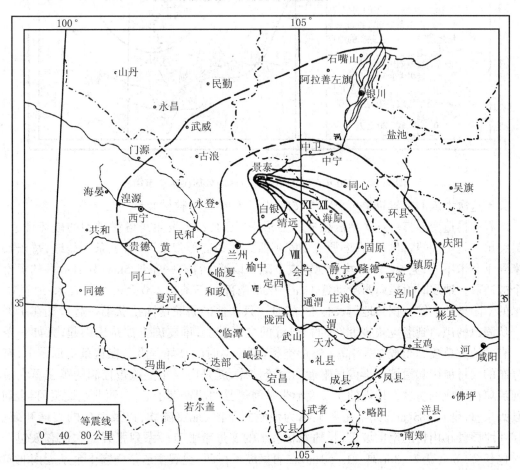

图 1.13 1920 年海原大地震等震线

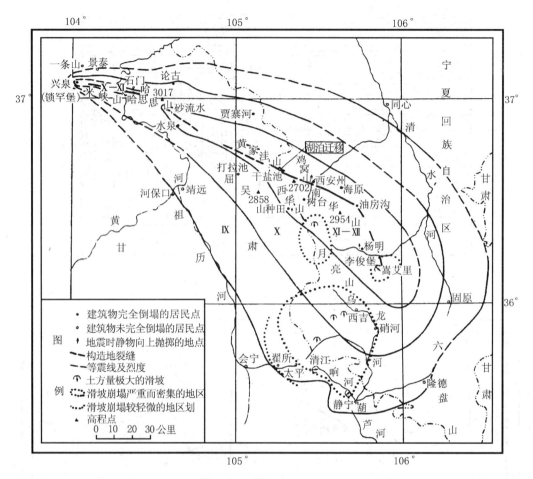

图 1.14 1920 年海原大地震极震区内外居民区震害简图

关于这次大震的宝贵资料可见参考文献,以下仅结合本教材摘录一二。

地震的构造变形带 这次地震生成的变形带(图 1.2)上发生了各种类型的破坏现象,其中最突出的是地裂缝。例如,在固原北杨郎到西梁间的变形带上,共有五条大裂缝,每条长百余米到千余米不等,宽 5~10m,均为地堑式下陷。该带中部有一条长 5km,宽 1km 多的黄土梁整个被摇散。地震时山梁向西滑动近 1km。该带南部有三条长 100 余米至数百米、最宽处 20余米的下陷型地裂缝。据当地居民传说,震时一只驮盐的骆驼连同盐驮子一起被夹在了裂缝中。从固原的硝口到老虎腰岘北,长约 60km 的变形带上,草皮冻土被挤压拱起,犹如一条长龙。有的地方草皮冻土成 2m 多高人字形空架,足见当时的破坏程度。在这条变形带上,有成串分布的大量崩山和滑坡。李俊堡附近的海子水库,就是由当年受该带控制的蒿艾里大滑坡将河流堵截而成的。这次地震的主要变形带从海原县的胡家套子起,向西北越过黄河,直到景泰县兴泉堡,全长 185km。该带主要显示为地堑式下陷、地震陡坎,以及大量的裂缝和鼓包。例如在海原县小山村的南山坡上,长约 600 余米的变形带上有一系列张裂缝和地震鼓包。单个鼓包长 7~8m,宽 2~3m,高 30~50cm,在唐家坡子村西,地震变形带横穿十余条近南北向的石块田埂,将其按反时针方向错开 2~2.5m。

极震区灾害 海原大地震极震区的中心地带主要包括海原县的大部分和靖远县的一部

分。地震时,沿该带地面破坏极为严重,建筑物遭到了毁灭性的袭击,其最高烈度竟达Ⅺ～Ⅻ度。海原县城距发震断层仅8km,震后城内除一座钟楼和一口极矮的土坯拱窑外,其余建筑物完全荡平,城墙亦大部分毁坏。现在的海原城是震后改换地点重建的。全县人口59%死亡。据当时目击者报道,地震发生时,"突见大风黑雾,并见红光,大震约历时6分,地如船簸,人不能立,有声如雷"。

由于发震断裂带横贯全县,因此,除县城外,在断裂带两侧的居民点,几乎也都遭到了毁灭性的袭击。如距发震断裂带约2km的西安州地震时全城震毁,房屋倒塌,甚至连1m高的土墙都未能留下。由于该地距发震断裂带很近,所以震动的垂直分量特别明显。地震时,麦场上的石碾子自地面跳起一人多高,像皮球一样上下蹦跳。更有甚者,有的石碾子跳起将牛砸死。据海原县广盐池某亲身经历过这次大地震的人回忆,地震前,他正在街上行走,突然感到有人将他猛推一把,当即跌倒在地,晕了过去。待清醒后大吃一惊:街道两旁的房屋已化为一片瓦砾,尘埃蔽天,全城死一般寂静。在海原县西安州附近,猛烈的地震还将屋盖突然整体抛到院中,室内人员又被推倒落在地面的房屋上。这次大震造成了规模巨大、数量极多的滑坡,使这一带的山川大为改观,地震堰塞湖星罗棋布。例如由于大面积地面的升降运动,使干盐池盆地南部升高,盐湖向北迁移1km之远。

海原大地震的极震区,大致相当于烈度Ⅸ度以上的地区范围。极震区中心部分与边缘部分的破坏情况如表1.2。

表1.2 极震区中心部分与边缘部分破坏情况的对比

	极震区的中心部分	极震区的边缘部分
建筑物破坏情况	百分之百倒塌,震前的建筑物绝无保存	有屋架的房屋一般墙倒塌,震前一些高质量的建筑物可以保存下来
地裂缝	沿发震断裂有明显的构造地裂缝,同时重力裂缝也十分发育	重力裂缝十分发育,但不见构造地裂缝
地形变	1.有大面积地形变的现象可寻; 2.有规模巨大的滑坡及崩塌	1.无此资料,不能断定有无大面积地变形; 2.有规模巨大的滑坡及崩塌
人的感觉	1.垂直(上下颠动)运动明显; 2.来势极猛烈,地声和振动差不多同时到达	1.开始上下颠动,然后左右摇摆; 2.常先闻地声,后感震动,地震持续时间较长
静物反应	不少地点可见到静物自地面向上跳起,高达1m之多,且能连续上下跳动数次,左右摇动十分猛烈,物体能被抛出很远	没见到静物向上跳起的现象,左右摇摆猛烈
烈度(按《新的中国烈度表》)	11～12度	9～10度
举 例	海原县城、西安州、干盐池、种田、李俊堡等	固原、隆德、静宁、靖远县城等

海原大地震在抗震方面提供的经验教训 海原大地震造成了惨重的灾难,但也提供了宝贵的经验教训。其中最值得注意的是取得了多种自然条件下、不同烈度区的抗震经验,特别是黄土地区场地的抗震性能以及如何防止和躲避滑坡的经验。这对我国广大的黄土地区具有普

遍的意义。下面,总体上就建筑场地的选择、居民点的总体布局和房屋结构三方面将主要教训归纳一下。

①场地的选择 土质坚硬、密实的场地对抗震有利,如基岩较黄土有利、密实土较松软土有利。较大的河谷阶地(不包括河漫滩)、黄土源面、较开阔平坦的谷地及较平缓而完整的山坡比较稳定,抗震性能较好。狭窄、新发育的冲沟及临近陡崖、沟边地段属于抗震危险地段,应该躲避。

②居民点的总体布局 在这一问题上,首先应注意建筑物的群体抗震性能。连片互相依靠的房屋比单个孤立的房屋对抗震有利。当房屋互相紧靠时,要防止个别耐震较差的建筑物突出于其他建筑物之上。其次,应当合理处置建筑物的密度。院落的大小、街道的宽度都要考虑留有一定的安全地带以便人员疏散,城镇更应注意这一点。

③提高房屋的抗震性能 建筑造型上,在不影响使用和美观的前提下,可适当将房屋的平立面处理得简单些,女儿墙的抗震性能极差,类似的重量大而又无多大实用价值的附属物都应弃而不用。在不妨碍使用的前提下,可适当降低建筑物的高度、减缓屋面坡度、减小开间跨度。房屋结构方面,对有屋架房屋,要提高墙体的抗震性能,如提高墙的强度和整体性、加强墙体与木构架之间的联结、提高木架的刚度、加斜撑、剪力撑等。另外应加强屋盖与墙体间的联结。

1.4 抗震设计的基本要求

1.4.1 建筑重要性分类和设防标准

在建筑设计时,《建筑抗震设计规范》(以下简称规范)采用《建筑抗震设防分类标准》GB50223 的规定,根据建筑物使用功能的重要性及设计工作寿命期的不同分为甲、乙、丙、丁 4 个抗震设防类别。

甲类建筑为有特殊要求的建筑,在遭遇地震破坏后会导致严重后果,如产生放射性物质的污染、剧毒气体的扩散、爆炸等,以及政治、经济、社会的重大影响等。乙类建筑为国家重点抗震城市的生命线工程建筑,如供水、供电、供气、消防、交通、医疗、通讯等工程建筑,一旦严重破坏,会引发严重的次生灾害。丙类建筑为除甲、乙、丁类以外的一般工业与民用建筑,如公共建筑、住宅、旅馆、厂房等。丁类建筑属于次要建筑,像一般仓库、人员极少的辅助性建筑等,它们被震坏时,不易造成人员伤亡和较大经济损失。

各类建筑的抗震设防标准,应符合下列要求:

①甲类建筑的抗震作用,当为 6~8 度时应按本地区设防烈度提高一度计算,当为 9 度时提高幅度应专门研究。其他各类建筑物的抗震作用应按本地区设防烈度计算,但设防烈度为 6 度时,除《规范》有具体规定外,可不进行地震作用计算。

②当设防烈度为 6~8 度时,甲、乙类建筑应按本地区设防烈度提高一度采取抗震措施,当为 9 度时,应采取比 9 度设防更有效的抗震措施。丙类建筑应按本地区设防烈度采取抗震措施。丁类建筑可按本地区设防烈度适当降低抗震措施要求,但设防烈度为 6 度时不宜降低。

较小的乙类建筑,如工矿企业的变电所、空压站、水泵房及城市供水的泵房等规模较小的建筑,采用抗震性能较好的结构体系时,可按本地区设防烈度采取抗震措施。

1.4.2 抗震设防目标

鉴于地震的发生在时间、空间和强度上都还不能确切预测,建筑抗震设防既要考虑发生小地震的可能,也要考虑遭遇大地震的可能,并根据安全和经济的原则进行抗震设防。《规范》明确提出了如下三水准的抗震设防要求。

第一水准,当遭遇低于本地区抗震设防烈度的多遇地震影响时,建筑物一般不受损坏或不须修理可继续使用。

第二水准,当遭遇相当于本地区抗震设防烈度的地震影响时,建筑物可能受损坏,经一般修理仍可继续使用。

第三水准,当遭遇高于本地区抗震设防烈度的预估的罕遇地震影响时,建筑物不致倒塌或发生危及生命的严重破坏。

抗震设防基本思想是,建筑物在使用期间内,对不同强度的地震应具有不同的抵抗能力。一般小震发生的概率大,因此要求做到结构不损坏,这在技术及经济上是可以做到的,而大震发生的可能性是存在的,《规范》称之为"预估的罕遇地震",如果要求结构遭受大震时不损坏,这在经济上是不合理的,因此可以允许结构破坏,但不致倒塌伤人。概括说来就是要做到"小震不坏,设防烈度可修,大震不倒"。

为了实现上述三水准抗震设防要求,《规范》采用了简化的两阶段设计方法。

第一阶段设计:按第一水准多遇地震的地震动参数进行弹性状态下的地震效应(内力、变形)计算,经效应组合后,采用分项系数设计表达式进行结构构件的截面承载力验算,并采取抗震构造措施,以满足第一水准抗震设防要求。第一阶段设计主要是进行小震条件下的强度验算,又称为强度设计。

第二阶段设计:按第三水准罕遇地震作用进行薄弱层或薄弱部位的弹塑性变形验算,以满足第三水准防倒塌的要求,常称为变形验算。

至于第二水准抗震设防要求,《规范》是以概念设计和抗震构造措施来加以保证的。

1.4.3 抗震结构的概念设计

20 世纪 70 年代以来,人们把结构的抗震设计分为两大部分:抗震计算设计和抗震概念设计。抗震计算设计是对地震作用效应进行定量计算。抗震概念设计则是指正确地解决总体方案、材料使用和细部构造,以达到合理抗震设计的目的。由于地震动的不确定和复杂性,构件的轴向变形、P-δ 效应、材料特性的时效变化、结构阻尼、地基与结构共同作用等因素在结构分析中难于考虑,使目前抗震计算仍不够严密。要使结构具有较好的抗震性能和使计算分析结果更能反映地震时结构反应的实际情况,应首先做好抗震概念设计。

根据近年来地震灾害的经验教训和理论认识,在进行抗震设计时应符合如下抗震概念设计的要求。

(1)选择对抗震有利的场地、地基和基础

选择建筑场地时,应根据工程需要,掌握地震活动情况、工程地质和地震地质的有关资料,作出综合评价。宜选择有利地段,避开不利地段。当无法避开不利地段时,应采取有效措施。不应在危险地段建造甲、乙、丙类建筑。

同一结构单元的基础不宜设置在性质截然不同的地基上,也不宜部分采用天然地基部分采用桩基。地基为软弱粘性土、液化土、新近填土或严重不均匀土时,应考虑地震时地基不均匀沉降或其他不利影响,并采取相应的措施。

(2)采用对抗震有利的建筑平面和立面

为了避免地震时结构物发生扭转、应力集中或塑性变形集中而形成薄弱部位,建筑及抗侧力结构的平面布置宜规则、对称,并具有良好的整体性。建筑的立面和竖向剖面宜规则,结构的侧向刚度宜均匀变化,竖向抗侧力构件的截面尺寸和材料强度宜自下而上逐渐减小,避免抗侧力结构的侧向刚度和承载力突变。不应采用严重不规则的设计方案。

体型复杂、平立面特别不规则的建筑结构,可按实际需要在适当部位设置防震缝,以形成多个较规则的抗侧力构件单元,防震缝应根据设防烈度、结构材料类型和结构体系、建筑结构单元的高度和高差情况,留有足够的宽度。伸缩缝和沉降缝的宽度应符合防震墙的要求。

(3)选择技术上、经济上合理的结构体系

结构体系应根据建筑的抗震设防类别、设防烈度、建筑高度、场地条件、地基、材料和施工等因素,经技术、经济条件综合比较确定。

1)结构体系应符合下列各项要求:

①应具有明显的计算简图和合理的地震作用传递途径。

②宜有多道抗震防线,应避免因部分结构或构件破坏而导致整个体系丧失抗震能力或对重力荷载的承载能力。

③应具备必要的抗震承载力、良好的变形能力和消耗地震能量的能力。

④宜具有合理的刚度和承载力分布,避免因局部削弱或突变形成薄弱部位,产生过大的应力集中。对可能出现的薄弱部位,应采取措施提高抗震能力。

2)结构构件应符合下列要求:

①砌体结构应按规定设置钢筋混凝土圈梁和构造柱、芯柱,或采用配筋砌体等。

②混凝土结构构件应合理地选择尺寸、配置纵向受力钢筋和箍筋,避免剪切破坏先于弯曲破坏、混凝土的压溃先于钢筋的屈服、钢筋的锚固粘结先于构件破坏。

③预应力混凝土的抗侧力构件,应有足够的非预应力钢筋。对配有预应力钢筋的桁架下弦和悬臂大梁,还应考虑竖向地震对预应力构件的不利影响。

④钢结构构件应避免局部或总体失稳。

3)结构各构件之间的连接应符合下列要求:

①构件节点的破坏不应先于其连接的构件。

②预埋件的锚固破坏不应先于连接件。

③装配式构件的连接应能保证结构的整体性。

④预应力混凝土构件的预应力钢筋应在节点核心区以外锚固。

4)装配式单层厂房的各种抗震支撑系统应保证地震时结构的稳定性。

(4)处理好非结构构件

非结构构件一般不属于主体结构的一部分,或为非承重结构,在抗震设计时往往被忽略,但从地震灾害来看有不可忽视的影响。特别是现代建筑装修的造价占很大比例,非结构构件的破坏影响更大。因此,在抗震设计中处理好非结构构件可防止附加震害,减少损失。

附属于楼、屋面结构上的非结构构件应与主体结构有可靠的连接或锚固,避免地震时倒塌伤人或砸坏重要设备。围护墙和隔墙应考虑对结构抗震的不利影响,避免不合理设置而导致主体结构的破坏。幕墙、装饰贴面与主体结构应可靠连接,避免脱落伤人。安装在建筑物上的附属机械、电器设备系统的支座和连接,应符合使用功能的相应要求,并不引起相关部件的损坏。建筑非结构构件和建筑附属机电设备自身及其连接应由相关专业人员进行抗震设计。

(5)注意材料的选择和施工质量

抗震结构在材料选用、施工质量、材料的代用上有其特殊的要求,应予以重视。抗震结构对材料和施工质量的特别要求,应在设计文件上注明。对砌体材料、混凝土材料、钢结构的钢材应符合的最低要求,及材料代用和施工中的具体要求可参阅后续各章和《规范》中的规定。

1.5 建筑抗震设计新规范修改要点

1.5.1 新规范送审稿特点

新的《建筑抗震设计规范》2000 年修订送审稿有如下 5 个特点:

①吸取了近年来国内外大地震的震害经验、工程抗震科研成果和工程设计经验;

②增补了三个章节(钢结构、隔震与消能减震结构、非结构构件),对许多内容进行了改进,使新规范更加充实完善;

③结构安全度比 89 规范有所提高;

④内容结合国情、技术比较先进,设计表明有较好的操作性;

⑤采纳了国际上有关抗震规范的合理规定,总体上达到了抗震规范的国际先进水平。

1.5.2 新规范修改要点

①抗震设防烈度与设计地震加速度值接口,反应谱特征周期与特征周期分区挂钩,从而承袭了传统设计概念,使抗震设计十分方便。

②场地、地基基础新增发震断裂避让和桩基抗震验算方法。

③适应高层建筑、隔震消能结构的发展,提出了长周期和不同阻尼比下改进的设计反应谱。

④新增沿平面和竖向布置的规则性界限、不规则上限和进一步强调结构的抗震概念设计的重要性。

⑤新增结构分析内容,并对相关部分进行了许多改进。

⑥对高层钢筋混凝土房屋,继续严格控制其使用最大高度和高度比的同时,作了部分调整以提高结构的延性。

⑦继续严格控制砌体结构总高度和层数的同时,在改进底框砖房和混凝土小砌块房屋抗震的基础上,将总高度和层数放宽到与普通粘土砖相同,同时改进了大开间砖房的抗震设计。

⑧根据国内结构和抗震发展趋势,增加了钢结构房屋和隔震与消能减震房屋两大章节,使规范内容更加充实完善。

⑨新增若干类结构的抗震设计原则,如钢筋混凝土筒体结构、预应力混凝土结构、高强混凝土结构、高层和多层混凝土结构、隔震消能减震结构,配筋混凝土小砌体房屋、非结构构件抗震设计等。

本章小结 地震是人类社会面临的一种严重自然灾害。限于目前科学技术水平,人们还只能从震害调查来认识地震和改善结构抗震性能。因此,结构抗震工作者应重视震害调查,了解地震震级、地震波、烈度、多遇地震、罕遇地震等定义,重视"概念设计",达到提高工程结构抗震设计质量的目的。

思 考 题

1. 什么是构造地震?
2. 什么是地震震级和地震烈度? 某地区的地震烈度是如何确定的?
3. 什么是基本烈度、抗震设防烈度、罕遇地震烈度和多遇地震烈度?
4. 抗震设防三水准的要求是什么? 简述两阶段设计法。
5. 什么是"概念设计",简述其包括的内容。

第**2**章
场地、地基和基础

本章要点 本章系统地介绍场地、地基和基础。场地分为对建筑抗震有利、不利和危险地段。按土层等效剪切波速和场地覆盖层厚度,建筑场地划分为四类。讨论了天然地基和基础的抗震验算、液化土的判别及抗震措施、桩基础的抗震验算。此外,介绍了地震动的特性和地震动主动土压力等问题。

2.1 场 地

2.1.1 建筑场地的选用

场地是指范围相当于厂区、居民点和自然村或平面面积不小于 $0.5km^2$,具有相似的反应谱特征的工程群体所在地。场地震害主要为滑坡、崩塌、地陷、地裂、泥石流、断层、地表错位以及砂土液化和震陷等。

表 2.1 按场地对建筑抗震有利、不利和危险的情况进行了分类。

表 2.1 有利、不利和危险地段的划分

地段类别	地质、地形、地貌
有利地段	稳定基岩、坚硬土或开阔平坦密实均匀的中硬土等
不利地段	软弱土、液化土、条状突出的山嘴,高耸孤立的山丘,非岩质的陡坡,河岸和边坡边缘,平面分布土成因、岩性、状态明显不均匀的土层(如故河道、疏松的断层破碎带、暗埋的塘沟谷及半填半挖地基等)
危险地段	地震时可能发生滑坡、崩塌、地陷、地裂、泥石流等及发震断裂带上可能发生地表位错的部位

选择建筑场地时,应根据工程需要,掌握地震活动情况、工程地质和地震地质的有关资料,做出综合评价。宜选择有利地段,避开不利地段。当无法避开不利地段时,应采取有效措施,不应在危险地段建造甲、乙、丙类建筑。

断层对工程影响的评价问题,长期以来,不同学科之间存在着不同看法。现在趋于一致的意见认为须要考虑断层的影响。这主要是指地震时老断裂重新错动直通地表,在地面产生位错,对建在错位带上的建筑,其破坏是不易用工程措施加以避免的。

在活动断裂时间下限方面取得的一致看法为,对一般工业与民用建筑只考虑 1.0 万年(全新世)以来活动过的断裂,在此地质时期以前的活动断裂可以不予考虑。国内外震害调查表明,在小于 8 度的地震区,地面一般不会产生断裂错动。

目前对隐伏断裂的评价尚有分歧。根据北京市勘察设计研究院对发震断层上覆土厚度对工程的影响模拟实验研究,唐山地震震害调查及国内外地震断裂破裂宽度等资料,初步可定量给出 8 度、9 度地区上覆盖土层安全厚度的界限值分别为 60m 和 90m。

因此,《规范》规定,场地内有发震断裂时,应对断裂的工程影响进行评估。符合下列条件之一者,可不考虑发震断裂错动对地面建筑的影响:

①抗震设防烈度小于 8 度;

②非全新世活动断裂;

③抗震设防烈度为 8 度、9 度的隐伏断裂,前第四纪基岩以上的土层覆盖厚度分别大于60m、90m。

当不满足上述条件时,应避开主断裂带。根据国内外地震断裂破裂宽度的资料,《规范》给出表 2.2 所列的避让距离。

表 2.2　避让距离表

烈度	建筑抗震设防类别			
	甲	乙	丙	丁
8	专门研究	300m	200m	—
9	专门研究	500m	300m	—

山包、山梁和悬崖、陡坎等局部突出的地形对地震动参数有放大作用。从宏观震害经验和二维地震反应分析结果来看,总的趋势大致可归纳为以下几点:①高突地形距离基准面的高度愈大,高处的反应愈强烈;②离陡坎和边顶部边缘的距离愈大,反应相应减小;③从岩土构成方面看,在同样地形条件下,土质结构的反应比岩质结构大;④高突地形顶面愈开阔,远离边缘的中心部位的反应明显减小;⑤边坡愈陡,其顶部的放大效应愈大。

基于上述变化趋势,以突出地形的高度 H,坡降角度的正切 H/L 以及场址突出地形边缘的相对距离 B/H 为参数,各种地形的地震放大作用可按(2.1)式和表 2.3 进行调整。

$$\lambda = 1 + \xi\alpha \tag{2.1}$$

式中　λ——局部突出地形顶部的地震影响系数的放大系数;

　　　　α——局部突出地形地震动参数的增大幅度,可按表 2.3 采用;

　　　　ξ——附加调整系数,与建筑场地离突出台地边缘的距离 B 与相对高差 H 的比值有关。当 $B/H < 2.5$ 时,ξ 可取为 1.0;当 $2.5 \leqslant B/H < 5$ 时,ξ 可取为 0.6;当 $B/H \geqslant 5$ 时,ξ 可取为 0.3。

2.1.2　建筑场地的类别

场地土是指场地范围内的地基土。震害调查和对场地土输入地震波的动态分析表明,影响地表震动的主要因素有两个,其一是场地土的刚度,其二是场地覆盖土层厚度。震害调查表明,土质愈软,覆盖土层愈厚,建筑物震害愈重。

土的软硬一般用土的剪切波速 v_s 表示。因此,《规范》采用了以平均剪切波速和覆盖层厚度为评定指标来划分场地类别的双参数分类法。

表 2.3 局部突出地形地震动参数的增大幅度

突出地形的高度 H/m	非岩质地层	H < 5	5 ≤ H < 15	15 ≤ H < 25	H ≥ 25
	岩质地层	H < 20	20 ≤ H < 40	40 ≤ H < 60	H ≥ 60
局部突出台地边缘的侧向平均坡降 H/L	H/L < 0.3	0	0.1	0.2	0.3
	0.3 ≤ H/L < 0.6	0.1	0.2	0.3	0.4
	0.6 ≤ H/L < 1.0	0.2	0.3	0.4	0.5
	H/L ≥ 1.0	0.3	0.4	0.5	0.6

(1)场地土的类型划分

场地土的类型可以根据剪切波速 v_s 按表 2.4 划分。

表 2.4 土的类型划分和剪切波速范围

土的类型	岩土名称和性状	土层剪切波速范围/m·s⁻¹
坚硬土或岩石	稳定岩石,密实的碎石土	$v_s > 500$
中硬土	中密、稍密的碎石土,密实、中密的砾、粗、中砂,$f_a > 200$ 的粘性土和粉土,坚硬黄土	$500 \geq v_s > 250$
中软土	稍密的砾、粗、中砂,不属松散类型的细、粉砂,$f_a \leq 200$ 的粘性土和粉土,$f_a \geq 130$ 的填土,可塑黄土	$250 \geq v_s > 140$
软弱土	淤泥和淤泥质土,松散的砂,新近沉积的粘性土和粉土,$f_a < 130$ 的填土,新堆积黄土和流塑黄土	$v_s \leq 140$

注:f_a 为深宽修正后的地基土静承载力特征值(kPa);v_s 为岩土剪切波速。

上表中 v_s 为土层等效剪切波速,按下列公式计算:

$$v_{se} = d_0/t \tag{2.2}$$

$$t = \sum_{i=1}^{n} (d_i/v_{si}) \tag{2.3}$$

式中 v_{se}——土层等效剪切波速(m/s);

d_0——计算深度(m),取覆盖层厚度和 20m 两者的较小值;

t——剪切波在地表与计算深度之间传播的时间(s);

d_i——计算深度范围内第 i 土层的厚度(m);

n——计算深度范围内土层的分层数;

v_{si}——计算深度范围内第 i 土层的剪切波速(m/s),宜用现场实测数据。

在现场初步勘测阶段,对大面积的同一地质单元,测量土层剪切波速的钻孔数量,应为控制性钻孔的 1/3 ~ 1/5,山间河谷地区可适量减少,但不宜少于 3 个。详细勘察阶段,单幢建筑不宜少于两个,数据变化较大时,可适量增加。对同一地质单元小区中的密集高层建筑群的剪切波速测试孔可适当减少,但每幢高层建筑下不得少于一孔。

当 10 层和高度 30m 以下的丙类建筑及丁类建筑无实测剪切波速时,可根据岩土名称和性状按表 2.4 划分土的类型。并利用当地经验在表 2.4 的波速范围内估计各土层的剪切波速。

(2)覆盖层厚度的确定

覆盖层厚度是指从地表表面到地下基岩的距离。从理论上讲,当土层的剪切波速下层比上层大得多时,下层可当作基岩。但实际地层的刚度是逐渐变化的,若要上下土层波速比很大时才能当作基岩,则会导致覆盖层厚度过大。另外,对建筑物破坏作用最大的主要是地震波的中、短周期部分,而深层介质对它们的影响并不很显著,所以,覆盖层厚度也无必要取很大。因此,《规范》规定工程场地覆盖层厚度的确定,应符合下列要求:

①一般情况下,应按地面至剪切波速大于500m/s的坚硬土层或岩层顶面的距离确定。

②当地面5m以下存在剪切波速大于相邻上层土剪切波速的2.5倍的土层,且其下卧岩土层的剪切波速不小于400m/s时,可取地面至该土层顶面的距离作为覆盖层厚度。

③剪切波速大于500m/s的孤石、透镜体,应视同周围土层。

④土层中的火山岩硬夹层视为刚体,其厚度应从覆盖土层中扣除。

(3)建筑场地的类别

建筑场地可根据土层等效剪切波速和场地覆盖层厚度按表2.5划分为四类。

表 2.5 各类建筑场地的覆盖层厚度

等效剪切波速/(m·s⁻¹)	场地类别			
	I 类	II 类	III 类	IV 类
$v_s > 500$	0			
$500 \geqslant v_{se} > 250$	< 5	$\geqslant 5$		
$250 \geqslant v_{se} > 140$	< 3	3 ~ 50	> 50	
$v_{se} \leqslant 140$	< 3	$\geqslant 3$ 且 < 15	15 ~ 80	> 80

2.2 地震动特性

2.2.1 场地土对地震波的作用

地震波是一种波形十分复杂的行波。根据频谱分析原理,可将它看做是由 n 个简谐波叠加而成的。场地土对基岩传来的各种谐波分量都具有不同的放大作用。了解这一作用,对进行结构抗震设计和震害分析都具有重要意义。

为了说明场地土对地震波的放大作用,我们假设场地土是水平层状弹性介质,地震波是从基岩传来的剪切波。并根据对弹性波在不连续介质界面上的反射与折射研究可知,在弹性波由传播速度快的介质向传播速度慢的介质入射时,折射波比入射波以更接近于垂直的方向传播。因此,如图2.1所示,从下层到上层介质的传播速度逐渐变慢的情况下,在下层以一定角度入射的波到达表面附近时可认为已接近于垂直传播。由于实际地壳和场地土构造接近于图2.1所示的速度结构,故在工程中处理表层地基地震反应时,往往假定地震波是垂直入射的。

现在来研究剪切波在场地土中的传播。

(1)运动方程

如图2.2,设在剪切波作用下,均质半无限空间弹性体内体积为 $dx \times 1 \times 1$ 的微分单元由 $ABCD$ 变位至 $A'B'C'D'$,单元体上表面变位 $AA' = u$,下表面变位 $CC' = u + du$,AB 面上作用的剪应力为 τ,CD 面上作用的剪应力为 $\tau + d\tau$。其中 $du = (\partial u/\partial x)dx$,$d\tau = (\partial \tau/\partial x)dx$。

因为剪应变 $\gamma = \partial u/\partial x$,由虎克定律,

$$\tau = G\gamma = G(\partial u/\partial x)$$

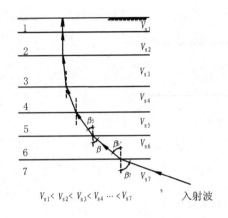

$V_{s1} < V_{s2} < V_{s3} < V_{s4} \cdots < V_{s7}$　　入射波

图 2.1　层状介质中弹性波的传播

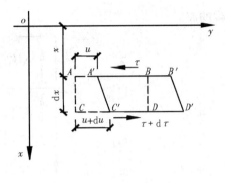

图 2.2

得 $\mathrm{d}\tau = G(\partial^2 u/\partial x^2)\mathrm{d}x$。

近似以 AB 面之加速度代表单元体 $ABCD$ 的加速度,得密度为 ρ 的该单元体上作用的惯性力为:

$$- \rho \frac{\partial^2 u}{\partial t^2}\mathrm{d}x$$

由达朗贝尔原理,得单元体的运动方程为:

$$\left(\rho \frac{\partial^2 u}{\partial t^2} - G \frac{\partial^2 u}{\partial x^2} \right)\mathrm{d}x = 0 \tag{2.4}$$

整理得:

$$\frac{\partial^2 u}{\partial t^2} = \frac{G}{\rho}\frac{\partial^2 u}{\partial x^2}$$

代入剪切波速关系式:

$$\frac{G}{\rho} = v_{\mathrm{s}}^2 \tag{2.5}$$

得:

$$\frac{\partial^2 u}{\partial t^2} - v_{\mathrm{s}}^2 \frac{\partial^2 u}{\partial x^2} = 0 \tag{2.6}$$

(2.6)式为剪切波通过半无限空间弹性时的介质质点振动偏微分方程,它属于一维波动方程。不难验证,它的两个特解为:

$$u_1 = F_1\left(t - \frac{x}{v_{\mathrm{s}}} \right) \tag{2.7}$$

$$u_2 = F_2\left(t + \frac{x}{v_{\mathrm{s}}} \right) \tag{2.8}$$

式中,F_1、F_2 是具有二阶偏导数的任意函数。

根据微分方程理论,线性无关的两个特解的线性组合为微分方程的通解。因此,

$$u_1 + u_2 = F_1\left(t - \frac{x}{v_{\mathrm{s}}} \right) + F_2\left(t + \frac{x}{v_{\mathrm{s}}} \right) \tag{2.9}$$

为(2.6)式的通解。

实际上,x/v_{s} 为剪切波通过 x 厚土层的时间,u_1 落后 u_2 的时间差为 $2x/v_{\mathrm{s}}$,它是入射波 u_2 通过 x 厚土层后再返回的时差。u_2 代表入射波,u_1 代表反射波,而式(2.9)表示土层中实

际发生的波。

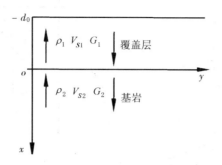

图 2.3　单层表土覆盖层地基

(2)层状介质中振动方程的解

研究基岩上只有一层表土层时的简单情况,如图 2.3。设覆盖土层厚度为 d_0,其密度、剪切波速、剪切模量分别为 ρ_1、v_{s1}、G_1,基岩为半无限弹性体,其密度、剪切波速、剪切模量分别为 ρ_2、v_{s2}、G_2。

设基岩内有振幅为 1,圆频率为 $\omega = 2\pi/T$(T 为周期)的正弦剪切波垂直向上传来,即取基岩内的入射波为:

$$v_0 = e^{i\omega(t + \frac{x}{v_{s2}})} \tag{2.10}$$

考虑到基岩内波的反射作用,则基岩内的波为:

$$v_2 = e^{i\omega(t + \frac{x}{v_{s2}})} + A e^{i\omega(t - \frac{x}{v_{s2}})} \tag{2.11}$$

当基岩内的波传到与覆盖层相交的界面时,将有一部分透射到覆盖层中,并传到地面后反射。因此,覆盖层中的波可写成:

$$v_1 = B e^{i\omega(t + \frac{x}{v_{s1}})} + C e^{i\omega(t - \frac{x}{v_{s1}})} \tag{2.12}$$

式(2.11)、(2.12)中的 A、B、C 为待定常数,由以下边界条件确定:

①地表面为自由界面,其剪切力为零,即 $x = -d_0$,$\tau = G_1 \gamma_1 = G_1 \dfrac{\partial u_1}{\partial x} = 0$,或 $\dfrac{\partial u_1}{\partial x} = 0$。

②由基岩和覆盖层界面处的连续条件,在界面处剪应力相等,位移相同,即:

$$x = 0, \left(G_1 \frac{\partial u_1}{\partial x} \right)_{x=0} = \left(G_2 \frac{\partial u_2}{\partial x} \right)_{x=0}, (u_1)_{x=0} = (u_2)_{x=0}$$

将上述边界条件代入(2.11)式和(2.12)式,可求得待定常数为:

$$A = \frac{1}{\Delta} \left[(1 - k) + (1 + k) e^{-2i\omega \frac{d_0}{v_{s1}}} \right] \tag{2.13}$$

$$B = \frac{2}{\Delta} \tag{2.14}$$

$$C = \frac{2}{\Delta} e^{-2i \frac{\omega d_0}{v_{s1}}} \tag{2.15}$$

式中

$$\Delta = (1 + k) + (1 - k) e^{-2i \frac{\omega d_0}{v_{s1}}} \tag{2.16}$$

$$k = \frac{\rho_1 v_{s1}}{\rho_2 v_{s2}} \tag{2.17}$$

将常数 B、C 代式入(2.12)式,并令 $x = -d_0$,得地面位移:

$$(u_1)_{x=-d_0} = \frac{4e^{i\omega t}}{(1+k)e^{i\frac{\omega d_0}{v_{s1}}} + (1-k)e^{-i\frac{\omega d_0}{v_{s1}}}} \tag{2.18}$$

(3)场地土的卓越周期

为求地面位移的振幅,即(2.18)式复数的模,由矢量图 2.4 及余弦定理,得(2.18)式分母的模为:

$$R = \sqrt{(1+k)^2 + (1-k)^2 + 2(1+k)(1-k)\cos\frac{2\omega d_0}{v_{s1}}} =$$
$$2\sqrt{\cos^2\frac{\omega d_0}{v_{s1}} + k^2\sin^2\frac{\omega d_0}{v_{s1}}} \tag{2.19}$$

式(2.19)代入式(2.18)得:

$$\left| (u_1)_{x=-d_0} \right|_{max} = \frac{2}{\sqrt{\cos^2\dfrac{\omega d_0}{v_{s1}} + k^2\sin^2\dfrac{\omega d_0}{v_{s1}}}} \tag{2.20}$$

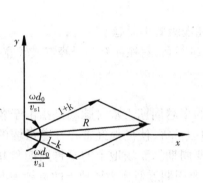

图 2.4　式(2.18)分母模的矢量图

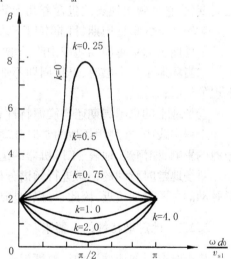

图 2.5　$\beta - \dfrac{\omega d_0}{v_{s1}}$ 曲线

覆盖层振幅放大系数 β 为地面振幅与基岩入射波振幅之比,即:

$$\beta = \frac{\left| (u_1)_{x=-d_0} \right|}{1} = \frac{2}{\sqrt{\cos^2\dfrac{\omega d_0}{v_{s1}} + k^2\sin^2\dfrac{\omega d_0}{v_{s1}}}} \tag{2.21}$$

对应于不同 k 值的曲线如图 2.5。从图 2.5 可看出,一般 $k<1$,故表土层对基岩入射波的振幅有放大作用。当

$$\frac{\omega d_0}{v_{s1}} = \frac{\pi}{2}$$

时,即

$$T = \frac{4d_0}{v_{s1}} \tag{2.22}$$

时,振幅放大系数 β 取最大值。亦即地震波的某个谐波分量的周期恰好为该波穿过表土层所需时间的 4 倍时,覆盖层地面振动最显著。

$\beta—\dfrac{\omega d_0}{v_{sl}}$ 曲线上对应于峰值的周期称为场地土的卓越周期。当覆盖层为同一种土层时其卓越周期由(2.22)式给出;当覆盖层为多层不同土层时,可按(2.2)式、(2.3)式给出的土层的等效剪切波速 v_{se} 来计算场地土的卓越周期,即

$$T = \frac{4d_0}{v_{se}} \tag{2.23}$$

式中各字母意义同前。

场地土的卓越周期是场地土的重要动力特性之一。震害调查表明,凡建筑物的自振周期与场地土的卓越周期接近时,会导致建筑物发生类似共振的现象,震害有加重的趋势。所以,在工程抗震设计中,应使结构的自振周期尽量避开场地土的卓越周期。

由(2.23)式可见,基岩上的覆盖层愈厚,则场地土的卓越周期愈长,一般在 0.1 秒至数秒之间变化,它反映出地震波包含着几十赫兹以内的若干谐波分量。

对场地土的卓越周期,目前有以下认识:

①场地土的卓越周期随震中距的增大而趋于变长,随震级变小而趋于变短;

②当场地土为多层时,卓越周期不惟一,且变得越来越复杂,它往往有多个峰点或较宽、较平坦的频谱;

③场地土的卓越周期还与震源特性有关。

工程实践中,常利用场地的常时脉动来确定场地土的卓越周期。常时脉动是指由于各种振源的影响,如河流、地震、工厂机器的运转、交通工具的运行等,使场地经常存在着微弱的震动。对场地常时脉动的记录进行频谱分析,可得到其主要周期。而场地土的卓越周期与其常时脉动的主要周期接近,因此,可以取场地常时脉动的主要周期近似作为场地土的卓越周期。

2.2.2 地震动特性的三要素

地震时取得的地面运动加速度记录是地震工程的基本数据。无论是求加速度反应谱曲线还是用时程分析法求结构地震反应时,都要用到强震地面加速度记录。

强震地面运动可用强震仪测得。目前强震仪几乎都是记录两个水平方向和一个竖直方向的地面运动加速度。图 2.6 是 1995 年 1 月 17 日日本阪神大地震时日本神户海洋气象台(JMA)记录到的地面运动 $N.S$ 分量加速度记录时程曲线。

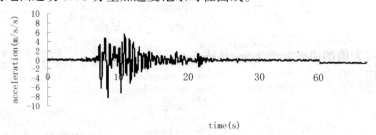

图 2.6 日本阪神大地震 $N.S$ 分量加速度
记录时程曲线(最大值:8.178 2 m/s²)

综合几十年来人们对地震动的宏观震害经验及仪器测量的分析和结论,一般认为,对工程抗震而言,地震动的特性可以通过以下三个要素来描述:

①最大地震动的大小(如最大加速度、速度、位移等);

②强烈地震动的持续时间;

③地震动所包含的主要周期(频率)成分。

影响这些特性的因素大体上可区分为:

①包括规模大小等震源区的地震性质;

②包括距离等在内的由震源区至观测地点的传播路径性质;

③包括表层地基特性等观测地点的土层性质。

现阶段,与地震动特性有关的在一定程度上得以量化的仅有以下三个因素:

①地震的规模大小,即震级 M;

②震中距 R 大小;

③从地表到几十米深度范围内的地基特性。

用地震震级、震中距以及地基条件等来估计最大地震动的大小及地震动特性的经验公式很多,由于所用的数据与推导方法不同,这些公式差异较大。一般来说,震级大,峰值加速度就高,持续时间就长。而主要周期随着地地基条件、震中距远近而变化,场地愈软,震中距愈大,地震动的主要周期愈长。

从已测得的大多数地震加速度记录来看,地面运动两个水平分量的强度大体相同,地面运动竖向分量相当于水平分量的 1/3~2/3。

2.3 地基基础抗震验算

在地震作用下,为了保证工程结构物的安全和正常使用,地基应同时满足地基变形和地基承载力不超过允许值的要求。但是,在地震作用下地基变形分析十分复杂,目前尚难以进行这方面的计算分析。同时震害调查表明,只要采取较好的抗震措施来加强地基基础,防止其过大震陷及不均匀沉降,就基本上可以满足工程设计对地基变形的要求。因此,目前的规范只要求对地基抗震承载力进行验算。

2.3.1 可不进行验算的范围

我国多次强烈地震的震害表明,在遭受破坏的建筑中,因地基失效导致的破坏较上部结构在地震作用下的破坏为少。而遭受破坏的地基主要由饱和松砂、软弱粘性土和成因岩性状态严重不均匀的土层组成。大量的一般天然地基都具有较好的抗震性能。因此,《规范》规定,下列建筑可不进行天然地基及基础的抗震承载力验算:

①砌体房屋;

②地基主要受力层范围内不存在软弱粘性土层的一般单层厂房、单层空旷房屋和8层、高度25m以下的一般民用框架房屋及与其基础荷载相当的多层框架厂房;

③规范规定的可不进行上部构造抗震验算的建筑。

以上规定中,软弱粘性土层指7度、8度和9度时,地基土静承载力特征值分别小于80、

100 和 120kPa 的土层。

2.3.2 天然地基抗震承载力验算

天然地基抗震验算,一般采用拟静力法,即假定地震作用如同静力,然后在这种条件下验算地基和基础的承载力和稳定性。

(1)地基抗震承载力

动力荷载和静力荷载作用下,在一定的动荷载循环次数下,土样达到静荷载的极限应变值时的总作用应力称为土的动力强度,简称为土的动强度。试验表明,地基土在像地震作用这样有限次循环动力作用下的动强度一般较静强度高。且地震是一种偶然事件,历时短暂,所以在地震作用下结构可靠度容许有一定程度的降低。

考虑到以上两个因素,地基土抗震承载力的取值,国内外资料和相关规定,都是采用在地基土静承载力的基础上乘一个调整系数的办法来确定的。《规范》规定,天然地基基础抗震验算时,地基土抗震承载力按下式计算:

$$f_{aE} = \zeta_s f_a \tag{2.24}$$

式中　f_{aE}——调整后的地基土抗震承载力;

　　　ζ_s——地基土抗震承载力调整系数,应按表 2.6 采用;

　　　f_a——深宽修正后的地基土静承载力特征值,应按现行国家标准《建筑地基基础设计规范》(GB5007)采用。

表 2.6　地基土抗震承载力调整系数

岩土名称和性状	ζ_s
岩石,密实的碎石土,密实的砾、粗、中砂,$f_a \geqslant 300$ 的粘性土和粉土	1.5
中密、稍密的碎石土,中密和稍密的砾、粗、中砂,密实和中密的细、粉砂,$150 \leqslant f_a < 300$ 的粘性土和粉土,坚硬黄土	1.3
稍密的细、粉砂,$100 \leqslant f_a < 150$ 的粘性土和粉土,新近沉积的粘性土和粉土,可塑黄土	1.1
淤泥,淤泥质土,松散的砂,填土,新近堆积黄土及流塑黄土	1.0

(2)竖向承载力的验算

验算天然地基作用下的竖向承载力时,荷载分项系数应取为1.0,基础底面平均压力和边缘最大压力应符合下列各式要求:

$$p \leqslant f_{aE} \tag{2.25}$$

$$p_{max} \leqslant 1.2 f_{aE} \tag{2.26}$$

式中　p——考虑地震作用时,基础底面对应于作用分项系数均为1.0的平均压力;

　　　p_{max}——基础边缘的最大压力。

高宽比大于4的高层建筑,在地震作用下基础底面不宜出现拉应力;其他建筑,基础底面与地基土之间零应力区面积不应超过基础底面积的15%。

2.4　地震主动土压力

许多工程结构物,如房屋、挡土墙、桥台、涵洞、隧道、围堰等都支撑着土体,因而受到土压力的作用。在许多情况下,侧向土压力是超静定的,它是结构位移和变形的函数,因此,土压力的计算是一个十分复杂的问题。经典土压力理论是由库仑(Coulomb,1773)和朗金(Rankine,1857)提出的,太沙基(Terzaghi,1941)和派克(Pech,1967)对他们的理论进行了改进。

2.4.1　静止土压力

假设土体为半无限各向同性的均匀弹性体,取单元体如图 2.7 所示。由于土体在两个水平方向是无限延展的,所以该单元体只能产生垂直方向的变形 ε_z,而不能发生侧向位移,即 $\varepsilon_x = \varepsilon_y = 0$。

由图 2.7 可知,地面下 z 处竖向正应力

$$\sigma_z = \gamma z \qquad (2.27)$$

由广义虎克定律得:

图 2.7　静止土压力

$$\varepsilon_x = \frac{\sigma_x}{E} - \frac{v}{E}(\sigma_y + \sigma_z) = 0 \qquad (2.28)$$

将式(2.27)代入式(2.28)并令 $\sigma_x = \sigma_y$ 得:

$$\sigma_x = \frac{v}{1-v}\gamma z \qquad (2.29)$$

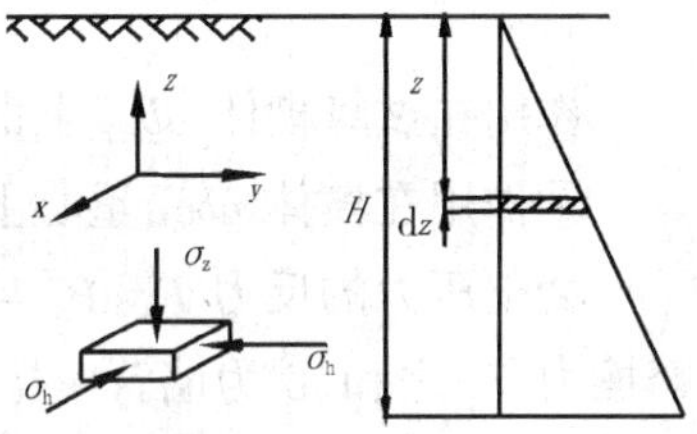

记:

$$\sigma_h = \sigma_x = \sigma_y,\quad K_0 = \frac{v}{1-v} \qquad (2.30)$$

得:

$$\sigma_h = K_0 \gamma z \qquad (2.31)$$

以上各式中

γ——土的容重;

E——土的弹性模量;

v——土的泊松比;

ε_x、ε_y、ε_z——单元体沿 x、y、z 方向的应变;

σ_x、σ_y、σ_z——单元体沿 x、y、z 方向的正应力。

称 K_0 为静止土压力系数,σ_h 为静止土压力。

由式(2.31)知,静止土压力沿深度呈三角形分布,如图 2.7 所示。总的静止土压力为三角形的面积,

$$E_0 = \frac{1}{2} K_0 \gamma H^2 \qquad (2.32)$$

其方向水平,作用在距底面 $H/3$ 处。K_0 依赖于土的相对密度和土沉积体的形成过程,可由现场试验求得。

2.4.2　库仑土压力理论

库仑理论是一种计算土压力的简化方法,它具有计算简便,能适应各种复杂的边界条件和

计算结果比较接近实际等优点,至今仍得到广泛应用。

库仑理论在分析土压力时基于以下两个基本假定:

①满足塑性平衡的变形条件,即墙体可产生移动、转动,致使墙后土体产生破裂面;

②破裂面(即滑动面)是平面。

库仑土压力是利用图 2.8 所示滑动试算楔体 abc_1 的平衡条件来计算的。bc_1 为假定破裂面。

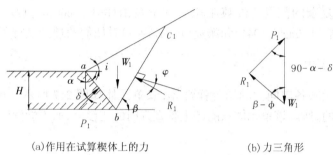

(a)作用在试算楔体上的力   (b)力三角形

图 2.8 库仑土压力

作用在试算楔体 abc_1 上的力有:

①作用在楔体 abc_1 重心上的自重 W_1;

②土压力的反力 P_1,P_1 与墙面法线成 δ 角。实际上,P_1 是墙背反力 N_1 与土楔体与墙面摩擦力 T_2 之和,δ 为墙背摩擦角;

③破裂面 bc_1 上的反力 R_1,R_1 与 bc_1 面法线成 φ 角。R_1 是法线方向反力 N_1 与摩擦力 T_1 之和,φ 为填土内摩擦角。

当该试算楔体处于极限平衡状态时,以上三个力组成封闭的力三角形(图 2.8b)。由正弦定理,得 P_1 与破裂面 bc_1 与水平方向夹角 β 之间的关系式:

$$P_1 = \frac{W_1 \sin(\beta - \varphi)}{\sin(90° + \alpha + \delta + \varphi - \beta)} \tag{2.33}$$

当破裂面 bc_1 发生在不同位置时,即 β 角变化时,W_1、P_1 都随之变化,因此,P_1 是 β 的函数。令:

$$\frac{\mathrm{d}P_1}{\mathrm{d}\beta} = 0 \tag{2.34}$$

得 P_1 最大值,即得库仑主动土压力 P_a。库仑导出的主动土压力解析式为:

$$P_a = \frac{1}{2} \gamma H^2 \frac{\cos^2(\varphi - \alpha)}{\cos^2 \alpha \cos(\delta + \alpha)} \cdot \frac{1}{\left\{ 1 + \sqrt{\dfrac{\sin(\varphi + \delta) \sin(\varphi - i)}{\cos(\alpha - i) \cos(\delta + \alpha)}} \right\}^2} \tag{2.35}$$

式中 γ——填土容重;

　　　H——墙背高度;

　　　φ——填土内摩擦角;

　　　δ——墙背摩擦角;

　　　i——填土表面倾斜角;

　　　α——墙面与铅垂线的夹角,当如图 2.8 倾斜时,α 取正,反之取负值。

库仑理论不能显示土压力沿墙高的分布。可以证明土压力按静水压力分布(Terzaghi, 1943, Prakash, 1979)。因此,土压力的合力 P_a 作用在挡土墙底面以上墙高 H 的三分之一处,与墙面法线成 δ 角。

2.4.3　地震主动土压力

地震时由于地震作用产生过大的侧向动土压力,使挡土墙结构物发生滑动和倾斜,导致结构物发生严重破坏。如唐山地震和海城地震中,桥台伴随台后填土整体向河心滑移,造成了一系列严重的桥梁倒塌事故。因此,对地震主动力的研究愈来愈受到人们的重视。西德(Seed)和惠特曼(Whiteman)的早期研究认为,造成上述破坏的原因主要是:

①墙背侧向土压力增大;

②墙前土压力减小;

③回填土液化。

物部(Mononobe)和松尾(Matsuo)考虑了地震时作用在破坏楔体上的惯性力,对库仑理论作了修改,给出了计算地震主动土压力的公式。

物部用来求解地震主动土压力的计算简图如图 2.9。AB 为墙体临土边界,ABC 为破坏土楔体。作用在单位厚度破坏土楔体上的力有:

①作用于楔体重心处的楔体重量 W_1;

②作用于 AB 面上地震主动土压力的反力 P_{AE},它与墙背法线成 δ 角;

③作用在破裂面 BC 上的反力 R_1,它与 BC 面的法线成 φ 角;

④作用在楔体重心处的水平惯性力 $k_h W_1$ 和竖向惯性力 $k_v W_1$。k_h、k_v 分别为水平地震系数和竖向地震系数,$k_h W_1$ 与 $(1 \pm k_v) W_1$ 的合力记作 $\overline{W}_1$,$\overline{W}_1 = W_1 \sqrt{k_h^2 + (1 \pm k_v)^2}$,称 $\overline{W}_1$ 与铅垂线的夹角为地震角 θ,

$$\theta = \arctan k_h / (1 \pm k_v) \tag{2.36}$$

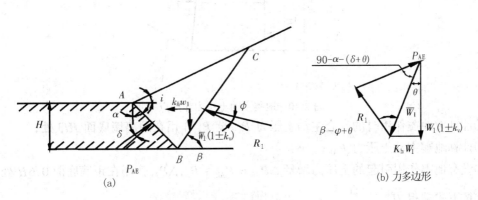

图 2.9　物部-松尾计算模型

考虑破坏土楔体受到地震作用后的力多边形如图 2.9(b)所示,与图 2.8(b)所示库仑理论的力三角形相比较,不难发现以下对应关系:

① $W_1 \rightarrow \overline{W}_1 = W_1 (1 \pm k_v) / \cos\theta$,即 $\gamma \rightarrow \gamma_E = \gamma \dfrac{(1 \pm k_v)}{\cos\theta}$;

②$90° - \alpha - \delta \rightarrow 90° - \alpha - (\delta + \theta)$，即 $\delta \rightarrow \delta_E = \delta + \theta$；

③$\beta - \varphi \rightarrow \beta - (\varphi - \theta)$，即 $\varphi \rightarrow \varphi_E = \varphi - \theta$。

因此，当考虑地震作用时，分别以 γ_E、δ_E、φ_E 代替库仑主动土压力公式(2.35)中的 γ、δ、φ，即可得地震主动土压力计算公式：

$$P_{AE} = \frac{1}{2} \gamma H^2 (1 \pm k_v) \frac{\cos^2(\varphi - \theta - \alpha)}{\cos\theta \cos^2\alpha \cos(\delta + \theta + \alpha)} \cdot \frac{1}{\left[1 + \sqrt{\dfrac{\sin(\varphi + \delta)\sin(\varphi - \theta - i)}{\cos(\alpha - i)\cos(\delta + \theta + \alpha)}}\right]^2} \tag{2.37}$$

式中各字母意义同(2.35)式，θ 由式(2.36)给出。

对地震主动土压力公式(2.37)的两点说明：

①当 $\varphi - \theta - i < 0$ 时，P_{AE} 没有实数解，即不满足平衡条件。因此，按平衡要求，应有回填土的表面倾斜角 $i \leq \varphi - \theta$，当 $\theta = 0$ 时，$i \leq \varphi$；

②对水平回填土来说，$i = 0$，依平衡条件要求 $\theta \leq \varphi$，即应有：

$$\frac{k_h}{1 \pm k_v} \leq \tan\varphi$$

上式分母取负号，表示竖向地震作用向上，可定义如下临界水平加速度系数

$$k_{hcr} = (1 - k_v)\tan\varphi \tag{2.38}$$

现有实验结果表明，地震主动土压力 P_{AE} 作用在距挡土墙底面 $H/3 \sim H/1.9$ 处，其中 H 为墙高。为了实际应用，西德和惠特曼建议按以下步骤确定 P_{AE} 距墙地面的距离 $\overline{H}$（图2.10）。

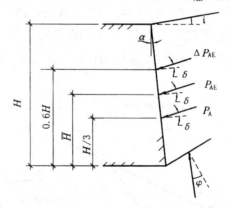

图 2.10 地震主动土压力作用点

①计算无地震作用时的库仑主动土压力 P_a，设 P_a 作用在距离墙底面 $H/3$ 处；

②计算地震主动土压力 P_{AE}；

③设有地震作用引起的土压力增量 $\Delta P_{AE} = P_{AE} - P_a$，$\Delta P_{AE}$ 作用在距墙底面 $0.6H$ 处；

④按下式求得 $\overline{H}$

$$\overline{H} = \frac{P_a H/3 + \Delta P_{AE} \times 0.6H}{P_{AE}} \tag{2.39}$$

【例2.1】 已知 $\alpha = i = 0$，$\varphi = 36°$，$\delta = 18°$，$H = 4.572\text{m}$，$\gamma = 17.27\text{kN/m}^3$，$k_v = 0.2$，$k_h = 0.3$ 求单位长度上墙受到的地震土压力 P_{AE} 及其作用点位置。

[解] ①按(2.35)式计算库仑主动土压力 P_a

$$P_a = \frac{1}{2}\gamma H^2 \frac{\cos^2(\varphi - \alpha)}{\cos^2\alpha\cos(\delta + \alpha)} \cdot \frac{1}{\left[1 + \sqrt{\dfrac{\sin(\varphi + \delta)\sin(\varphi - i)}{\cos(\alpha - i)\cos(\delta + \alpha)}}\right]^2} = 42.58\text{kN/m}$$

②按(2.37)式求地震主动土压力 P_{AE}

由(2.36)式求地震角 θ，当(2.36)式分母中取负号时，$\theta = \arctan\dfrac{k_h}{1 - k_v} = 20.56°$

由(2.37)式，每米上的主动土压力

$$P_{AE} = \frac{1}{2}\gamma H^2(1 - k_v)\frac{\cos^2(\varphi - \theta - \alpha)}{\cos\theta\cos^2\alpha\cos(\delta + \theta + \alpha)} \cdot \frac{1}{\left[1 + \sqrt{\dfrac{\sin(\varphi + \delta)\sin(\varphi - \theta - i)}{\cos(\alpha - i)\cos(\delta + \theta + \alpha)}}\right]^2} =$$

78.82kN/m

③按(2.39)计算式 P_{AE} 作用点的位置 $\overline{H}$

$$\Delta P_{AE} = P_{AE} - P_a = 36.24\text{kN/m}$$

$$\overline{H} = \frac{P_a H/3 + \Delta P_{AE} \times 0.6H}{P_{AE}} = 2.085 = 0.4559H$$

2.4.4　计算规定

我国《铁路工程抗震设计规范》及《建筑抗震设计规范》均以物部-松尾公式(式 2.37)为依据，在只考虑地面运动水平分量的影响，不考虑底面运动的竖向分量和土的力学指标采用静力状态值两个条件下，分水位以上和水位以下两种情况，按库仑理论计算作用于桥台、地下室墙体等挡土结构上的地震主动土压力，但用公式(2.35)时土的内摩擦角、墙背摩擦角和土的容重应按以下公式进行修正：

$$\varphi_E = \varphi - \theta \tag{2.40a}$$

$$\delta_E = \delta + \theta \tag{2.40b}$$

$$\gamma_E = \frac{\gamma}{\cos\theta} \tag{2.40c}$$

式中　φ、φ_E——修正前后土的内摩擦角(度)；

δ、δ_E——修正前后土的墙背摩擦角(度)；

γ、γ_E——修正前后土的容重(kN/m³)；

θ——地震角，按表 2.7 采用。

表 2.7　不同烈度时 θ 角的数值

烈　度		7	8	9
θ	水上	1°30′	3°	6°
	水下	2°30′	5°	10°

地震主动土压力作用点的位置，铁路抗震规范规定与静库仑主动土压力的作用点位置相同，即作用在距墙底 $H/3$ 处。

2.5 液化土和软土地基

地下水位以下的饱和松砂和粉土在地震作用下,土颗粒之间有被振密的趋势,伴随土中孔隙水压力升高,使土颗粒处于悬浮状态,引起地面发生喷砂冒水、地基失效的现象称为土的液化。

砂土液化是地震时地下水位高的松散沉积场地土常见的一种震害现象。最典型的事例是1964年6月,日本新潟地震时该市低洼地区出现的大面积砂土液化。当时地面多处喷砂冒水,建筑物逐渐下沉、倾斜,一些水池、地下管道等逐渐浮出地面。其中最引人注目的是几栋公寓在地震后4分钟开始倾斜并逐渐平卧于地表,最大倾角近80°,但其上部结构无其他破坏。这次地震后,土的动强度和土的液化问题引起了世界各国地震工作者的关注。

我国1966年邢台地震,1975年海城地震和1976年唐山地震时,都发生过场地土液化现象,导致建筑物遭受到不同程度的震害。

2.5.1 场地土液化的原因

砂土液化是由于饱和砂土在地震作用下短时间抗剪强度降低或趋于零所致。饱和砂土的抗剪强度为:

$$\tau_f = \bar{\sigma}\tan\varphi = (\sigma - u)\tan\varphi \tag{2.41}$$

式中　$\bar{\sigma}$——剪切面上有效法向压应力;

　　　σ——剪切面上总法向压应力;

　　　u——孔隙水压力;

　　　φ——土的内摩擦角。

在地震作用下砂土震密的过程中,孔隙水压力 u 急剧增加,趋于与总法向压应力 σ 相等,当有效法向压应力 $\bar{\sigma} = \sigma - u = 0$ 时,砂土颗粒呈现悬浮状态,土体抗剪强度 $\tau_f = 0$,从而场地土丧失承载能力。

2.5.2 影响液化的主要因素

场地土液化与许多因素有关,地震是其外因。地震烈度愈高的地区土层愈易液化。一般6度及以下的地区很少发现液化现象,而在7度及以上地区液化现象就相当普遍。另外,地震持续时间愈长愈易液化。

地质条件是砂土液化的内因,主要有以下几个方面:

1)地质年代

地质年代的新老表示土层沉积时间的长短。地质年代久远的土层,除经历次地震的影响使之密实外,土颗粒之间还会形成一定的胶结结构。因此,地质年代愈久的土层,其密实度、固结度愈好,抗液化的能力愈强。宏观震害调查尚未发现地质年代为第四纪晚更新世(Q_3)及其从前的饱和土发生液化。

2)土中粘粒含量

粘粒是指粒径≤0.005mm的颗粒。土中粘粒含量越高土的粘聚力越大,从而抗液化能力越强。从海城地震和唐山地震得到的液化处粘粒含量百分率和烈度的统计关系可知,当地震烈度为 7 度、8 度和 9 度时,粘粒含量百分率,分别不小于 10、13 和 16 的粉土和砂土不会发生液化。

3)上覆非液化土层厚度和地下水位深度

上覆非液化土层是指地震时第一层可液化土层以上覆盖的除对抑制喷砂冒水作用很小的软土层之外的土层,该土层愈厚愈能抑制液化的发生。

地下水位高低也是影响喷砂冒水的一个重要因素。震害表明,地下水位愈低愈不易液化。

4)土的密实程度

砂土和粉土愈密实愈不易液化。1964 年新潟地震时,相对密度小于 50% 的砂土普遍发生液化,而相对密度大于 70% 的土层则没有发生液化。

2.5.3　场地土液化的判别法

场地土液化的判别法分为初判法与试验法两种。

(1)初判法

根据分析影响场地土液化的主要因素和地震现场的液化调查资料,《规范》规定,饱和砂土或粉土(不含黄土)当符合下列条件之一时,可初步判别为不液化或不考虑液化影响。

①地质年代为第四纪晚更新世(Q_3)及其以前时,冲洪积密实饱和砂土或粉土(不含黄土),7~9 度时可判别为不液化;

②粉土的粘粒(粒径小于 0.005mm 的颗粒)含量百分率,地震烈度 7 度、8 度和 9 度分别不小于 10、13 和 16 时,可判为不液化土(用于液化判别的粘粒含量系采用六偏磷酸钠作为分散剂测定,采用其他方法时应按有关规定换算);

③天然地基的建筑,当上覆非液化土层厚度和地下水位深度符合下列条件之一时,可不考虑液化影响:

$$d_u > d_0 + d_b - 2 \tag{2.42a}$$

$$d_w > d_0 + d_b - 3 \tag{2.42b}$$

$$d_u + d_w > 1.5d_0 + 2d_b - 4.5 \tag{2.42c}$$

式中　d_w——地下水位深度(m),宜按建筑使用期内年平均最高水位采用,也可按近期内年最高水位采用;

d_u——上覆非液化土层厚度(m),计算时宜扣除淤泥和淤泥质土;

d_b——基础埋置深度(m),不超过 2m 时应采用 2m;

d_0——液化土特征深度(m),可按表 2.8 采用。

表 2.8　液化土特征深度/m

饱和土类别	烈　　度		
	7	8	9
粉土	6	7	8
砂土	7	8	9

(2)标准贯入试验判别法

当初步判别认为须进一步进行液化判别时,应采用标准贯入试验或静力触探试验等进行判别。

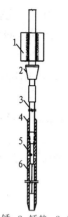

1. 穿心锤；2. 锤垫；3. 触探杆
4. 贯入器头；5. 出水孔；6. 贯入器；

图 2.11　标准贯入器

标准贯入试验设备,主要由贯入器,触探杆和穿心锤组成(图2.11)。触探杆一般用直径 42mm 的钻杆,穿心锤重 63.5kg。操作时先用钻具钻至试验土层标高以上 15cm,然后在锤的落距为 76cm 的条件下,每打入 30cm 的锤击数称作标准贯入锤击数。

在地面以下 20m 深度范围内,当饱和土标准贯入锤击数(未经杆长修正)小于液化判别标准贯入锤击数临界值 N_{cr} 时,应判为液化土。N_{cr} 可按下式计算:

$$N_{cr} = N_0 [0.9 + 0.1(d_s' - d_w)]\sqrt{3/\rho_c} \qquad (d_s \leq 25) \quad (2.43a)$$

$$N_{cr} = N_0 (2.4 - 0.1 d_w)\sqrt{3/\rho_c} \qquad (15 \leq d_s \leq 20) \quad (2.43b)$$

式中　N_{cr}——液化判别标准贯入锤击数临界值;

N_0——液化判别标准贯入锤击数基准值,应按表2.9采用;

d_s——饱和土标准贯入点深度;

ρ_c——粘粒含量百分率,当小于 3 或为砂土时,应采用 3。

表 2.9　标准贯入锤击数基准值

特征周期分区	烈　　　　　度		
	7	8	9
一区(Ⅱ类场地的 $T_g = 0.35s$)	6(8)	10(13)	16
二、三区(Ⅱ类场地的 $T_g > 0.35s$)	8(10)	12(15)	18

(3)液化等级

地基土液化程度不同对建筑物的危害也不同。对存在液化土层的地基,应探明各液化土层的深度和厚度,按下式计算每个钻孔的液化指数,并按表 2.10 综合划分地基的液化等级。

$$I_{IE} = \sum_{i=1}^{n} \left(1 - \frac{N_i}{N_{cri}}\right) d_i \omega_i \tag{2.44}$$

式中　I_{IE}——液化指数;

n——每一钻孔 20m 深度范围内液化土中标准贯入试验点的总数;

N_i、N_{cri}——分别为 i 点标准贯入锤击数的实测值和临界值,当实测值大于临界值时应取临界值的数值;

d_i——i 点所代表的土层厚度(m),可采用与该标准贯入试验点相邻的上、下两标准贯入试验点深度差的一半,但上界不高于地下水位深度,下界不深于液化深度;

ω_i——i 土层考虑单位土层厚度的层位影响权函数值(单位 m^{-1}),当该层中点深度不大于 5m 时应采用 10,等于 20m 时应采用零值,5~20m 时应按线性内插法取值。

为了粗略统计场地的喷水冒砂程度和液化对建筑物的危害程度,以便为采取工程措施提供依据,存在液化土层的地基根据其液化指数按表 2.10 划分为 3 个等级。

表2.10 液化等级和对建筑物的相应危害程度

液化等级	液化指数	地面喷水冒砂情况	对建筑的危害情况
轻微	<6	地面无喷水冒砂,或仅在洼地、河边有零星的喷水冒砂点	危害性小,一般不致引起明显的震害
中等	6~18	喷水冒砂可能性大,从轻微到严重均有,多数属中等	危害性较大,可造成不均匀沉陷和开裂,有时不均匀沉陷可能达到200mm
严重	>18	一般喷水冒砂都很严重,地面变形很明显	危害性大,不均匀沉陷可能大于200mm,高重心结构可能产生不容许的倾斜

(4)抗液化措施

1)抗液化措施

地基抗液化措施,应根据建筑物的抗震设防类别、地基的液化等级,结合具体情况综合确定。当液化土层较平坦且均匀时,宜按表2.11选用抗液化措施;尚可考虑上部结构重力荷载对液化危害的影响,根据液化震陷的估计适当调整抗液化措施。

不宜将未经处理的液化土层作为天然地基持力层。

表2.11 抗液化措施

抗震设防类别	地基的液化等级		
	轻微	中等	严重
乙类	部分消除液化沉陷,或对基础和上部结构处理	全部消除液化沉陷,或部分消除液化沉陷且对基础和上部结构处理	全部消除液化沉陷
丙类	基础和上部结构处理,亦可不采取措施	基础和上部结构处理,或更高要求的措施	全部消除液化沉陷,或部分消除液化沉陷且对基础和上部结构处理
丁类	不采取措施	不采取措施	基础和上部结构处理,或其他经济的措施

2)全部消除地基液化沉陷

①采用桩基时,桩端伸入液化深度以下稳定土层中的长度(不包括桩尖部分)应按计算确定,且对碎石土、砾、粗、中砂,坚硬粘性土和密实粉土尚不应小于0.5m,对其他非岩石土尚不宜小于1.5m。

②采用深基础时,基础底面应埋入液化深度以下的稳定土层中,其深度不应小于0.5m。

③采用加密法(如振冲、振动加密、挤密碎石桩,强夯等)加固时,应处理至液化深度下界;振冲或挤密碎石桩加固后,复合地基的标准贯入锤击数可按式(2.45)计算,并不应小于液化标准贯入锤击数的临界值。

$$N_{com} = N_s[1 + \rho(\lambda - 1)] \tag{2.45}$$

式中 N_{com}——加固后复合地基的标准贯入锤击数;

N_s——桩间土加固后的标准贯入锤击数(未经杆长修正);

λ——桩土应力比,宜根据试验结果确定;

ρ——面积置换率。

④用非液化土替换全部液化土层。

⑤采用加密法或换土法处理时,在基础边缘以外的处理宽度,应超过基础地面下处理深度的 1/2 且不小于基础宽度的 1/5。

3)部分消除地基液化沉陷

①处理深度应使处理后的地基液化指数减少,其值不宜大于 5,对独立基础和条形基础,尚不应小于基础底面下液化特征深度值和基础宽度的较大值。

②采用振冲或挤密碎石桩加固后,复合地基的标准贯入锤击数应符合公式(2.45)的要求。

③基础边缘以外的处理宽度,应符合 2)中的第⑤条的要求。

4)基础和上部结构处理

减轻液化影响的基础和上部结构处理,可综合采用下列各项措施:

①选择合适的基础埋置深度。

②调整基础底面积,减少基础偏心。

③加强基础的整体性和刚度,如采用箱基、筏基或钢筋混凝土十字(交叉)条形基础,加设基础圈梁等。

④减轻荷载,增强上部结构的整体刚度和均匀对称性,合理设置沉降缝,避免采用对不均匀沉降敏感的结构形式等。

⑤管道穿过建筑处应预留足够尺寸或采用柔性接头等。

另外,对于中等液化和严重液化的故河道、现代河滨、海滨、自然或人工边坡,当有液化倾向扩展或流滑可能时,在距常时水线约 150m 以内不宜修建永久性建筑,否则应进行抗滑动验算、采取防土体滑动措施或结构抗裂措施。常时水线宜采用建筑使用期内年平均最高水位,也可采用近期年最高水位。

①宜考虑滑动土体的侧向作用力对结构的影响。

②结构抗地裂措施应符合下列要求:

a. 建筑的主轴应平行河流放置;

b. 建筑物长高比宜小于 3;

c. 应采用筏基或箱基,且基础板内应根据需要加配抗拉裂钢筋,抗拉钢筋可由中部向基础边缘逐段减少;配筋计算时,基础底板端部的撕拉力可取为零,基础底板中部的最大撕拉力,可按下式计算:

$$F = 0.5G\mu \tag{2.46}$$

式中　F——基础底板中部的最大撕拉力(kN),应均匀分布于水流动方向的基础宽度内,

　　　G——建筑基础底板以上的竖向总重力(kN),

　　　μ——基础底面与土间的摩擦系数,可按现行《建筑地基基础设计规范》(GB50007)取值。

如果地基主要受力层范围内存在软弱粘性土层时,应根据具体情况综合考虑,采用桩基、地基加固处理或 4)中所列各项措施,也可根据软土震陷量的估计,采取相应措施。

2.6　桩　基

2.6.1　震害

桩基是在软弱地基上常采用的有效的基础形式,地震经验表明,桩基远比无桩的基础具有更好的抗震性能。经常发现附近结构物震害严重而有桩基的结构物则震害要轻得多。但是,桩基也经常出现震害现象。早在 1948 年日本福井地震、1952 年日本十胜冲地震时,位于软弱地基中的基础,常常导致上部结构与支撑结构过大的不均匀沉陷和严重的震害。1964 年新潟地震、Alaska 地震和 1968 年十胜冲地震更进一步表明,砂土液化可以导致桩基的破坏从而引起上部结构的严重破坏。例如新潟地震时,横跨信浓川的昭和大桥,有 5 孔落梁。震后调查表明,震害是由 10m 左右的砂土液化导致桩严重变形,从而使桥墩变形过大所致。

1978 年 6 月 12 日日本宫城县地震时,仙台市几个事例表明有些高层建筑物下的桩也完全破坏。表 2.12 是经过开挖检查后发现确有桩破坏的几个事例。桩破坏大部发生在桩顶附近。

表 2.12　1978 年宫城县地震房屋桩基破坏

房屋类型	层数	桩型	桩长 /m	桩直径 /m	破坏类型	房屋破坏	地形	主要地基
箱形 RC	3	RC	5	0.25	弯裂	倒毁	平	污泥粘土
箱形 RC	4	预应力 RC	5	0.35	弯剪裂碎	不均匀沉陷	平	粘土、砂
型钢 RC	11	预应力 RC	12	0.60	弯剪裂碎	不均匀沉陷 和轻微破坏	平	粉土、砂
型钢 RC	14	预应力 RC	24	0.60,0.50	弯剪裂碎		平	污泥、砂
RC	4	预应力 RC	10	0.30	弯剪裂		坡	

2.6.2　桩基抗震验算

根据近年来国内外的理论研究及试验结果,《规范》对桩基抗震验算规定如下:

1)承受竖向荷载为主的低承台桩基,当地面下无液化土层,且桩承台周围无淤泥、淤泥质土和地基承载力特征值不大于 100kPa 的填土时,下列建筑可不进行桩基抗震承载力验算:

①砌体房屋及《规范》规定可不进行上部结构抗震验算的建筑;

②7 度和 8 度时,一般单层厂房、单层空旷房屋和 8 层、高度 25m 以下的一般民用框架房屋及其基础荷载相当的多层框架厂房。

2)非液化土中低承台桩基的抗震验算,应符合下列规定:

①单桩竖向和水平向抗震承载力设计值,可比静载时提高 25%;

②当承台侧面的回填土夯实至干密度不小于 16.5kN/m³ 时,可考虑承台正面填土与桩共同承担水平地震作用,但不应计入承台底面与地基土间的摩擦力;

③当地下室埋深大于 2m 时,桩所承担的地震剪力可按式(2.47)计算:

$$V = V_0 \frac{0.2\sqrt{H}}{\sqrt[4]{d_f}} \tag{2.47}$$

式中　V_0——上部结构的底部水平地震剪力(kN);

V——桩承担的地震剪力(kN),当小于 $0.3V_0$ 时取 $0.3V_0$,大于 $0.9V_0$ 时取 $0.9V_0$,

H——建筑地上部分的高度(m),

d_f——基础深度(m)。

3)存在液化土层的低承台桩基抗震验算应符合下列规定:

①对一般浅基础,不宜计入承台侧面土抗力或刚性地坪对水平地震作用的分担作用。

②全部水平地震力由桩承担并按以下两种状态验算桩的竖向承载力和桩身强度。

a. 地震时:液化土的刚度与摩阻力折减一半处理;

b. 地震后:取非抗震设计组合,液化层的摩阻力取零,上覆非液化层的摩阻力乘以折减系数0.8。

③ 打入式预制桩及其他挤土桩,当平均桩距为 $2.5 \sim 4$ 倍桩径且桩数不少于 5×5 时,可考虑打桩对土的加密作用及桩身对液化土变形限制的有利影响。当打桩后桩间土的标准贯入锤击数值达到不液化的要求时,可不考虑液化对单桩承载力的折减,但对桩尖持力层作强度校核时,桩基外侧的应力扩散角应取为零。打桩后桩间土的标准贯入锤击数可由试验确定,也可按式(2.48)计算:

$$N_1 = N_p + 100\rho(1 - e^{-0.3N_0}) \tag{2.48}$$

式中 N_1——打桩后的标准贯入锤击数;

ρ——打入式预制桩的面积置换压入率;

N_p——打桩前的标准贯入锤击数。

4)处于液化土中的桩基承台周围,宜用非液化填筑夯实,若用砂砾类土则应符合上节全部消除地基液化的有关要求。

5)液化土中的桩,由桩顶直到液化深度以下 2 倍桩径的范围内,纵向钢筋须保持与桩顶相同;箍筋应加密,间距宜与桩顶相同。

6)在有液化侧扩地段,距常时水线 150m 范围内的桩基除应满足本节中的其他规定外,尚应考虑土流动时的侧向作用力,且承受侧向推力的面积应按边桩外缘间的宽度计算。

本章小结 本章首先阐述了对建筑抗震有利、不利和危险地段的划分,和建筑场地类别的划分。然后讨论了地震动特性,引入了卓越周期的概念及地震动特性的三要素。介绍了地震主动土压力的计算方法,给出了地基基础和桩基础的抗震验算方法。介绍了砂土液化的概念、液化判别方法和液化指数的概念,讨论了抗液化措施和软土地基的处理措施。

思 考 题

1. 何谓对建筑抗震有利、不利和危险的地段?

2. 建筑场地的类型是如何划分的?

3. 什么是场地土的卓越周期?

4. 何谓地震动三要素?

5. 如图 2.9,已知 $H = 6m$,$\gamma = 17.27kN/m^3$,$\varphi = 25°$,$\delta = \varphi/2$,$i = 10°$,$k_h = 0.1$,$k_v = 0$,$\alpha = 20°$,求单位长度(m)上挡土墙的地震主动土压力 P_{AE} 及其作用点位置。

6. 何谓液化?影响场地液化的主要因素有哪些?

7. 如何判别场地土是否液化?

第 3 章
地震作用和结构抗震验算

本章要点 本章介绍静力法和单自由度、多自由度体系的运动方程及其在地震作用下的解。阐述了反应谱的概念、振型分解反应谱法和底部剪力法。给出了时程分析法的概念。最后阐述了截面抗震验算的方法。

3.1 概 述

地震时由于地面运动使原来处于静止的结构受到动力作用,产生强迫振动。这种由于地面运动引起的对结构的动力作用称为地震作用。地震作用下在结构中产生的内力、变形和位移等称为结构的地震反应。

地震作用与一般荷载不同,它不仅与外来干扰作用的大小及其随时间的变化规律有关,而且还与结构的动力特性,如结构自振频率、阻尼等有密切的关系。由于地震时地面运动是一种随机过程,运动极不规则,且工程结构物一般是由各种构件组成的空间体系,其动力特性十分复杂,所以确定地震作用要比确定一般荷载复杂得多。

目前工程上求解结构地震反应的方法大致可分为两类,其一是等效荷载法,即对地震结构的最大动荷载用等效的静荷载来表示,然后按静力法对结构进行内力分析,校核结构的抗震能力。另一类是直接动力分析法,即对动力方程直接积分,求出结构随时间变化的地震反应,又称为时程分析法。

目前我国和其他国家的许多抗震设计规范均采用反应谱理论来确定地震作用,其中以加速度反应谱用的最多。所谓加速度反应谱,就是单自由度弹性体系在一定的地面运动作用下质点最大反应加速度与体系自振周期间的关系曲线。当求出体系的自振周期后,利用反应谱曲线或其相应的计算公式,可方便地确定体系的加速度反应最大值,进而求出地震作用。应用反应谱理论不仅可以解决单自由度体系的地震反应计算问题,而且通过振型分解法还可以计算多自由度体系的地震反应。

在抗震设计中,除采用反应谱法计算地震作用外,对于刚性大且较矮的工程结构,如坝体、桥台等还可按静力法计算地震作用;对高层结构、有特殊要求的结构及新型结构等,应采用时程分析进行专门研究设计。

本章主要介绍反应谱法,简要介绍静力法,对时程分析法仅做概念性介绍。

3.2 静 力 法

静力法始于意大利,发展于日本。结构抗震定量计算由此开始。1900年日本学者大森房吉提出的基本烈度表,用静力等效最大水平惯性力的绝对值,并以最大水平加速度绝对值 $|\ddot{x}_g|_{\max}$ 作为地震烈度的绝对指标。日本当时的结构多为笨重的砖石结构,地震后许多石灯柱和碑石倒塌了,人们认为是地震时由水平地震作用力 F 推倒的。1899年大森房吉提出结构物所受的地震力 F 可表示为:

$$F = \frac{|\ddot{x}_{gh}|_{\max}}{g} W \tag{3.1}$$

式中　$|\ddot{x}_{gh}|_{\max}$——地面运动水平加速度的最大绝对值;

　　　g——重力加速度;

　　　W——结构的重量。

并称

$$k_h = \frac{|\ddot{x}_{gh}|_{\max}}{g} \tag{3.2}$$

图 3.1　静力法

为水平地震系数。在其烈度区域内调查许多由于地震而倾倒的结构物重量 W,并计算出使之倾倒所需的水平推力 F,按下式可求出该区域的水平地震系数 k_h:

$$k_h = \frac{F}{W} \tag{3.3}$$

可以说计算地震力的静力法是把由地震引起的振动、地基情况、结构动力特性和基础强度等互为影响的复杂现象简化后,综合地用一个经验性的地震系数来表示的方法。

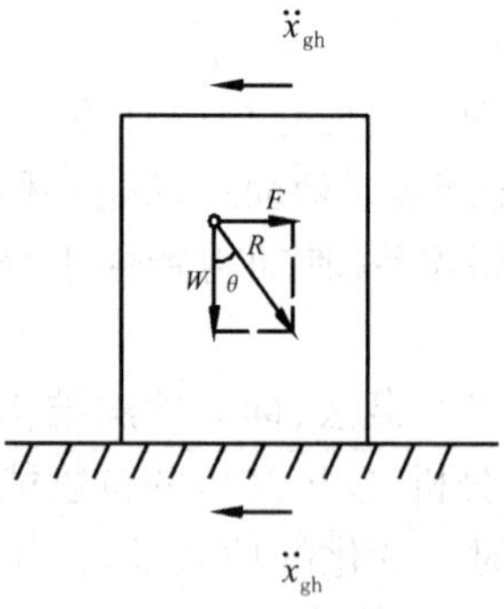

静力法假定地基和结构都是刚性的,并且两者刚性地固结在一起,如图3.1所示。当地基以水平加速度做水平运动时,结构整体也将以 $\ddot{x}_{gh}$ 做水平运动。设结构物的质量为 m,则水平方向的惯性力 F 为 $-m\ddot{x}_{gh}$。在结构物上虚拟地加上惯性力 F 后,由达郎培尔原理,就把动力学问题形式上归结为静力学问题。

水平地震系数 k_h 可按下表选用:

表 3.1　水平地震系数

抗震设防烈度	6	7	8	9
水平地震系数 k_h	0.05	0.1	0.2	0.4

图3.1中,F 与 W 之合力 R 与铅垂线的夹角 θ 称为地震角。由图3.1可知:

$$R = \sqrt{W^2 + F^2} = W\sqrt{1 + k_h^2} \tag{3.4}$$

$$\theta = \tan^{-1}\frac{|\ddot{x}_{gh}|_{max}}{g} = \tan^{-1}k_h \tag{3.5}$$

在高烈度区,除考虑水平地震作用外,有时还要考虑竖向地震作用。竖向地震作用有向上与向下两个方向(图 3.2)。验算时,应按水平方向和竖直方向地震作用同时发生的最不利情况组合。如图 3.2,定义竖向地震系数:

$$k_v = \frac{|\ddot{x}_{gv}|_{max}}{g} \tag{3.6}$$

这时有:

$$R = W\sqrt{(1\mp k_v)^2 + k_h^2} \tag{3.7}$$

$$\theta = \tan^{-1}\frac{k_h}{1\mp k_v} \tag{3.8}$$

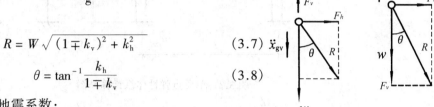

图 3.2　地震合力与地震角

式中　k_h——水平地震系数;

　　　k_v——竖向地震系数;

　　　R——合力;

　　　$\ddot{x}_{gv}$——竖向地震加速度。

静力法明显的优点是简单,其缺点是完全没有反映地基和结构的动力特征。静力法只对刚度较大,且较低矮的结构才是合适的。一般认为对于自振周期小于 0.5s 的结构按静力法计算地震作用时,误差不会很大。

日本从 20 世纪 20 年代起始用静力法以来,为了表示场地、结构动力特性等众多因素的影响,对静力法作过多次修正,乘以多个系数,称之为震度法,并沿用至今。我国鉴于当前路基和挡土墙、坝体等土木工程结构的动力观测资料和自振特性的试验研究尚少,故对其抗震验算,仍采用静力法计算地震作用。

3.3　单自由度体系的地震反应

水塔、排架桥墩、单层房屋等结构,它们的质量大部分集中于结构的顶部,通常都简化为如图 3.3 所示的单质点体系。其中 m 为全部集中于顶部的质量,k 为无重量弹性直杆的刚度系数。

目前,计算弹性体系的地震反应时,一般不考虑地基转动的影响,而把地面的运动分解两个互相垂直的水平方向和一个竖直方向的分量,然后分别计算这些分量对结构的影响。

图 3.4(a)表示地震时单质点弹性体系在地面一个水平运动分量作用下的运动状态。其中,$\ddot{x}_g(t)$ 表示地面水平运动加速度,它可由实测的地震加速度记录得到。$x(t)$ 表示质点对于地面的相对位移,是待求量。在这种情况下,任一瞬间振动体系的形态可以借用一个坐标 x 来确定,称之为具有单自由度的体系。

3.3.1　运动方程的建立

为了确定当地面加速度按 $\ddot{x}_g(t)$ 变化时单自由度体系相对位移反应 $x(t)$,我们来建立其运动方程。

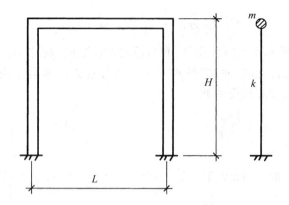

图 3.3　单质点弹性体系计算简图

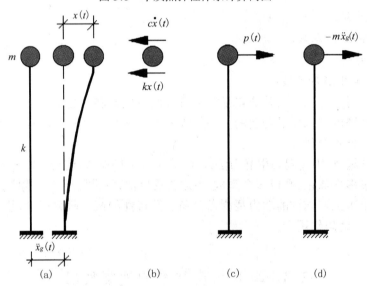

图 3.4　地震时单质点体系运动状态

取 m 为隔离体(图 3.4(b)),作用在它上面的力有:

(1)弹性恢复力

这是使质点从振动位置回到平衡位置的一种力,它的大小与质点 m 的相对位移 $x(t)$ 成正比,方向总是指向平衡位置,即:

$$S = -kx(t)$$

式中 k 为弹性直杆的刚度系数,即使质点发生单位水平位移时在质点处所施加的水平力。

(2)阻尼力 R

在振动过程中,由于外部介质阻力,构件之间的摩擦等原因,结构的振动将逐渐衰减。这种使结构振动衰减的力称为阻尼力。在工程计算中一般采用粘滞阻尼理论,即假定阻尼力的大小与速度成正比,方向与速度的方向相反,

$$R = -c\dot{x}(t)$$

式中 c 为阻尼系数。

在地震作用下,质点 m 的绝对加速度为 $\ddot{x}_g(t) + \ddot{x}(t)$。按牛顿第二定律,得到质点运动方

程为:

$$m[\ddot{x}_g(t) + \ddot{x}(t)] = -kx(t) - c\dot{x}(t) \tag{3.9}$$

整理后得:

$$m\ddot{x}(t) + c\dot{x}(t) + kx(t) = -m\ddot{x}_g(t) \tag{3.10}$$

式(3.10)即为在地震作用下单自由度体系的微分方程。如将式(3.10)与单自由度体系在动荷载 $P(t)$(图 3.4c)作用下的强迫振动微分方程

$$m\ddot{x}(t) + c\dot{x}(t) + kx(t) = P(t) \tag{3.11}$$

比较,就会发现:地面运动对质点的作用相当于在质点上加一个动荷载 $-m\ddot{x}_g(t)$(图 3.4d)。

式(3.10)除以 m 并引入记号

$$\omega^2 = \frac{k}{m} \qquad \xi = \frac{c}{2\sqrt{km}} = \frac{c}{2\omega m} \tag{3.12}$$

方程(3.10)成为二阶常系数线性非齐次方程:

$$\ddot{x}(t) + 2\xi\omega\dot{x}(t) + \omega^2 x(t) = -\ddot{x}_g(t) \tag{3.13}$$

它表示质量为单位质量的单自由度体系在地震干扰力 $-\ddot{x}_g(t)$ 作用下的强迫振动。(3.13)的解由对应齐次方程的通解与非齐次方程的特解组成。

3.3.2　运动方程的解

为了获得方程(3.13)的解,首先考虑式右等于零的齐次方程,

$$\ddot{x}(t) + 2\xi\omega\dot{x}(t) + \omega^2 x(t) = 0 \tag{3.14}$$

在所作用的力等于零的情况下产生的运动称作自由振动。我们现在研究的就是单自由度体系的自由振动反应。由式(3.14)求得的 $x(t)$ 将依赖于阻尼系数 c。

(1)无阻尼自由振动

如果体系没有阻尼,即 $c=0$,则方程(3.14)成为:

$$\ddot{x}(t) + \omega^2 x(t) = 0 \tag{3.15}$$

这是单自由度无阻尼自由振动方程,其通解为:

$$x(t) = A\cos\omega t + B\sin\omega t \tag{3.16}$$

其中常数 A,B 可以用初始条件确定,即用体系开始振动时($t=0$ 时刻)的位移 $x(0)$ 及初始速度 $\dot{x}(0)$ 来表达。容易看出,$x(0)=A$,$\dot{x}(0)=B\omega$,将 A,B 值代入式(3.16)得:

$$x(t) = x(0)\cos\omega t + \frac{\dot{x}(0)}{\omega}\sin\omega t \tag{3.17}$$

这个解是如图 3.5 所示的简谐振动。ω 是运动的圆频率或角速度,它的单位为单位时间弧度。每一单位时间内往返的次数 f 称为频率,它由下式给出:

$$f = \frac{\omega}{2\pi} \tag{3.18}$$

它的倒数称作周期,

$$T = \frac{1}{f} = \frac{2\pi}{\omega} = 2\pi\sqrt{\frac{m}{k}} \tag{3.19}$$

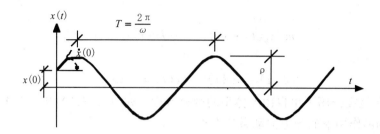

图 3.5 无阻尼自由振动

在图 3.5 中,振幅

$$\rho = \sqrt{x^2(0) + \left[\frac{\dot{x}(0)}{\omega}\right]^2} \qquad\qquad T = \frac{2\pi}{\omega}$$

相位角

$$\theta = \tan^{-1}\frac{\dot{x}(0)}{\omega x(0)}$$

(2)有阻尼自由振动

当体系内存在低阻尼,即 $c < 2\omega m$ 时,方程(3.14)的通解为:

$$x(t) = e^{-\xi\omega t}(A\cos\omega't + B\sin\omega't) \tag{3.20}$$

式中,

$$\omega' = \omega\sqrt{1-\xi^2} \tag{3.21}$$

为阻尼振动的圆频率。A,B 为常数,由初始条件确定。即把 $t=0$ 时刻的初位移 $x(0)$,初速度 $\dot{x}(0)$ 分别代入式(3.20)和其对 t 的一阶导数得:

$$A = x(0), \qquad B = \frac{\dot{x}(0) + \xi\omega x(0)}{\omega'}$$

将 A,B 代入式(3.20)得

$$x(t) = e^{-\xi\omega t}\left[x(0)\cos\omega't + \frac{\dot{x}(0) + \xi\omega x(0)}{\omega'}\sin\omega't\right] \tag{3.22}$$

上式即为在给定初始条件下低阻尼自由振动得解。

由 $\omega' = \omega\sqrt{1-\xi^2}$ 和 $\xi = \frac{c}{2m\omega}$ 可以看出,阻尼振动的圆频率 ω' 随阻尼系数 c 的增大而减小,即阻尼愈大,质点返回中心位置的速度愈慢。当阻尼系数达到某一数值

$$c_c = 2m\omega = 2\sqrt{km} \tag{3.23}$$

时,$\xi = 1$,$\omega' = 0$,这时体系不再产生振动,其运动如图 3.6 所示。这时的阻尼系数 c_c 称为临界阻尼系数。称结构的阻尼系数 c 与临界阻尼系数 c_c 的比

$$\xi = \frac{c}{c_c} = \frac{c}{2m\omega} \tag{3.24}$$

为临界阻尼比,简称为阻尼比。

在工程结构抗震设计中,常用阻尼比 ξ 表示结构的阻尼参数,它的变化范围为 $0.01 \sim 0.1$,计算通常取 $\xi = 0.05$。因此,有阻尼圆频率 ω' 和无阻尼圆频率 ω 很接近,在计算体系的自振圆频率时,通常可不考虑阻尼的影响。

阻尼比 ξ 值可通过对结构的振动试验确定。

(3)地震作用下的强迫振动

求地震干扰力 $-\ddot{x}_g(t)$ 作用下运动方程

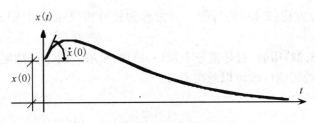

图 3.6　具有临界阻尼的自由振动

$$\ddot{x}(t) + 2\xi\omega\dot{x}(t) + \omega^2 x(t) = -\ddot{x}_g(t)$$

的特解时,可将干扰力 $-\ddot{x}_g(t)$ 看做无穷多个连续发生的微分脉冲,如图 3.7 所示。

现以任一微脉冲的作用进行讨论,设它在 $t = \tau - d\tau$ 时开始作用,作用时间为 $d\tau$,则此微脉冲的大小为 $-\ddot{x}_g(\tau)d\tau$。体系在此微脉冲作用后将只产生自由振动,其位移可按式(3.23)确定。这时,式中的 $x(0)$ 和 $\dot{x}(0)$ 应分别为该微脉冲作用后瞬时的位移和速度值。

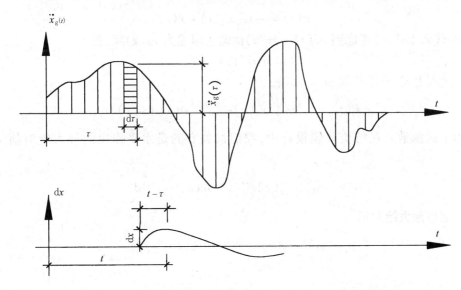

图 3.7　地震干扰力 $\ddot{x}_g(t)$ 作用下的强迫振动

现来确定 $x(0)$ 和 $\dot{x}(0)$ 的值。因为微脉冲作用前质点的位移和速度均为零,当作用时间 $d\tau$ 很短时,在微脉冲作用前后的瞬时,其位移不会发生变化,应为零,即 $x(0) = 0$。但速度有变化,这个速度变化可从动量定理得到。设微脉冲 $-\ddot{x}_g(\tau)d\tau$ 作用后瞬时的速度为 $\dot{x}(0)$,于是具有单位质量质点的动量变化就是 $\dot{x}(0)$,根据动量定理

$$\dot{x}(0) = -\ddot{x}_g(\tau)d\tau \tag{3.25}$$

将 $x(0) = 0$ 和 $\dot{x}(0)$ 代入式(3.22),即可求得该微脉冲作用后($t > \tau$)体系的位移反应(图 3.7b):

$$dx = -e^{-\xi\omega(t-\tau)}\frac{\ddot{x}_g(\tau)}{\omega'}\sin\omega'(t-\tau)d\tau \tag{3.26}$$

由于运动方程是线性的,所以,可将所有组成干扰力的微脉冲作用效果叠加,得到总反应,即对式(3.26)积分,得到时间 t 的位移:

$$x(t) = -\frac{1}{\omega'}\int_0^t \ddot{x}_g(\tau)e^{-\xi\omega(t-\tau)}\sin\omega'(t-\tau)d\tau \tag{3.27}$$

上式就是非齐次微分方程(3.13)的特解。通常称为杜哈梅(Duhamel)积分。可用数值积分的方法求解。

式(3.22)和式(3.27)相加,就是微分方程(3.13)的全解。由于结构阻尼的作用,自由振动很快衰减,式(3.22)的影响一般可以忽略不计。

3.4 单自由度体系水平地震作用——反应谱法

3.4.1 水平地震作用基本公式

由图3.4可知,地震时质点 m 的绝对加速度为 $\ddot{x}_g(t) + \ddot{x}(t)$,因此,作用于质点上的惯性力

$$F(t) = -m[\ddot{x}_g(t) + \ddot{x}(t)] \tag{3.28}$$

将式(3.9)代入上式,并考虑到 $c\dot{x}(t) \ll kx(t)$ 而略去阻尼力 $c\dot{x}(t)$ 项,得:

$$F(t) = kx(t) = m\omega^2 x(t) \tag{3.29}$$

式(3.27)代入上式,并近似取 $\omega' = \omega$,得:

$$F(t) = -m\omega \int_0^t \ddot{x}_g(\tau) e^{-\xi\omega(t-\tau)} \sin\omega(t-\tau) d\tau \tag{3.30}$$

它是时间 t 的函数。在结构抗震设计中,我们最关心的是水平作用的最大绝对值 F,由式(3.30)

$$F = m\omega \left| \int_0^t \ddot{x}_g(\tau) e^{-\xi\omega(t-\tau)} \sin\omega(t-\tau) d\tau \right|_{\max} \tag{3.31}$$

记质点加速度最大绝对值

$$S_a = \omega \left| \int_0^t \ddot{x}_g(\tau) e^{-\xi\omega(t-\tau)} \sin\omega(t-\tau) d\tau \right|_{\max} \tag{3.32}$$

令

$$S_a = \beta |\ddot{x}_g|_{\max} \tag{3.33}$$

$$|\ddot{x}_g|_{\max} = kg \tag{3.34}$$

代入式(3.31),并以 F_{EK} 代替 F 表示地震作用标准值,则得计算水平地震作用的基本公式:

$$F_{EK} = mk\beta g = k\beta G \tag{3.35}$$

式中　　F_{EK}——水平地震作用标准值;

　　　　k——地震系数;

　　　　β——动力系数;

　　　　G——结构的重力荷载代表值。

由式(3.35)可知,求作用在质点上的水平地震作用 F_{EK},关键在于求出地震系数 k 和动力系数 β 值。

3.4.2 地震影响

如前所述,地震系数 k 是地面运动最大加速度的绝对值与重力加速度之比,即

$$k = \frac{|\ddot{x}_{\mathrm{g}}|_{\max}}{g} \tag{3.36}$$

它与地震烈度一样,是表示地震运动强烈程度的参数。根据统计分析,在烈度 $I = 6 \sim 9$ 的范围内,烈度每增大一度,k 的值大致增大一倍。目前,我国工程结构抗震规范采用的地震系数 k 的大小与表 3.1 所列水平地震系数 k_{h} 相同。

为了统一抗震设计规范地面运动加速度设计取值,《建筑抗震设计规范》定义 50 年设计基准期超越概率为 10% 的地震加速度的取值为设计基本地震加速度值。相应于设防烈度的设计基本加速度取值,应按表 3.2 采用。

表 3.2　设计基本地震加速度值

抗震设防烈度	6	7	8	9
设计基本地震加速度值	0.05g	0.10(0.15)g	0.20(0.30)g	0.40g

表中 g 为重力加速度。

根据《中国地震动参数区划图》(征求意见稿),《建筑抗震设计规范》在附录 A 给出了我国主要城市地震动峰值加速度和地震动反应谱特征周期。附录 A 给出的四川省及甘肃省主要城市的地震动峰值加速度和反应谱特征周期如表 3.3。

表 3.2 中设计基本地震加速度与表 3.3 中按地震动参数区划图采用的地震动峰值加速度相一致。《中国地震动参数区划图》中定义地震动峰值加速度为与加速度反应谱最大峰值相应的水平加速度。待实施的地震动参数区划图将在 0.1g 和 0.2g 之间有一个 0.15g 的分区,在 0.2g 和 0.4g 之间有一个 0.3g 的分区,如表 3.3 示。在这两个分区内建筑物的抗震设计要求,分别和 7 度、8 度地区相同,并在表 3.2 中用括号内数值表示。

表 3.3　四川、甘肃省主要城市的地震峰值加速度和反应谱特征周期

加速度值	城市名	特征周期	城市名
≥0.40g	西昌、康定	0.35s	道浮、泸定、自贡、泸州
0.30g	道浮、天水	0.40s	成都、西昌、康定、德阳、
0.20g	泸定、兰州、成县、武威		乐山、宜宾、兰州、天水、
0.15g	雅安、平凉、嘉峪关、金昌、定西		嘉峪关、张掖、金昌
0.10g	成都、乐山、宜宾、张掖	0.45s	绵阳、广元、雅安、马尔康、
0.05g	广元、绵阳、德阳、自贡、泸州、马尔康		平凉、武威、成县、定西
<0.05g	南充、遂宁		

3.4.3　动力系数 β

动力系数 β 定义为质点最大绝对加速度与地面最大加速度绝对值之比,即:

$$\beta = \frac{S_{\mathrm{a}}}{|\ddot{x}_{\mathrm{g}}|_{\max}} \tag{3.37}$$

将式(3.32)代入上式,并考虑到式(3.19)得:

$$\beta = \frac{2\pi}{T} \frac{1}{|\ddot{x}_{\mathrm{g}}|_{\max}} \left| \int_0^t \ddot{x}_{\mathrm{g}}(\tau) \mathrm{e}^{-\xi \frac{2\pi}{T}(t-\tau)} \sin \frac{2\pi}{T}(t-\tau) \mathrm{d}\tau \right|_{\max} \tag{3.38}$$

其中 T 为单自由度体系的自振周期。

由上式可知,动力系数 β 与地面运动加速度记录 $\ddot{x}_g(t)$、结构自振周期 T 及阻尼比 ξ 有关。当 $\ddot{x}_g(t)$ 和 ξ 给定时,就可根据不同的 T 值,算出相应的动力系数 β,从而得到一条 β-T 曲线,这条曲线称为动力系数反应谱曲线。

图 3.3 是根据 1996.10.17 秘鲁利马地震时得到的地面水平运动加速度记录 $\ddot{x}_g(t)$ 和阻尼比 $\xi=0.05$ 按式(3.38)采用数值积分法计算绘制的动力系数反应谱曲线。

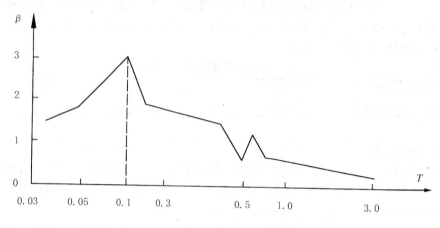

图 3.8 1996.10.17 秘鲁利马记录的反应谱

从图 3.8 可见,当结构自振周期小于某一数值 T_g 时(图 3.8 中,$T_g=0.1s$),反应谱曲线由 $T=0,\beta=1$ 附近开始,随 T 的增加而急剧上升;当 $T=T_g$ 时,β 达到最大值;当 $T>T_g$ 时,β 曲线波动下降。这里的 T_g 就是对应反应谱曲线最大值的结构自振周期,这个周期与场地卓越周期相符。这时结构将在地震作用下,产生类似共振现象。例如 1996 年 10 月 17 日秘鲁地震时的利马市,震害主要集中于单层房屋,多层房屋则几乎没有被破坏。图 3.8 利马的反应谱曲线则明显指出该处的地震动的确是以高频为主的,其卓越周期 $T_g=0.1s$,而单层房屋自振周期正好接近 0.1s。在结构抗震设计中,应使结构的自振周期远离场地的卓越周期,以避免发生类似共振引起的破坏。

在目前还不可能做到预报出设计的场地上将来发生的地震波,所以通常是选择许多有代表性的强震记录作出反应谱曲线,再取其统计平均值,作为供设计用的标准反应谱曲线。根据大量统计分析表明,场地的特性、震中距的远近,对反应谱曲线有比较明显的影响。例如,场地愈软,震中距愈远,曲线主峰位置愈向右移,曲线主峰也愈扁平。

地震反应谱是现阶段计算地震作用的基础,通过反应谱把随时程变化的地震作用转化为最大的等效地震作用。即如果已知结构的自振周期 T,就可方便地从该类场地的反应谱曲线上求出动力系数 β 的值。

现行抗震设计规范用的标准反应谱,是以 20 世纪 60 年代以来国内外研究成果为基础,综合考虑了各国的资料和经验并结合我国的实际情况提出的。

3.4.4 地震影响系数

定义地震系数 k 和动力系数 β 的乘积为地震影响系数 α,

$$\alpha = k\beta \tag{3.39}$$

将式(3.36)、(3.37)代入上式,得:

$$\alpha = k_i\beta = \frac{|\ddot{x}_g|_{max}}{g} \cdot \frac{S_a}{|\ddot{x}_g|_{max}} = \frac{S_a}{g} \tag{3.40}$$

它表明,地震影响系数就是单自由度系在地震时的最大反应加速度与重力加速度的比值。从另一方面,把式(3.40)代入式(3.35)得:

$$F_{EK} = \alpha G \tag{3.41}$$

我们可以看出,$\alpha = F_{EK}/G$,地震影响系数乃是作用在质点上的地震作用与结构重力荷载代表值之比。

在《建筑抗震设计规范》中,设计反应谱的具体表达是地震影响系数 α 曲线,尽管各曲线的 T_g 不同,但可统一用一条曲线来表示,如图3.9。

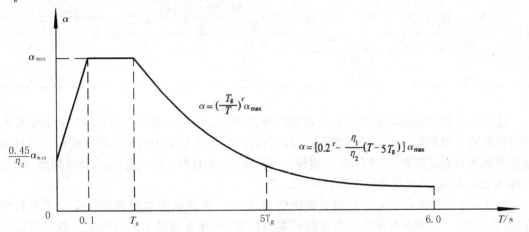

α—地震影响系数;α_{max}—地震影响系数最大值;T—结构自振周期;T_g—特征周期;

γ—衰减指数;η_1—直线下降段的斜率调整系数;η_2—阻尼调整系数

图3.9　地震影响系数曲线

图3.9是采用阻尼比 $\xi = 0.05$ 绘制的。一般建筑结构的阻尼比可采用0.05。这时,其地震影响系数可根据烈度、场地类别及《建筑抗震设计规范》附录 A 列出的特征周期分区和结构自振周期按图3.9采用,其最大值按表3.4采用。

表3.4　水平地震系数最大值(阻尼比0.05)

地震影响	烈　　度			
	6	7	8	9
多遇地震	0.04	0.08(0.12)	0.16(0.24)	0.32
罕遇地震	/	0.50(0.72)	0.90(1.20)	1.40

注:括号中数值分别用于设计基本地震加速度取表3.2中的0.15g和0.30g的地区。

地震影响系数曲线(图3.9)由以下4段组成:

①直线上升段,周期小于0.1s的区段;

②水平段,自0.1s至特征周期段,取最大值 α_{max};

③曲线下降段,自特征周期至5倍特征周期区段,衰减指数 $\gamma = 0.9$,即:

$$\alpha = (\frac{T_g}{T})^{0.9} \alpha_{max} \tag{3.42}$$

④直线下降段,自5倍特征周期至6s区段,下降斜率调整系数 $\eta_1 = 0.02$,阻尼调整系数 $\eta_2 = 1$,即:

$$\alpha = [0.2^{0.9} - 0.02(T - 5T_g)]\alpha_{max} \tag{3.43}$$

T_g 称为特征周期,它是标准反应谱中谱值从最大值开始下降时的周期,它是反映了地震震级、震中距和场地类别等因素的场地土的卓越周期。特征周期按震中距的远近,分别考虑了近、中、远震的影响分为一区、二区和三区,根据场地类别按表3.5采用。计算8、9度罕遇地震作用时,特征周期宜增加0.05s。

表 3.5 特征周期/s

特征周期分区	场 地 类 别			
	I	II	III	IV
一区	0.25	0.35	0.45	0.65
二区	0.30	0.40	0.55	0.75
三区	0.35	0.45	0.65	0.90

地震动参数区划图给出的是II类场地的地震动特征周期,《建筑抗震设计规范》附录 A 所列特征周期是根据地震动参数区划图给出的,因此,它们也是II类场地的特征周期。建筑所在地II类场地的特征周期,可按《建筑抗震设计规范》附录 A 查得。按该附录,当特征周期为0.35s、0.40s、0.45s,该地的特征周期分别属于一、二、三区。

图3.9给出的地震影响系数曲线横轴到6s截止。根据地震学研究和强震观测资料统计分析,在周期6s范围内有可能给出比较可靠的数据,也基本满足了国内绝大多数高层建筑和长周期结构的抗震设计需要。对于周期大于6s的结构,地震影响系数应进行专门的研究。

考虑到不同结构类型建筑结构的建筑抗震设计需要,当结构的阻尼比按有关规定不等于0.05时,其水平地震系数曲线仍按图3.9确定,但形状参数应按以下规定调整:

①曲线下降段的衰减指数按下式确定:

$$\gamma = 0.9 + \frac{0.05 - \zeta}{0.5 + 5\zeta} \tag{3.44}$$

式中 γ——下降段的衰减指数;

ζ——阻尼比。

这时

$$\alpha = (\frac{T_g}{T})^{\gamma} \cdot \alpha_{max} \tag{3.45}$$

②直线下降段的下降斜率调整系数按下式确定:

$$\eta_1 = 0.02 + (0.05 - \zeta)/8 \tag{3.46}$$

式中 η_1——直线下降段的下降斜率调整系数,小于0时取0。

当阻尼比不等于0.05时,水平地震影响系数最大值按表3.4选取的数值应乘以下列调整系数:

$$\eta_2 = 1 + \frac{0.05 - \zeta}{0.06 + 1.4\zeta} \tag{3.47}$$

式中　η_2——阻尼调整系数,当小于 0.55 时,应取 0.55。

这时

$$\alpha = \left[0.2^{\gamma} - \frac{\eta_1}{\eta_2}(T - 5T_g)\right]\alpha_{max} \tag{3.48}$$

【例 3.1】　单层钢筋混凝土框架计算简图如图 3.10(a)所示。集中在层盖处的重力荷载代表值 $G = 1\,200kN$(图 3.10b),柱的截面尺寸 $b \times h = 350mm \times 350mm$,采用 C20 的混凝土,Ⅲ类场地,设防烈度 7 度、一区。试确定多遇地震作用下的水平地震作用标准值。

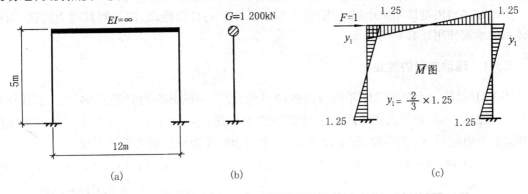

图 3.10　例 3.1 图

[**解**]　C20 混凝土的弹性模量 $E = 25.5kN/mm^2$,柱的惯性矩

$$I = \frac{1}{12}bh^3 = \frac{1}{12} \times 0.35 \times 0.35^3 = 1.25 \times 10^{-3}m^4$$

由图 3.10(c)求柔度系数

$$\delta = \frac{1}{EI}\int \overline{M}^2 dx = \frac{1}{EI}4\omega_1 y_1 =$$

$$\frac{4}{25.5 \times 10^6 \times 1.25 \times 10^{-3}} \times \frac{1}{2} \times 1.25 \times 2.5 \times \frac{2}{3} \times 1.25 =$$

$$1.6 \times 10^{-4}m$$

按(3.19)式求框架自振周期

$$T = 2\pi\sqrt{\frac{m}{k}} = 2\pi\sqrt{\frac{G\delta}{g}} = 2\pi\sqrt{\frac{1\,200 \times 1.6 \times 10^{-4}}{9.81}} = 0.88s$$

查表 3.4,当设防烈度为 7 度、多遇地震时,$\alpha_{max} = 0.08$;查表 3.5,当Ⅲ类场地、一区时,$T_g = 0.45s$。

按式(3.42)计算地震影响系数 α

$$\alpha = \left(\frac{T_g}{T}\right)^{0.9}\alpha_{max} = \left(\frac{0.45}{0.08}\right)^{0.9} \times 0.08 = 0.044$$

按式(3.41)计算水平地震作用标准值

$$F_{EK} = \alpha G = 0.044 \times 1\,200 = 52.8kN$$

3.5 多自由度体系的自由振动

实际工程中的结构大多是多自由度体系。如图 3.11(a)所示的多层结构,计算简图可取为图 3.11(b),其中质量 m_i 为相应第 i 层取上、下各一半集中于楼面和屋面标高处的质量,并假设这些质点间以无质量的直杆支撑于地面上。

为研究多自由度体系的地震作用,首先来分析体系的自由振动,以了解其动力特征,为确定体系的地震作用作必要的准备。

3.5.1 运动方程的建立

图 3.11(c)是 n 个自由度体系的自由振动模型,设振动的某瞬时各质点的位移分别为 $x_i(t), i = 1, 2, \cdots, n$。则作用在该质点 m_i 上的惯性力分别为 $-m_i \ddot{x}_i(t)$。用 δ_{ik} 表示单位力作用于质点 k 上引起质点 i 的位移,即柔度系数,则多自由度无阻尼位移方程可写成

$$x_i(t) = -m_1 \ddot{x}_1(t)\delta_{i1} - m_2 \ddot{x}_2(t)\delta_{i2} - \cdots - m_n \ddot{x}_n(t)\delta_{in}, \quad (i = 1, 2 \cdots, n) \tag{3.49}$$

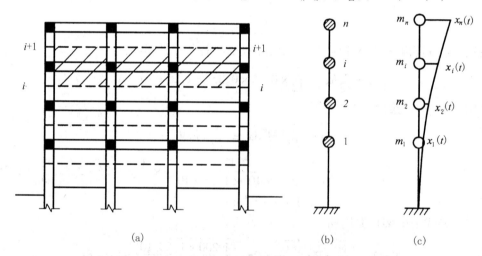

$$(a) \qquad\qquad (b) \qquad (c)$$

图 3.11 多自由度体系计算模型

对于两个自由度体系,式(3.49)可写成

$$\left.\begin{array}{l} x_1(t) + m_1 \ddot{x}_1(t)\delta_{11} + m_2 \ddot{x}_2(t)\delta_{12} = 0 \\ x_2(t) + m_1 \ddot{x}_1(t)\delta_{21} + m_2 \ddot{x}_2(t)\delta_{22} = 0 \end{array}\right\} \tag{3.50}$$

式(3.49)即为多自由度系运动微分方程。由于它的每一项均表示位移,故又称为无阻尼自由振动位移方程。以下,为便于叙述又不失一般性,我们先就两个自由度的运动方程(3.50)进行讨论,由此得到的一般结论可以方便地推广到多自由度体系。

3.5.2 运动方程的解

在自由振动时系统的振动可表示为简谐振动的合成:

$$x_1(t) = X_1 \sin(\omega t + \varphi)$$

$$x_2(t) = X_2 \sin(\omega t + \varphi) \tag{3.51}$$

式中 X_1、X_2 为质点 1,2 的振幅；ω 为振动圆频率；φ 为初相角。将式(3.51)代入方程(3.50)得到

$$\left.\begin{array}{l} \left(m_1 \delta_{11} - \dfrac{1}{\omega^2}\right) X_1 + m_2 \delta_{12} X_2 = 0 \\[2ex] m_1 \delta_{21} X_1 + \left(m_2 \delta_{22} - \dfrac{1}{\omega^2}\right) X_2 = 0 \end{array}\right\} \tag{3.52}$$

这是关于两个未知数 X_1、X_2 的齐次方程组。它的一组可能的解是 $X_1 = X_2 = 0$，这相当于在平衡位置静止。由线性代数可知,使方程组(3.50)具有非零解的充要条件是其系数行列式为零,即：

$$\begin{vmatrix} m_1 \delta_{11} - \dfrac{1}{\omega^2} & m_2 \delta_{12} \\[2ex] m_1 \delta_{21} & m_2 \delta_{22} - \dfrac{1}{\omega^2} \end{vmatrix} = 0 \tag{3.53}$$

此行列式的展开式为

$$m_1 m_2 (\delta_{11}\delta_{22} - \delta_{12}^2)\omega^4 - (m_1\delta_{11} + m_2\delta_{22})\omega^2 + 1 = 0 \tag{3.54}$$

它是未知数圆频率 ω^2 的二次式,称为该体系的频率方程,或特征方程。它有两个根：

$$\omega_{1,2}^2 = \frac{(m_1\delta_{11} + m_2\delta_{22}) \mp \sqrt{(m_1\delta_{11} + m_2\delta_{22})^2 - 4m_1 m_2(\delta_{11}\delta_{22} - \delta_{12}^2)}}{2m_1 m_2(\delta_{11}\delta_{22} - \delta_{12}^2)} \tag{3.55}$$

其中较小的圆频率 ω_1 称为第一圆频率或基频,另一个 ω_2 称为第二圆频率。ω_1、ω_2 仅取决于体系的物理常数,是体系固有的特征。

由齐次方程的性质可知,无论是把 ω_1^2 还是 ω_2^2 代入方程(3.52),均不能得到 X_1、X_2 的值,只能得到 X_1 和 X_2 的比值。例如,把 ω_1^2 代入方程(3.52)第一式,可以得到

$$\frac{X_{21}}{X_{11}} = -\frac{m_1\delta_{11} - \dfrac{1}{\omega_1^2}}{m_2\delta_{12}} \tag{3.56a}$$

同理,把 ω_2^2 代入方程(3.52)第一式得

$$\frac{X_{22}}{X_{12}} = -\frac{m_1\delta_{11} - \dfrac{1}{\omega_2^2}}{m_2\delta_{12}} \tag{3.56b}$$

式(3.56)表明 X_1 和 X_2 的比值与时间 t 无关,与系统的圆频率一样,是系统的固有特征。这些振幅比代表体系的两个固有振型(亦称主振型)的形状。计算或作振型图时,常令某一自由度的振幅为 1,另一个可根据相应比值确定。

将较小的圆频率 ω_1 和相应的 X_{11} 和 X_{21} 代入式(3.51),得两自由度体系运动方程(3.50)的一组解：

$$\left.\begin{array}{l} x_{11}(t) = X_{11}\sin(\omega_1 t + \varphi_1) \\ x_{21}(t) = X_{21}\sin(\omega_1 t + \varphi_1) \end{array}\right\} \tag{3.57a}$$

式(3.57a)完整地描述了振动的第一振型,常称为主振型或基本振型。相应于 ω_2、X_{12}、X_{22},有：

$$\left.\begin{array}{l} x_{12}(t) = X_{12}\sin(\omega_2 t + \varphi_2) \\ x_{22}(t) = X_{22}\sin(\omega_2 t + \varphi_2) \end{array}\right\} \tag{3.57b}$$

它们描述了振动的第二振型。

方程(3.50)的通解,为其特解的线性组合:

$$x_1(t) = X_{11}\sin(\omega_1 t + \varphi_1) + X_{12}\sin(\omega_2 t + \varphi_2) \left.\right\}$$
$$x_2(t) = X_{21}\sin(\omega_1 t + \varphi_1) + X_{22}\sin(\omega_2 t + \varphi_2) \left.\right\} \tag{3.58}$$

对 n 个自由度体系,其运动方程(3.49)可写成矩阵形式:

$$\begin{Bmatrix} x_1 \\ x_2 \\ \vdots \\ x_n \end{Bmatrix} + \begin{bmatrix} \delta_{11} & \delta_{12} & \cdots & \delta_{1n} \\ \delta_{21} & \delta_{22} & \cdots & \delta_{2n} \\ \cdots & \cdots & \cdots & \cdots \\ \delta_{n1} & \delta_{n2} & \cdots & \delta_{nn} \end{bmatrix} \begin{bmatrix} m_1 & & & 0 \\ & m_2 & & \\ & & \ddots & \\ 0 & & & m_n \end{bmatrix} \begin{Bmatrix} \ddot{x}_1 \\ \ddot{x}_2 \\ \vdots \\ \ddot{x}_n \end{Bmatrix} = \begin{Bmatrix} 0 \\ 0 \\ \vdots \\ 0 \end{Bmatrix} \tag{3.59}$$

简写成:

$$\{x\} + [\delta][m]\{\ddot{x}\} = 0 \tag{3.60}$$

其中 $\{x\}$ 为位移列向量,$[\delta]$ 为柔度矩阵,$[m]$ 为质量矩阵,$\{\ddot{x}\}$ 为加速度列向量。

参照两个自由度体系,设式(3.60)的解具有如下形式:

$$\{x\} = \{X\}\sin(\omega t + \varphi) \tag{3.61}$$

式中 $\{X\}$ 为振幅向量。

将式(3.61)代入式(3.60)得

$$\{X\} - \omega^2[\delta][m]\{X\} = 0 \tag{3.62}$$

除以 ω^2 得

$$\left(\frac{[I]}{\omega^2} - [\delta][m]\right)\{X\} = 0 \tag{3.63a}$$

即

$$\begin{bmatrix} m_1\delta_{11} - \dfrac{1}{\omega^2} & m_2\delta_{12} & \cdots & m_n\delta_{1n} \\ m_1\delta_{21} & m_2\delta_{22} - \dfrac{1}{\omega^2} & \cdots & m_n\delta_{2n} \\ \cdots & \cdots & \cdots & \cdots \\ m_1\delta_{n1} & m_2\delta_{n2} & \cdots & m_n\delta_{nn} - \dfrac{1}{\omega^2} \end{bmatrix} \begin{Bmatrix} X_1 \\ X_2 \\ \vdots \\ X_n \end{Bmatrix} = \begin{Bmatrix} 0 \\ 0 \\ \vdots \\ 0 \end{Bmatrix} \tag{3.63b}$$

令

$$m_i\delta_{ki} = \alpha_{ki}, \lambda = 1/\omega^2 \tag{3.64}$$

则上式可以改写成

$$\begin{bmatrix} a_{11} - \lambda & a_{12} & \cdots & a_{1n} \\ a_{21} & a_{22} - \lambda & \cdots & a_{2n} \\ \cdots & \cdots & \cdots & \cdots \\ a_{n1} & a_{n2} & \cdots & a_{nn} - \lambda \end{bmatrix} \begin{Bmatrix} X_1 \\ X_2 \\ \vdots \\ X_n \end{Bmatrix} = \begin{Bmatrix} 0 \\ 0 \\ \vdots \\ 0 \end{Bmatrix} \tag{3.65a}$$

即

$$([a] - \lambda[I])\{X\} = 0 \tag{3.65b}$$

式中 $[I]$ 为单位矩阵;$[a]$ 为由元素 $a_{ij}(i, j = 1, 2, \cdots, n)$ 组成的矩阵。

式(3.65)是齐次线性方程组,它要具有非零解的充要条件是其系数行列式等于零,即

$$|[a] - \lambda[I]| = 0 \tag{3.66}$$

式(3.66)称为方阵$[a]$的特征方程,其n个根$\lambda_1 > \lambda_2 > \cdots > \lambda_n$称为方阵$[a]$的特征根。将特征根$\lambda_j(j = 1, 2, \cdots, n)$代入式(3.65),可得到对应于$\lambda_j$的列向量$\{X\}_j = \{X_{1j} X_{2j} \cdots X_{nj}\}^{\mathrm{T}}$,称为矩阵$[a]$的特征向量,即第$j$振型。这$n$个特征向量全体组成的振型矩阵为

$$[\{X\}_1 \{X\}_2 \cdots \{X\}_n] = [X]$$

求得λ_j后,不难得到n自由度系的第j个圆频率$\omega_j = \sqrt{1/\lambda_j}$。与两个自由度的情况一样我们称$\omega_1$为基频,$\{X\}_1$为第一主振型,其余的均称之为高频和高阶主振型。

最后,n个自由度系运动方程(3.59)的通解可写成:

$$x_i(t) = \sum_{j=1}^{n} X_{ij} \sin(\omega_j t + \varphi_j) (i = 1, 2, \cdots, n) \tag{3.67}$$

由上式可知,在一般初始条件下,任一自由度的振动都是由各主振型的简谐振动叠加而成的复合振动。须要指出,在有阻尼振动中,试验及计算结果表明,振型愈高,阻尼作用所造成的衰减愈快,所以通常高振型只在振动初始才比较明显,以后逐渐衰减。因此,在工程抗震设计中,仅考虑较低的几个振型的影响。

3.5.3　主振型的正交性

自由振动的振型$\{X\}_j$具有某些特殊性质,它们在结构动力分析中是非常有用的,这些性质叫正交关系。第一个正交性是不同的振型对质量矩阵的正交性,即:

$$\{X\}_j^{\mathrm{T}}[m]\{X\}_k = 0 \qquad (k \neq j) \tag{3.68}$$

证明:用结构的刚度矩阵$[k] = [\delta]^{-1}$左乘式(3.62)得:

$$[k]\{X\} = \omega^2[m]\{X\} \tag{a}$$

将ω_k^2及与之对应的特征向量$\{X\}_k$代入上式得:

$$[k]\{X\}_k = \omega_k^2[m]\{X\}_k \tag{b}$$

用特征向量$\{X\}_j$的转置$\{X\}_j^{\mathrm{T}}$左乘上式得:

$$\{X\}_j^{\mathrm{T}}[k]\{X\}_k = \omega_k^2\{X\}_j^{\mathrm{T}}[m]\{X\}_k \tag{c}$$

同理,将与ω_j^2及与之相应的$\{X\}_j$代入式(a),然后等式两端同时左乘$\{X\}_k^{\mathrm{T}}$得

$$\{X\}_k^{\mathrm{T}}[k]\{X\}_j = \omega_j^2\{X\}_k^{\mathrm{T}}[m]\{X\}_j \tag{d}$$

因为刚度矩阵$[k]$是对称矩阵,质量矩阵$[m]$是对角线矩阵,故有$[k]^{\mathrm{T}} = [k]$;$[m]^{\mathrm{T}} = [m]$,从而,把式(d)两端转置得:

$$\{X\}_j^{\mathrm{T}}[k]\{X\}_k = \omega_j^2\{X\}_j^{\mathrm{T}}[m]\{X\}_k \tag{e}$$

式(c) − 式(e)得

$$(\omega_k^2 - \omega_j^2)\{X\}_j^{\mathrm{T}}[m]\{X\}_k = 0 \tag{f}$$

因为$\omega_k \neq \omega_j$,故式(3.68)成立。证毕。

式(3.68)可改写成

$$\sum_{i=1}^{n} m_i X_{ik} X_{ij} = 0 \tag{3.69}$$

第二个正交性是不同的振型对刚度矩阵的正交性:

$$\{X\}_j^{\mathrm{T}}[k]\{X\}_k = 0, \qquad (k \neq j) \tag{3.70}$$

该式可直接从(c)式得到。

【例3.2】 某二层钢筋混凝土框架结构(图3.12(a)),集中于楼盖和屋盖处的重力荷载代表值 $G_1 = G_2 = 1\,200\text{kN}$(图3.12(b)),柱的截面尺寸350mm×350mm,采用C20的混凝土,梁的刚度 $EI = \infty$。试求框架的振动圆频率和主振型,并验算主振型的正交性。

[解] 1)求柔度系数 δ_{ik}

根据求结构位移的图乘法($\overline{M}_1$、$\overline{M}_2$ 图见图3.12(c)、(d))

$$\delta_{11} = \int \frac{\overline{M}_1^2}{EI} \mathrm{d}x = \frac{1}{EI}\left(4 \times \frac{1}{2} \times \frac{h}{4} \times \frac{h}{2} \times \frac{2}{3} \times \frac{h}{4}\right) = \frac{h^3}{24EI} = \delta$$

$$\delta_{12} = \delta_{21} = \int \frac{\overline{M}_1 \overline{M}_2}{EI} \mathrm{d}x = \frac{h^3}{24EI} = \delta$$

$$\delta_{22} = \int \frac{\overline{M}_2^2}{12EI} \mathrm{d}x = \frac{h^3}{12EI} = 2\delta$$

其中 $E = 25.5\text{kN/mm}^2$,$I = \frac{1}{12}bh^3 = \frac{1}{12} \times 0.35^4 = 1.25 \times 10^{-3}\text{m}^4$

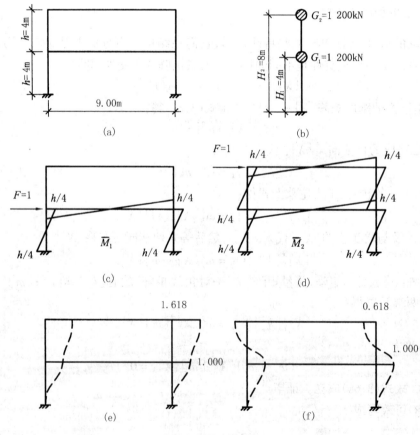

图3.12 例3.2图

2)求频率

$$\omega_{1,2}^2 = \frac{(m\delta + 2m\delta) \mp \sqrt{(m\delta + 2m\delta)^2 - 4m^2(2\delta^2 - \delta^2)}}{2m^2(2\delta^2 - \delta^2)} = \frac{3 \mp \sqrt{5}}{2m\delta}$$

$$\omega_1 = \sqrt{\frac{0.382}{m\delta}} = \sqrt{\frac{0.382 \times 24EI}{mh^3}} = \sqrt{\frac{0.382 \times 24 \times 25.5 \times 10^6 \times 1.25 \times 10^{-3} \times 9.81}{1\,200 \times 4^3}} =$$

6.11s^{-1}

$$\omega_2 = \sqrt{\frac{2.618}{m\delta}} = \sqrt{\frac{2.618 \times 24EI}{mh^3}} = \sqrt{\frac{2.618 \times 24 \times 25.5 \times 10^6 \times 1.25 \times 10^{-3} \times 9.81}{1\,200 \times 4^3}} =$$

15.99s^{-1}

3)求主振型

第一主振型

$$\frac{X_{21}}{X_{11}} = -\frac{m_1\delta_{11} - \dfrac{1}{\omega_1^2}}{m_2\delta_{12}} = \frac{-\left(m\delta - \dfrac{m\delta}{0.382}\right)}{m\delta} = \frac{1.618}{1.000}$$

第二主振型

$$\frac{X_{22}}{X_{12}} = \frac{-\left(m\delta - \dfrac{m\delta}{2.618}\right)}{m\delta} = \frac{-0.618}{1.000}$$

第一、二主振型如图 3.12(e)、(f)所示。

4)验算正交性

$$\{X\}_1 = \begin{Bmatrix} 1.000 \\ 1.618 \end{Bmatrix}, \quad \{X\}_2 = \begin{Bmatrix} 1.000 \\ -0.618 \end{Bmatrix}, \quad m_1 = m_2 = m \text{ 代入式}(3.68)\text{,有}$$

$$\{1.000 \quad 1.618\}\begin{bmatrix} m & 0 \\ 0 & m \end{bmatrix}\begin{Bmatrix} 1.000 \\ -0.618 \end{Bmatrix} \approx 0$$

从而证明主振型计算结果是正确的。

3.6 多自由度体系的地震反应

3.6.1 运动方程的建立

如图 3.13 所示多自由度系,在地面加速度 $\ddot{x}_g(t)$ 作用下,质点 i 产生相对位移为 $x_i(t)$。为书写简单起见,下面分别以 x_i、$\dot{x}_i$、$\ddot{x}_i$ 和 $\ddot{x}_g$ 表示 $x_i(t)$、$\dot{x}_i(t)$、$\ddot{x}_i(t)$ 及 $\ddot{x}_g(t)$。

现建立第 i 个质点的运动方程。作用在质点 i 上的力有:

弹性恢复力

$$S_i = -(k_{i1}x_1 + k_{i2}x_2 + \cdots + k_{in}x_n) = -\sum_{r=1}^n k_{ir}x_r,\ (i = 1,2,\cdots,n) \quad (3.71)$$

阻尼力

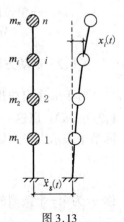

图 3.13

$$R_i = -(c_{i1}\dot{x}_1 + c_{i2}\dot{x}_2 + \cdots + c_{in}\dot{x}_n) = -\sum_{r=1}^{n}c_{ir}\dot{x}_r, \ (i = 1,2,3,\cdots,n) \quad (3.72)$$

式中　k_{ir}——第 r 个质点产生单位位移,其余质点不动,在第 i 个质点产生的弹性反力,称为刚度系数;

　　　c_{ir}——第 r 个质点产生单位速度,其余质点速度为零,在第 i 个质点产生的阻尼力,称为阻尼系数。

由牛顿第二定律

$$m_i(\ddot{x}_g + \ddot{x}_i) = -\sum_{r=1}^{n}k_{ir}x_r - \sum_{r=1}^{n}c_{ir}\dot{x}_r \quad (i = 1,2\cdots n) \quad (3.73)$$

即

$$m_i\ddot{x}_i + \sum_{r=1}^{n}k_{ir}x_r + \sum_{r=1}^{n}c_{ir}\dot{x}_r = -m_i\ddot{x}_g \quad (i = 1,2\cdots n) \quad (3.74)$$

上式就是多自由度体系在地震作用下的运动微分方程,其矩阵形式为:

$$\begin{bmatrix} m_1 & & & 0 \\ & m_2 & & \\ & & \ddots & \\ 0 & & & m_n \end{bmatrix}\begin{Bmatrix} \ddot{x}_1 \\ \ddot{x}_2 \\ \vdots \\ \ddot{x}_n \end{Bmatrix} + \begin{bmatrix} c_{11} & c_{12} & \cdots & c_{1n} \\ c_{21} & c_{22} & \cdots & c_{2n} \\ \vdots & \vdots & \cdots & \vdots \\ c_{n1} & c_{n2} & \cdots & c_{nn} \end{bmatrix}\begin{Bmatrix} \dot{x}_1 \\ \dot{x}_2 \\ \vdots \\ \dot{x}_n \end{Bmatrix} + \begin{bmatrix} k_{11} & k_{12} & \cdots & k_{1n} \\ k_{21} & k_{22} & \cdots & k_{2n} \\ \vdots & \vdots & \cdots & \vdots \\ k_{n1} & k_{n2} & \cdots & k_{nn} \end{bmatrix}\begin{Bmatrix} x_1 \\ x_2 \\ \vdots \\ x_n \end{Bmatrix} =$$

$$-\ddot{x}_g\begin{bmatrix} m_1 & & & 0 \\ & m_2 & & \\ & & \ddots & \\ 0 & & & m_n \end{bmatrix}\begin{Bmatrix} 1 \\ 1 \\ \vdots \\ 1 \end{Bmatrix} \quad (3.75)$$

即

$$[m]\{\ddot{x}\} + [c]\{\dot{x}\} + [k]\{x\} = -\ddot{x}_g[m]\{1\} \quad (3.76)$$

式中　$[m]$——质量矩阵;

　　　$[c]$——阻尼矩阵;

　　　$[k]$——刚度矩阵;

　　　$\{1\}$——单位向量。

$\{x\}$、$\{\dot{x}\}$、$\{\ddot{x}\}$ 分别为位移、速度、加速度向量。

3.6.2　运动方程的解

对于 n 个自由度的系统,具有 n 个独立的主振动,每个主振动有其相应的振型 $\{X\}_i$($i = 1,2,\cdots,n$)。以这 n 个振型作为广义坐标轴进行坐标变换,则结构的任意位移可在此广义坐标系中表示出来。如多自由度系第 i 个自由度的位移 x_i,可用各个主振动的分量和表示为

$$x_i = \sum_{j=1}^{n}X_{ij}q_j \quad (3.77)$$

称 q_j 为第 j 个振型的主坐标,它是时间的函数。全部位移向量 $\{x\}$ 可用矩阵形式表示成

$$\{x\} = [X]\{q\} \quad (3.78)$$

其中 $[X]$ 为振型矩阵,$\{q\}$ 为主坐标向量,从而

$$\{\dot{x}\} = [X]\{\dot{q}\}, \quad \{\ddot{x}\} = [X]\{\ddot{q}\} \tag{3.79}$$

把式(3.78),(3.79)代入方程(3.76)后,多自由度系的运动方程可用主坐标表示成

$$[m][X]\{\ddot{q}\} + [c][X]\{\dot{q}\} + [k][X]\{q\} = -\ddot{x}_g[m]\{1\} \tag{3.80}$$

用任意一个主振动的振型向量 $\{X\}_j$ 的转置左乘式(3.80)的各项,就可使式(3.80)表达的 n 个耦联的微分方程简化为 n 个独立的微分方程

$$\{X\}_j^T[m][X]\{\ddot{q}\} + \{X\}_j^T[c][X]\{\dot{q}\} + \{X\}_j^T[k][X]\{q\} = -\ddot{x}_g\{X\}_j^T[m]\{1\} \tag{3.81}$$

我们假设阻尼矩阵也具有正交性,即

$$\{X\}_j^T[c]\{X\}_k = 0 \qquad (j \neq k) \tag{3.82}$$

利用正交性(3.68),(3.70)和式(3.82)可使方程(3.81)改写成

$$\{X\}_j^T[m]\{X\}_j\ddot{q}_j + \{X\}_j^T[c]\{X\}_j\dot{q}_j + \{X\}_j^T[k]\{X\}_jq_j = -\ddot{x}_g\{X\}_j^T[m]\{1\} \tag{3.83}$$

式(3.83)是一个二阶常系数线性微分方程。对于第 j 个振型引入下列符号:

广义质量　　　　$M_j = \{X\}_j^T[m]\{X\}_j$

广义刚度　　　　$K_j = \{X\}_j^T[k]\{X\}_j$　$\left.\right\}$ $\tag{3.84}$

广义阻尼　　　　$C_j = \{X\}_j^T[c]\{X\}_j$

则第 j 个主坐标运动方程可写成

$$M_j\ddot{q}_j + C_j\dot{q}_j + K_jq_j = -\ddot{x}_g\{X\}_j^T[m]\{1\} \tag{3.85}$$

根据粘滞阻尼理论,广义阻尼,广义刚度和广义质量之间有以下关系

$$C_j = 2\xi_j\omega_jM_j, \qquad K_j = \omega_j^2M_j \tag{3.86}$$

所以方程(3.85)可进一步写成

$$\ddot{q}_j + 2\xi_j\omega_j\dot{q}_j + \omega_j^2q_j = -\gamma_j\ddot{x}_g \quad (j = 1, 2, 3, \cdots n) \tag{3.87}$$

其中

$$\gamma_j = \frac{\{X\}_j^T[m]\{1\}}{\{X\}_j^T[m]\{X\}_j} = \frac{\sum\limits_{i=1}^{n} m_iX_{ij}}{\sum\limits_{i=1}^{n} m_iX_{ij}^2} \quad (j = 1, 2, 3, \cdots n) \tag{3.88}$$

称作第 j 个振型的振型参与系数。

以上论述说明,对于多自由度系在地震作用下的运动微分方程(3.76),按其所具有的 n 个振型展开(3.78)后,得到 n 个主坐标。利用振型向量的正交性,使多自由系的运动方程分解成一组关于主坐标的彼此独立的方程(3.87)。对比方程(3.87)与单自由度系在地震作用下的运动方程(3.13)可以看出两者形式基本相同,所不同的仅是将方程(3.13)中的 ξ、ω 变成 ξ_j、ω_j,和式(3.87)的右端多了一个系数 γ_j。所以,式(3.87)的解同样可按式(3.27)表示的杜哈梅积分得到:

$$q_j(t) = \gamma_j\Delta_j(t) \qquad (j = 1, 2, 3, \cdots n) \tag{3.89}$$

其中

$$\Delta_j(t) = -\frac{1}{\omega_j}\int_0^t \ddot{x}_g(\tau)e^{-\xi_j\omega_j(t-\tau)}\sin\omega_j(t-\tau)d\tau \tag{3.90}$$

相当于阻尼比为 ξ_j,自振圆频率为 ω_j 的单自由度体系在地震作用下的位移反应。这个单自由度体系称为与振型 j 相应的振子。

求得各振型的主坐标 $q_j(t)(j = 1, 2, \cdots, n)$ 后,按式(3.77)就得到原体系的位移反应

$$x_i(t) = \sum_{j=1}^{n} X_{ij}q_j(t) = \sum_{j=1}^{n} \gamma_j \Delta_j(t) X_{ij} \tag{3.91}$$

以上方法称为振型分解法,它把多自由度体系的地震反应,通过主振型分解为一系列单自由度振子的地震反应,最后按各振型参与系数的大小组合起来,得到了体系的总反应。

3.7 多自由度体系水平地震作用——振型分解反应谱法

多自由度体系在地震时,质点 i 上受到的地震作用等于质点 i 上的惯性力

$$F_i(t) = -m_i[\ddot{x}_g(t) + \ddot{x}_i(t)] \tag{3.92}$$

其中,$\ddot{x}_g(t)$ 是地震时地面运动的加速度,又由式(3.91),质点 i 的相对加速度为

$$\ddot{x}_i(t) = \sum_{j=1}^{n} \gamma_j \Delta_j(t) X_{ij} \tag{3.93}$$

当多自由度系按振型分解后,地震时地面运动对各振型的影响,仅仅是由各振型主坐标的单自由度系运动方程(3.87)来体现的。而方程(3.87)与单自由度系运动方程(3.13)只是等号右端差一个振型参与系数 γ_j 这样一个因子。因此完全可以用单自由度系的地震影响系数 α 来确定第 j 个振型主坐标的地震影响系数 α_j,只须将原来的式(3.39)

$$\alpha = k\beta$$

改写成

$$\alpha_j = k\beta_j \tag{3.94}$$

其中 α_j 是第 j 振型对应的振子(阻尼比为 ξ_j,圆频率为 ω_j)的地震影响系数,可以从单自由度地震影响系数曲线(图3.9)求得。

对多自由度体系来说另一个特点是它的每个质点上都有相应的加速度,且加速度沿结构的分布形状是取决于其振型 $\{X\}_j$,如式(3.93)所示。

这样,类比单自由度系计算水平地震作用的公式(3.41),按振型分解反应谱法,仅须考虑 γ_j 和 X_{ij} 就可方便地得到多自由度体系第 j 振型第 i 质点的水平地震作用标准值:

$$F_{ij} = \alpha_j \gamma_j X_{ij} G_i, \quad (i,j = 1,2,\cdots,n) \tag{3.95}$$

式中　F_{ij}——第 j 个振型第 i 个质点的水平地震作用标准值;

　　　α_j——相应于第 j 个振型自振周期的地震影响系数,按图3.9确定;

　　　γ_j——第 j 个振型参与系数,按式(3.88)计算;

　　　X_{ij}——第 j 个振型第 i 个质点的水平相对位移;

　　　G_i——集中于质点 i 的重力荷载代表值,应取结构和构配件自重标准值和各可变荷载组合值之和。各可变荷载的组合值系数,应按表3.6采用。

表 3.6　组合值系数

可变荷载种类		组合值系数
雪荷载		0.5
屋面积灰荷载		0.5
屋面活荷载		不考虑
按实际情况考虑的楼面活荷载		1.0
按等效均布荷载考虑的楼面活荷载	藏书库、档案库	0.8
	其他民用建筑	0.5
吊车悬吊物重力	硬钩吊车	0.3
	软钩吊车	不考虑

在求出 F_{ij} 后,就可以按一般力学方法计算结构的第 j 振型地震作用效应 S_j,如弯矩、剪力、轴力和变形。

应当注意的是,用反应谱法确定的各振型的地震作用 $F_{ij}(i,j=1,2,\cdots,n)$ 均为最大值,而它们并不总是同时出现的,而且也不一定同号。所以,在求结构地震作用总效应 S 时,如简单地把 S_j 叠加显然将得到偏大的结果。这是由于制作谱曲线时从各时程反应中只取得其最大绝对值带来的困难。

抗震规范从概率上考虑,用所谓"均方根"法,先按各振型求得的地震作用 F_{ij} 计算出结构的地震作用效应 S_j,再将各振型在同一位置处 S_j 的平方和开方,计算出该位置处的总地震效应,即

$$S=\sqrt{\sum_{j=1}^{n}S_j^2} \tag{3.96}$$

式中　S——水平地震作用效应;

S_j—— j 型水平地震作用产生的作用效应,可只取前 2~3 个振型,当基本自振周期大于 1.5s,或房屋高宽比大于 5 时,振型个数可适当增加。

【例 3.3】　按振型分解反应谱法确定例 3.2 所示钢筋混凝土框架结构的多遇地震作用 F_{ij}。场地为Ⅲ类,设防烈度为 7 度、一区。

[解]　求水平地震作用

由例 3.2, $\omega_1=6.11s^{-1}$、$\omega_2=15.99s^{-1}$,于是,自振周期为:

$$T_1=\frac{2\pi}{\omega_1}=\frac{2\pi}{6.11}=1.028s$$

$$T_2=\frac{2\pi}{\omega_2}=\frac{2\pi}{15.99}=0.393s$$

而主振型

$$X_{11}=1.000,X_{21}=1.618$$

$$X_{12}=1.000,X_{22}=-0.618$$

作用在第一振型上的水平地震作用,按式(3.95)计算

$$F_{i1}=a_1\gamma_1X_{i1}G_i$$

由表 3.5 查得对Ⅲ类场地、一区,特征周期为 $T_g=0.45s$;由表 3.4 查得多遇地震、7 度时,水平地震影响系数最大值 $a_{max}=0.08$。按式(3.42),相应于第一振型自振周期 T_1 的地震影响

系数

$$a_1 = \left(\frac{T_g}{T_1}\right)^{0.9} a_{max} = \left(\frac{0.45}{1.028}\right)^{0.9} \times 0.08 = 0.038$$

按式(3.88)计算第一振型参与系数

$$\gamma_1 = \frac{\sum\limits_{i=1}^{2} m_i X_{i1}}{\sum\limits_{i=1}^{2} m_i X_{i1}^2} = \frac{\sum\limits_{i=1}^{2} G_i X_{i1}}{\sum\limits_{i=1}^{2} G_i X_{i1}^2} = \frac{1\ 200 \times 1.000 + 1\ 200 \times 1.618}{1\ 200 \times 1.000^2 + 1\ 200 \times 1.618^2} = 0.724$$

于是,
$$F_{11} = 0.038 \times 0.724 \times 1.000 \times 1\ 200 = 33.01\text{kN}$$
$$F_{21} = 0.038 \times 0.724 \times 1.618 \times 1\ 200 = 53.42\text{kN}$$

作用在第二振型上的水平地震作用

$$F_{i2} = a_2 \gamma_2 X_{i2} G_i$$

因为 $0.10\text{s} < T_2 = 0.393\text{s} < T_g = 0.45\text{s}$,故取 $a_2 = a_{max} = 0.08$

而
$$\gamma_2 = \frac{\sum\limits_{i=1}^{2} G_i X_{i2}}{\sum\limits_{i=1}^{2} G_i X_{i2}^2} = \frac{1\ 200 \times 1.000 + 1\ 200 \times (-0.618)}{1\ 200 \times 1.000^2 + 1\ 200 \times (-0.618)^2} = 0.276$$

于是
$$F_{12} = 0.08 \times 0.276 \times 1.000 \times 1\ 200 = 26.50\text{kN}$$
$$F_{22} = 0.08 \times 0.276 \times (-0.618) \times 1\ 200 = -16.37\text{kN}$$

相应于第一、第二振型的地震作用如图3.14(a),(b)所示。

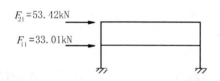
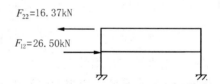

$F_{21}=53.42\text{kN}$
$F_{11}=33.01\text{kN}$

$F_{22}=16.37\text{kN}$
$F_{12}=26.50\text{kN}$

(a)第一振型地震作用   (b)第二振型地震作用

图3.14 例3.3图

3.8 多自由度体系水平地震作用近似计算法——底部剪力法

按振型分解反应谱法计算水平地震作用,随着自由度的增加,计算变得冗繁。为简化计算,《建筑抗震设计规范》规定,高度不超过40m,以剪切变形为主且质量和刚度沿高度分布比较均匀的结构,以及近似于单质点体系的结构,宜采用底部剪力法等简化法近似计算其水平地震作用。

在满足以上条件时,结构振动的位移反应以基本振型为主,且基本振型接近直线(图3.15a)。因此,在近似计算中,可仅考虑基本振型,而忽略高振型的影响,并且取第一振型为一条直线(图3.15b)。这样,基本振型第 i 自由度的相对位移 X_{i1} 将与质点 i 的计算高度 H_i 成正比,即 $X_{i1} = \zeta H_i$,其中 ζ 为比例常数(图3.15b)。由式(3.95),第一振型第 i 质点的地震作用标准值为:

$$F_i = \alpha_1 \gamma_1 X_{i1} G_i = \alpha_1 \gamma_1 \zeta H_i G_i \qquad (3.97)$$

结构总的水平地震作用标准值, 即底部剪力为:

$$F_{EK} = \sum_{i=1}^{n} F_i = \alpha_1 \gamma_1 \zeta \sum_{i=1}^{n} H_i G_i \qquad (3.98)$$

其中

$$\gamma_1 = \frac{\sum_{i=1}^{n} G_i \zeta H_i}{\sum_{i=1}^{n} G_i (\zeta H_i)^2} = \frac{\sum_{i=1}^{n} G_i H_i}{\zeta \sum_{i=1}^{n} G_i H_i^2} \qquad (3.99)$$

把上式代入(3.98)得

$$F_{EK} = \alpha_1 \frac{(\sum_{i=1}^{n} G_i H_i)^2}{\sum_{i=1}^{n} G_i H_i^2} = \alpha_1 \sum_{i=1}^{n} G_i \cdot \frac{1}{\sum_{i=1}^{n} G_i} \frac{(\sum_{i=1}^{n} G_i H_i)^2}{\sum_{i=1}^{n} G_i H_i^2} \qquad (3.100)$$

令

$$\eta = \frac{1}{\sum_{i=1}^{n} G_i} \frac{(\sum_{i=1}^{n} G_i H_i)^2}{\sum_{i=1}^{n} G_i H_i^2} \qquad (3.101)$$

则

$$F_{EK} = \alpha_1 \eta G \qquad (3.102)$$

其中　$G = \sum_{i=1}^{n} G_i$　为结构总重力荷载。

比较式(3.102)与单自由度计算地震作用的基本公式(3.41), 可知仅相差一个系数 η, 称 η 为等效重力荷载系数, 并令

$$G_{eq} = \eta G \qquad (3.103)$$

则结构总水平地震作用标准值为

$$F_{EK} = \alpha_1 G_{eq} \qquad (3.104)$$

上面是从振型分解反应谱法引入第一振型参与系数而得到的。η 反应了多自由度体系底部剪力值与对应单自由度系剪力值的差异。经大量分析比较, 对多层建筑, η 值一般在 $0.8 \sim 0.9$ 之间变动, 据此,《建筑抗震设计规范》规定, 对多自由度体系取 $\eta = 0.85$。

下面来确定沿结构高度地震作用的分布。

在求得底部剪力后, 按第一振型为一直线的假定, 由式(3.89)

$$\alpha_1 \gamma_1 \zeta = \frac{1}{\sum_{i=1}^{n} H_i G_i} F_{EK} \qquad (3.105)$$

将上式代入式(3.97), 得各质点的水平地震作用:

$$F_i = \frac{G_i H_i}{\sum_{i=1}^{n} G_i H_i} F_{EK} \qquad (3.106)$$

按上式计算得到结构的地震剪力在上部 1/3 各层往往小于按时程分析法和反应谱振型组合取前三个振型的计算结果, 特别是对于周期较长的结构相差就更大一些。研究表明, 采用在顶部附加集中力的方法可适当改进地震作用沿高度的分布。通过按时程分析法和振型分解反应谱法与按第一振型为一条直线的假定求得各质点的地震作用相比较表明, 这个顶部附加水

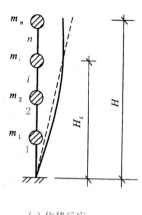

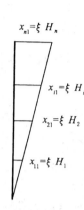

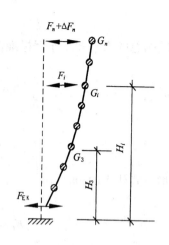

(a) 位移反应　　　　　　　(b) 第一振型　　　　　　(c) 结构水平地震作用简图

图 3.15　底部剪力法

平地震作用与结构的基本自振周期 T_1 和场地类别有关。综上,底部剪力法的计算公式为(图 3.15c)

$$F_{EK} = \alpha_1 G_{eq} \tag{3.107}$$

$$F_i = \frac{G_i H_i}{\sum\limits_{j=1}^{n} G_j H_j} F_{EK}(1 - \delta_n) \tag{3.108}$$

$$\Delta F_n = \delta_n F_{EK} \tag{3.109}$$

式中　F_{EK}——结构总水平地震作用标准值;

α_1——相应于结构基本自振周期的水平地震影响系数值,应按图 3.9 确定。多层砌体房屋、底层框架和多层内框砖房,可取水平地震影响系数最大值;

G_{eq}——结构等效总重力荷载,单质点应取总重力荷载代表值,多质点可取总重力荷载代表值的 85%;

F_i——质点 i 的水平地震作用标准值;

G_i, G_j——分别集中于质点 i, j 的重力荷载代表值;

H_i, H_j——分别为质点 i, j 的计算高度;

δ_n——顶部附加地震作用系数,多层钢筋混凝土房屋和钢结构房屋可按表 3.7 采用,多层内框架砖房可采用 0.2,其他房屋可不考虑;

ΔF_n——顶部附加水平地震作用。

表 3.7　顶部附加地震作用系数 δ_n

T_g/s	$T_1 > 1.4 T_g$	$T_1 \leqslant 1.4 T_g$
$\leqslant 0.35$	$0.08 T_1 + 0.07$	
$0.35 \sim 0.55$	$0.08 T_1 + 0.01$	不考虑
$\geqslant 0.55$	$0.08 T_1 - 0.02$	

注: T_1 为结构基本自振周期; T_g 为特征周期。

大量震害表明,多层房屋顶部突出屋面的电梯间、水箱等,它们的震害比下面主体结构严重。在地震工程中,把这种效应称为"鞭端效应"。在计算时,突出屋面小建筑的质量,刚度与相邻结构层的质量,刚度相差很大,已不满足采用底部剪力法计算水平地震作用的条件。将按振型分解法得到的突出屋面小建筑的水平地震作用与按底部剪力法的同类结果相比较分析后,《建筑抗震设计规范》规定,采用底部剪力法时,突出屋面的屋顶间、女儿墙、烟囱等的地震作用效应,宜乘以增大系数 3,此增大部分属于效应增大,不应往下传递。当采用振型分解法时,突出屋面部分可作为一个质点进行计算。

【例 3.4】　已知条件同例 3.3。试按底部剪力法计算水平地震作用。

［解］　已知 $G_1 = G_2 = 1\,200\text{kN}$, $H_1 = 4\text{m}$, $H_2 = 8\text{m}$, $T_g = 0.45\text{s}$, $T_1 = 1.028\text{s}$, $\alpha_1 = 0.038$

1)求总水平地震作用标准值(即底部剪力)

按式(3.107)计算

$$F_{EK} = \alpha_1 G_{eq} = \alpha_1 \eta G = 0.038 \times 0.85(1\,200 + 1\,200) = 77.52\text{kN}$$

2)求作用在各质点上的水平地震作用标准值(图 3.16)

由表 3.7 查得,当 $T_g = 0.45\text{s}$, $T_1 = 1.028\text{s} > 1.4 T_g = 1.4 \times 0.45 = 0.63\text{s}$ 时,

$$\delta_2 = 0.08 T_1 + 0.01 = 0.08 \times 1.028 + 0.01 = 0.092$$

按式(3.109)计算

$$\Delta F_2 = \delta_2 F_{EK} = 0.092 \times 77.52 = 7.132\text{kN}$$

按式(3.108)计算 F_i

$$F_1 = \frac{G_1 H_1}{\sum\limits_{j=1}^{2} G_j H_j} F_{EK}(1 - \delta_2) = \frac{1\,200 \times 4}{1\,200 \times 4 + 1\,200 \times 8} \times 77.52(1 - 0.092) = 23.46\text{kN}$$

$$F_2 = \frac{G_2 H_2}{\sum\limits_{j=1}^{2} G_j H_j} F_{EK}(1 - \delta_2) = \frac{1\,200 \times 8}{1\,200 \times 4 + 1\,200 \times 8} \times 77.52(1 - 0.092) = 46.92\text{kN}$$

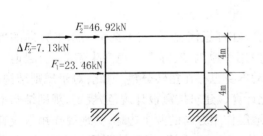

图 3.16　例 3.4 图

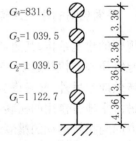

图 3.17　例 3.5 图

【例 3.5】　四层钢筋混凝土框架结构,设计烈度为 8 度,一区,场地为 II 类,结构层高和层重力荷载代表值见图 3.17。取典型一榀框架进行分析,考虑填充墙的刚度影响的结构基本周期为 0.56s,求各层地震剪力的标准值。

［解］　结构总水平地震作用标准值为:

$$F_{EK} = \alpha_1 G_{eq}$$

$$\alpha = \left(\frac{T_g}{T_1}\right)^{0.9} \alpha_{max} = \left(\frac{0.35}{0.56}\right)^{0.9} \times 0.16 = 0.104\,8$$

$$F_{EK} = 0.104\,8 \times 0.85 \times (831.6 + 1\,039.5 \times 2 + 1\,122.7) = 359.3\text{kN}$$

由于 $T_1 > 1.4 \times 0.35 = 0.49\text{s}$，所以应考虑顶部附加水平地震作用，$\delta_4$ 和 ΔF_4 为：

$$\delta_4 = 0.08T_1 + 0.01 = 0.08 \times 0.56 + 0.01 = 0.054\,8$$

$$\Delta F_4 = \delta_4 F_{EK} = 0.054\,8 \times 359.3 = 19.69\text{kN}$$

各层水平地震作用 F_i 和各层地震剪力标准值 V_{ik} 分别用下式计算，计算结果列于表 3.8 中。

$$F_i = \frac{G_i H_i}{\sum_{j=1}^{4} G_j H_j} F_{EK}(1 - \delta_4)$$

$$V_{ik} = \sum_{i=1}^{4} F_i + \Delta F_4$$

表 3.8　各层地震剪力标准值

层	G_i /kN	H_i /m	$G_i H_i$ /(kN·m)	$F_i = \dfrac{G_i H_i}{\sum_{j=1}^{4} G_j H_j}(1 - \delta_4)F_{EK}$ /kN	ΔF_4 /kN	$V_{ik} = \sum_{i=1}^{4} F_i + \Delta F_4$ /kN
4	831.6	14.44	12 008.3	111.89	19.69	131.58
3	1 039.5	11.08	11 517.7	107.32		238.90
2	1 039.5	7.72	8 024.9	74.78		313.68
1	1 122.7	4.36	4 895.0	45.61		359.29
Σ	4 033.3		36 445.9	339.63		

3.9　水平地震作用扭转影响的计算

3.9.1　平面规则的建筑结构

平面规则的建筑结构，其重心与平面形心重合，在理想情况下，它不会由某水平方向的地震作用引起绕质心的扭转运动。但考虑到施工、使用等原因，实际上难免产生偏心，引起地震作用的扭转效应。另外，又考虑到地震时地面运动本身也存在扭转分量，因此，对于规则结构，也应当考虑水平地震作用的扭转影响。为了简化计算，《建筑抗震设计规范》规定，规则结构不考虑水平方向与扭转运动的耦联影响，但平行于地震作用方向的两个边榀，其地震作用效应宜乘以增大系数。一般情况下，短边可按 1.15、长边可按 1.05 采用；当扭转刚度较小时，可按不小于 1.3 采用。

3.9.2　平面不规则的结构

对于平面布置有明显不对称的结构，在水平地震作用下将产生明显的平动—扭转耦联效应，在计算中应加以考虑。

对 n 层不对称建筑，假设楼盖平面内刚度可视为无限大。在自由振动条件下，任一振型 j 在任意层 i 具有 3 个振型位移，如图 3.18，它们分别是两个正交的水平移动 X_{ij}、Y_{ij} 和一个转角 φ_{ij}，在 x 或 y 方向有水平地震作用时，第 j 振型第 i 层质心处水平地震作用具有 x 向、y 向的水平地震作用和绕质心轴的地震作用扭矩。

按振型分解法，j 振型 i 层的水平地震作用标准值按下列
公式确定：

$$F_{xij} = \alpha_j \gamma_{tj} X_{ij} G_i$$
$$F_{yij} = \alpha_j \gamma_{tj} Y_{ij} G_i \quad (i = 1, 2, \cdots, n; j = 1, 2, \cdots, m) \quad (3.110)$$
$$F_{tij} = \alpha_j \gamma_{tj} r_i^2 \varphi_{ij} G_i$$

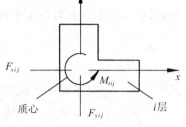

图 3.18　j 振型 i 层质心处地震作用

式中　F_{xij}、F_{yij}、F_{tij}——分别为 j 振型 i 层的 x、y 方向和转角方
向的地震作用标准值；

X_{ij}、Y_{ij}——分别为 j 振型 i 层质心在 x、y 方向的水平相
对位移；

φ_{ij}——j 振型 i 层的相对扭转角；

γ_{tj}——考虑扭转的 j 振型参与系数，当仅考虑 x 方向地震时，按式(3.111)计算；当仅考
虑 y 方向地震时，按式(3.112)计算；当考虑与 x 方向斜交 θ 角的地震时，按式
(3.113)计算；

r_i——i 层转动半径，按式(3.114)计算。

$$\gamma_{tj} = \frac{\sum_{i=1}^{n} X_{ij} G_i}{\sum_{i=1}^{n} (X_{ij}^2 + Y_{ij}^2 + \varphi_{ij}^2 r_i^2) G_i} \tag{3.111}$$

$$\gamma_{tj} = \frac{\sum_{i=1}^{n} Y_{ij} G_i}{\sum_{i=1}^{n} (X_{ij}^2 + Y_{ij}^2 + \varphi_{ij}^2 r_i^2) G_i} \tag{3.112}$$

$$\gamma_{tj} = \gamma_{xj} \cos\theta + \gamma_{yj} \sin\theta \tag{3.113}$$

式中　γ_{xj}、γ_{yj}——分别为由式(3.111)、(3.112)求得的参与系数。

$$r_i = \sqrt{J_i / M_i} \tag{3.114}$$

式中　J_i——第 i 层绕质心的转动惯量；

M_i——第 i 层的质量。

考虑单向水平地震作用下的扭转地震作用效应时，由于振型效应彼此耦联，所以采用如下
完全二次型组合：

$$S = \sqrt{\sum_{j=1}^{m} \sum_{k=1}^{m} \rho_{kj} S_j S_k} \tag{3.115}$$

$$\rho_{kj} = \frac{0.02(1 + \lambda_T) \lambda_T^{1.5}}{(1 - \lambda_T^2)^2 + 0.01(1 + \lambda_T)^2 \lambda_T} \tag{3.116}$$

式中　S——考虑扭转的地震作用效应；

S_j、S_k——分别为 j、k 振型地震作用产生的作用效应，可取前 9～15 个振型；

ρ_{kj}——j 振型与 k 振型的耦联系数；

λ_T——k 振型与 j 振型的自振周期比。

考虑双向水平地震作用下的扭转地震作用效应时,根据强震观测记录的统计分析,两个水平方向地震加速度的最大值不相等,二者之比约为 1:0.85。而且两个方向的最大值不一定发生在同一时刻,因此双向水平地震作用下的扭转地震效应,可按以下公式中较大值确定:

$$S = \sqrt{S_x^2 + (0.85S_y)^2} \tag{3.117}$$

$$S = \sqrt{S_y^2 + (0.85S_x)^2} \tag{3.118}$$

式中　S_x——仅考虑 x 方向水平地震作用时的地震作用效应;

　　　S_y——仅考虑 y 方向水平地震作用时的地震作用效应。

在进行平动扭转耦联的计算中,需要求各楼层的转动惯量。对于任意形状的楼盖,取任意坐标轴,质心 C_i 的坐标 x_i、y_i 可用下式求得:

$$x_i = \frac{\iint\limits_{A_i} m_i x \,\mathrm{d}x\,\mathrm{d}y}{\iint\limits_{A_i} m_i \,\mathrm{d}x\,\mathrm{d}y} \tag{3.119}$$

$$y_i = \frac{\iint\limits_{A_i} m_i y \,\mathrm{d}x\,\mathrm{d}y}{\iint\limits_{A_i} m_i \,\mathrm{d}x\,\mathrm{d}y} \tag{3.120}$$

式中　m_i——i 层任意点处单位面积质量;

　　　A_i——i 层楼盖水平面积。

绕任意竖轴 O 的转动惯量为

$$J_{io} = \iint\limits_{A_i} m_i (x^2 + y^2)\,\mathrm{d}x\,\mathrm{d}y \tag{3.121}$$

绕质心 C_i 的转动惯量为

$$J_i = \iint\limits_{A_i} m_i \left[(x - x_i)^2 + (y - y_i)^2 \right]\,\mathrm{d}x\,\mathrm{d}y \tag{3.122}$$

3.10　竖向地震作用计算

地震震害现象表明,在高烈度区,竖向地震动的影响是明显的。从竖向地震与水平地震运动量值比较看,根据统计,竖向地面最大加速度 a_v 与水平地面最大加速度 a_h 的比值为 1/2 ~ 2/3。根据一些学者对竖向地震的研究,《建筑抗震设计规范》规定,8 度和 9 度时的大跨度结构,长悬臂结构,9 度时的高层建筑,应考虑竖向地震作用。

3.10.1　高层建筑竖向地震作用

(1)竖向地震加速度反应谱

通过将一些台站同时记录到的水平与竖向地震波按场地条件分类,求出各类场地竖向和水平向平均反应谱,发现竖向和水平地震反应谱形状相差不大。图 3.19 所示为Ⅰ类场地土竖

向平均反应谱 β_v 与水平平均反应谱 β_h 的比较。

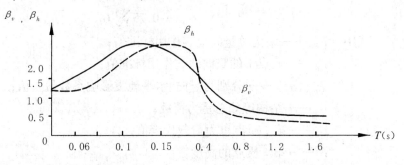

图 3.19　竖向、水平平均反应谱(Ⅰ类场地)

因此,在竖向地震作用计算中,可近似用水平反应谱曲线。考虑到竖向地震加速度峰值平均约为水平地震加速度峰值的 1/2 ~ 2/3,对震中距较小地区宜采用较大数值,所以,竖向地震系数 k_v 与水平地震系数 k_h 之比取 $k_v / k_h = 2/3$。地震影响系数 $\alpha = k\beta$,因此,《建筑抗震设计规范》规定,竖向地震系数 α_v 取水平地震影响系数 α_h 的 65% ,即

$$\alpha_v = k_v \beta_v = \frac{2}{3} k_h \beta_v = \frac{2}{3} \alpha_h \approx 0.65 \alpha_h \tag{3.123}$$

(2)竖向作用计算

高耸结构,以及高层建筑,其竖向地震作用标准值,应按反应谱法计算。

通过对上述结构的时程分析和竖向反应谱分析,发现有以下规律:

①高耸结构、高层建筑的竖向地震内力与竖向构件所受重力之比 λ_v,沿结构的高度由下往上逐渐增大,而不是一个常数。一个例子如表 3.9 所示:

表 3.9　355m 电视塔的比值 λ_v

位　　　　置	输入 El-centro 波	输入天津波
顶部	1.38	1.32
270m	0.85	1.01
190m	0.45	0.58
90m	0.29	0.30
底部	0.22	0.25

②从表 3.9 可见,高耸结构顶部在强烈地震中可能出现拉力。这说明,竖向地震作用的影响是不可忽略的。

③高耸结构和高层建筑竖向第一振型的地震内力与竖向前 5 个振型按平方和开方组合的地震内力相比,误差仅在 5% ~ 15%。

④竖向第一自振周期 T_{v1} 小于场地特征周期 T_g($T_{v1} = 0.1 ~ 0.2s$),其第一振型接近于直线。

基于竖向地震作用的上述规律,高耸结构与高层建筑竖向地震作用的计算可仿照计算水平地震作用的底部剪力法进行简化,其计算简图如图 3.20,计算公式为:

$$F_{Evk} = \alpha_{v\max} G_{ep} \tag{3.124}$$

$$F_{vi} = \frac{G_i H_i}{\sum_{j=1}^{n} G_i H_i} F_{Evk} \tag{3.125}$$

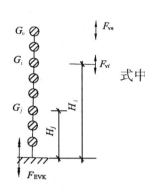

图 3.20 竖向地震
作用计算简图

$$\alpha_{v\max} = 0.65 \alpha_{h\max} \qquad (3.126)$$

$$G_{ep} = 0.75 \sum G_i \qquad (3.127)$$

式中　F_{Evk}——结构总竖向地震作用标准值;

　　　F_{vi}——质点 i 的竖向地震作用标准值;

　　　$\alpha_{v\max}$、$\alpha_{h\max}$——分别为竖向、水平地震影响系数最大值;

　　　G_{eq}——结构等效总重力荷载;

　　　G_i——第 i 质点重力荷载代表值;

　　　H_i——第 i 质点的高度。

各构件竖向地震作用效应,可按各构件承受的重力荷载代表值的比例分配。

3.10.2　平板型网架屋盖与大于 24m 屋架的竖向地震作用计算

对不同平板型网架屋盖和大于 24m 屋架,用反应谱法计算竖向地震作用下的内力结果表明:①各杆的竖向地震作用的内力与重力荷载作用下的内力之比 μ 虽然不同,但相差不大,可取其最大值 $\mu_{\max}$ 为设计依据;②比值 $\mu_{\max}$ 与烈度和场地类别有关;③当结构竖向自振周期大于场地反应谱特征周期时,随跨度的增大,μ 值有所下降,但在目前常用的跨度范围内,这个下降还不很大,为了简化,可略去跨度的影响。

根据以上规律,《建筑抗震设计规范》给出了平板型网架屋盖和跨度大于 24m 屋架的竖向地震作用系数 λ 如表 3.10。并规定,其竖向地震作用标准值,可按以下静力法公式计算:

表 3.10　竖向地震系数

结构类别	烈度	场地类别		
		Ⅰ	Ⅱ	Ⅲ、Ⅳ
平板型网架、钢屋架	8	不考虑	0.08	0.10
	9	0.15	0.15	0.20
钢筋混凝土屋架	8	0.10	0.13	0.13
	9	0.20	0.25	0.25

$$F_{vi} = \lambda G_i \qquad (3.128)$$

式中　λ——竖向地震系数;

　　　G_i——构件重力荷载代表值。

对于长悬臂结构和其他大跨度结构的竖向地震作用标准值,8 度和 9 度可分别取该结构、构件重力荷载代表值的 10% ~ 20%。

3.11　地震反应时程分析法的概念

时程分析法又称为直接动力法,是用数值积分求解运动方程的一种方法,在数学上称为逐步积分法。这种方法是将地震加速度记录数字化,使每一时间对应一个加速度值,根据结构的参数,由初始状态开始按时间推移逐步积分求解运动方程,直到地震终止,从而了解结构在整个地震加速度记录时间过程中的地震反应(位移、速度和加速度)。

地震作用下 n 个自由度结构的振动微分方程为:

$$[m]\{\ddot{x}\} + [c]\{\dot{x}\} + [k]\{x\} = -[m]\{1\}\ddot{x}_g \tag{3.129}$$

式中　$[m]$、$[c]$、$[k]$——分别为结构的质量、阻尼和刚度矩阵;

　　　$\{x\}$、$\{\dot{x}\}$、$\{\ddot{x}\}$——分别为结构的位移、速度和加速度;

　　　$\{1\}$——单位向量;

　　　$\ddot{x}_g$——输入的地震加速度。

求解方程(3.129)的逐步积分法有线性加速度法、威尔逊-θ(Wilson)法和纽马克-β(Newmark)法等。当结构在地震作用下处于弹性状态时,构件或楼层的刚度不变,则式(3.129)中的刚度矩阵不改变;当结构在强烈地震作用下进入弹塑性阶段时,构件或楼层的刚度要按恢复力特征曲线上的位置取值,在振动过程中不断地变化。由于时程分析法计算工作量大,因此须要运用编制的计算机程序求解。具体方法可查阅有关专著。

《建筑抗震设计规范》规定,对于特别不规则的建筑、甲类建筑和表 3.11 所列高度范围的高层建筑,除采用振型分解反应谱法外,还应采用时程分析法进行多遇地震下的补充计算,可取多条时程曲线计算结果的平均值与振型分解反应谱法计算结果的较大值。

采用时程分析法时,应按建筑场地类别和《建筑抗震设计规范》附录 A 列出的特征周期分区选用不少于二条实际强震记录和一条人工模拟的加速度时程曲线,其平均地震影响系数曲线应与振型分解反应谱法所采用的地震影响系数曲线在统计意义上相等,即所选用的实际强震记录和人工模拟加速度时程曲线的平均地震系数影响曲线与振型分解反应谱法所选用的地震影响系数曲线相比,在各个周期点上不大于 20% 。所选用的实际强震记录和人工模拟加速度时程曲线的加速度最大值可按表 3.12 采用。弹性时程分析时,每条时程曲线的计算所得结构底部剪力不应小于振型分解反应谱法计算结果的 80% 。

表 3.11　采用时程分析的房屋高度范围

烈度、场地类别	房屋高度范围/m
8 度 Ⅰ、Ⅱ 类场地和 7 度	> 100
8 度 Ⅲ、Ⅳ 类场地	> 80
9 度	> 60

表 3.12　时程分析所用地震加速度时程的最大值/单位 cm/s^2

地震影响	烈　　　　度			
	6	7	8	9
多遇地震	18	35(55)	70(110)	140
罕遇地震	— — —	220(310)	400(510)	620

注:括号内数值分别用于设计基本地震加速度取表 3.2 中的 0.15g 和 0.30g 的地区。

3.12 结构基频的近似计算法

反应谱理论告诉我们动力系数 β 是结构物自振周期的函数。n 个自由度体系,从理论上说可以有 n 个自振频率以及相应的主振型,它们可以通过解频率方程得到,但这是相当费事的。对大多数实际问题来讲,结构的最低自振频率是重要的,因此,用近似计算方法确定结构基频在抗震设计中具有重要的实用意义。

3.12.1 瑞利(Rayleigh)法

瑞利法是瑞利提出的一种求多质点系基频的近似方法。这种方法先对结构体系的振动形态作出一定的假设,然后用能量守恒定律求自振频率。因此也称为能量法。

图 3.21 为一无阻尼单自由度质量弹簧水平振动系统。在水平振动时,可以不考虑重力势能。其自由振动方程为:

$$m\ddot{x} + kx = 0 \tag{3.130}$$

用 $\dot{x}\mathrm{d}t$ 乘以上式各项并积分,有

$$\int m\ddot{x}\,\dot{x}\,\mathrm{d}t + \int kx\dot{x}\,\mathrm{d}t = c \tag{3.131}$$

其中 c 是一个常数。而

$$\frac{\mathrm{d}}{\mathrm{d}t}(\dot{x}^2) = 2\dot{x}\ddot{x}, \qquad \frac{\mathrm{d}}{\mathrm{d}t}(x^2) = 2x\dot{x},$$

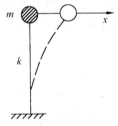

图 3.21 单自由度系

代入式(3.131)后得

$$\frac{1}{2}m\dot{x}^2 + \frac{1}{2}kx^2 = c \tag{3.132}$$

式(3.132)表明系统的动能 $T = \frac{1}{2}m\dot{x}^2$ 与弹性应变能 $U = \frac{1}{2}kx^2$ 之和在运动过程中保持常量。从式(3.132)可看出,系统的动能和势能不能为负值。故质点处于静平衡位置时,势能 U 为零,动能 T 具有最大值,即

$$T_{\max} = \frac{1}{2}m\dot{x}_{\max}^2 = c \tag{3.133}$$

又,当质点之位移 x 绝对值最大时,速度 $\dot{x}$ 为零,动能为零,势能具有最大值,即

$$U_{\max} = \frac{1}{2}kx_{\max}^2 = c \tag{3.134}$$

且动能的最大值等于势能的最大值,即

$$T_{\max} = U_{\max} \tag{3.135}$$

或

$$\frac{1}{2}m\dot{x}_{\max}^2 = \frac{1}{2}kx_{\max}^2 \tag{3.136}$$

由方程(3.130)可得:

$$x = A\sin(\omega t + \varphi) \tag{3.137}$$

$$\dot{x} = A\omega\cos(\omega t + \varphi) \tag{3.138}$$

故 $\dot{x}$ 的最大绝对值与 x 的最大绝对值有如下关系

$$|\dot{x}_{\max}| = \omega|x_{\max}| \tag{3.139}$$

(3.139)代入式(3.136),得系统的自振圆频率

$$\omega = \sqrt{\frac{k}{m}} \tag{3.140}$$

这时单自由度系的自振周期 T 为

$$T = 2\pi\sqrt{\frac{m}{k}} = 2\pi\sqrt{\frac{mg\delta}{g}} = 2\pi\sqrt{\frac{G\delta}{g}} \tag{3.141}$$

式中　G——质点 m 的重力;

　　　g——重力加速度;

　　　δ——单位水平集中力使质点产生的侧移。

从以上最简单的单自由度计算过程中可知,在计算体系自振频率时,由能量守恒定律导出的最大动能等于最大势能的(3.136)式是特别有用的。

考虑图 3.22 所示 n 自由度弹性体系,质点 i 的质量为 m_i,用瑞利法求其最低自振频率 ω_1。按照瑞利的建议,假设各质点的重力荷载 G_i 水平作用于相应质点 m_i 上所产生的挠曲线为基本振型。Δ_i 为 i 点的水平位移。这时,体系的最大势能为

$$U_{\max} = \frac{1}{2}\sum_{i=1}^{n}G_i\Delta_i = \frac{1}{2}g\sum_{i=1}^{n}m_i\Delta_i \tag{3.142}$$

最大动能为

$$T_{\max} = \frac{1}{2}\sum_{i=1}^{n}m_i(\omega_i\Delta_i)^2 \tag{3.143}$$

令 $U_{\max} = T_{\max}$,得体系的基频近似表达式为

$$\omega_1 = \sqrt{\frac{g\sum_{i=1}^{n}m_i\Delta_i}{\sum_{i=1}^{n}m_i\Delta_i^2}} = \sqrt{\frac{g\sum_{i=1}^{n}G_i\Delta_i}{\sum_{i=1}^{n}G_i\Delta_i^2}} \tag{3.144}$$

基本周期为

$$T_1 = 2\pi\sqrt{\frac{\sum_{i=1}^{n}G_i\Delta_i^2}{g\sum_{i=1}^{n}G_i\Delta_i}} \approx 2\sqrt{\frac{\sum_{i=1}^{n}G_i\Delta_i^2}{\sum_{i=1}^{n}G_i\Delta_i}} \tag{3.145}$$

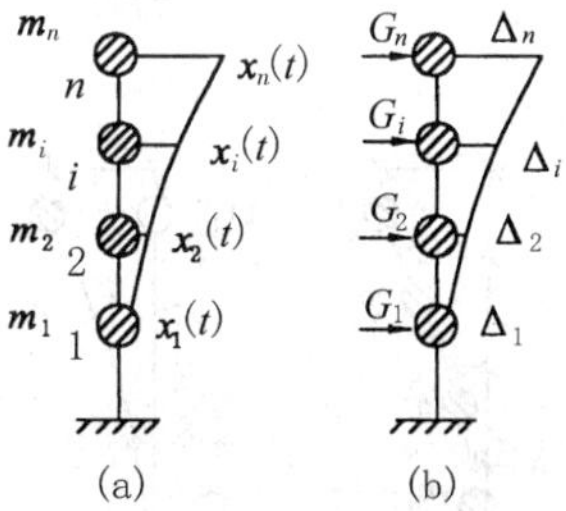

图 3.22　多自由度体系

用瑞利法计算自振频率的近似程度取决于假定的第一振型与真实振型的近似程度。只要这个假定的振型与真实振型有差别,就意味着附加了某些约束迫使体系按假定的振型振动,使体系刚度增大,因此由瑞利法求得的频率将比体系的实际频率为高。但近似程度一般能满足工程计算的要求。根据瑞利的建议,沿振动方向施加等于体系荷重的静力作用,所产生的挠曲线当作第一振型常能得到满意的结果。

3.12.2　折算质量法

折算质量法是求体系基本频率的另一种近似计算方法。它的基本出发点是,在计算多自由度体系基频时,用一个单自由度体系代替原体系,使这个单自由度体系的自振频率与原体系

的基频相等或接近。这个单自由度体系的质量就称为折算质量,以 M_z 表示。有了折算质量就可以按单自由度体系计算基本频率:

$$\omega_1 = \sqrt{\frac{1}{M_z \delta}} \tag{3.146}$$

和基本周期:

$$T_1 = 2\pi \sqrt{M_z \delta} \tag{3.147}$$

式中 δ——单位水平力作用下单自由度体系的位移。

应当指出:①计算折算质量的单自由度体系的约束条件和刚度应与原体系完全相同;②折算质量 M_z 的大小与它所在的位置有关,为计算方便,常将折算质量放在体系振动时产生最大位移处。

在满足上述条件①时,两个体系的最大势能相等,这是由于势能是约束条件和刚度的函数。当两个体系的最大动能也相等时,则根据能量法,两个体系的基本频率应相等,这便是折算质量法的基本原理。于是,折算质量 M_z 应根据代替原体系的单质点体系振动时的最大动能等于原体系的最大动能的条件来确定。

例如求图 3.23(a)多自由度系的基本频率时,可用图 3.23(b)的单自由度系代之。按某种方法,例如按前述瑞利建议的方法假定一条近似的第一振型曲线后,根据两体系按第一振型振动时最大动能相等的条件,得:

$$\frac{1}{2} M_z (\omega_1 x_m)^2 = \frac{1}{2} \sum_{i=1}^{n} m_i (\omega_1 x_i)^2 \tag{3.148}$$

即

$$M_z = \frac{\sum_{i=1}^{n} m_i x_i^2}{x_m^2} \tag{3.149}$$

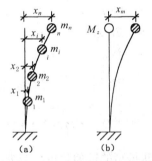

图 3.23 折算质量法

式中 x_m——原体系按第一振型振动时,相应于折算质量所在位置的最大位移,对图 3.23 而言,$x_m = x_n$;

x_i——质点 m_i 的最大位移。

对于柱等质量沿高度 H 连续分布的悬臂杆,求折算质量的公式将变成

$$M_z = \frac{\int_0^H \overline{m}(y) x^2(y) \mathrm{d}y}{x_m^2} \tag{3.150}$$

式中 $\overline{m}(y)$——悬臂单位长度的质量;

$x(y)$——体系按第一振型振动时任一截面 y 的最大位移。

【例 3.6】 等截面悬臂杆(图 3.24(a)),高度为 H,抗弯刚度 EI,单位长度上均布重力荷载 q。试按折算质量法求体系的基本周期。

[解] 假定直杆重力荷载 q 沿水平方向作用所得的弹性曲线为第一振型曲线(图 3.24(b)),即

$$x = \frac{q}{24EI}(y^4 - 4Hy^3 + 6H^2y^2)$$

$$M_z = \frac{1}{x_m^2}\overline{m}\int_0^H x^2 \mathrm{d}y = \frac{\overline{m}}{x_m^2}(\frac{q}{24EI})^2\int_0^H (y^4 - 4Hy^3 + 6H^2y^2)^2 \mathrm{d}y$$

其中 x_m 为原体系相应于折算质量所在位置处的水平位移。设将 M_z 布置在直杆的顶端(图 3.24(c)),则 $x_m = \frac{ql^4}{8EI}$。代入上式,经计算得:

$$M_z = 0.254\overline{m}H \approx 0.25\overline{m}H$$

体系的基本周期

$$T_1 = 2\pi\sqrt{M_z\delta} = 2\pi\sqrt{0.25\overline{m}H \cdot \frac{1}{3} \cdot \frac{H^3}{EI}} = 1.82H^2\sqrt{\frac{\overline{m}}{EI}}$$

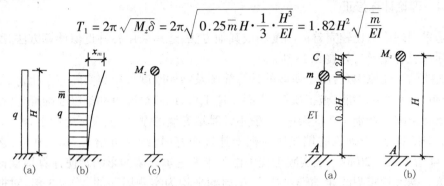

图 3.24　例 3.6 图　　　　　　　图 3.25　例 3.7 图

【例 3.7】　无重量直杆高为 H,抗弯刚度为 EI,在杆的 $0.8H$ 高度处的 B 点有一集中质量 m(图 3.25a)。试求在悬臂端 C 处的折算质量(图 3.25b)。

[解]　以悬臂顶端作用单位水平集中力的弹性曲线为第一振型曲线,即设

$$x = \frac{1}{6EI}(3Hy^2 - y^3)$$

则顶点位移

$$x_C = x_m = \frac{H^3}{3EI}$$

而 B 点的水平位移

$$x_B = \frac{1}{6EI}\left[3H(0.8H)^2 - (0.8H)^3\right] = 0.235\frac{H^3}{EI}$$

代入式(2.121),得:

$$M_z = \frac{m(0.235\frac{H^3}{EI})^2}{(\frac{H^3}{3EI})^2} = 0.496m \approx 0.5m$$

由上面两个例题可见,折算质量可由原体系的质量乘以某一系数得到。这个系数称为动力等效换算系数。上面两个例题的动力等效换算系数分别为 0.25 和 0.5。

3.12.3　顶点位移法

顶点位移法也是求结构基频的一种近似方法,该方法适用于质量及刚度沿高度分布比较均匀的任何结构。它的基本原理是将结构按其质量分布情况,简化为有限或无限个质点的悬

臂直杆,然后求出结构顶点位移表示的基本频率计算公式。这样,只要求出结构的顶点水平位移 Δ_G,即可按下式求得结构的基本周期

$$T_1 = 1.70 \sqrt{\Delta_G} \tag{3.151}$$

公式推导略。这儿仅指出,从理论分析可知,对于等截面等刚度的悬臂杆,当体系按弯曲振动时,$T_1 = 1.60 \sqrt{\Delta_G}$;当体系按剪切振动时,$T_1 = 1.80 \sqrt{\Delta_G}$。而一般情况下是弯剪型,因此在实用中取平均值而成为式(3.151)。

式(3.151)中 Δ_G 必须以 m 为单位,它可由试验测得或用恰当的结构分析方法计算出。

3.12.4 理论计算修正

无论是采用理论上比较完善的刚度法或其他方法,还是采用各种近似计算方法,所得的结果都与实际情况有差异。如表 3.13 所示。

引起误差的主要原因是:由于所取的计算简图及结构刚度很难与实际完全相符,如平面布置、质量分布、材料实际性能、施工质量、空间整体工作、地基情况等都难以准确确定,而它们对自振周期都有影响。特别是在框架中,一般不计算填充墙的刚度,但实际上影响很大。例如实测一个单层单跨框架,当砌筑的填充墙与框架连接很好时,刚度可增大 40 ~ 50 倍;连接不好时,刚度也可增大 15 ~ 20 倍。在实际工程中由于未考虑填充墙的影响常使计算周期比实测周期大很多倍。据大量实测统计,框架结构计算周期平均为实测周期的 2.5 ~ 3 倍,对框架剪力墙结构约为 1.5 倍,对于填充墙很少或没有填充墙的剪力墙结构,计算周期与实测周期的差别就小一些。

表 3.13　脉动实测周期与理论计算周期比较

序号	工程名称	高度 /m	结构形式	脉动实测 /s	理论计算 /s	$T_计 / T_测$
1	上海石化总厂外宾招待所	28.4	框架	0.53	1.908	3.6
2	上海北站旅馆	29.7	框架	0.39	2.204	5.65
3	北京西单大楼	43.88	框架、实心砖填充墙	0.5	1.5	3
4	首都医科大学	35	框架、实心砖填充墙	0.61	1.1	1.8
5	上海长征医院	26.8	框—剪	0.40	0.586	1.46
6	上海武宁公寓	27.0	框—剪(多孔砖剪力墙)	0.45	0.729	1.61
7	北京民航大楼	60.8	框架、轻质内墙挂板	1.1	1.5	1.4

理论计算的周期一般偏长,当用反应谱理论计算地震作用时,会使地震作用偏小而趋于不安全,因此,除了在计算中已经考虑了非结构构件影响的情况外,凡是用本节提供的公式计算的周期,以及用其他理论或近似方法计算的周期,都应加以修正。修正系数 α_0 取值如下:

$$\left.\begin{array}{ll}\text{框架结构} & \alpha_0 = 0.6 \sim 0.7 \\ \text{框架剪力墙结构} & \alpha_0 = 0.7 \sim 0.8 \\ \text{剪力墙结构} & \alpha_0 = 1.0\end{array}\right\} \tag{3.152}$$

在各类结构中,可根据填充墙的数量、材料及连接构造等选取恰当数值。

3.13　结构抗震验算

《建筑抗震设计规范》为了更好地体现"小震不坏、设防烈度可修、大震不倒"的抗震设计原则,采用了二阶段设计方法来完成三个烈度水准的抗震设防要求,即

第一阶段设计:按多遇地震作用效应和其他荷载效应的基本组合验算构件截面抗震承载力,以及在多遇地震作用下验算结构的弹性变形;

第二阶段设计:在罕遇地震下验算结构的弹塑性变形。

3.13.1　截面抗震验算

结构构件的地震作用效应和其他效应的基本组合,应按下式计算:

$$S = \gamma_G S_{GE} + \gamma_{Eh} S_{Ehk} + \gamma_{Ev} S_{EVk} + \Psi_w \gamma_w S_{wk} \tag{3.153}$$

式中　S——结构构件内力组合的设计值,包括组合的弯矩、轴向力和剪力设计值;

γ_G——重力荷载分项系数,一般情况应采用1.2,当重力荷载效应对构件承载能力有利时,可采用1.0;

γ_{Eh}、γ_{Ev}——分别为水平、竖向地震作用分项系数,应按表3.14采用;

γ_w——风荷载分项系数,应采用1.4;

S_{GE}——重力荷载代表值,可按式(3.95)的规定确定,但有吊车时,尚应包括悬吊物重力标准值;

S_{Ehk}——水平地震作用标准值;

S_{Evk}——竖向地震作用标准值;

S_{wk}——风荷载标准值;

Ψ_w——风荷载组合值系数,一般结构可不考虑,较高的高层建筑可采用0.2。

结构构件的截面抗震验算,应采用下列设计表达式:

$$S \leqslant R/\gamma_{RE} \tag{3.154}$$

式中　γ_{RE}——承载力抗震调整系数,除以后各章另有规定外,应按表3.15采用,当仅考虑竖向地震作用时,各类结构构件均宜采用1.0;

R——结构构件承载力设计值,应按各有关规范规定计算。

表 3.14　地震作用分项系数

地震作用	γ_{Eh}	γ_{Ev}
仅考虑水平地震作用	1.3	不考虑
仅考虑竖向地震作用	不考虑	1.3
同时考虑水平与竖向地震作用	1.3	0.5

表 3.15　承载力调整系数

材料	结构构件	受力状态	γ_{RE}
钢	柱		0.75
	支撑及节点		0.85
	梁		0.75
	连接焊缝及其他连接件		1.0
砌体	两端均有构造柱、芯柱的抗震墙	受　剪	0.9
	其他抗震墙	受　剪	1.0
钢筋混凝土	梁	受　弯	0.75
	轴压比小于 0.15 的柱	偏　压	0.75
	轴压比不小于 0.15 的柱	偏　压	0.80
	抗震墙	偏　压	0.85
	各类构件	受剪、偏拉	0.85

6 度时的建筑(建造于Ⅳ类场地土上较高的高层建筑除外)和以后各章规定不验算的结构,可不进行截面抗震验算,但应符合有关的抗震措施要求。

3.13.2　抗震变形验算

(1)多遇地震作用下的抗震变形验算

表 3.16 所列各种结构应进行多遇地震作用下的抗震变形验算,其楼层内的最大弹性层间位移应符合下式要求:

$$\Delta u_e \le [\theta_e]h \tag{3.155}$$

式中　Δu_e——多遇地震作用标准值产生的楼层最大弹性层间位移。计算时,除以弯曲变形为主的高层建筑外,不应扣除结构整体弯曲变形和扭转变形;各作用分项系数均应采用 1.0;钢筋混凝土构件的刚度宜取不出现裂缝的短期刚度;

　　　　$[\theta_e]$——弹性层间位移角限值,宜按表 3.16 采用;

　　　　h——计算楼层高度。

(2)罕遇地震作用下结构的弹塑性变形验算

在强烈地震作用下,结构将进入弹塑性状态,并通过发展塑性变形和累积耗能来消耗地震输入能量。大量的分析研究和震害表明,具有薄弱楼层的结构,其弹塑性层间变形集中的现象是十分明显的。因此,在多遇地震作用下构件截面承载力抗震验算的基础上,进行罕遇地震作用下结构薄弱楼层(部位)的弹塑性变形验算,对于做到"大震不倒"具有十分重要的意义。

表 3.16　弹性层间位移角限值

结构类型	$[\theta_e]$
框架	1/550
框架—抗震墙、板桩—抗震墙、框架—核心筒	1/800
抗震墙、筒中筒	1/1 000
框支层	1/1 000
多、高层钢结构	1/300

结构在强烈地震作用下变形验算的基本问题是,估计强烈地震作用下结构薄弱楼层(部位)的弹塑性最大位移反应和分析结构本身的变形能力,通过改善结构的均匀性和采用改善薄弱楼层变形能力的抗震构造措施等,使结构的层间弹塑性最大位移控制在允许范围内。

1)建筑设计和建筑结构的规则性

建筑师在选择建筑设计方案时,首先应符合合理的抗震概念设计原则,宜采用规则的建筑设计方案,不应采用严重不规则的设计方案。

规则的建筑结构为体型(平面和立面的形状)简单,抗侧力体系的刚度和承载力上下变化连续、均匀,平面布置基本对称。

表 3.17、表 3.18 所列举的结构为不规则结构,典型示例如图 3.26～图 3.31。

表 3.17　平面不规则结构类型

不规则类型	定　　义
A.扭转不规则 (非柔性楼板)	楼层最大弹性水平位移大于该楼层两端弹性水平位移平均值的1.2倍
B.凸凹不规则	结构平面凹进的一侧尺寸大于相应投影方向总尺寸的30%
C.楼板局部不规则	楼板的尺寸和平面刚度具有急剧不连续性,其有效楼板宽度小于结构平面典型宽度的50%,或开洞面积大于该楼层面积的30%,以及楼层错层。

表 3.18　竖向不规则结构类型

不规则类型	定　　义
A.侧向刚度不规则 (有柔软层)	该层侧向刚度小于上一层的70%,或小于其上相邻三层侧向刚度平均值的80%
B.竖向抗侧力构件不连续	竖向抗侧力构件(柱、抗震墙、抗震支撑)由转换构件(梁、桁架等)向下传递作用力
C.承载力突变(有薄弱层)	该层层间抗侧力结构的承载力小于上一层的80%

对于不规则的建筑结构,应按下列要求进行水平地震作用计算和内力调整,并对薄弱部位采取有效的抗震构造措施。

①对于平面不规则而竖向规则的结构,应采用空间结构计算模型,并符合下列要求:

a.对于 A 类平面不规则,应计及扭转影响,且楼层最大弹性水平位移不宜大于楼层两端弹性水平位移平均值的 1.5 倍。

b.对于 B、C 类平面不规则,尚应采用符合楼板平面内实际刚度变化的计算模型,当平面不对称时应计及扭转影响。

②对于平面规则而竖向不规则的建筑结构,除应采用空间结构计算模型,其楼层地震剪力乘以 1.15 的增大系数,以及按《建筑抗震设计规范》有关规定进行弹塑性变形分析等外,并应符合下列要求:

a.对于 B 类竖向不规则,在水平地震作用下不连续的竖向抗侧力构件传递给水平转换构件的地震内力应乘以 1.25～1.5 的系数。

b.对于 C 类竖向不规则,薄弱层抗侧力结构的受剪承载力不宜小于相邻上层的 65%。

③同时存在平面不规则和竖向不规则的建筑结构,应同时符合以上①、②条的有关规定。

2)验算范围

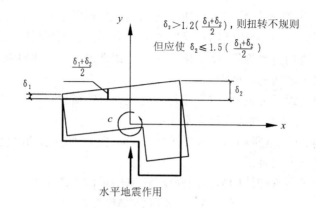

$$\delta_2 > 1.2\left(\frac{\delta_1+\delta_2}{2}\right),\ \text{则扭转不规则}$$

$$\text{但应使 } \delta_2 \leqslant 1.5\left(\frac{\delta_1+\delta_2}{2}\right)$$

图 3.26　建筑结构平面的扭转不规则示例

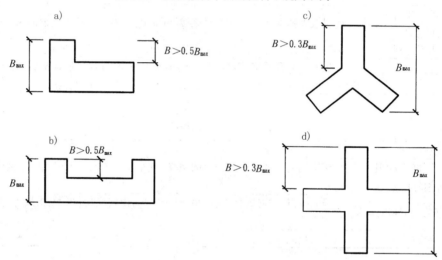

图 3.27　建筑结构平面的凹凸不规则示例

结构在罕遇地震作用下薄弱层的弹塑性变形验算,应符合下列要求:

①下列结构应进行弹塑性变形验算:

a.8 度Ⅲ、Ⅳ类场地和 9 度时,高大的单层钢筋混凝土柱厂房的横向排架;

b.7~9 度时楼层屈服强度系数小于 0.5 的框架结构;

c.隔震和消能减震结构;

d.甲类建筑和 9 度时乙类建筑中的钢筋混凝土和钢结构;

e.高层结构。

②下列结构宜进行弹塑性变形验算:

a.表 3.11 所列高度范围且符合表 3.17 所列竖向不规则类型的高层建筑结构;

b.7 度Ⅲ、Ⅳ类场地和 8 度时乙类建筑中的钢筋混凝土和钢结构;

c.板柱—抗震墙结构和底部框架砖房。

注:楼层屈服强度系数为按构件实际配筋和材料强度标准值计算的楼层受剪承载力和按罕遇地震作用计算的楼层弹性地震剪力的比值;对排架柱,指按实际配筋面积、材料强度标准值和轴向力计算的正截面受弯承载力与罕遇地震作用计算的弹性地震弯矩的比值。

3)验算方法

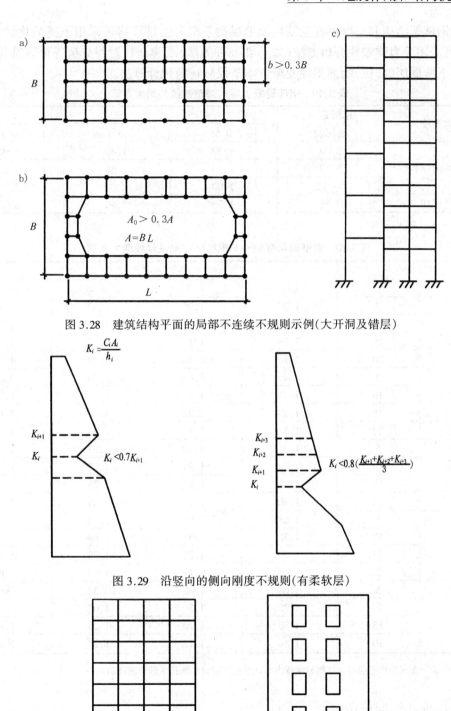

图 3.28　建筑结构平面的局部不连续不规则示例（大开洞及错层）

图 3.29　沿竖向的侧向刚度不规则（有柔软层）

图 3.30　竖向抗侧力构件不连续示例

不超过 12 层且层刚度无突变的钢筋混凝土框架和填充墙框架结构、不超过 20 层且刚度无变化的钢框架结构和支撑钢框架结构及单层钢筋混凝土柱厂房可采用下述简化计算法,除此之外,可采用静力弹塑性分析方法(如 Push-over 方法)或弹塑性时程分析等计算结构在罕遇地震作用下薄弱层(部位)的弹塑性变形。本节仅叙述简化计算法。

表 3.19　钢筋混凝土结构弹塑性位移增大系数

结构类型	总层数 n 或部位	ξ_y		
		0.5	0.4	0.3
多层均匀结构	2~4	1.30	1.40	1.60
	5~7	1.50	1.65	1.80
	8~12	1.80	2.00	2.20
单层厂房	上柱	1.30	1.60	2.20

表 3.20　钢框架及框架—支撑结构弹塑性位移增大系数

R_s	层数	屈服强度系数 ξ_y			
		0.6	0.5	0.4	0.3
0 （无支撑）	5	1.05	1.06	1.07	1.19
	10	1.11	1.14	1.17	1.20
	15	1.13	1.16	1.20	1.27
	20	1.13	1.16	1.20	1.27
1	5	1.49	1.62	1.70	2.09
	10	1.35	1.44	1.48	1.80
	15	1.23	1.32	1.45	1.80
	20	1.11	1.15	1.25	1.80
2	5	1.61	1.80	1.95	2.62
	10	1.29	1.39	1.55	1.80
	15	1.21	1.22	1.25	1.80
	20	1.10	1.12	1.25	1.80
3	5	1.68	1.86	2.16	—
	10	1.25	1.31	1.68	—
	15	1.20	1.20	1.25	1.80
	20	1.10	1.12	1.25	1.80
4	5	1.68	1.86	2.32	—
	10	1.25	1.30	1.67	—
	15	1.20	1.20	1.25	1.80
	20	1.10	1.12	1.25	1.80

注:R_s 为框架—支撑结构楼层部分抗侧移承载力与该层框架部分抗侧移承载力的比值。

①结构薄弱层(部位)的确定

按简化方法计算时,先要确定结构薄弱层(部位)的位置。所谓结构薄弱层,是指在强烈地震作用下,结构首先发生屈服并产生较大弹塑性位移的部位。《建筑抗震设计规范》规定,结构薄弱层(部位)的位置可按下列情况确定:

a.楼层屈服强度系数沿高度分布均匀的结构,可取底层;

b.楼层屈服强度系数沿高度分布不均匀的结构,可取该系数最小的楼层(部位)和相对较

小的楼层,一般不超过 2~3 处;

c.单层厂房,可取上柱。

②层间弹塑性位移计算

按简化方法,结构薄弱层(部位)弹塑性层间位移可按(3.156)或(3.157)式计算

$$\Delta u_p = \eta_p \Delta u_e \tag{3.156}$$

$$\Delta u_p = \mu \Delta u_y = \frac{\eta_p}{\xi_y} \Delta u_y \tag{3.157}$$

式中　Δu_p——弹塑性层间位移;

Δu_y——层间屈服位移;

μ——楼层延性系数;

Δu_e——罕遇地震作用下按弹性分析的层间位移;

ξ_y——楼层屈服强度系数;

η_p——弹塑性位移增大系数。

对钢筋混凝土结构,当薄弱层(部位)的屈服强度系数不小于相邻层(部位)该系数平均值的 0.8 时,弹塑性位移增大系数可按表 3.19 采用;对钢结构,可按表 3.20 采用。当不大于该平均值的 0.5 时,可按表内相应数值的 1.5 倍采用;其他情况可采用内插法取值。

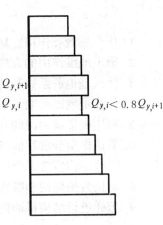

图 3.31　竖向抗侧力结构屈服抗剪强度非均匀化(有薄弱层)

③验算公式

在罕遇地震作用下,结构要进入弹塑性变形状态。根据震害经验、试验研究和计算分析的结果,《建筑抗震设计规范》提出以构件(梁、柱、墙)和节点达到极限变形时的层间极限位移角作为罕遇地震作用下结构弹塑性抗震变形验算的依据。规范规定,结构薄弱层(部位)弹塑性层间位移应符合下式要求:

$$\Delta u_p \leqslant [\theta_p] h \tag{3.158}$$

式中　h——薄弱层楼层高度或单层厂房上柱高度;

$[\theta_p]$——弹塑性层间位移角限值,一般可按表(3.21)采用,但对钢筋混凝土框架结构的具体规定,须参照有关章节进行调整。

表 3.21　弹塑性层间位移角限值

结构类别	$[\theta_p]$
单层钢筋混凝土柱排架	1/30
框架	1/50
底部框架砖房中的框架—抗震墙	1/100
框架—抗震墙,板柱—抗震墙,框架—核心筒	1/100
抗震墙和筒中筒	1/120
多、高层钢结构	1/50

　　本章小结　工程抗震设计中求地震作用的常用方法有静力法、振型分解反应谱法和时程分析法。反应谱理论是现阶段抗震设计的最基本理论,我国建筑抗震设计规范的设计反应谱

是以地震影响系数曲线的形式给出的。不同的结构用不同的分析方法。底部剪力法和振型分解反应谱法是基本方法,时程分析法作为补充计算方法本章仅介绍了其概念。

《规范》所提出的抗震设防三水准的要求是采用二阶段设计方法来实现的。本章给出了截面抗震验算的一般方法,对各类结构具有普遍意义。

思 考 题

1. 什么是地震作用? 地震作用与哪些因素有关?
2. 确定地震作用的方法有几类? 这些方法适用的条件是什么?
3. 什么是地震系数和动力系数?
4. 什么是地震影响系数?
5. 简述底部剪力法的基本原理。
6. 简述振型分解反应谱法的基本原理。
7. 哪些结构应考虑竖向地震作用? 怎样确定竖向地震作用?
8. 结构自振周期和哪些因素有关? 近似计算结构自振周期的方法有哪些?
9. 怎样进行结构截面抗震承载力验算? 怎样进行结构的抗震变形验算?

第 **4** 章
多层和高层钢筋混凝土房屋

本章要点 本章首先介绍了钢筋混凝土结构的震害特点及抗震设计的一般规定。在各类结构体系中，重点介绍了框架结构、框架-抗震墙结构的抗震设计方法、设计过程等，对抗震墙结构则仅介绍了其结构布置、抗震构造措施等要求。

4.1 概 述

目前在我国地震区的多层和高层房屋设计中大量采用钢筋混凝土结构形式，根据房屋的结构高度和抗震设防烈度的不同可分别采用：

①钢筋混凝土框架结构体系。整个结构的纵向和横向全部由框架单一构件组成，称之为框架体系。框架体系是抗震性能较好的一种结构形式。其优点是建筑平面布置灵活，自身质量较轻因而产生的地震作用也较小，如果设计合理，它具有很好的延性性能，能耗散掉地震输入到结构的能量。因此，框架结构在多层工业与民用建筑中得到了广泛的应用。其缺点是侧向刚度较小，地震时会有较大的水平变形，容易引起非结构构件的破坏，有时甚至造成主体结构的破坏。

②钢筋混凝土抗震墙结构体系（即剪力墙结构体系）。这是由钢筋混凝土墙体承受重力荷载和侧向力作用的结构体系，包括整体抗震墙、联肢抗震墙等结构。剪力墙结构体系的抗震性能较好。其优点是整体性能好、侧向刚度大，无论是强度或变形都易满足抗震设计的要求。其缺点是大面积墙体的使用限制了建筑物内部平面布置的灵活性。另外，刚度大产生的地震作用也大，因此，在设计中如果对配筋和构造处理不当，可能会在受力大的部位产生严重的破坏。

③钢筋混凝土框架-抗震墙结构体系。这是在框架体系的基础上增设一定数量的抗震墙所构成的双重体系，是抗震墙和框架协同工作的体系。框架-抗震墙体系能克服框架体系和剪力墙体系各自的缺点，发挥其长处。其优点是结构平面布置灵活，自重较剪力墙结构轻，而刚度又较框架结构大，因此，能较有效地控制结构在地震时产生的地震作用和变形。因此，框架-抗震墙是在地震区多层及高层建筑中可以优先考虑的结构体系。

另外，地震区的高层建筑结构体系还有其他类型，如：板柱-框架结构、板柱-抗震墙结构、框支抗震墙结构、框架-筒体结构和筒中筒结构等。

本章将主要介绍框架结构和框架-抗震墙结构，对抗震墙结构仅介绍其结构布置、抗震构造措施等，对其他结构体系不再详述。

4.2 震害及其分析

在强地震作用下,建筑物的破坏机理和过程是十分复杂的,迄今为止还不能完全用理论与计算分析加以解释。因此,要正确地进行多层和高层建筑的抗震设计,就必须总结各类建筑在历次大地震中的震害特点,从中吸取经验教训,这是十分重要的。

4.2.1 结构布置不当引起的震害

(1)平面刚度分布不均匀、不对称产生的震害

建筑平面复杂、结构刚度不对称,地震时容易引起扭转和局部应力集中,尤其在凹角处。若未采取相应的加强措施,则将会造成严重震害。如天津市一栋六层的现浇钢筋混凝土框架结构,高 27m,平面呈 L 形,唐山地震时,二、三层角柱严重破坏,边柱在窗台处有水平裂缝,外墙和内填充墙产生不少裂缝。又如天津市 754 厂 11 号厂房,平面为矩形,中间为五层现浇钢筋混凝土框架,两端均与 490mm 厚砖砌楼电梯间相接,总平面布置对称。但是由于厂房长度达 110m,在中央处设置了一道伸缩缝,致使分成的两个独立单元刚度分布均不均匀、不对称。唐山地震时,该厂房产生了显著的扭转效应,致使框架柱严重扭裂,楼梯间墙体产生严重开裂和错位。

(2)竖向刚度突变产生的震害

结构刚度沿竖向分布有局部削弱或突然变化时,可能使结构在刚度突然变小的楼层产生过大变形甚至倒塌。若未对可能出现的薄弱部位采取相应的提高抗震能力的措施,就可能产生严重的震害。1971 年 2 月 9 日美国圣费尔南多地震(震中烈度 8 度)中,Olive View 医院六层钢筋混凝土主楼,其中一、二层为框架,三～六层为框架－剪力墙,上、下刚度相差十倍。地震导致柔性的底部框架柱严重酥裂,产生很大的塑性变形,侧移达 600mm。如果为上柔下刚结构,则下部震害会加重。

(3)防震缝处理不当造成的震害

在防震缝两侧的结构单元由于各自的动力特性不同,因此在地震时可能产生相向的位移,如果防震缝宽度不够,则结构单元之间会发生碰撞而引起震害。

唐山地震时,北京地区因烈度不高,高层建筑没有严重破坏现象,但一些建筑物防震缝两侧结构单元的相互碰撞却产生了震害:民航局办公大楼防震缝处发生碰撞,女儿墙被撞坏,相反,18 层的北京饭店东楼因防震缝宽度达 600mm,则未出现碰撞引起的震害。

4.2.2 场地影响产生的震害

(1)地基失效引起上部结构破坏

最典型的工程实例是 1964 年日本新潟地震,因地基的砂土液化造成一栋四层公寓大楼连同基础倾倒了 80°。而这次地震中,用桩基支承在密实土层上的建筑破坏较少。1999 年 9 月 21 日台湾大地震中也有很多因地基液化而导致建筑物倾斜的例子。

尽管地基失效造成的上部结构破坏仅占结构物破坏很少的一部分,但这类破坏的修复、加固是很困难的,有时甚至是不可能的。这意味着必须重视对地基基础的抗震设计。

(2)地震地面运动的卓越周期长,会加重长周期高层建筑的震害

地面运动在土中传播时,短周期分量衰减较快,而长周期分量衰减较慢,能传递到较远的地方。因此,在离震中较远的软土地基上,地震地面运动的卓越周期长,对自振周期较长的高层建筑,尤其框架结构易产生共振,加重震害。1972 年 12 月 22 日,尼加拉瓜的马那瓜发生 6.5 级地震,17 层(带两层地下室)采用框筒体系的美洲银行大楼震害轻微,而相邻的 15 层(带一层地下室)采用框架体系的中央银行大楼却遭到极为严重的破坏,震后的修复费用高达原房屋造价的 80%。其中一个主要的原因是中央银行大楼的结构体系较柔,结构的自振周期与软地基地面运动卓越周期接近,发生了类共振现象。唐山地震中,天津碱厂 13 层框架结构的倒塌也是与这个原因有关。

4.2.3　框架的震害

框架在地震中常因强度和延性不足而发生破坏。一般情况下,柱的震害重于梁;角柱的震害重于内柱;短柱的震害重于一般柱;柱上端的震害重于下端。柱子同时承受竖向的轴力和两个主轴方向的弯矩与剪力的作用,受力复杂;而柱子的地位又最重要,一旦柱子破坏,整幢房屋就有倒塌的危险。在钢筋混凝土框架的抗震设计中,提倡"强柱弱梁"就是从大量的震害中得到的教训。

(1)框架柱的震害

柱端弯剪破坏。上、下柱端出现水平裂缝和斜裂缝,有时也有交叉斜裂缝,混凝土局部压碎,梁端形成塑性铰。严重者,混凝土剥落,箍筋外鼓崩断,柱筋弯曲。

柱身剪切破坏。多出现交叉斜裂缝或 S 形裂缝,箍筋屈服崩断。前述天津市 754 厂 11 号厂房框架的中柱产生严重的 X 形裂缝,即由剪扭复合作用所致。

角柱破坏。由于房屋不可避免地要发生扭转,因此角柱所受剪力最大,同时角柱又受双向弯矩作用,而其约束又较其他柱小,故角柱的震害较内柱重。有的上、下柱身错动,钢筋由柱内拔出。

短柱破坏。当有错层、夹层或有半高的填充墙,或不适当地设置某些连系梁时,容易形成 $H/b < 4$(H 为柱高, b 为柱截面的短边边长)的短柱。一方面短柱能吸收较大的地震剪力,另一方面短柱常发生剪切破坏,形成交叉裂缝乃至脆断。

(2)框架梁的震害

震害多在梁端。在地震作用下,梁端纵向钢筋屈服,出现上下贯通的垂直裂缝和交叉斜裂缝。在梁负弯矩钢筋切断处,由于抗弯能力削弱也容易产生裂缝,造成梁剪切破坏。

有时,由于设计时未考虑水平地震的往复作用在梁端产生的附加正负弯矩,使梁抗弯强度不足而产生正截面破坏。另外,梁主筋在节点内锚固不足而在反复荷载作用下被拔出的震害现象也比较多。

梁的破坏后果常常不如柱的破坏严重,即使梁破坏也只造成局部损失,一般不会引起整幢房屋的倒塌。但梁的剪切破坏和锚固破坏都是脆性破坏,应特别注意防止。

(3)框架梁、柱节点的震害

在强震作用下,框架梁、柱节点核心区破坏的震害实例较多,其主要表现为:

节点核心抗剪强度不足引起的破坏。破坏时,核心区产生斜向对角的通长裂缝,节点区内的箍筋屈服、外鼓甚至崩断。

当节点区剪压比较大时,箍筋可能尚未屈服,而是混凝土被剪压、酥碎成块而发生破坏。

由于构造措施不当而引起的破坏常表现为节点箍筋过稀而产生的脆性破坏,或由于节点核心区的钢筋过密而影响混凝土浇筑质量引起的破坏。

另外,由于梁柱主筋通过节点时搭接不合理,使结构的连续性难以保证而引起的震害也时有发生。

4.2.4 填充墙的震害

框架中嵌砌砖填充墙,容易发生墙面斜裂缝,并沿柱周边开裂。端墙、窗间墙和门窗洞口边角部位破坏更加严重。烈度较高时墙体容易倒塌。由于框架变形属剪切型,下部层间位移较大,填充墙在房屋中下部几层震害严重;框架-抗震墙结构的变形接近弯曲型,上部层间位移较大,故填充墙在房屋上部几层震害严重。

填充墙破坏的主要原因是:墙体抗拉、抗剪承载力低,变形能力小,墙体与框架缺乏有效的拉结,因此在往复变形时墙体易发生剪切破坏。

4.2.5 抗震墙的震害

相对于框架体系而言,框架-抗震墙体系、抗震墙体系房屋震害较轻,特别有利于保护填充墙和建筑装修免遭破坏。

框支抗震墙体系,相对柔弱的底层,震害十分严重。

抗震墙的震害主要表现在墙肢之间的连梁上产生的剪切破坏。这主要是由于连梁跨度小、高度大形成深梁,剪跨比小因而剪切效应十分明显。在反复荷载作用下形成 X 形剪切裂缝,而其他部位完好。抗震墙连梁的破坏属脆性破坏,在设计中如果不能保证梁的强度和延性以避免此类破坏,则对结构抗震是十分不利的。

狭而高的墙肢,其工作性能与悬臂梁类似,震害常出现在底部。

4.3 抗震设计的一般规定

4.3.1 房屋的最大适用高度

根据国内外大量震害调查和工程设计经验,为达到既安全又经济合理的要求,多层和高层钢筋混凝土房屋不宜太高。《规范》根据不同结构体系的抗震性能、使用效果与经济指标,考虑地震烈度、场地类别等因素,确定了各种结构体系的"适用的房屋最大高度",如表 4.1。

表 4.1 适用的房屋最大高度　　　　　　　　　单位:m

结构体系		烈　　　度			
		6	7	8	9
框架		60	55	45	25
框架－抗震墙		130	120	100	50
抗震墙	全部落地	140	120	100	60
	部分框支	120	100	80	—

注:a.房屋高度指室外地面到檐口或屋面板顶的高度(不考虑局部突出屋顶部分);

b.超过表内高度的房屋,应进行专门的研究,采取必要的加强措施。

使用表4.1时应注意:

①房屋的最大高宽比不宜超过表4.2的限值。

表4.2　适用的房屋最大高宽比

结构类型	烈　　　度			
	6	7	8	9
框架	4	4	3	2
框架－抗震墙	5	5	4	3
抗震墙	6	6	5	4

②表4.1所列房屋最大适用高度是对Ⅰ、Ⅱ、Ⅲ类场地上的规则的现浇钢筋混凝土结构而言的。对平面和竖向均不规则的结构或Ⅳ类场地上的结构,应适当降低房屋的最大适用高度。

③框架结构的变形较大,因此对建筑装饰要求较高的房屋,应优先采用框架-抗震墙结构或抗震墙结构。

4.3.2　钢筋混凝土结构的抗震等级

钢筋混凝土多高层房屋的抗震设计要求,不仅与建筑重要性和设防烈度有关,而且与建筑结构本身潜在的抗震能力,主要是结构类型和房屋高度有关。例如,次要的抗侧力结构单元的抗震要求可低于主要抗侧力结构单元,如框架-抗震墙结构中的框架,其抗震要求可低于框架结构中的框架,而抗震墙则应比抗震墙结构中的抗震墙要求提高;再如,多层房屋的抗震要求可低于高层房屋,因为前者的地震反应小,延性要求就可低于后者。因此,《规范》根据房屋的设防烈度、结构类型和房屋高度,分别采用不同的抗震等级,即一、二、三、四级,如表4.3所示,并且规定,不同抗震等级的结构,应符合相应的计算、构造措施要求。

表4.3　现浇钢筋混凝土房屋的抗震等级

结构类型		烈　　　　度						
		6		7		8		9
框架	高度/m	≤30	>30	≤30	>30	≤30	>30	≤25
	框架	四	三	三	二	二	一	一
	剧场、体育馆等大跨度公共建筑	三		二		一		一
框架-抗震墙	高度/m	≤60	>60	≤60	>60	≤60	>60	≤50
	框架	四	三	三	二	二	一	一
	抗震墙	三		二		一		一
抗震墙	高度/m	≤80	>80	≤80	>80	≤80	>80	≤60
	一般抗震墙	四	三	三	二	二	一	一
	落地抗震墙底部加强部位	三	二	二	一	一	不宜采用	不应采用
	框支层框架	二	二	二	一	一		

注:①该表仅适用于丙类建筑,其他设防类别的建筑,应做相应调整后查此表。

②框架-抗震墙结构中,按基本振型地震作用且不考虑框架梁对抗震墙的约束,若框架部分承受的地震倾覆力矩大于结构总地震倾覆力矩的50%,其框架部分的抗震等级应按框架结构划分,最大适用高度可比框架结构适当增加。

③建筑场地为Ⅰ类时,除6度外可按表内降低1度所对应的抗震等级采取抗震构造措施,但相应的计算要求不降低。

④接近或等于高度分界时,宜结合房屋不规则程度及场地、地基条件确定抗震等级。

4.3.3 防震缝的设置

《规范》要求:高层钢筋混凝土房屋宜避免不规则的建筑结构方案,不设防震缝。当必须设置防震缝时,其最小宽度应符合下列要求:

①框架结构房屋,高度不超过15m时可采用70mm;超过15m时,6度、7度、8度和9度相应每增加高度5m、4m、3m和2m,宜加宽20mm。

②框架-抗震墙结构房屋的防震缝宽度可采用上条规定数值的70%,抗震墙结构房屋的防震缝宽度可采用上条规定数值的50%;且均不宜小于70mm。

③防震缝两侧结构体系不同时,防震缝宽度应按需要较宽的规定采用,并可按较低房屋高度计算缝宽。

④8、9度框架结构房屋防震缝两侧结构高度、刚度或层高相差较大时,可在缝两侧房屋的尽端沿全高设置垂直于防震缝的抗撞墙,每一侧抗撞墙的数量不应少于两道,宜分别对称布置,墙肢长度可不大于一个柱距,框架和抗撞墙的内力应按考虑和不考虑抗撞墙两种情况分别进行分析,并按不利情况取值。抗撞墙在防震缝一端的边柱,箍筋应沿房屋全高加密。见图4.1。

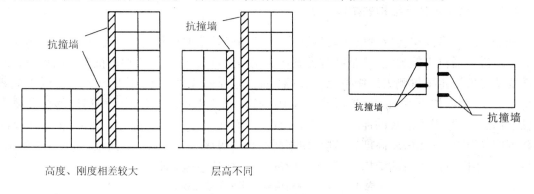

图 4.1 抗撞墙设置示例

4.3.4 结构布置

1)为抵抗不同方向的地震作用,框架结构和框架-抗震墙结构中的框架和抗震墙均应双向设置;为防止柱发生扭转,柱中线与抗震墙中线、梁中线与柱中线之间偏心距不宜大于柱宽的1/4。

2)为了使楼盖、屋盖有效地将楼层地震剪力传给抗震墙,框架-抗震墙结构和板柱-抗震墙结构中,抗震墙之间无大洞口的楼盖、屋盖的长宽比,不宜超过表4.4的规定,超过时,应考虑楼盖平面内变形的影响。

框架-抗震墙结构采用装配式楼、屋盖时,应采取措施保证楼盖、屋盖的整体性及其与抗震墙的可靠连接。采用配筋现浇面层加强时,厚度不宜小于50mm。

3)框架-抗震墙结构中的抗震墙设置,应符合下列要求:

①抗震墙宜贯通房屋全高,且横向与纵向的抗震墙宜相连。

②抗震墙宜设置在墙面不需要开大洞口的位置。

③房屋较长时,刚度较大的纵向抗震墙不宜设置在房屋的端开间。

④抗震墙洞口宜上下对齐;洞边距端柱不宜小于300mm。

⑤一、二级抗震墙的洞口连梁,跨高比不宜大于5,且梁截面高度不宜小于400mm。

框架-抗震墙结构中的抗震墙基础和部分框支抗震墙结构的落地抗震墙基础,应有良好的整体性和抗转动的能力。

表4.4　抗震墙之间楼盖、屋盖的长宽比

楼盖、屋盖类型	烈	度		
	6	7	8	9
现浇、迭合梁板	4	4	3	2
装配式楼盖	3	3	2.5	不宜采用
框支层和板柱-抗震墙的现浇梁板	2.5	2.5	2	不宜采用

4)抗震墙结构中的抗震墙设置,宜符合下列要求:

①较长的抗震墙宜开洞口,将一道抗震墙分成较均匀的若干墙段(包括小开洞墙及联肢墙),洞口连梁的跨高比宜大于6,各墙段的高宽比不应小于2。

②墙肢截面的高度沿结构全高不应有突变;抗震墙有较大洞口时,以及一、二级抗震墙的底部加强部位,洞口宜上下对齐。

③部分框支抗震墙结构的框支层,其抗震墙的截面面积不应小于相邻非框支层抗震墙截面面积的50%;框支层落地抗震墙间距不宜大于24m。底部两层框支抗震墙结构的平面布置宜对称,且宜设抗震筒体。

5)框架结构单独柱基有下列情况之一时,宜沿两个主轴方向设置基础系梁:

①一级和Ⅳ类场地的二级;

②各柱基承受的重力荷载代表值差别较大;

③基础埋置较深,或各基础埋置深度差别较大;

④地基主要受力层范围内存在软弱粘土层、液化土层或严重不均匀土层;

⑤桩基承台之间。

4.4　水平地震作用的计算

《规范》规定,在一般情况下可在建筑结构的两个主轴方向分别考虑水平地震作用并进行抗震验算,各方向的水平地震作用主要由该方向抗侧力构件承担。

有斜交抗侧力构件的结构,当相交角度大于15°时,应分别考虑各抗侧力构件方向的水平地震作用。

质量和刚度分布明显不对称的结构,应考虑双向水平地震作用下的扭转影响;其他情况,宜采用调整地震作用效应的方法考虑扭转影响。

对不同的多层和高层钢筋混凝土结构,应采用不同的地震作用计算方法:

①高度不超过40m,以剪切变形为主且质量和刚度沿高度分布比较均匀的结构,宜采用底部剪力法等简化方法。

②除①以外的建筑结构,宜采用振型分解反应谱法。

③对于特别不规则的建筑、甲类建筑和表4.5所列高度范围的高层建筑,应采用时程分析法进行多遇地震下的补充计算,可取多条时程曲线计算结果的平均值与振型分解反应谱法计算结果的较大值。但弹性时程分析时,每条时程曲线的计算所得结构底部剪力不应小于振型分解反应谱法计算结果的80%。

表4.5 采用时程分析的房屋高度范围

烈度、场地类别	房屋高度范围/m
8度Ⅰ、Ⅱ类场地和7度	>100
8度Ⅲ、Ⅳ类场地	>80
9度	>60

采用底部剪力法时,

结构总水平地震作用标准值
$$F_{EK} = \alpha_1 G_{eq} \tag{4.1}$$

质点 i 的水平地震作用标准值
$$F_i = \frac{G_i H_i}{\sum\limits_{j=1}^{n} G_j H_j} F_{EK}(1 - \delta_n) \tag{4.2}$$

顶部附加水平地震作用
$$\Delta F_n = \delta_n F_{EK} \tag{4.3}$$

当采用底部剪力法计算多层和高层钢筋混凝土结构的水平地震作用时,首先要确定结构的基本自振周期。通常确定结构的自振周期大致可分为三类:

1)对结构动力方程组求特征值(相应于结构自振周期)和特征向量(相应于结构振型)。这种方法虽精度较高,但计算工作量大,较为复杂。

2)实用近似计算方法。这类方法有明确的物理概念,反映了结构的主要参数;计算比较简单,常可用手算完成。比较常用的有能量法和顶点位移法等。

能量法
$$T_1 = 2\alpha_0 \sqrt{\frac{\sum\limits_{i=1}^{n} G_i \Delta_i^2}{\sum\limits_{i=1}^{n} G_i \Delta_i}} \tag{4.4}$$

顶点位移法
$$T_1 = 1.7\alpha_0 \sqrt{\Delta_G} \tag{4.5}$$

式中 α_0——考虑填充墙影响的基本自振周期的折减系数,框架结构取 $\alpha_0 = 0.6 \sim 0.7$;框架-抗震墙结构取 $\alpha_0 = 0.7 \sim 0.8$。

3)对已有建筑进行自振周期实测得出的经验统计公式。

目前,工程中常常采用第3)种方法确定结构的基本自振周期。下面介绍我国采用脉动或激振法经大量的统计回归得到的经验公式:

(1)框架结构

1)根据70多幢有较多填充墙的框架结构的办公楼、旅馆等房屋的实测统计,在一般场地条件下,高度低于30m时,基本自振周期为:
$$T_1 = 0.22 + 0.035H/\sqrt[3]{B}$$

2)根据数十幢高度低于35m的化工、煤炭系统的工业框架厂房的实测统计,基本自振周期为:
$$T_1 = 0.29 + 0.0015H^{2.5}/\sqrt[3]{B}$$

(2)抗震墙结构

根据数十幢高度低于 50m 的规则抗震墙结构的实测统计,基本自振周期为:

$$T_1 = 0.04 + 0.038H/\sqrt[3]{B}$$

(3)框架-抗震墙结构

根据近百幢高度低于 50m 的框架-抗震墙结构的实测统计,一般场地下,基本自振周期为:

$$T_1 = 0.33 + 0.000\ 69H^2/\sqrt[3]{B}$$

以上各式中,H 为房屋总高度,当各榀框架不等高时取平均高度,以 m 为单位;B 为所考虑方向的房屋总宽度,各榀框架不等时取平均宽度,以 m 为单位。

上述公式的计算结果均为脉动法的实测平均值的 1.2 ~ 1.5 倍,以反映地震时与脉动时的差异。

4.5　框架结构内力和侧移的计算

框架结构是高次超静定结构,如果按精确的方法计算其内力和位移是十分困难的,甚至是不可能的。目前在工程结构计算中,通常采用近似的分析方法,即在水平荷载作用下的反弯点法和 D 值法,以及在竖向荷载作用下的弯矩二次分配法等。

4.5.1　在水平荷载作用下框架内力计算

(1)反弯点法

框架在水平荷载作用下,节点将同时产生转角和侧移。根据分析,当梁的线刚度 k_b 和柱的线刚度 k_c 之比大于 3 时,节点转角 θ 将很小,其对框架的内力影响不大。因此,为简化计算,通常假定 $\theta = 0$。实际上,这等于把框架横梁简化成线刚度 $k_b = \infty$ 的刚性梁。这种处理,可使计算大大简化,而其误差一般不超过 5%。

采用上述假定后,对一般层柱,在其 1/2 高度处截面弯矩为零,柱的弹性曲线在该处改变凹凸方向,故此处称为反弯点。反弯点距柱底的距离称为反弯点高度。而对首层柱,取其 2/3 高度处截面弯矩为零。

框架各柱所分配的剪力与其侧移刚度成正比,即第 i 层第 k 根柱所分配的剪力

$$V_{ik} = \frac{r_{ik}}{\sum\limits_{k=1}^{n} r_{ik}} V_i \tag{4.6}$$

式中　$r_{ik} = \dfrac{12k_{ik}}{h^2}$——第 i 层第 k 根柱的侧移刚度;

$\qquad V_i$——楼层剪力;

$\qquad \dfrac{r_{ik}}{\sum\limits_{k=1}^{n} r_{ik}}$——第 i 层第 k 根柱的剪力分配系数。

柱端弯矩可由柱的剪力和反弯点高度的数值确定,边节点梁端弯矩可由节点力矩平衡条件确定,而中间节点两侧梁端弯矩则可按梁的转动刚度分配柱端弯矩求得。

反弯点法适用于少层框架结构,因为这时柱截面尺寸较小,容易满足梁柱线刚度比大于 3

的条件。

(2)修正反弯点法(D 值法)

D 值法近似考虑了框架节点转动对柱的侧移刚度和反弯点高度的影响,是目前分析框架内力比较简单、而又比较精确的一种近似方法,在工程中得到广泛应用。

用 D 值法计算框架内力的步骤如下:

①计算各层柱的侧移刚度 D

$$D = \alpha k_c \frac{12}{h^2} \tag{4.7}$$

$$k_c = \frac{E_c I_c}{h} \tag{4.8}$$

式中　k_c——柱的线刚度;

　　　h——楼层高度;

　　　α——节点转动影响系数,由梁柱线刚度,按表 4.6 取用。

表 4.6　节点转动影响系数 α

层	边柱	中柱	α
一般层	k_{b1}　k_c　k_{b3}　　$\bar{K}=\dfrac{k_{b1}+k_{b3}}{2k_c}$	k_{b1}　k_{b2}　k_c　k_{b3}　k_{b4}　　$\bar{K}=\dfrac{k_{b1}+k_{b2}+k_{b3}+k_{b4}}{2k_c}$	$\alpha=\dfrac{\bar{K}}{2+\bar{K}}$
首层	k_{b5}　k_c　　$\bar{K}=\dfrac{k_{b5}}{k_c}$	k_{b5}　k_{b6}　k_c　　$\bar{K}=\dfrac{k_{b5}+k_{b6}}{k_c}$	$\alpha=\dfrac{0.5+\bar{K}}{2+\bar{K}}$

注:$k_{b1} \sim k_{b6}$ 为梁的线刚度;k_c 为柱的线刚度;$\bar{K}$ 为楼层梁柱平均线刚度比。

计算梁的线刚度时,可以考虑楼板对梁刚度的有利影响,即板作为梁的翼缘参加工作。在工程上,为简化计算,通常梁均先按矩形截面计算其惯性矩 I_0,然后再乘以表 4.7 中的增大系数,以考虑现浇楼板或装配整体式楼板上的现浇层对梁的刚度的影响。

表 4.7 框架梁截面惯性矩增大系数

结构类型	中框架	边框架
现浇整体梁板结构	2.0	1.5
装配整体式迭合梁	1.5	1.2

注:中框架是指梁两侧有楼板的框架;边框架是指梁一侧有楼板的框架。

②计算各柱所分配的剪力 V_{ik}

$$V_{ik} = \frac{D_{ik}}{\sum_{k=1}^{n} D_{ik}} V_i \tag{4.9}$$

式中 V_{ik}——第 i 层第 k 根柱所分配的剪力;

V_i——第 i 层楼层剪力;

D_{ik}——第 i 层第 k 根柱的侧移刚度;

$\sum_{k=1}^{n} D_{ik}$——第 i 层所有各柱侧移刚度之和。

③确定反弯点高度 h'

$$h' = (y_0 + y_1 + y_2 + y_3)h \tag{4.10a}$$

式中 y_0——标准反弯点高度比,由框架总层数、该柱所在层数及梁柱线刚度比 $\overline{K}$,查表 4.8a、4.8b 确定。

y_1——某层上下梁线刚度不同时,该层柱反弯点高度比的修正值。当

$k_{b1} + k_{b2} < k_{b3} + k_{b4}$ 时,令

$$\alpha_1 = \frac{k_{b1} + k_{b2}}{k_{b3} + k_{b4}} \tag{4.10b}$$

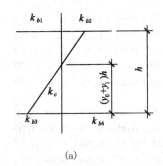

(a)

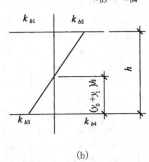

(b)

图 4.2

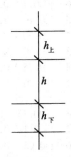

图 4.3

根据比值 α_1 和梁柱线刚度比 $\overline{K}$,由表 4.9 查得。这时反弯点上移,故 y_1 取正值(图 4.2a);当 $k_{b1} + k_{b2} > k_{b3} + k_{b4}$ 时,则令

$$\alpha_1 = \frac{k_{b3} + k_{b4}}{k_{b1} + k_{b2}} \tag{4.10c}$$

仍由表 4.9 查得。这时反弯点下移,故 y_1 取负值(图 4.2b)。对于首层不考虑 y_1 值。

y_2——上层高度 $h_{上}$ 与本层高度 h 不同时(图 4.3),反弯点高度比的修正值。其值根据 $\alpha_2 = \frac{h_{上}}{h}$ 和梁柱线刚度比 $\overline{K}$,由表 4.10 查得。

表4.8a　规则框架承受均布水平力作用时标准反弯点的高度比 y_0 值

m	n \ $\bar{K}$	0.1	0.2	0.3	0.4	0.5	0.6	0.7	0.8	0.9	1.0	2.0	3.0	4.0	5.0
1	1	0.80	0.75	0.70	0.65	0.65	0.60	0.60	0.60	0.60	0.55	0.55	0.55	0.55	0.55
2	2	0.45	0.40	0.35	0.35	0.35	0.35	0.40	0.40	0.40	0.40	0.45	0.45	0.45	0.45
	1	0.95	0.80	0.75	0.70	0.65	0.65	0.65	0.60	0.60	0.60	0.55	0.55	0.55	0.50
3	3	0.15	0.20	0.20	0.25	0.30	0.30	0.30	0.35	0.35	0.35	0.40	0.45	0.45	0.45
	2	0.55	0.50	0.45	0.45	0.45	0.45	0.45	0.45	0.45	0.45	0.45	0.50	0.50	0.50
	1	1.00	0.85	0.80	0.75	0.70	0.70	0.65	0.65	0.65	0.60	0.55	0.55	0.55	0.55
4	4	−0.05	0.05	0.15	0.20	0.25	0.30	0.30	0.35	0.35	0.35	0.40	0.45	0.45	0.45
	3	0.25	0.30	0.30	0.35	0.35	0.40	0.40	0.40	0.40	0.45	0.45	0.50	0.50	0.50
	2	0.65	0.55	0.50	0.50	0.45	0.45	0.45	0.45	0.45	0.45	0.50	0.50	0.50	0.50
	1	1.10	0.90	0.80	0.75	0.70	0.70	0.65	0.65	0.65	0.65	0.55	0.55	0.55	0.55
5	5	−0.20	0.00	0.15	0.20	0.25	0.30	0.30	0.30	0.35	0.35	0.40	0.45	0.45	0.45
	4	0.10	0.20	0.25	0.30	0.35	0.35	0.40	0.40	0.40	0.40	0.45	0.45	0.50	0.50
	3	0.40	0.40	0.40	0.40	0.40	0.45	0.45	0.45	0.45	0.45	0.50	0.50	0.50	0.50
	2	0.65	0.55	0.50	0.50	0.50	0.50	0.50	0.50	0.50	0.50	0.50	0.50	0.50	0.50
	1	1.20	0.95	0.80	0.75	0.75	0.70	0.70	0.65	0.65	0.65	0.55	0.55	0.55	0.55
6	6	−0.30	0.00	0.10	0.20	0.25	0.25	0.30	0.30	0.35	0.35	0.40	0.45	0.45	0.45
	5	0.00	0.20	0.25	0.30	0.35	0.35	0.40	0.40	0.40	0.40	0.45	0.45	0.50	0.50
	4	0.20	0.30	0.35	0.35	0.40	0.40	0.40	0.45	0.45	0.45	0.50	0.50	0.50	0.50
	3	0.40	0.40	0.40	0.45	0.45	0.45	0.45	0.45	0.45	0.50	0.50	0.50	0.50	0.50
	2	0.70	0.60	0.55	0.50	0.50	0.50	0.50	0.50	0.50	0.50	0.50	0.50	0.50	0.50
	1	1.20	0.95	0.85	0.80	0.75	0.70	0.70	0.65	0.65	0.65	0.55	0.55	0.55	0.55
7	7	−0.35	−0.05	0.10	0.20	0.20	0.25	0.30	0.30	0.35	0.35	0.40	0.45	0.45	0.45
	6	−0.10	0.15	0.25	0.30	0.35	0.35	0.35	0.40	0.40	0.40	0.45	0.45	0.50	0.50
	5	0.10	0.25	0.30	0.35	0.40	0.40	0.40	0.45	0.45	0.45	0.45	0.50	0.50	0.50
	4	0.30	0.35	0.40	0.40	0.40	0.45	0.45	0.45	0.45	0.45	0.50	0.50	0.50	0.50
	3	0.50	0.45	0.45	0.45	0.45	0.45	0.45	0.45	0.45	0.50	0.50	0.50	0.50	0.50
	2	0.75	0.60	0.55	0.50	0.50	0.50	0.50	0.50	0.50	0.50	0.50	0.50	0.50	0.50
	1	1.20	0.95	0.85	0.80	0.75	0.70	0.70	0.65	0.65	0.65	0.55	0.55	0.55	0.55
8	8	−0.35	−0.15	0.10	0.15	0.25	0.25	0.30	0.30	0.35	0.35	0.40	0.45	0.45	0.45
	7	−0.10	0.15	0.25	0.30	0.35	0.35	0.40	0.40	0.40	0.40	0.45	0.50	0.50	0.50
	6	0.05	0.25	0.30	0.35	0.40	0.40	0.40	0.45	0.45	0.45	0.45	0.50	0.50	0.50
	5	0.20	0.30	0.35	0.40	0.40	0.45	0.45	0.45	0.45	0.45	0.50	0.50	0.50	0.50
	4	0.35	0.40	0.40	0.45	0.45	0.45	0.45	0.45	0.45	0.45	0.50	0.50	0.50	0.50
	3	0.50	0.45	0.45	0.45	0.45	0.45	0.45	0.45	0.50	0.50	0.50	0.50	0.50	0.50
	2	0.75	0.60	0.55	0.55	0.50	0.50	0.50	0.50	0.50	0.50	0.50	0.50	0.50	0.50
	1	1.20	1.00	0.85	0.80	0.75	0.70	0.70	0.65	0.65	0.65	0.55	0.55	0.55	0.55
9	9	−0.40	−0.05	0.10	0.20	0.25	0.25	0.30	0.30	0.35	0.35	0.45	0.45	0.45	0.45
	8	−0.15	0.15	0.25	0.30	0.35	0.35	0.35	0.40	0.40	0.40	0.45	0.45	0.50	0.50
	7	0.05	0.25	0.30	0.35	0.40	0.40	0.40	0.45	0.45	0.45	0.45	0.50	0.50	0.50
	6	0.15	0.30	0.35	0.40	0.40	0.45	0.45	0.45	0.45	0.45	0.50	0.50	0.50	0.50
	5	0.25	0.35	0.40	0.40	0.45	0.45	0.45	0.45	0.45	0.45	0.50	0.50	0.50	0.50

续表

m	n \ $\bar{K}$	0.1	0.2	0.3	0.4	0.5	0.6	0.7	0.8	0.9	1.0	2.0	3.0	4.0	5.0
9	4	-0.40	0.40	0.40	0.45	0.45	0.45	0.45	0.45	0.45	0.45	0.50	0.50	0.50	0.50
	3	0.55	0.45	0.45	0.45	0.45	0.45	0.45	0.45	0.50	0.50	0.50	0.50	0.50	0.50
	2	0.80	0.65	0.55	0.55	0.50	0.50	0.50	0.50	0.50	0.50	0.50	0.50	0.50	0.50
	1	1.20	1.00	0.85	0.80	0.75	0.70	0.70	0.65	0.65	0.65	0.55	0.55	0.55	0.55
10	10	-0.40	-0.05	0.10	0.20	0.25	0.30	0.30	0.30	0.30	0.35	0.40	0.45	0.45	0.45
	9	-0.15	0.15	0.25	0.30	0.35	0.35	0.40	0.40	0.40	0.40	0.45	0.45	0.50	0.50
	8	0.00	0.25	0.30	0.35	0.40	0.40	0.40	0.45	0.45	0.45	0.45	0.50	0.50	0.50
	7	0.10	0.30	0.35	0.40	0.40	0.45	0.45	0.45	0.45	0.45	0.50	0.50	0.50	0.50
	6	0.20	0.35	0.40	0.40	0.45	0.45	0.45	0.45	0.45	0.45	0.50	0.50	0.50	0.50
	5	0.30	0.40	0.40	0.45	0.45	0.45	0.45	0.45	0.45	0.50	0.50	0.50	0.50	0.50
	4	0.40	0.40	0.45	0.45	0.45	0.45	0.45	0.45	0.45	0.50	0.50	0.50	0.50	0.50
	3	0.55	0.50	0.45	0.45	0.45	0.50	0.50	0.50	0.50	0.50	0.50	0.50	0.50	0.50
	2	0.80	0.65	0.55	0.55	0.55	0.50	0.50	0.50	0.50	0.50	0.50	0.50	0.50	0.50
	1	1.30	1.00	0.85	0.80	0.75	0.70	0.70	0.65	0.65	0.65	0.60	0.55	0.55	0.55
11	11	-0.40	0.05	0.10	0.20	0.25	0.30	0.30	0.30	0.35	0.35	0.40	0.45	0.45	0.45
	10	-0.15	0.15	0.25	0.30	0.35	0.35	0.40	0.40	0.40	0.40	0.45	0.45	0.50	0.50
	9	0.00	0.25	0.30	0.35	0.40	0.40	0.40	0.45	0.45	0.45	0.45	0.50	0.50	0.50
	8	0.10	0.30	0.35	0.40	0.40	0.45	0.45	0.45	0.45	0.45	0.50	0.50	0.50	0.50
	7	0.20	0.35	0.40	0.45	0.45	0.45	0.45	0.45	0.45	0.45	0.50	0.50	0.50	0.50
	6	0.25	0.35	0.40	0.45	0.45	0.45	0.45	0.45	0.45	0.45	0.50	0.50	0.50	0.50
	5	0.35	0.40	0.40	0.45	0.45	0.45	0.45	0.45	0.45	0.50	0.50	0.50	0.50	0.50
	4	0.40	0.45	0.45	0.45	0.45	0.45	0.45	0.50	0.50	0.50	0.50	0.50	0.50	0.50
	3	0.55	0.50	0.50	0.50	0.50	0.50	0.50	0.50	0.50	0.50	0.50	0.50	0.50	0.50
	2	0.80	0.65	0.60	0.55	0.55	0.50	0.50	0.50	0.50	0.50	0.50	0.50	0.50	0.50
	1	1.30	1.00	0.85	0.80	0.75	0.70	0.70	0.65	0.65	0.65	0.60	0.55	0.55	0.55
12 以 上	↓1	-0.40	-0.05	0.10	0.20	0.25	0.30	0.30	0.30	0.35	0.35	0.40	0.45	0.45	0.45
	2	-0.15	0.15	0.25	0.30	0.35	0.35	0.40	0.40	0.40	0.40	0.45	0.45	0.50	0.50
	3	0.00	0.25	0.30	0.35	0.40	0.40	0.40	0.45	0.45	0.45	0.45	0.50	0.50	0.50
	4	0.10	0.30	0.35	0.40	0.40	0.45	0.45	0.45	0.45	0.45	0.50	0.50	0.50	0.50
	5	0.20	0.35	0.40	0.40	0.45	0.45	0.45	0.45	0.45	0.45	0.50	0.50	0.50	0.50
	6	0.25	0.35	0.40	0.45	0.45	0.45	0.45	0.45	0.45	0.45	0.50	0.50	0.50	0.50
	7	0.30	0.40	0.40	0.45	0.45	0.45	0.45	0.45	0.50	0.50	0.50	0.50	0.50	0.50
	8	0.35	0.40	0.45	0.45	0.45	0.45	0.45	0.50	0.50	0.50	0.50	0.50	0.50	0.50
	中间	0.40	0.40	0.45	0.45	0.45	0.45	0.45	0.50	0.50	0.50	0.50	0.50	0.50	0.50
12 以 上	4	0.45	0.45	0.45	0.45	0.50	0.50	0.50	0.50	0.50	0.50	0.50	0.50	0.50	0.50
	3	0.60	0.50	0.50	0.50	0.50	0.50	0.50	0.50	0.50	0.50	0.50	0.50	0.50	0.50
	2	0.80	0.65	0.60	0.55	0.55	0.50	0.50	0.50	0.50	0.50	0.50	0.50	0.50	0.50
	↑1	1.30	1.00	0.85	0.80	0.75	0.70	0.70	0.65	0.65	0.65	0.55	0.55	0.55	0.55

注:m 为总层数;n 为所在楼层的位置;$\bar{K}$ 为平均线刚度比。

表4.8b　规则框架承受倒三角形分布力作用时标准反弯点的高度比 y_0 值

m	$\dfrac{\bar{K}}{n}$	0.1	0.2	0.3	0.4	0.5	0.6	0.7	0.8	0.9	1.0	2.0	3.0	4.0	5.0
1	1	0.80	0.75	0.70	0.65	0.65	0.60	0.60	0.60	0.60	0.55	0.55	0.55	0.55	0.55
2	2	0.50	0.45	0.40	0.40	0.40	0.40	0.40	0.40	0.40	0.45	0.45	0.45	0.45	0.50
	1	1.00	0.85	0.75	0.70	0.65	0.65	0.65	0.65	0.60	0.60	0.55	0.55	0.55	0.55
3	3	0.25	0.25	0.25	0.30	0.30	0.35	0.35	0.35	0.40	0.40	0.45	0.45	0.45	0.50
	2	0.60	0.50	0.50	0.50	0.50	0.45	0.45	0.45	0.45	0.45	0.50	0.50	0.50	0.50
	1	1.15	0.90	0.80	0.75	0.75	0.70	0.70	0.65	0.65	0.65	0.55	0.55	0.55	0.55
4	4	0.10	0.15	0.20	0.25	0.30	0.30	0.35	0.35	0.35	0.40	0.45	0.45	0.45	0.45
	3	0.35	0.35	0.35	0.40	0.40	0.40	0.40	0.45	0.45	0.45	0.45	0.50	0.50	0.50
	2	0.70	0.60	0.55	0.50	0.50	0.50	0.50	0.50	0.50	0.50	0.50	0.50	0.50	0.50
	1	1.20	0.95	0.85	0.80	0.75	0.70	0.70	0.65	0.65	0.65	0.55	0.55	0.55	0.55
5	5	−0.05	0.10	0.20	0.25	0.30	0.30	0.35	0.35	0.35	0.35	0.40	0.40	0.45	0.45
	4	0.20	0.25	0.35	0.35	0.40	0.40	0.40	0.40	0.45	0.45	0.45	0.50	0.50	0.50
	3	0.45	0.40	0.45	0.45	0.45	0.45	0.45	0.45	0.45	0.45	0.50	0.50	0.50	0.50
	2	0.75	0.60	0.55	0.55	0.55	0.50	0.50	0.50	0.50	0.50	0.50	0.50	0.50	0.50
	1	1.30	1.00	0.85	0.80	0.75	0.70	0.70	0.65	0.65	0.65	0.60	0.55	0.55	0.55
6	6	−0.15	0.05	0.15	0.20	0.25	0.30	0.30	0.35	0.35	0.35	0.40	0.45	0.45	0.45
	5	0.10	0.25	0.30	0.35	0.35	0.40	0.40	0.40	0.45	0.45	0.45	0.45	0.50	0.50
	4	0.30	0.35	0.40	0.40	0.45	0.45	0.45	0.45	0.45	0.45	0.50	0.50	0.50	0.50
	3	0.50	0.45	0.45	0.45	0.45	0.45	0.45	0.45	0.45	0.50	0.50	0.50	0.50	0.50
	2	0.80	0.65	0.55	0.55	0.55	0.55	0.50	0.50	0.50	0.50	0.50	0.50	0.50	0.50
	1	1.30	1.00	0.85	0.80	0.75	0.70	0.70	0.65	0.65	0.65	0.60	0.55	0.55	0.55
7	7	−0.20	0.05	0.15	0.20	0.25	0.30	0.30	0.35	0.35	0.35	0.45	0.45	0.45	0.45
	6	0.05	0.20	0.30	0.35	0.35	0.40	0.40	0.40	0.40	0.45	0.45	0.50	0.50	0.50
	5	0.20	0.30	0.35	0.40	0.40	0.45	0.45	0.45	0.45	0.45	0.50	0.50	0.50	0.50
	4	0.35	0.40	0.40	0.45	0.45	0.45	0.45	0.45	0.45	0.45	0.50	0.50	0.50	0.50
	3	0.55	0.50	0.50	0.50	0.50	0.50	0.50	0.50	0.50	0.50	0.50	0.50	0.50	0.50
	2	0.80	0.65	0.60	0.55	0.55	0.55	0.50	0.50	0.50	0.50	0.50	0.50	0.50	0.50
	1	1.30	1.00	0.90	0.80	0.75	0.70	0.70	0.70	0.65	0.65	0.60	0.55	0.55	0.55
8	8	−0.20	−0.05	0.15	0.20	0.25	0.30	0.30	0.35	0.35	0.35	0.45	0.45	0.45	0.45
	7	0.00	0.20	0.30	0.35	0.35	0.40	0.40	0.40	0.40	0.45	0.45	0.50	0.50	0.50
	6	0.15	0.30	0.35	0.40	0.40	0.45	0.45	0.45	0.45	0.45	0.50	0.50	0.50	0.50
	5	0.30	0.45	0.40	0.45	0.45	0.45	0.45	0.45	0.45	0.45	0.50	0.50	0.50	0.50
	4	0.40	0.45	0.45	0.45	0.45	0.45	0.45	0.50	0.50	0.50	0.50	0.50	0.50	0.50
	3	0.60	0.50	0.50	0.50	0.50	0.50	0.50	0.50	0.50	0.50	0.50	0.50	0.50	0.50
	2	0.85	0.65	0.60	0.55	0.55	0.55	0.50	0.50	0.50	0.50	0.50	0.50	0.50	0.50
	1	1.30	1.00	0.90	0.80	0.75	0.70	0.70	0.70	0.65	0.65	0.60	0.55	0.55	0.55
9	9	−0.25	0.00	0.15	0.20	0.25	0.30	0.30	0.35	0.35	0.40	0.45	0.45	0.45	0.45
	8	−0.00	0.20	0.30	0.35	0.35	0.40	0.40	0.40	0.40	0.45	0.45	0.50	0.50	0.50
	7	0.15	0.30	0.35	0.40	0.40	0.45	0.45	0.45	0.45	0.45	0.50	0.50	0.50	0.50
	6	0.25	0.35	0.40	0.40	0.45	0.45	0.45	0.45	0.50	0.50	0.50	0.50	0.50	0.50
	5	0.35	0.40	0.45	0.45	0.45	0.45	0.45	0.45	0.50	0.50	0.50	0.50	0.50	0.50

续表

m	$\overline{K}$ / n	0.1	0.2	0.3	0.4	0.5	0.6	0.7	0.8	0.9	1.0	2.0	3.0	4.0	5.0
9	4	0.45	0.45	0.45	0.45	0.45	0.50	0.50	0.50	0.50	0.50	0.50	0.50	0.50	0.50
	3	0.60	0.50	0.50	0.50	0.50	0.50	0.50	0.50	0.50	0.50	0.50	0.50	0.50	0.50
	2	0.85	0.65	0.60	0.55	0.55	0.55	0.55	0.50	0.50	0.50	0.50	0.50	0.50	0.50
	1	1.35	1.00	0.90	0.80	0.75	0.75	0.70	0.70	0.65	0.65	0.60	0.55	0.55	0.55
10	10	−0.25	0.00	0.15	0.20	0.25	0.30	0.30	0.35	0.35	0.40	0.45	0.45	0.45	0.45
	9	−0.05	0.20	0.30	0.35	0.35	0.40	0.40	0.40	0.40	0.45	0.45	0.50	0.50	0.50
	8	0.10	0.30	0.35	0.40	0.40	0.40	0.45	0.45	0.45	0.45	0.50	0.50	0.50	0.50
	7	0.20	0.35	0.40	0.40	0.45	0.45	0.45	0.45	0.45	0.50	0.50	0.50	0.50	0.50
	6	0.30	0.40	0.40	0.45	0.45	0.45	0.45	0.45	0.45	0.50	0.50	0.50	0.50	0.50
	5	0.40	0.45	0.45	0.45	0.45	0.45	0.45	0.50	0.50	0.50	0.50	0.50	0.50	0.50
	4	0.50	0.45	0.45	0.45	0.50	0.50	0.50	0.50	0.50	0.50	0.50	0.50	0.50	0.50
	3	0.60	0.55	0.50	0.50	0.50	0.50	0.50	0.50	0.50	0.50	0.50	0.50	0.50	0.50
	2	0.85	0.65	0.60	0.55	0.55	0.55	0.55	0.50	0.50	0.50	0.50	0.50	0.50	0.50
	1	1.35	1.00	0.90	0.80	0.75	0.75	0.70	0.70	0.65	0.65	0.60	0.55	0.55	0.55
11	11	−0.25	0.00	0.15	0.20	0.25	0.30	0.30	0.30	0.35	0.35	0.45	0.45	0.45	0.45
	10	−0.05	0.20	0.25	0.30	0.35	0.40	0.40	0.40	0.40	0.45	0.45	0.50	0.50	0.50
	9	0.10	0.30	0.35	0.40	0.40	0.40	0.45	0.45	0.45	0.45	0.50	0.50	0.50	0.50
	8	0.20	0.35	0.40	0.40	0.45	0.45	0.45	0.45	0.45	0.45	0.50	0.50	0.50	0.50
	7	0.25	0.40	0.40	0.45	0.45	0.45	0.45	0.45	0.45	0.50	0.50	0.50	0.50	0.50
	6	0.35	0.40	0.45	0.45	0.45	0.45	0.45	0.50	0.50	0.50	0.50	0.50	0.50	0.50
	5	0.40	0.45	0.45	0.45	0.45	0.50	0.50	0.50	0.50	0.50	0.50	0.50	0.50	0.50
	4	0.50	0.50	0.50	0.50	0.50	0.50	0.50	0.50	0.50	0.50	0.50	0.50	0.50	0.50
	3	0.65	0.55	0.50	0.50	0.50	0.50	0.50	0.50	0.50	0.50	0.50	0.50	0.50	0.50
	2	0.85	0.65	0.60	0.55	0.55	0.55	0.55	0.50	0.50	0.50	0.50	0.50	0.50	0.50
	1	1.35	1.50	0.90	0.80	0.75	0.75	0.70	0.70	0.65	0.65	0.60	0.55	0.55	0.55
12 层 以 上	↓1	−0.30	0.00	0.15	0.20	0.25	0.30	0.30	0.30	0.35	0.35	0.40	0.45	0.45	0.45
	2	−0.10	0.20	0.25	0.30	0.35	0.40	0.40	0.40	0.40	0.40	0.45	0.45	0.45	0.50
	3	0.05	0.25	0.35	0.40	0.40	0.40	0.45	0.45	0.45	0.45	0.45	0.50	0.50	0.50
	4	0.15	0.30	0.40	0.40	0.45	0.45	0.45	0.45	0.45	0.45	0.45	0.50	0.50	0.50
	5	0.25	0.35	0.40	0.45	0.45	0.45	0.45	0.45	0.45	0.45	0.50	0.50	0.50	0.50
	6	0.30	0.40	0.40	0.45	0.45	0.45	0.45	0.45	0.45	0.45	0.50	0.50	0.50	0.50
	7	0.35	0.40	0.40	0.45	0.45	0.45	0.50	0.50	0.50	0.50	0.50	0.50	0.50	0.50
	8	0.35	0.45	0.45	0.45	0.50	0.50	0.50	0.50	0.50	0.50	0.50	0.50	0.50	0.50
	中间	0.45	0.45	0.45	0.45	0.50	0.50	0.50	0.50	0.50	0.50	0.50	0.50	0.50	0.50
	4	0.55	0.50	0.50	0.50	0.50	0.50	0.50	0.50	0.50	0.50	0.50	0.50	0.50	0.50
	3	0.65	0.55	0.50	0.50	0.50	0.50	0.50	0.50	0.50	0.50	0.50	0.50	0.50	0.50
	2	0.70	0.70	0.60	0.55	0.55	0.55	0.55	0.50	0.50	0.50	0.50	0.50	0.50	0.50
	↑1	1.35	1.05	0.90	0.80	0.75	0.70	0.70	0.70	0.65	0.65	0.60	0.55	0.55	0.55

注：m 为总层数；n 为所在楼层的位置；$\overline{K}$ 为平均线刚度比。

表 4.9 上、下层横梁线刚度比对 y_0 的修正值 y_1

α_1 \ $\overline{K}$	0.1	0.2	0.3	0.4	0.5	0.6	0.7	0.8	0.9	1.0	2.0	3.0	4.0	5.0
0.4	0.55	0.40	0.30	0.25	0.20	0.20	0.20	0.15	0.15	0.15	0.05	0.05	0.05	0.05
0.5	0.45	0.30	0.20	0.20	0.15	0.15	0.15	0.10	0.10	0.10	0.05	0.05	0.05	0.05
0.6	0.30	0.20	0.15	0.15	0.10	0.10	0.10	0.10	0.05	0.05	0.05	0.05	0	0
0.7	0.20	0.15	0.10	0.10	0.10	0.10	0.05	0.05	0.05	0.05	0.05	0	0	0
0.8	0.15	0.10	0.05	0.05	0.05	0.05	0.05	0.05	0.05	0	0	0	0	0
0.9	0.05	0.05	0.05	0.05	0	0	0	0	0	0	0	0	0	0

表 4.10 上、下层高变化对 y_0 的修正值 y_2 和 y_3

α_2	α_3	0.1	0.2	0.3	0.4	0.5	0.6	0.7	0.8	0.9	1.0	2.0	3.0	4.0	5.0
2.0		0.25	0.15	0.15	0.10	0.10	0.10	0.10	0.10	0.05	0.05	0.05	0.05	0.0	0.0
1.8		0.20	0.15	0.10	0.10	0.10	0.05	0.05	0.05	0.05	0.05	0.0	0.0	0.0	0.0
1.6	0.4	0.15	0.10	0.10	0.05	0.05	0.05	0.05	0.05	0.05	0.05	0.0	0.0	0.0	0.0
1.4	0.6	0.10	0.05	0.05	0.05	0.05	0.05	0.05	0.05	0.0	0.0	0.0	0.0	0.0	0.0
1.2	0.8	0.05	0.05	0.05	0.0	0.0	0.0	0.0	0.0	0.0	0.0	0.0	0.0	0.0	0.0
1.0	1.0	0.0	0.0	0.0	0.0	0.0	0.0	0.0	0.0	0.0	0.0	0.0	0.0	0.0	0.0
0.8	1.2	-0.05	-0.05	-0.05	0.0	0.0	0.0	0.0	0.0	0.0	0.0	0.0	0.0	0.0	0.0
0.6	1.4	-0.10	-0.05	-0.05	-0.05	-0.05	-0.05	-0.05	-0.05	-0.05	0.0	0.0	0.0	0.0	0.0
0.4	1.6	-0.15	-0.10	-0.10	-0.05	-0.05	-0.05	-0.05	-0.05	-0.05	-0.05	0.0	0.0	0.0	0.0
	1.8	-0.20	-0.15	-0.10	-0.10	-0.10	-0.05	-0.05	-0.05	-0.05	-0.05	-0.05	0.0	0.0	0.0
	2.0	-0.25	-0.15	-0.15	-0.10	-0.10	-0.10	-0.10	-0.10	-0.05	-0.05	-0.05	-0.05	0.0	0.0

y_3——下层高度 $h_下$ 与本层高度 h 不同时(图 4.3),反弯点高度比的修正值。其值根据 $\alpha_3 = \dfrac{h_下}{h}$ 和梁柱线刚度比 $\overline{K}$,仍由表 4.10 查得。

④计算柱端弯矩 M_c

由柱剪力 V_{ik} 和反弯点高度 h',按下列公式求得

上端
$$M_c^t = V_{ik} \times (h - h') \tag{4.11a}$$

下端
$$M_c^b = V_{ik} \times h' \tag{4.11b}$$

⑤计算梁端弯矩 M_b

梁端弯矩可按节点弯矩平衡条件,将节点上、下端弯矩之和按左、右梁线刚度比例分配

$$M_b^l = (M_c^t + M_c^b)\frac{K_{b1}}{K_{b1} + K_{b2}} \tag{4.12a}$$

$$M_b^r = (M_c^t + M_c^b)\frac{K_{b2}}{K_{b1} + K_{b2}} \tag{4.12b}$$

⑥计算梁端剪力 V_b

根据梁的两端弯矩,按下式计算

$$V_b = \frac{M_b^l + M_b^r}{l} \tag{4.13}$$

⑦计算柱轴力 N

边柱轴力为各层梁端剪力按层叠加,中柱轴力为柱两侧梁端剪力之差,即按层叠加。

4.5.2　竖向荷载作用下框架内力计算

框架结构在竖向荷载作用下的内力分析,除可采用精确计算法以外(如矩阵位移法),还可以采用分层法、弯矩二次分配法等近似计算法。通常采用弯矩二次分配法。

(1)弯矩二次分配法

弯矩二次分配法是一种近似的计算方法。这种方法的特点是先求出框架梁的梁端弯矩,再对各结点的不平衡弯矩同时作分配和传递,并且以两次分配为限,故称弯矩二次分配法。这种方法虽然是近似方法,但其结果与精确法相比,相差甚小,其精度可满足工程需要。

(2)梁端弯矩的调幅

在竖向荷载的作用下的梁端的负弯矩较大,导致梁端的配筋量较大;同时柱的纵向钢筋以及另一个方向的梁端钢筋也通过节点,因此节点的施工较困难。即使钢筋能排下,也会因钢筋过于密集使浇筑混凝土困难,不容易保证施工质量。考虑到钢筋混凝土框架属超静定结构,具有塑性内力重分布的性质,因此可以通过在重力荷载作用下,梁端弯矩乘以调整系数 β 的办法,适当降低梁端弯矩的幅值。根据工程经验,考虑到钢筋混凝土构件的塑性变形能力有限的特点,调幅系数 β 的取值为:

对现浇框架:$\beta = 0.8 \sim 0.9$;

对装配式框架:$\beta = 0.7 \sim 0.8$。

梁端弯矩降低后,由平衡条件可知,梁跨中弯矩相应增加。将调幅后的弯矩 βM_1、βM_2 的平均值与跨中弯矩 M'_3 之和不应小于按简支梁计算的跨中弯矩 M_0,即可求得跨中弯矩 M'_3,见图 4.4。

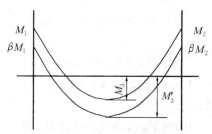

图 4.4　框架梁在竖向荷载作用下弯矩调幅

梁端弯矩调幅后,不仅可以减小梁端配筋数量,方便施工,而且还可以使框架在破坏时梁端先出现塑性铰,保证柱的相对安全,以满足"强柱弱梁"的设计原则。这里应注意,梁端弯矩的调幅只是针对竖向荷载作用下产生的弯矩进行的,而对水平荷载作用下产生的弯矩不进行调幅。因此,不应采用先组合后调幅的做法。

4.5.3　控制截面及其内力不利组合

在进行构件截面设计时,须求得控制截面上的最不利内力作为配筋的依据。对于框架梁,一般选梁的两端截面和跨中截面作为控制截面;对于柱,则选柱的上、下端截面作为控制截面。内力不利组合就是控制截面最大的内力组合。

如前所述,对于一般结构,当考虑地震作用时,应按下式进行内力组合和验算构件承载力:

$$S = 1.2 C_G G_E + 1.3 C_{Eh} E_{hk} \leqslant \frac{R}{\gamma_{RE}} \tag{4.14}$$

式中　S——结构构件内力组合的设计值;

　　　1.2、1.3——分别为重力荷载代表值和水平地震作用分项系数;

　　　C_G、C_{Eh}——分别为重力荷载代表值和水平地震作用效应系数;

　　　G_E、E_{hk}——分别为重力荷载代表值和水平地震作用标准值;

　　　R——结构构件承载力设计值,按现行国家标准《混凝土结构设计规范》计算;

　　　γ_{RE}——承载力抗震调整系数。

考虑到可变荷载组合值系数一般为 0.5~0.8,以及承载力抗震调整系数 $\gamma_{RE} = 0.75 \sim 0.85$,所以,框架在正常重力荷载作用下构件的承载力有可能小于考虑地震作用时的构件承载力。因此,构件除按有地震作用组合内力进行构件承载力验算外,尚需按无地震作用时,在正常重力荷载下的内力进行承载力验算。

为简化计算,式(4.14)可改写成

$$\gamma_{RE}(1.2 C_G G_E + 1.3 C_{Eh} E_{hk}) \leqslant R \tag{4.15}$$

于是,上式不等号右端项只剩下正常重力荷载作用下结构构件承载力设计值 R,这样就可与重力荷载一样地进行构件承载力计算。这时构件的内力不利组合,可直接按下列公式确定:

(1)梁的内力不利组合

梁的负弯矩,取下式两者较大值

$$\left. \begin{aligned} -M &= -\gamma_{RE}(1.3 M_{Ek} + 1.2 M_{GE}) \\ -M &= -\gamma_0(1.2 M_{Gk} + 1.4 M_{Qk}) \end{aligned} \right\} \tag{4.16}$$

梁端正弯矩按下式确定

$$M = \gamma_{RE}(1.3 M_{Ek} - 1.0 M_{GE}) \tag{4.17}$$

梁端剪力,取下式两者较大值

$$\left. \begin{aligned} V &= \gamma_{RE}(1.3 V_{Ek} + 1.2 V_{GE})\eta_{vb} \\ V &= \gamma_0(1.2 V_{Gk} + 1.4 V_{Qk}) \end{aligned} \right\} \tag{4.18}$$

跨中正弯矩,取下式两者较大值

$$\left. \begin{aligned} M_{中} &= \gamma_{RE}(1.3 M_{Ek} + 1.2 M_{GE}) \\ M_{中} &= \gamma_0(1.2 M_{Gk} + 1.4 M_{Qk}) \end{aligned} \right\} \tag{4.19}$$

式中　γ_0——结构重要性系数,对于安全等级为一级、二级、三级的结构构件分别取 1.1、1.0、0.9;

　　　M_{Ek}——由地震作用在梁内产生的弯矩标准值;

　　　M_{GE}——由重力荷载代表值在梁内产生的弯矩;

　　　M_{Gk}——由恒载在梁内产生的弯矩的标准值;

　　　M_{Qk}——由活载在梁内产生的弯矩标准值;

　　　V_{Ek}——由地震作用在梁内产生的剪力标准值;

　　　V_{GE}——由重力荷载代表值在梁内产生的剪力标准值;

　　　η_{vb}——剪力增大系数,一级为 1.3,二级为 1.2,三级为 1.1;

　　　V_{Gk}——由恒载在梁内产生的剪力标准值;

V_{Qk}——由活载在梁内产生的剪力标准值。

式(4.19)第一式括号内为重力荷载代表值与水平地震作用在梁内产生的跨中最大组合弯矩设计值,用 $M_{b,\max}$ 表示,即 $M_{b,\max} = 1.3M_{Ek} + 1.2M_{GE}$,其值由作图法或解析法求得。

1)按作图法求 $M_{b,\max}$

作图步骤如下(参见图 4.5):

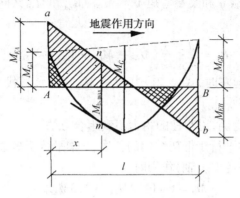

图 4.5　按作图法求 $M_{b,\max}$

①按一定比例尺作出重力荷载代表值的设计值(荷载分项系数 $\gamma_G = 1.2$)作用下梁的 M_G 弯矩图。

②在 M_G 图上,以同一比例尺作水平地震作用设计值下梁的 M_E 弯矩图,作图时正弯矩绘在基线以上,负弯矩绘在基线以下。

③在 M_G 弯矩图上作平行于 a、b 连线的切线,从切点 m 向上作铅垂线与直线 ab 交于 n 点,mn 长度即为 $M_{b,\max}$ 的设计值。

2)按解析法求 $M_{b,\max}$

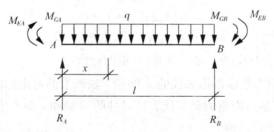

图 4.6

现以框架梁上只承受重力均布线荷载情形为例,说明按解析法求解 $M_{b,\max}$ 的具体步骤。

图 4.6 为从框架中隔离出来的梁,其上作用有与地震作用组合的重力线荷载设计值 q,由重力荷载代表值在梁的左端和右端产生的弯矩设计值分别为 M_{GA} 和 M_{GB},设地震自左向右作用,则由其在梁的左端和右端产生的弯矩设计值分别为 M_{EA} 和 M_{EB}。

距梁左端 A 距离为 x 的截面的弯矩方程为

$$M_x = R_A x - \frac{qx^2}{2} - M_{GA} + M_{EA} \tag{a}$$

由 $\dfrac{\mathrm{d}M_x}{\mathrm{d}x} = 0$,解得最大弯矩截面离梁的 A 端的距离为

$$x = \frac{R_A}{q} \tag{b}$$

将式(b)代入式(a),得

$$M_{b,\max} = \frac{R_A^2}{2q} - M_{GA} + M_{EA} \tag{4.20}$$

式(4.20)中 R_A 为在均布荷载 q 和梁端弯矩 M_{GA}、M_{GB}、M_{EA} 和 M_{EB} 共同作用下在梁端 A 产生的反力,其值为

$$R_A = \frac{ql}{2} - \frac{1}{l}\left(M_{GB} - M_{GA} + M_{EA} + M_{EB}\right) \tag{4.21}$$

当地震作用方向从右向左时,式(4.21)中 M_{EA}、M_{EB} 应以负号代入。

(2)柱的内力不利组合

今以双向偏心受压柱为例,说明柱的内力不利组合方法。

现建立坐标系,设 x 轴平行于框架结构的长边;y 轴平行于短边。

当地震沿结构横向(垂直于 x 轴)作用时

$$\left. \begin{aligned} M_x &= \gamma_{RE}\left(1.2M_{GEx} + 1.3M_{Ex}\right) \\ M_y &= \gamma_{RE}\,1.2M_{GEy} \\ N &= \gamma_{RE}\left(1.2N_{GE} + 1.3N_{Ex}\right) \end{aligned} \right\} \tag{4.22}$$

当地震沿结构纵向(垂直于 y 轴)作用时

$$\left. \begin{aligned} M_x &= \gamma_{RE}\left(1.2M_{GEx}\right) \\ M_y &= \gamma_{RE}\left(1.2M_{GEy} + 1.3M_{Ey}\right) \\ N &= \gamma_{RE}\left(1.2N_{GE} + 1.3N_{Ey}\right) \end{aligned} \right\} \tag{4.23}$$

当无地震作用时

$$\left. \begin{aligned} M_x &= \gamma_0\left(1.2M_{Gkx} + 1.4M_{Qkx}\right) \\ M_y &= \gamma_0\left(1.2M_{Gky} + 1.4M_{Qky}\right) \\ N &= \gamma_0\left(1.2N_{Gk} + 1.4N_{Qk}\right) \end{aligned} \right\} \tag{4.24}$$

式中　M_x、M_y——分别为对柱的 x 轴、y 轴的弯矩设计值;

M_{Ex}、M_{Ey}——分别为地震作用对柱的 x 轴和 y 轴产生的弯矩标准值;

M_{GEx}、M_{GEy}——分别为由重力荷载代表值对柱的 x 轴和 y 轴产生的弯矩标准值;

N——柱的轴向力设计值;

N_{Ex}、N_{Ey}——地震作用垂直于柱的 x 轴和 y 轴时,柱所受到的轴向力标准值;

N_{GE}——重力荷载代表值对柱产生的轴力;

M_{Gkx}、M_{Gky}——分别为恒载对柱的 x 轴和 y 轴产生的弯矩标准值;

M_{Qkx}、M_{Qky}——分别为活载对柱的 x 轴和 y 轴产生的弯矩标准值;

N_{Gk}、N_{Qk}——分别为恒载和活载对柱产生的轴向力标准值。

应当指出,在框架梁、柱端部截面配筋计算中,应采用构件端部控制截面的内力,而不是轴线处的内力。由图4.7可见,梁端截面的弯矩、剪力较柱轴线处的小。柱端截面的内力较梁轴线处的小。因此,在梁、柱内力不利组合前,须求出构件端部截面内力,再代入式(4.16)~式(4.24)中求组合内力。

4.5.4　框架侧移的计算

框架侧移计算包括弹性侧移和弹塑性侧移计算。现分述如下：

(1)弹性侧移的计算

如前所述，《规范》规定，框架结构，应进行多遇地震作用下的抗震变形验算，其楼层内最大的弹性层间位移应符合式(4.25)的要求：

$$\Delta u_e \le [\theta_e]h \tag{4.25}$$

式中　Δu_e——多遇地震作用标准值产生的楼层内最大的弹性层间位移。

其余符号意义同前。

因为在同一层各柱的相对侧移（即层间位移）Δu_{eik} 相同，等于该层框架层间侧移 Δu_{ei}，则得：

$$\Delta u_{ei} = \frac{V_i}{\sum_{k=1}^{n} D_{ik}} \tag{4.26}$$

式中　V_i——多遇地震作用标准值产生的层间地震剪力标准值。

由式(4.26)可见，框架弹性层间侧移等于层间地震剪力标准值除以该层各柱侧移刚度之和。

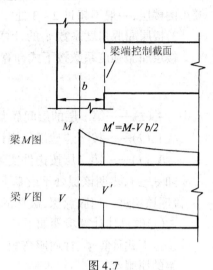

梁端控制截面

梁 M 图　　　$M'=M-V\,b/2$

梁 V 图

图 4.7

综上所述，验算框架在多遇地震作用下其层间弹性侧移的步骤可归纳为：

①计算框架结构的梁、柱线刚度。

②计算柱的侧移刚度 D_{ik} 及 $\sum_{k=1}^{n} D_{ik}$。

③确定结构的基本自振周期 T_1。

④查多遇地震的 $\alpha_{\max}$，并计算 α_1。

⑤计算结构底部剪力及各质点的水平地震作用标准值，并求出楼层地震剪力标准值。

⑥按式(4.26)求出层间侧移 Δu_{ei}。

⑦验算层间位移条件。

$$\Delta u_e \le [\theta_e]h$$

(2)弹塑性侧移的计算

1)计算范围

《规范》规定，下列结构应进行罕遇地震作用下薄弱层的弹塑性变形验算：

①7~9度时楼层屈服强度系数 $\xi_y < 0.5$ 的框架结构。

②甲类和9度时乙类建筑中的框架结构。

下列结构宜进行罕遇地震作用下薄弱层的弹塑性变形验算：

a.表3.11所列高度范围且符合表3.18所列竖向不规则类型的高层钢筋混凝土结构；

b.7度Ⅲ、Ⅳ类场地和8度时乙类建筑中的框架结构。

2)结构薄弱层位置的确定

结构薄弱层的位置可按下列情况确定：

①楼层屈服强度系数 ξ_y 沿高度分布均匀的结构,可取底层。

②楼层屈服强度系数 ξ_y 沿高度分布不均匀的结构,可取该系数最小的楼层(部位)和相对较小的楼层,一般不超过 2 ~ 3 处。

3)楼层屈服强度系数 ξ_y 的计算

楼层屈服强度系数按下式计算：

$$\xi_y(i) = \frac{V_y(i)}{V_e(i)} \tag{4.27}$$

式中 $\xi_y(i)$——第 i 层的层间屈服强度系数;

$V_e(i)$——按罕遇地震作用计算的第 i 层的弹性地震剪力;

$V_y(i)$——第 i 层按构件实际配筋和材料强度标准值计算的楼层受剪承载力。

如 $\xi_y \geqslant 1$,表明该层处于或基本处于弹性状态。如 $\xi_y < 1$,意味该层进入屈服状态。ξ_y 愈小,说明该层进入屈服愈深,破坏的可能性也愈大。

$\xi_y(i)$ 的具体计算步骤如下：

①按下式计算梁、柱屈服弯矩

梁的屈服弯矩： $$M_{yb} = 0.9 f_{yk} A_s h_0 \tag{4.28}$$

式中 M_{yb}——梁的屈服弯矩;

f_{yk}——钢筋强度标准值;

A_s——梁内受拉钢筋实际配筋面积;

h_0——梁的截面有效高度。

柱的屈服弯矩： $$M_{yc} = N e_0 \tag{4.29}$$

式中 e_0——偏心距;

N——与配筋相应的轴向压力。

大偏心受压情形 $\left(\xi = \dfrac{N}{f_{cm} b h_0} \leqslant \xi_b \right)$

当 $\xi h_0 \geqslant 2 a'_s$ 时

$$e = \frac{A'_s f'_{yk}(h_0 - a'_s) + \alpha_1 f_{ck} b h_0^2 \xi(1 - 0.5\xi)}{N} \tag{4.30}$$

$$e_0 = \left(e - \frac{h}{2} + a'_s \right) \tag{4.31}$$

当 $\xi h_0 < 2 a'_s$ 时

$$e' = \frac{A_s f_{yk}(h_0 - a'_s)}{N} \tag{4.32}$$

$$e_0 = \left(e' + \frac{h}{2} - a'_s \right) \tag{4.33}$$

小偏心受压情形 $(\xi > \xi_b)$

$$e = \frac{A'_s f'_{yk}(h_0 - a'_s) + \alpha_1 f_{ck} b h_0^2 \xi(1 - 0.5\xi)}{N} \tag{4.34}$$

$$e_0 = \left(e - \frac{h}{2} + a'_s \right) \tag{4.35}$$

式(4.26)~式(4.31)中

A_s、A'_s——柱截面一侧实配钢筋面积;

f_{yk}、f'_{yk}——钢筋强度标准值;

h_0——柱的截面有效高度;

a_s、a'_s——柱截面一侧钢筋中心至截面近边的距离;

α_1——受压区矩形应力图形的应力与混凝土抗压强度设计值的比值,当混凝土强度等级不超过 C50 时,α_1 取为 1.0;当混凝土强度等级为 C80 时,α_1 取为 0.94;其间按线性内插方法确定。

f_{ck}——混凝土轴心抗压强度标准值;

b——柱的宽度;

ξ——相对受压区高度;

ξ_b——界限相对受压区高度;

N——与配筋相应的柱截面轴向力。

②计算柱端截面有效屈服弯矩 $\tilde{M}_{yc}(i)$

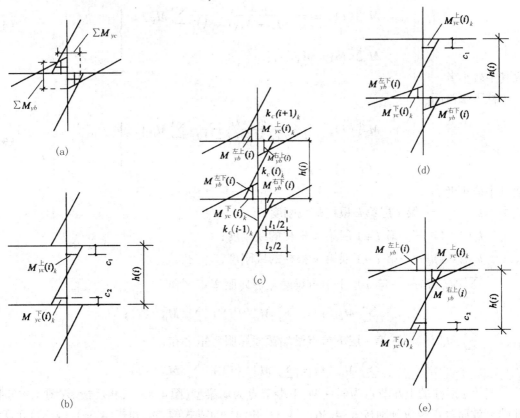

图 4.8

当 $\sum M_{yb} > \sum M_{yc}$,即弱柱型(图 4.8b)时,柱的有效屈服弯矩为:

柱上端： $$\tilde{M}_{yc}^{\text{上}}(i)_k = M_{yc}^{\text{上}}(i)_k \tag{4.36}$$

柱下端： $$\tilde{M}_{yc}^{\text{下}}(i)_k = M_{yc}^{\text{下}}(i)_k \tag{4.37}$$

式中 $\sum M_{yb}$ ——框架节点左右梁端反时针或顺时针方向截面屈服弯矩之和；

$\sum M_{yc}$ ——同一节点上下柱端顺时针或反时针方向截面屈服弯矩之和；

$\tilde{M}_{yc}^{\text{上}}(i)_k$ ——第 i 层第 k 根柱柱顶截面有效屈服弯矩；

$\tilde{M}_{yc}^{\text{下}}(i)_k$ ——第 i 层第 k 根柱柱底截面有效屈服弯矩；

$M_{yc}^{\text{上}}(i)_k$ ——第 i 层第 k 根柱柱顶截面屈服弯矩；

$M_{yc}^{\text{下}}(i)_k$ ——第 i 层第 k 根柱柱底截面屈服弯矩。

以上符号意义参见图 4.8a、b。

当 $\sum M_{yb} < \sum M_{yc}$ ，即弱梁型(图 4.8c)时，柱的有效屈服弯矩为：

柱上端截面：

$$\left.\begin{aligned} \tilde{M}_{yc}^{\text{上}}(i)_k &= \frac{k_c(i)_k}{k_c(i)_k + k_c(i+1)_k} \sum M_{yb}^{\text{上}}(i) \\ \tilde{M}_{yc}^{\text{上}}(i)_k &= M_{yc}^{\text{上}}(i)_k \end{aligned}\right\} \tag{4.38}$$

取其中较小者。

柱下端截面：

$$\left.\begin{aligned} \tilde{M}_{yc}^{\text{下}}(i)_k &= \frac{k_c(i)_k}{k_c(i)_k + k_c(i-1)_k} \sum M_{yb}^{\text{下}}(i) \\ \tilde{M}_{yc}^{\text{下}}(i)_k &= M_{yc}^{\text{下}}(i)_k \end{aligned}\right\} \tag{4.39}$$

取其中较小者。

式中 $k_c(i)_k$ ——第 i 层第 k 根柱的线刚度；

$k_c(i+1)_k$ ——第 $i+1$ 层第 k 根柱的线刚度；

$k_c(i-1)_k$ ——第 $i-1$ 层第 k 根柱的线刚度；

$\sum M_{yb}^{\text{上}}(i)$ —— 第 i 层上节点梁端截面屈服弯矩之和，

$$\sum M_{yb}^{\text{上}}(i) = \sum M_{yb}^{\text{左上}}(i) + \sum M_{yb}^{\text{右上}}(i);$$

$\sum M_{yb}^{\text{下}}(i)$ —— 第 i 层下节点梁端截面屈服弯矩之和，

$$\sum M_{yb}^{\text{下}}(i) = \sum M_{yb}^{\text{左下}}(i) + \sum M_{yb}^{\text{右下}}(i)。$$

当第 i 层柱的上端节点为弱柱型，下端节点为弱梁型(图 4.8d)或相反情形(图 4.8e)时，则柱端有效屈服弯矩应分别按式(4.36)、(4.37)和(4.39)或式(4.38)和式(4.36)、(4.37)计算。

③计算第 i 层第 k 根柱的屈服剪力 $V_y(i)_k$

$$V_y(i)_k = \frac{\tilde{M}_{yc}^{\text{上}}(i)_k + \tilde{M}_{yc}^{\text{下}}(i)_k}{h_n(i)} \tag{4.40}$$

式中　$h_n(i)$——第 i 层的净高, $h_n(i) = h(i) - c_1 - c_2$, 其中, c_1、c_2 分别为 i 层上梁、下梁的半高。

④计算第 i 层的层间屈服剪力 $V_y(i)$

将第 i 层各柱的屈服剪力相加, 即得该层层间屈服剪力

$$V_y(i) = \sum_{k=1}^{n} V_y(i)_k \tag{4.41}$$

4)层间弹塑性侧移的计算

如前所述, 框架结构的弹塑性层间位移可按下式计算

$$\Delta u_p = \eta_p \Delta u_e \tag{4.42}$$

或

$$\Delta u_p = \mu \Delta_y = \frac{\eta_p}{\xi_y} \Delta u_y$$

式中　Δu_e——罕遇地震作用下按弹性分析的层间位移。其值可按式(4.43)计算

$$\Delta u_e = \frac{V_e}{\sum_{k=1}^{n} D_{ik}} \tag{4.43}$$

V_e——罕遇地震作用下框架层间剪力;

Δu_y——层间屈服位移;

μ——楼层延性系数;

η_p——弹塑性位移增大系数。

综上所述, 按简化方法验算框架结构在罕遇地震作用下, 层间弹塑性侧移的步骤是:

①按式(4.41)计算楼层层间屈服剪力。

$$V_y(i) = \sum_{k=1}^{n} V_y(i)_k \qquad (i = 1,2,\cdots,n)$$

②按罕遇地震作用下的地震影响系数最大值 α_{max} 确定 α_1, 进一步计算层间弹性地震剪力 $V_e(i)$。

③按式(4.43)计算层间弹性侧移 Δu_e。

④按式(4.27)计算楼层屈服强度系数 $\xi_y(i)$, 并找出薄弱层的层位。

⑤计算薄弱层的弹塑性层间位移 $\Delta u_p = \eta_p \Delta u_e$。

⑥按式(4.44)复核层间位移条件:

$$\Delta u_p \leq [\theta_p] h \tag{4.44}$$

4.6　框架-抗震墙结构内力和侧移的计算

4.6.1　框架-抗震墙结构计算的基本假定及计算简图

典型的框架-抗震墙结构平面如图 4.9 所示。

在竖向荷载作用下, 框架和抗震墙分别承受各自传递范围内的楼面荷载, 框架结构的内力可按第五节所述的方法计算。

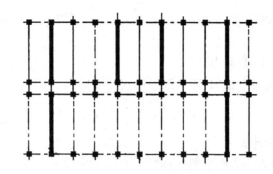

图 4.9　典型的框架-抗震墙结构平面

在水平地震作用下,框架和抗震墙由于各层楼板的连接作用而在水平方向上协调变形,共同工作。其内力和侧移的分析,是一个复杂的空间超静定问题,要精确计算十分困难。为简化计算,通常将其简化成平面结构来分析。计算这种结构可采用力法或微分方程法。计算时一般采用下面的基本假定:

1)楼板结构在其自身平面内的刚度为无穷大,平面外的刚度忽略不计;

2)结构的刚度中心与质量中心重合,结构不发生扭转;

3)框架与抗震墙的刚度特征值沿结构高度方向均为常数。

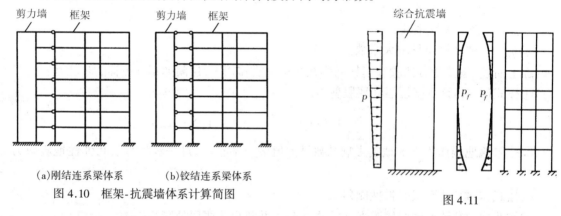

(a)刚结连系梁体系　　　(b)铰结连系梁体系
图 4.10　框架-抗震墙体系计算简图

图 4.11

由以上基本假定可知,在水平荷载作用下,在同一楼层处,各榀框架和抗震墙的侧移量是相等的。因此可以将房屋或变形缝区段内所有与地震作用方向平行的抗震墙合并在一起,组成"综合抗震墙",将所有这个方向的框架合并在一起,组成"综合框架"。将"综合框架"和"综合抗震墙"移到同一个平面内进行分析。在楼板标高处用连杆连接,以代替楼板和连系梁的作用。计算简图如图 4.10 所示。连杆与抗震墙的连结形式取决于连系梁的刚度。当抗震墙平面内的连系梁刚度较大,可以起到约束转动作用时,抗震墙与框架之间用弹性刚结杆连接;如果连系梁截面尺寸较小,不能起到约束转动作用时,抗震墙与框架之间用刚性铰结杆连接。

当层数较少时,采用力法较为方便;当层数较多时,宜采用微分方程法。

4.6.2　框架-抗震墙结构计算的基本方程

(1)基本计算方程

在水平力的作用下,将刚性连杆沿高度方向连续化,并切断,以分布力 p_f 代替连杆的集中力,以简化计算,如图 4.11 所示。

以综合抗震墙为分析对象,取脱离体后将其看成是在侧向分布力$(p - p_f)$作用下的底部固定的悬臂梁。设 z 高度处结构的侧向位移为y,则由材料力学可知:

$$E_c I_{eq} \frac{\mathrm{d}^4 y}{\mathrm{d} z^4} = p - p_f \tag{4.45a}$$

式中　$E_c I_{eq}$——综合抗震墙的截面等效抗弯刚度,即各榀抗震墙的截面等效抗弯刚度之和。

对于综合框架部分,令 C_f 为综合框架的角变抗侧移刚度,即框架结构产生单位剪切角时所需的水平剪切力,即:

$$V_f = C_f \cdot \frac{\mathrm{d} y}{\mathrm{d} z} \tag{4.45b}$$

式中　V_f——z 高度处综合框架所承受的水平剪力。

则

$$\frac{\mathrm{d} V_f}{\mathrm{d} z} = C_f \cdot \frac{\mathrm{d}^2 y}{\mathrm{d} z^2} \tag{4.45c}$$

又$\frac{\mathrm{d} V_f}{\mathrm{d} z} = p_f$,将它代入(4.45c)式后再代入(4.45a)式得:

$$E_c I_{eq} \cdot \frac{\mathrm{d}^4 y}{\mathrm{d} z^4} - C_f \frac{\mathrm{d}^2 y}{\mathrm{d} z^2} = p$$

为计算方便,令相对高度 $\xi = \frac{z}{h}$,则上式可写成:

$$\frac{\mathrm{d}^4 y}{\mathrm{d} \xi^4} - \lambda^2 \frac{\mathrm{d}^2 y}{\mathrm{d} \xi^2} = \frac{pH^4}{E_c I_{eq}} \tag{4.46}$$

式中

$$\lambda = \sqrt{\frac{C_f H^2}{E_c I_{eq}}} = H \sqrt{\frac{C_f}{E_c I_{eq}}} \tag{4.47}$$

式(4.46)称为框架-抗震墙体系的基本微分方程。而 λ 是一个无量纲的量,由式(4.47)可知:λ 与综合抗震墙抗弯刚度及综合框架的抗侧移刚度有关,故称 λ 为框架-抗震墙结构的刚度特征值,它是框架-抗震墙结构内力和位移计算的重要参数。λ 越小说明框架刚度越弱,抗震墙刚度占主要成分,此时整个框-墙体系接近弯曲型;反之,λ 越大说明抗震墙很弱,框架占主要成分,此时整个体系接近弯曲型。

(2)综合框架角变抗侧移刚度 C_f 的计算

由 C_f 的定义可知,综合框架角变抗侧移刚度 C_f 为各榀框架的角变侧移刚度 C_{fi} 的总和,即

$$C_f = \sum C_{fi} \tag{4.48}$$

在前述的 D 值法中,曾说明 D 值为柱端发生单位相对水平位移时所需水平剪力的大小。对于每一层的框架柱,有:

$$\sum D = \sum \alpha \frac{12 k_c}{h^2}$$

则由 C_{fi} 的定义,单榀框架的角变抗侧移刚度 C_{fi} 为:

$$C_{fi} = \frac{V}{\Delta u / h} = \frac{V}{\Delta u} h = h \sum D = 12 \sum \alpha \frac{k_c}{h} \tag{4.49}$$

C_{fi} 与 D 的关系可参见图 4.12。

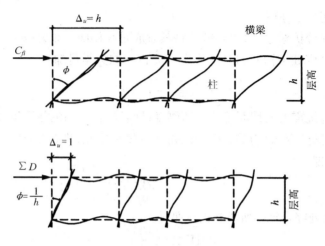

图 4.12　C_{fi} 与 D 的关系图

4.6.3　框架-抗震墙结构内力和位移计算

(1)利用公式计算

公式(4.46)为四阶常系数微分方程,解该方程并利用综合剪力墙的边界条件,即可得出侧移 y 随 λ 及 ξ 的相关关系式,即 $y = f(\lambda, \xi)$。

求得侧移量 y 的表达式以后,利用材料力学的计算公式,即可得出抗震墙截面弯矩、剪力与挠曲线之间的关系为:

$$M_w = - E_c I_{eq} \frac{\mathrm{d}^2 y}{\mathrm{d}z^2} = - \frac{E_c I_{eq}}{H^2} \frac{\mathrm{d}^2 y}{\mathrm{d}\xi^2} \tag{4.50}$$

$$V_w = \frac{\mathrm{d}M}{\mathrm{d}z} = - E_c I_{eq} \frac{\mathrm{d}^3 y}{\mathrm{d}z^3} = - \frac{E_c I_{eq}}{H^3} \frac{\mathrm{d}^3 y}{\mathrm{d}\xi^3} \tag{4.51}$$

为了使用方便,下面分别给出在均布荷载、倒三角形分布荷载及顶点集中荷载作用下,框架-抗震墙结构的侧向位移 y、综合抗震墙的弯矩 M_w、综合抗震墙的剪力 V_w 的计算公式。

均布荷载作用下:

$$\left.\begin{array}{l}
y = \dfrac{qH^2}{C_f \lambda^2} \Big[\Big(\dfrac{1 + \lambda\,\mathrm{sh}\lambda}{\mathrm{ch}\lambda} \Big) (\mathrm{ch}\lambda\xi - 1) - \lambda\,\mathrm{sh}\lambda\xi + \lambda^2 \xi \Big(1 - \dfrac{\xi}{2} \Big) \Big] \\[3mm]
M_w = \dfrac{qH^2}{\lambda^2} \Big[\Big(\dfrac{1 + \lambda\,\mathrm{sh}\lambda}{\mathrm{ch}\lambda} \Big) \mathrm{ch}\lambda\xi - \lambda\,\mathrm{sh}\lambda\xi - 1 \Big] \\[3mm]
V_w = \dfrac{qH}{\lambda} \Big[\lambda\,\mathrm{ch}\lambda\xi - \Big(\dfrac{1 + \lambda\,\mathrm{sh}\lambda}{\mathrm{ch}\lambda} \Big) \mathrm{sh}\lambda\xi \Big]
\end{array}\right\} \tag{4.52}$$

倒三角形分布荷载作用下:

$$\left.\begin{array}{l}
y = \dfrac{qH^2}{C_f} \Big[\Big(1 + \dfrac{\lambda\,\mathrm{sh}\lambda}{2} - \dfrac{\mathrm{sh}\lambda}{\lambda} \Big) \dfrac{\mathrm{ch}\lambda\xi - 1}{\lambda^2 \mathrm{ch}\lambda} + \Big(\dfrac{1}{2} - \dfrac{1}{\lambda^2} \Big) \Big(\xi - \dfrac{\mathrm{sh}\lambda\xi}{\lambda} \Big) - \dfrac{\xi^3}{6} \Big] \\[3mm]
M_w = \dfrac{qH^2}{\lambda^2} \Big[\Big(1 + \dfrac{\lambda\,\mathrm{sh}\lambda}{2} - \dfrac{\mathrm{sh}\lambda}{\lambda} \Big) \dfrac{\mathrm{ch}\lambda\xi}{\mathrm{ch}\lambda} - \Big(\dfrac{\lambda}{2} - \dfrac{1}{\lambda} \Big) \mathrm{sh}\lambda\xi - \xi \Big] \\[3mm]
V_w = \dfrac{qH}{\lambda} \Big[\Big(1 + \dfrac{\lambda\,\mathrm{sh}\lambda}{2} - \dfrac{\mathrm{sh}\lambda}{\lambda} \Big) \dfrac{\lambda\,\mathrm{sh}\lambda\xi}{\mathrm{ch}\lambda} - \Big(\dfrac{\lambda}{2} - \dfrac{1}{\lambda} \Big) \lambda\,\mathrm{ch}\lambda\xi - 1 \Big]
\end{array}\right\} \tag{4.53}$$

顶点集中荷载作用下:

$$y = \frac{pH^3}{EI_w}\left[\frac{sh\lambda}{\lambda^3 ch\lambda}(ch\lambda\xi - 1) - \frac{1}{\lambda^3}sh\lambda\xi + \frac{1}{\lambda^2}\xi\right]$$

$$M_w = pH\left(\frac{sh\lambda}{\lambda ch\lambda}ch\lambda\xi - \frac{1}{\lambda}sh\lambda\xi\right) \qquad (4.54)$$

$$V_w = p\left(ch\lambda\xi - \frac{sh\lambda}{ch\lambda}sh\lambda\xi\right)$$

(2)利用图表计算

利用公式(4.52)、(4.53)、(4.54)计算 y、M_w、V_w 不方便,为此,工程中常分别将在三种典型荷载作用下结构的 y、M_w、V_w 按不同结构刚度特征值 λ 绘制成图表,以便查阅,如图 4.13、4.14、4.15 所示。图表中各符号的物理意义如下:

$\xi = \dfrac{z}{h}$——为自变量;

y、M_w、V_w——分别为综合抗震墙在 z 高度位置的侧向位移、弯矩及剪力;

y_0——相应的外荷载作用于纯抗震墙结构($\lambda = 0$)时,在抗震墙结构顶点的侧移值;

M_0——相应的外荷载在结构基底处所产生的总弯矩;

F_{Ek}——相应的外荷载在结构基底处所产生的总剪力。

当外荷载及框架-抗震墙结构的刚度特征值 λ 确定以后,就可以利用图表查出对应于 ξ 的 y/y_0、M_w/M_0、V_w/F_{Ek},最后计算出 y、M_w、V_w。

(3)结构内力的计算

1)综合框架、综合抗震墙的内力计算

由图 4.13、4.14、4.15 可以查得任意标高处综合抗震墙的截面内力 M_w 和 V_w,而同一标高处的综合框架的水平剪力可由整个水平截面内的剪力平衡条件求出,即:

$$V_f = V_p - V_w \qquad (4.55)$$

式中　V_p——外荷载在任意标高处所产生的水平剪力,即为分析截面以上所有水平外力的总和。

2)综合框架总剪力的修正

在工程设计中,应当考虑由于地震作用等原因,可能使抗震墙出现塑性铰,从而可使综合抗震墙的刚度有所下降,根据超静定结构内力按刚度分配的原则,框架部分的剪力会有所提高。因此框架-抗震墙结构中框架所承受的地震剪力不应小于某一限值,以考虑这种不利因素的影响。《规范》规定,竖向基本均匀的框架-抗震墙结构,任一层框架部分的地震剪力,不应小于结构底部总地震剪力 F_{Ek} 的 20% 和按框架-抗震墙协同工作分析的框架部分各楼层地震剪力中最大值 V_{fmax} 1.5 倍二者中的较小值,即:

①对于 $V_f \geqslant 0.2F_{Ek}$ 的楼层,该层框架部分的地震剪力取 V_f;

②对于 $V_f < 0.2F_{Ek}$ 的楼层,该层框架部分的地震剪力取下式中较小者:

$$\left.\begin{array}{l}1.5V_{fmax}\\0.2F_{Ek}\end{array}\right\} \qquad (4.56)$$

式中　V_{fmax}——框架部分层间剪力的最大值;

F_{Ek}——结构底部的总剪力。

以上所述可参照图 4.16 加以说明。

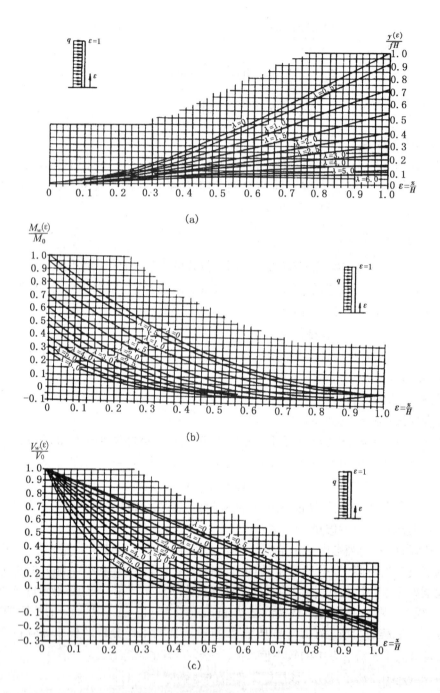

图 4.13　均布荷载剪力墙系数表

(a)位移系数表　(b)弯矩系数表　(c)剪力系数表

当墙、柱的数目较下一层减少大于 30% 时,该层及以上各层框架地震剪力不应小于按计算分析的本层框架地震剪力的 2 倍。

(4)单榀抗震墙、框架柱内力的计算

当求出综合抗震墙和综合框架的内力以后,应分别按刚度将各自的总内力分配到单榀抗

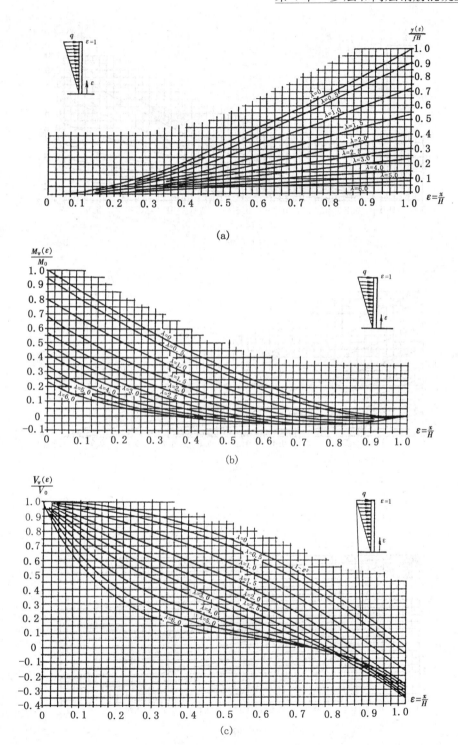

图 4.14 倒三角形荷载剪力墙系数表

(a)位移系数表 (b)弯矩系数表 (c)剪力系数表

震墙或单根框架柱上去。

1)抗震墙之间的地震剪力的分配

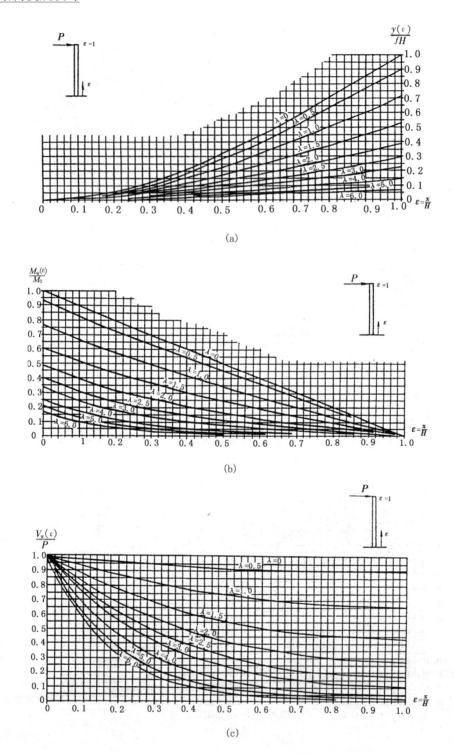

图 4.15　顶点集中荷载剪力墙系数表
(a)位移系数表　(b)弯矩系数表　(c)剪力系数表

当抗震墙截面尺寸大体一致时,可以近似地按墙的抗弯刚度来分配地震剪力,即:

$$V_{uj} = \frac{E_c I_{uj}}{\sum E_c I_w} V_w \tag{4.57}$$

$$M_{uj} = \frac{E_c I_{uj}}{\sum E_c I_w} M_w \tag{4.58}$$

式中　V_{uj}、M_{uj}——分别为第 j 片抗震墙所分配到的地震剪力和弯矩;

$E_c I_{uj}$——第 j 片抗震墙的抗弯刚度。

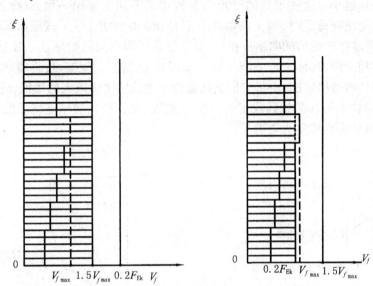

图 4.16　综合框架总剪力的修正示意

2)框架柱之间地震剪力的分配综合框架所承受的层间剪力 V_f,按同层各框架柱的抗侧移刚度 D 分配给各柱:

$$V_{fk} = \frac{D_k}{\sum D_k} V_f \tag{4.59}$$

式中　V_{fk}——第 k 根柱分配的地震剪力;

D_k——第 k 根柱的侧移刚度;

V_f——综合框架的层间地震剪力。

(5)内力和位移计算的步骤

按查曲线法计算框架-抗震墙结构内力和位移的步骤如下:

①计算 C_f 和 $E_c I_{eq}$。

②利用公式(4.47)计算刚度特征值 λ。

③根据 λ 和 ξ 值,由图 4.13、4.14、4.15 查出 y、M_w、V_w。

④进行框架内力 V_f 的计算,并进行框架地震剪力的调整。

⑤按抗震墙的抗弯刚度分配 M_w、V_w 给单榀墙,按各柱的抗侧移刚度 D 分配框架层间剪力 V_f 给同层各柱。

4.6.4 框架与抗震墙的协同工作

由于刚度较大的楼板的约束,要求框架与抗震墙协同变形。其变形曲线的形状与纯框架或纯抗震墙结构的变形曲线有明显的差别,其内力的分布规律也具有自己的特点。

对于纯框架结构,由于柱轴向变形所引起倾覆状的变形影响是次要的,由 D 值法可知,框架结构的层间位移与层间总剪力成正比,自下而上,层间剪力越来越小,因此层间的相对位移,也是自下而上越来越小。这种形式的变形与悬臂梁的剪切变形相一致,故称为剪切型变形。当抗震墙单独承受侧向荷载时,则抗震墙在各层楼面处的弯矩,等于该楼面标高处的倾覆力矩,该力矩与抗震墙纵向变形的曲率成正比,其变形曲线将凸向原始位置。由于这种变形与悬臂梁的弯曲变形相一致,故称为弯曲型变形。如图 4.17 所示。框架-抗震墙结构是由变形特点不同的框架和抗震墙组成的,由于它们之间通过平面内刚度无限大的楼板连接在一起,它们不能自由变形,结构的位移曲线就成了一条反 S 曲线,且其形状随刚度特征值 λ 的不同而变化,如图 4.18。其变形性质称为弯剪型。

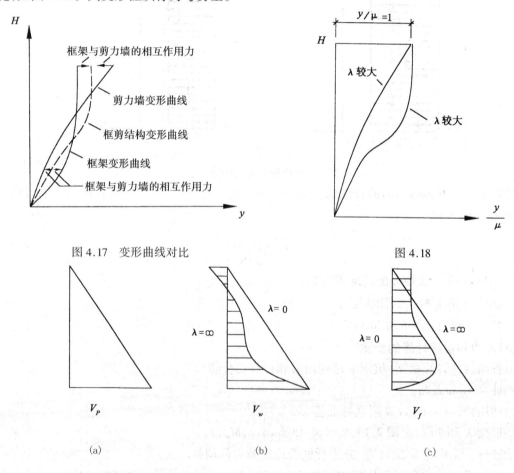

图 4.17　变形曲线对比　　　　　图 4.18

图 4.19　水平力在框架与抗震墙之间的分配
(a)框墙体系总剪力　　(b)抗震墙架分担的剪力　　(c)框架分担的剪力

由于框架-抗震墙结构具有以上的变形特点,综合框架剪力 V_f 与综合抗震墙剪力 V_w 的分配比例将沿结构高度 z 发生变化,但总有 $V_p = V_f + V_w$。

在下部楼层,抗震墙位移较小,它拉着框架按弯曲型曲线变形,V_p 中将有大部分由抗震墙承受;上部楼层则相反,抗震墙位移越来越大,有外倾的趋势,而框架则呈内收趋势,框架拉着抗震墙按剪切型曲线变形。框架承担水平力以外,还将额外承担把抗震墙拉回来的附加水平力。抗震墙因为给框架一个附加水平力而承受负剪力。由此可见上部框架结构承受的剪力较大,如图 4.19 所示。

由以上分析可知,在结构的底部,框架所承受的总剪力 V_f 总等于零,此时由外荷载产生的水平剪力全部由抗震墙承担。在结构的顶部,总剪力总等于零,但综合抗震墙的剪力 V_w 和综合框架的剪力 V_f 均不为零,两者大小相等,方向相反。

4.7　截面抗震设计

4.7.1　一般原则

为了保证当建筑遭受中等烈度的地震影响时,具有良好的耗能能力,以及当建筑遭受高于本地区设防烈度的预估的罕遇地震影响时,不致倒塌或发生危及生命的严重破坏,要求结构具有足够的延性。结构的延性一般用结构顶点的延性系数表示

$$\mu = \frac{\Delta u_p}{\Delta u_y}$$

式中　Δu_y——结构顶点屈服位移;

　　　Δu_p——结构顶点弹塑性位移限值。

一般认为,在抗震结构中结构顶点延性系数 μ 应不小于 3 ~ 4。

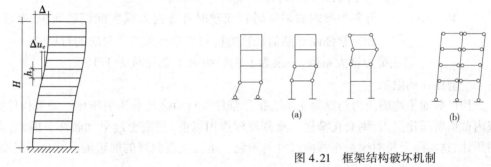

图 4.20

图 4.21　框架结构破坏机制

（a）S 机制　（b）O 机制

框架和框架-抗震墙结构顶点位移 Δ 是由楼层层间位移 Δu_c 累积产生的,见图 4.20。而层间位移又是由结构构件的变形形成的。因此要保证结构的延性就必须保证构件有足够大的延性,特别是重要构件。构件的延性是以其截面塑性铰的转动能力来度量的。因此在进行结构抗震设计时,应注意构件塑性铰的设计,以使结构具有较大延性。我国规范通过采用"强柱弱梁"、"强剪弱弯"和"强节点、强锚固"的原则进行设计计算,以保证结构的延性。

"强柱弱梁"是使塑性铰首先在框架梁端出现,尽量避免或减少在柱中出现。即按照节点

处梁端实际受弯承载力小于柱端实际受弯承载力的思想进行计算,以争取使结构能够形成总体机制(O 机制),避免结构形成层间机制(S 机制),见图 4.21。

"强剪弱弯"是指防止构件在弯曲屈服前出现脆性的剪切破坏。即要求构件的受剪承载力大于其屈服时实际达到的剪力。

"强节点、强锚固"是指在构件塑性铰充分发挥作用之前,节点不应出现破坏。因此,需进行框架节点核心区截面抗震验算以及保证纵向钢筋具有足够的锚固长度。

4.7.2 框架梁柱及节点的截面抗震设计

(1)框架梁的截面计算

1)正截面受弯承载力计算

求出梁控制截面处考虑地震作用的组合弯矩后,即可按一般钢筋混凝土受弯构件进行正截面受弯承载力计算,但在受弯承载力计算公式右边应除以相应的承载力抗震调整系数。

2)斜截面受剪承载力计算

①梁端剪力设计值的调整

按照"强剪弱弯"的原则,梁端组合剪力设计值应按下式调整:

$$V = \eta_{vb}(M_b^l + M_b^r)/l_n + V_{Gb} \tag{4.60}$$

9 度时和一级框架结构尚应符合

$$V = 1.1(M_{bua}^l + M_{bua}^r)/l_n + V_{Gb} \tag{4.61}$$

式中　l_n——梁的净跨;

V_{Gb}——梁在重力荷载代表值(9 度时高层建筑还应包括竖向地震作用标准值)作用下,按简支梁分析的梁端截面剪力设计值;

M_b^l、M_b^r——分别为梁左右端反时针或顺时针方向组合的弯矩设计值,当两端弯矩均为负弯矩时,绝对值较小一端的弯矩取零;

M_{bua}^l、M_{bua}^r——分别为梁左右端反时针或顺时针方向根据实配钢筋面积(考虑受压筋)和材料强度标准值计算的抗震受弯承载力所对应的弯矩值;

η_{vb}——梁端剪力增大系数,一级为 1.3,二级为 1.2,三级为 1.1。

②剪压比的限制

构件截面平均剪应力与混凝土轴心抗压强度设计值之比称为剪压比。如果构件塑性铰区域内截面剪压比过大,则会在箍筋未充分发挥作用以前,混凝土过早地破坏。因此,必须限制剪压比,这实际上是对梁最小截面尺寸的限制。进行抗震验算的框架梁应符合下式要求:

$$跨高比大于 2.5 时 \qquad V \leqslant \frac{1}{\gamma_{RE}}(0.20\beta_c f_c b h_0) \tag{4.62}$$

$$跨高比不大于 2.5 时 \qquad V \leqslant \frac{1}{\gamma_{RE}}(0.15\beta_c f_c b h_0) \tag{4.63}$$

式中　V——端部截面组合的剪力设计值,按式(4.60)~(4.61)确定;

β_c——混凝土强度影响系数,当混凝土强度等级不超过 C50 时,β_c 取 1.0;混凝土强度等级为 C80 时,β_c 取 0.8;其间按线性内插法确定;

f_c——混凝土轴心抗压强度设计值;

b——截面宽度;

h_0——截面有效高度。

3)梁斜截面受剪承载力的验算

试验表明,在低周反复荷载作用下,当纵向钢筋进入屈服阶段,由于斜裂缝反复开、闭,致使混凝土剪压区剪切强度降低,以及斜裂缝间混凝土咬合力、纵向钢筋的暗咬合力降低,从而使梁的斜截面受剪承载力降低。因此,在抗震设计中,对矩形、T 形和 I 形截面的一般框架梁,其斜截面受剪承载力的验算公式为:

$$V \leqslant \frac{1}{\gamma_{RE}}\left(0.42f_t bh_0 + 1.25f_{yv}\frac{A_{sv}}{S}h_0\right) \tag{4.64}$$

对于集中荷载作用下的框架梁(包括有多种荷载,且其中集中荷载对节点边缘产生的剪力值占总剪力值的 75% 以上的情况),其斜截面受剪承载力应按下式验算:

$$V \leqslant \frac{1}{\gamma_{RE}}\left(\frac{1.05}{\lambda + 1}f_t bh_0 + f_{yv}\frac{A_{sv}}{S}h_0\right) \tag{4.65}$$

式中　f_t——混凝土轴心抗拉强度设计值;

f_{yv}——箍筋抗拉强度设计值;

A_{sv}——配置在同一截面内箍筋各肢的全部截面面积;

S——沿构件长度方向上箍筋的间距;

λ——计算截面的剪跨比,可取 a/h_0,a 为计算截面至支座截面或节点边缘的距离;当 $\lambda < 1.5$ 时,取 $\lambda = 1.5$;当 $\lambda > 3$ 时,取 $\lambda = 3$。

其余符号意义同前。

(2)框架柱的截面计算

1)正截面承载力计算

①轴压比的限制

轴压比是指柱组合的轴压力设计值与柱的全截面面积和混凝土抗压强度设计值乘积之比值,即 N/Af_c。轴压比是影响柱的破坏形态和变形能力的重要因素之一。试验研究表明,柱的延性随轴压比的增大会显著下降,并且有可能产生脆性破坏。尤其是当轴压比增大到一定数值时,增加约束箍筋对柱的变形能力的影响很小。因而,有必要限制轴压比。

柱的轴压比不宜超过表 4.11 的规定,Ⅳ 类场地上较高的高层建筑的轴压比限值应适当减小。

表 4.11　柱轴压比限值

类　别	抗震等级		
	一	二	三
框　架	0.7	0.8	0.9
框-墙;板柱-墙及筒体	0.75	0.85	0.95
框　支	0.6	0.7	——

注:a.对可不进行地震作用计算的结构,取无地震作用组合的轴力设计值计算。

　　b.表中限值适用于剪跨比大于 2,砼强度等级不高于 C60 的柱;剪跨比不大于 2 的柱轴压比限值应降低

　　　0.05;剪跨比小于 1.5 的柱,轴压比限值应专门研究并采取特殊构造措施。

　　c.柱轴压比不应大于 1.05。

②柱端弯矩设计值

按照"强柱弱梁"的原则,争取使塑性铰首先在梁中出现,对于一、二、三级框架的梁柱节点处,除框支层最上层的柱上端、框架顶层和柱轴压比小于 0.15 者外,柱端弯矩设计值应分别符合下列公式要求:

$$\sum M_c = \eta_c \sum M_b \tag{4.66}$$

9 度和一级框架结构尚应符合 $\quad \sum M_c = 1.2 \sum M_{bua}$ （4.67）

式中 $\quad \sum M_c$——节点上下柱端截面顺时针或反时针方向组合的弯矩设计值之和,上下柱端的弯矩设计值,一般情况可按弹性分析分配;

$\quad \sum M_b$——节点左右梁端截面反时针或顺时针方向组合的弯矩设计值之和,节点左右梁端均为负弯矩时,绝对值较小的弯矩应取零;

$\quad \sum M_{bua}$——节点左右梁端截面反时针或顺时针方向根据实配钢筋面积(考虑受压筋)和材料强度标准值计算的抗震受弯承载力所对应的弯矩值之和;

$\quad \eta_c$——强柱系数,一级为 1.4,二级为 1.2,三级为 1.1。

考虑到框架底层柱柱底过早地出现塑性铰,将影响整个框架的变形能力;同时随着框架梁端塑性铰的出现,由于塑性内力重分布,使底层柱的反弯点位置具有较大的不确定性。因此,对于一、二级框架结构的底层柱下端截面和框支柱顶层柱上端和底层柱下端截面的弯矩设计值,应分别乘以增大系数 1.5 和 1.25。

③柱的正截面承载力计算

考虑地震作用组合的框架柱和框支柱,其正截面受压、受拉承载力,可按钢筋混凝土偏心受压或偏心受拉构件计算,但在其所有的承载力计算公式右边,均应除以相应的正截面承载力抗震调整系数。

2)斜截面受剪承载力计算

①柱端剪力设计值的调整

按照"强剪弱弯"的原则,对于框架柱和框支柱端部组合的剪力设计值,一、二、三级应按下式调整:

$$V = \eta_{vc}(M_c^t + M_c^b)/H_n \tag{4.68}$$

9 度和一级框架结构尚应符合

$$V = 1.2(M_{cua}^t + M_{cua}^b)/H_n \tag{4.69}$$

式中 $\quad H_n$——柱的净高;

$\quad M_c^t$、M_c^b——分别为柱的上、下端顺时针或反时针方向截面组合的弯矩设计值,除框架顶层和柱轴压比小于 0.15 者外,按式(4.66) ~ (4.67)确定,对于一、二级框架结构的底层柱下端截面及框支柱顶层柱上端和底层柱下端截面的弯矩设计值,应分别乘以增大系数 1.5 和 1.25;

$\quad M_{cua}^t$、M_{cua}^b——分别为偏心受压柱上、下端顺时针或反时针方向根据实际配筋面积、材料强度标准值和轴压力等计算的抗震承载力所对应的弯矩值;

$\quad \eta_{vc}$——柱剪力增大系数,一级为 1.4,二级为 1.2,三级为 1.1。

②剪压比的限制

在静力受剪要求基础上,考虑反复荷载影响,规定了框架柱的受剪承载力上限值,也就是提出了截面尺寸的限制条件。《规范》要求,应按下列各式限制柱的剪压比。

剪跨比大于 2 的柱:

$$V \leqslant \frac{1}{\gamma_{RE}}(0.20\beta_c f_c b h_0) \tag{4.70}$$

剪跨比不大于 2 的柱、部分框支抗震墙的框支柱:

$$V \leqslant \frac{1}{\gamma_{RE}}(0.15\beta_c f_c b h_0) \tag{4.71}$$

③柱斜截面受剪承载力的验算

可采用钢筋混凝土偏心受压或偏心受拉构件斜截面受剪承载力公式,但应除以承载力抗震调整系数,并考虑在反复加载时的受剪承载力比一次加载时的要降低 10% ~ 30%。则柱的斜截面受剪承载力应按下列公式验算:

$$V \leqslant \frac{1}{\gamma_{RE}}\left(\frac{1.05}{\lambda + 1}f_c b h_0 + f_{yv}\frac{A_{sv}}{S}h_0 + 0.056N\right) \tag{4.72}$$

式中 λ——框架柱的计算剪跨比,按式 $\lambda = M^c/V^c h_0$ 计算;当框架结构中的框架柱的反弯点在柱层高范围内时,也可采用 1/2 柱净高与柱截面有效高度的比值 $H_n/2h_0$;当 λ 小于 1 时,取 1;当 λ 大于 3 时,取 3;

M^c——柱端截面组合的弯矩计算值,取上下端弯矩的较大值;

V^c——柱端截面组合的剪力计算值;

N——考虑地震作用组合的框架柱的轴向压力设计值,当 N 大于 $0.3f_c A$ 时,取 $0.3f_c A$;

A——柱的截面面积。

其余符号意义同前。

当框架柱出现拉力时,其斜截面受剪承载力的验算公式为:

$$V \leqslant \frac{1}{\gamma_{RE}}\left(\frac{1.05}{\lambda + 1}f_t b h_0 + f_{yv}\frac{A_{sv}}{S}h_0 - 0.2N\right) \tag{4.73}$$

式中 N——考虑地震作用组合的框架柱的轴向拉力设计值。

当式中右边括号内的计算值小于 $f_{yv}\frac{A_{sv}}{S}h_0$ 时,取等于 $f_{yv}\frac{A_{sv}}{S}h_0$,且 $f_{yv}\frac{A_{sv}}{S}h_0$ 值不应小于 $0.36f_t b h_0$。

(3)框架节点核心区截面抗震验算

按照"强节点"的原则,防止在梁柱破坏之前出现节点核心区的破坏,必须保证节点核心区的受剪承载力和配置足够数量的箍筋。因此,一、二级框架的节点核心区,应进行截面抗震验算;三、四级框架的节点核心区,可不进行抗震验算,但应符合有关构造措施的要求。

对一般框架的梁柱节点,可按下列要求验算。

1)节点核心区的剪力设计值

框架节点核心区组合的剪力设计值 V_j,应按下列公式确定:

一、二级
$$V_j = \frac{\eta_{jb}\sum M_b}{h_{b0} - a'_s}\left(1 - \frac{h_{b0} - a'_s}{H_c - h_b}\right) \tag{4.74}$$

9 度时和一级框架结构尚应符合
$$V_j = \frac{1.15\sum M_{bua}}{h_{b0} - a'_s}\left(1 - \frac{h_{b0} - a'_s}{H_c - h_b}\right) \tag{4.75}$$

式中 h_{b0}——梁截面的有效高度,节点两侧梁截面高度不等时可采用平均值;

a'_s——梁受压钢筋合力点至受压边缘的距离；

H_c——柱的计算高度，可采用节点上、下柱反弯点之间的距离；

h_b——梁的截面高度，节点两侧梁截面高度不等时可采用平均值；

η_{jb}——强节点系数，一级取 1.35，二级取 1.2，三级取 1.1。

其余符号意义同前。

2）核心区截面有效验算宽度

①梁、柱中线重合时

核心区截面有效验算宽度 b_j，当验算方向的梁截面宽度 b_b 不小于该侧柱截面宽度 b_c 的 1/2 时，可采用该侧柱截面宽度 b_c，当小于时可采用下列二者的较小值：

$$b_j = b_b + 0.5h_c$$

$$b_j = b_c$$

式中　h_c——验算方向的柱截面高度。

②梁、柱中线不重合，且偏心距不大于柱宽的 1/4 时

核心区截面验算宽度 b_j 可采用按上述①中结果和下式计算结果的较小值，柱箍筋宜沿柱全高加密。

$$b_j = 0.5(b_b + b_c) + 0.25h_c - e_0$$

式中　e_0——梁与柱中线偏心距。

③节点核心区截面抗震验算

节点核心区的截面抗震验算，应采用下列公式：

$$V_j \leqslant \frac{1}{\gamma_{RE}}(0.30\eta_j\beta_c f_c b_j h_j) \tag{4.76}$$

$$V_j \leqslant \frac{1}{\gamma_{RE}}\left(1.1\eta_j f_t b_j h_j + 0.05\eta_j N\frac{b_j}{b_c} + f_{yv} A_{svj}\frac{h_{b0} - a'_s}{S}\right) \tag{4.77}$$

9 度时　$$V_j \leqslant \frac{1}{\gamma_{RE}}\left(0.9\eta_j f_t b_j h_j + f_{yv}A_{svj}\frac{h_{b0} - a'_s}{S}\right) \tag{4.78}$$

式中　η_j——正交梁的约束影响系数，楼板为现浇，四侧各梁截面宽度不小于该侧柱截面宽度的 1/2，且正交方向梁高度不小于框架梁高度的 3/4 时，可采用 1.5，9 度时宜采用 1.25，其他情况均采用 1.0；节点核心区混凝土强度等级低于柱混凝土强度等级且满足以上条件时，对中柱宜采用 1.3，对边、角柱宜采用 0.8；

　　　h_j——节点核心区的截面高度，可采用验算方向的柱截面高度；

　　　γ_{RE}——承载力抗震调整系数，可采用 0.85；

　　　N——对应于组合剪力设计值的上柱轴向压力较小值，其取值不应大于柱的截面面积和混凝土抗压强度设计值的乘积的 50%，当 N 为拉力时，取 $N = 0$；

　　　f_{yv}——箍筋的屈服强度设计值；

　　　f_t——混凝土抗拉强度设计值；

　　　A_{svj}——核心区有效验算宽度范围内同一截面验算方向各肢箍筋的总截面面积；

　　　S——箍筋间距。

对扁梁框架的梁柱节点、圆柱框架的梁柱节点的抗震验算可参照《规范》要求进行。

4.7.3　抗震墙截面抗震设计

在框架-抗震墙结构中,抗震墙周边有梁和柱与其相连,因此,这种抗震墙称为带边框抗震墙。框架-抗震墙结构按协同工作分析后,可求得在水平地震作用下抗震墙所分担的弯矩和剪力。由于抗震墙上端框架梁的影响,特别是装配式框架,重力荷载大部分传给抗震墙两侧的边框柱。所以,为安全计,在水平地震作用下,抗震墙可按受弯构件计算。

抗震墙截面抗震计算,包括地震弯矩作用下的受弯承载力计算,地震剪力作用下受剪承载力计算,以及洞口配筋的计算。

(1)受弯承载力计算

带边框抗震墙在地震弯矩作用下,柱所分配的弯矩标准值按下式确定:

$$M_c = \frac{E_c I_c}{E_w I_w + E_c I_c} M_{uj} \tag{4.79}$$

边框柱承受的附加轴向力标准值

$$N_E = \pm \frac{M_c}{l} \tag{4.80}$$

柱内附加轴向力设计值与重力荷载代表值产生的轴向力设计值组合,并与仅考虑重力荷载下轴向力设计值进行比较,取其中较大者配筋。

$$\left. \begin{array}{l} N = \gamma_{RE}(1.2 N_{GE} + 1.3 N_E) \\ N = \gamma_0 (1.2 N_{GK} + 1.4 N_{Qk}) \end{array} \right\} \tag{4.81}$$

墙身计算截面所分担的弯矩标准值

$$M_{Ew} = \frac{E_w I_w}{E_w I_w + E_c I_c} M_{uj} \tag{4.82}$$

或

$$M_{Ew} = M_{uj} - M_c \tag{4.83}$$

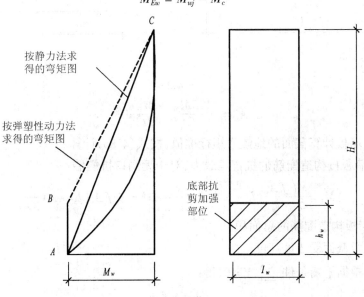

图 4.22

在式(4.79)～式(4.83)中

E_w、E_c——分别为墙板和柱混凝土的弹性模量；

I_w、I_c——分别为墙板和柱对抗震墙中性轴的惯性矩；

l——边框柱中线间的距离；

M_{wj}——第 j 片抗震墙在计算截面的地震弯矩标准值。

由弹塑性动力法得到的抗震墙弯矩包络图基本上呈直线变化；与按《规范》等效静力法求得的曲线弯矩图有所不同(参见图4.22)。另外，如果完全按弯矩变化配筋，塑性铰就可能沿墙任何高度发生。为了提高抗震墙的延性，应设法使塑性铰在抗震墙底部发生，为此，《规范》规定，对于一级抗震墙宜按图4.22所示 ABC 包络的弯矩图配置受弯钢筋，以限制塑性铰在抗震墙下部 h_w 高度范围内发生。

单肢墙和联肢墙的底部加强部位的高度 h_w 取墙肢总高度的 1/8 且不大于18m和墙肢截面长度二者的较大值；连梁跨高比小于5的联肢墙，底部加强部位的高度宜适当增加；部分框支抗震墙结构的落地抗震墙底部加强部位的高度，可取框支层加上框支层以上二层的高度及墙肢总高度的 1/8 且不大于18m二者的较大值。

为了充分发挥钢筋的作用，提高抗震墙的抗弯能力，应尽量将墙板的配筋布置在墙的两端。在工程设计中，一般做法是，根据构造要求，墙板配置必要的钢筋(竖向配筋率不少于0.25%)，不足的竖向钢筋部分，配置在墙板两端 $2t \sim 3t$ (t 为抗震墙厚度)范围内，参见图4.23。这部分钢筋数量的计算公式为：

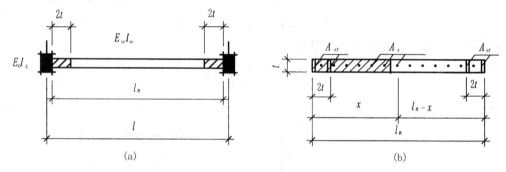

图4.23

$$A_{st} = \frac{(1.3 M_{Ew} - M_1) \gamma_{RE}}{f_y (l_n - 2t)} \tag{4.84}$$

式中　M_{Ew}——墙板计算截面的地震弯矩标准值，按式(4.83)计算；

M_1——墙板按构造配筋的抗弯承载力，对于无洞口抗震墙

$$M_1 = \frac{1}{\gamma_{RE}} \frac{f_y A_s}{l_n} (l_n - x) \left(\frac{l_n - x}{2} + \frac{x}{2} \right) = \frac{1}{2} f_y A_s (l_n - x) \frac{1}{\gamma_{RE}} \tag{4.85}$$

A_s——墙板构造配筋的总面积；

x——墙板截面受压区高度。

由图4.23，根据平衡条件 $\sum Y = 0$，得：

$$\alpha_1 f_c x t + \frac{f_y A_s}{l_n} x = \frac{f_y A_s}{l_n} (l_n - x) \tag{4.86}$$

于是，墙板受压区高度

$$x = \frac{f_y A_s}{\alpha_1 f_c t + 2\dfrac{f_y A_s}{l_n}} \tag{4.87}$$

式中　f_c——墙板混凝土轴心抗压强度设计值。

对于墙板开有洞口的抗震墙,M_1、x 应根据洞口位置等具体情况确定。

(2)受剪承载力计算

1)抗震墙底部加强部位截面组合的剪力设计值

一、二、三级的抗震墙底部加强部位,其截面组合的剪力设计值应按下式调整:

$$V = \eta_{vw} V_w \tag{4.88}$$

9 度时尚应符合

$$V = 1.1 \frac{M_{wua}}{M_w} V_w \tag{4.89}$$

式中　V_w——抗震墙底部加强部位截面的剪力计算值;

　　　M_{wua}——抗震墙底部截面按实配纵向钢筋面积、材料强度标准值和轴力设计值计算的抗震承载力所对应的弯矩值;有翼墙时应考虑墙两侧各一倍翼墙厚度范围内的配筋;

　　　M_w——抗震墙底部截面组合的弯矩设计值;

　　　η_{vw}——抗震墙剪力增大系数,一级为 1.6,二级为 1.4,三级为 1.2。

2)剪压比的限制

抗震墙的剪压比是指墙内的平均剪应力与混凝土轴心抗压强度之比,限制墙的剪压比的目的是,防止墙内配筋屈服前,混凝土过早地发生剪切破坏。《规范》规定,抗震墙截面组合的剪力设计值应符合下式要求:

剪跨比大于 2

$$V \leqslant \frac{1}{\gamma_{RE}}(0.20 f_c b h_0) \tag{4.90}$$

剪跨比不大于 2 的抗震墙及落地抗震墙底部加强部位

$$V \leqslant \frac{1}{\gamma_{RE}}(0.15 f_c b h_0) \tag{4.91}$$

剪跨比 λ 按下式计算:

$$\lambda = M^c / V^c h_0 \tag{4.92}$$

式中　M^c——墙端截面组合的弯矩计算值,取上下端弯矩的较大值;

　　　V^c——墙端截面组合的剪力计算值。

(3)斜截面受剪承载力验算

抗震墙在偏心受压时的斜截面受剪承载力应按下列公式计算

$$V_w \leqslant \frac{1}{\gamma_{RE}}\left[\frac{1}{\lambda - 0.5}\left(0.4 f_t b h_0 + 0.1 N \frac{A_w}{A}\right) + 0.8 f_{yv} \frac{A_{sh}}{S} h_0\right] \tag{4.93}$$

式中　N——考虑地震作用组合的抗震墙的轴向压力设计值;当 $N > 0.2 f_c b h_0$ 时,取 $N = 0.2 f_c b h_0$;

　　　λ——计算截面处的剪跨比 $M/V h_0$;当 $\lambda < 1.5$ 时,取 $\lambda < 1.5$;当 $\lambda > 2.2$ 时,取 $\lambda = 2.2$;此处 M 为与剪力设计值相应的弯矩值;当计算截面与墙底之间的距离小于 $h/2$ 时,λ 应按距墙底 $h/2$ 处的弯矩设计值与剪力设计值计算。

A——抗震墙的截面面积；

A_w——T形或I形截面抗震墙腹板的截面面积，对矩形截面抗震墙，取 $A_w = A$；

A_{sh}——配置在同一水平截面内的水平分布钢筋的全部截面面积；

S——水平分布钢筋的竖向间距。

抗震墙在偏心受拉时的斜截面受剪承载力应按下列公式计算

$$V_w \leq \frac{1}{\gamma_{RE}} \left[\frac{1}{\lambda - 0.5}(0.4f_t bh_0 - 0.1N\frac{A_w}{A}) + 0.8f_{yv}\frac{A_{sh}}{S}h_0 \right] \tag{4.94}$$

式中　N——考虑地震作用组合的抗震墙的轴向拉力设计值。

当式(4.94)右边方括号内的计算值小于 $0.8f_{yv}\frac{A_{sh}}{S}h_0$ 时，取等于 $0.8f_{yv}\frac{A_{sh}}{S}h_0$。

(4)抗震墙水平施工缝截面抗震验算

施工过程中，抗震墙多是分层浇注的，因而留下施工缝。按一级抗震等级设计的抗震墙，其水平施工缝处的受剪承载力应符合下列要求：

当施工缝处承受轴向压力时

$$V_{wj} \leq \frac{1}{\gamma_{RE}}(0.6f_y A_s + 0.8N) \tag{4.95}$$

当施工缝处承受轴向拉力时

$$V_{wj} \leq \frac{1}{\gamma_{RE}}(0.6f_y A_s - 0.8N) \tag{4.96}$$

式中　V_{wj}——水平施工缝截面组合的剪力设计值；

　　　N——考虑地震作用组合的水平施工缝处的轴向力设计值；

　　　A_s——抗震墙水平施工缝处全部竖向钢筋的截面面积(包括腹板内的竖向分布钢筋、附加竖向插筋以及端部暗柱或端柱或翼柱内竖向钢筋的截面面积)。

(5)连梁截面设计

抗震墙洞口处的连梁，其承载力应按下列规定计算：

1)剪力设计值的调整

一、二、三级抗震墙中跨高比大于2.5的连梁，其梁端剪力设计值应按下式调整：

$$V = \eta_{vb}(M_b^l + M_b^r)/l_n + V_{Gb} \tag{4.97}$$

9度时　　　　　　　　$$V = 1.1(M_{bua}^l + M_{bua}^r)/l_n + V_{Gb} \tag{4.98}$$

2)当连梁的跨高比大于5时，其正截面受弯承载力和斜截面受剪承载力应按一般受弯构件的要求计算；

3)当连梁的跨高比不大于5时，其正截面受弯承载力应按深受弯构件的规定计算；但承载力项应除以相应的承载力抗震调整系数；其斜截面受剪承载力应按下列规定计算：

①连梁的截面尺寸应符合下列条件：

跨高比大于2.5时　　　　　$$V \leq \frac{1}{\gamma_{RE}}(0.20\beta_c f_c bh_0) \tag{4.99}$$

跨高比不大于2.5时　　　　$$V \leq \frac{1}{\gamma_{RE}}(0.15\beta_c f_c bh_0) \tag{4.100}$$

②连梁的斜截面受剪承载力应按下列公式计算

$$V_{wb} \leqslant \frac{1}{\gamma_{RE}} (0.56 f_t b h_0 + 0.8 f_{yv} \frac{A_{sv}}{S} h_0) \tag{4.101}$$

4)一、二级抗震等级的框架-抗震墙结构,当其抗震墙底部加强部位的抗震墙连梁的跨高比不大于 2.0 时,除配置受力钢筋外,宜配置构造交叉钢筋。

4.8　抗震构造措施

有抗震设防要求的混凝土结构的混凝土强度等级应符合下列要求:

1)设防烈度为 9 度时,混凝土强度等级不宜超过 C60;设防烈度为 8 度时,混凝土强度等级不宜超过 C70。

2)当按一级抗震等级设计时,混凝土强度等级不应低于 C30;当按二、三级抗震等级设计时,混凝土强度等级不应低于 C20。

结构构件中的普通纵向受力钢筋宜选用 HRB400、HRB335 级热轧钢筋;箍筋宜选用 HRB335、HRB400、HPB235 级热轧钢筋。在施工中,当必须以强度等级较高的钢筋代替原设计中的纵向受力钢筋时,应按钢筋受拉承载力设计值相等的原则进行代换。

按一、二级抗震等级设计时,框架结构中普通纵向受力钢筋的选用,其检验所得的强度实测值,尚应符合下列要求:

①钢筋的抗拉强度实测值与屈服强度实测值的比值不应小于 1.25;

②钢筋的屈服强度实测值与强度标准值的比值不应大于 1.3。

4.8.1　框架结构构造措施

(1)梁的抗震构造措施

1)梁截面尺寸

框架梁的高度和宽度通常取:

$$h = (\frac{1}{8} \sim \frac{1}{12}) l \quad (l \text{ 为梁的计算跨度})$$

$$b = (\frac{1}{2} \sim \frac{1}{3}) h$$

但应符合下列基本尺寸要求:

①截面宽度不宜小于 200mm。

②截面高宽比不宜大于 4。

③为了避免发生剪切破坏,梁净跨与截面高度之比不宜小于 4。

采用扁梁时,楼板应现浇,梁中线宜与柱中线重合;当梁宽大于柱宽时,扁梁应双向设置;扁梁的截面尺寸应符合下列规定,并应满足挠度和裂缝宽度的规定:

$$b_b \leqslant 2 b_c$$

$$b_b \leqslant b_c + h_b$$

$$h_b \geqslant 16 d$$

式中　b_b、h_b——分别为梁截面宽度和高度;

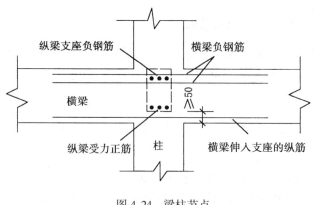

图 4.24　梁柱节点

b_c——柱截面宽度,对圆形截面取柱直径的 0.8 倍;

d——柱纵筋直径。

为了增大结构的横向刚度,一般多采用横向框架承重,所以横向框架梁的高度要设计得大一些。另外,为了避免在框架节点处纵、横钢筋互相干扰,通常取纵梁底部比横梁底部高出 50mm 以上(如图 4.24)。

2)梁的纵向钢筋配置

梁的纵向钢筋配置,应符合下列要求:

①梁端截面的底面和顶面配筋量的比值,除按计算确定外,一级不应小于 0.5,二、三级不应小于 0.3。

②沿梁全长顶面和底面的钢筋,一、二级不应少于 $2\phi14$,且分别不应少于梁端顶面和底面纵向配筋中较大截面面积的 1/4,三、四级不应少于 $2\phi12$。

③一、二级框架梁内贯通中柱的每根纵向钢筋直径,不宜大于柱在该方向截面尺寸的 1/20;对圆形截面柱,不宜大于纵向钢筋所在位置柱截面弦长的 1/20。

④梁端纵向受拉钢筋的配筋率不应大于 2.5%,且考虑受压钢筋的梁端混凝土受压区高度和有效高度之比,一级 $x/h_0 \leqslant 0.25$,二、三级 $x/h_0 \leqslant 0.35$。

3)梁端部箍筋的配置

在地震作用下,梁端部极易产生剪切破坏,因此在梁端部一定范围内,箍筋间距应适当加密(称该范围为箍筋加密区)。梁端加密区的箍筋配置,应符合下列要求:

①加密区的长度,箍筋最大间距和最小直径应按表 4.12 采用。当梁端纵向受拉钢筋配筋率大于 2% 时,表中箍筋最小直径数值应增大 2mm。

②加密区箍筋肢距,一级不宜大于 200mm 和 20 倍箍筋直径的较大值,二、三级不宜大于 250mm 和 20 倍箍筋直径的较大值,四级不宜大于 300mm。

表 4.12　梁加密区的长度、箍筋最大间距和最小直径

抗震等级	加密区长度(采用较大值)/mm	箍筋最大间距(采用最小值)/mm	箍筋最小直径
一	$2h_b$、500mm	$h_b/4$、$6d$、100	$\phi10$
二	$1.5h_b$、500mm	$h_b/4$、$8d$、100	$\phi8$
三	$1.5h_b$、500mm	$h_b/4$、$8d$、150	$\phi8$
四	$1.5h_b$、500mm	$h_b/4$、$8d$、150	$\phi6$

注:d 为纵向钢筋直径,h_b 为梁截面高度。

(2)柱的抗震构造措施

1)柱截面尺寸

框架柱的截面尺寸宜符合下列要求:

①截面的宽度和高度均不宜小于 300mm;圆柱直径不宜小于 350mm。

②剪跨比宜大于2;圆柱截面可按等面积的方形截面进行计算。

③截面边长比不宜大于3。

2)柱的纵向钢筋配置

柱的纵向钢筋配置,应符合下列要求:

①宜对称配置;

②截面尺寸大于400mm的柱,纵向钢筋间距不宜大于200mm;

③柱纵向钢筋的最小总配筋率应按表4.13采用,同时每一侧配筋率不应小于0.2%。对Ⅳ类场地上较高的高层建筑,表中的数值宜增加0.1。

④柱总配筋率不应大于5%。

⑤一级且剪跨比不大于2的柱,每侧纵向钢筋配筋率不宜大于1.2%。

⑥边柱、角柱考虑地震作用组合产生拉力时,柱内纵筋总截面面积计算值应增加30%。

表4.13　柱截面纵向钢筋的最小总配筋率(%)

类别	抗震等级			
	一	二	三	四
框架中柱和边柱	1.0	0.8	0.7	0.6
框架角柱、框支柱	1.2	1.0	0.9	0.8

3)柱端部箍筋的配置

柱的箍筋加密范围,应按下列规定采用:

①柱端,取截面高度(圆柱直径)、柱净高的1/6和500mm三者的最大值。

②底层柱,柱根不小于柱净高的1/3;当有刚性地面时,除柱端外尚应取刚性地面上下各500mm。

③剪跨比不大于2的柱和因填充墙等形成的柱净高与柱截面高度之比不大于4的柱,取全高。

④框支柱,取全高。

⑤一级及二级框架的角柱,取全高。

⑥梁柱的中线不重合且偏心距大于柱宽1/8时,取全高。

柱箍筋加密区的箍筋间距和直径,应符合下列要求:

①一般情况下,箍筋的最大间距和最小直径,应按表4.14采用。

表4.14　柱箍筋加密区的箍筋最大间距和最小直径

抗震等级	箍筋最大间距(采用较小值/mm)	箍筋最小直径/mm
一	6d,100	φ10
二	8d,100	φ8
三	8d,150(柱根100)	φ8
四	8d,150(柱根100)	φ6(柱根 φ8)

注:a.d 为柱纵筋最小直径;
　　b.柱根指框架底层柱的嵌固部位。

②二级框架柱的箍筋直径不小于 φ10 时,最大间距可采用150mm;三级框架柱的截面尺寸不大于400mm 时,箍筋最小直径可采用 φ6;四级框架柱剪跨比不大于2时,箍筋直径不宜小于

$\phi 8$。

③框支柱和剪跨比不大于 2 的柱,箍筋间距不应大于 100mm。

柱箍筋加密区箍筋肢距,一级不宜大于 200mm,二、三级不宜大于 250mm 和 20 倍箍筋直径的较大值,四级不宜大于 300mm。至少每隔一根纵向钢筋宜在两个方向有箍筋约束;采用拉筋复合箍时,拉筋宜紧靠纵向钢筋并勾住箍筋。

柱箍筋加密区的最小体积配筋率,宜符合下式要求:

$$\rho_v = \lambda_v f_c / f_{yv} \tag{4.102}$$

式中 ρ_v——柱箍筋加密区的体积配箍率,一、二、三、四级分别不应小于 0.8% 、0.6% 、0.4%

和 0.4%;计算复合箍的体积配箍率时,应扣除重叠部分的箍筋体积;

f_c——混凝土轴心抗压强度设计值:强度等级低于 C35 时,应按 C35 计算;

f_{yv}——箍筋抗拉强度设计值,f_{yv} 超过 360N/mm² 时,应取 360N/mm² 计算;

λ_v——最小配箍特征值,按表 4.15 采用。

表 4.15　柱箍筋加密区的箍筋最小配箍特征值

抗震等级	箍筋形式	柱轴压比								
		≤0.3	0.4	0.5	0.6	0.7	0.8	0.9	1.0	1.05
一	普通箍、复合箍	0.10	0.11	0.13	0.15	0.18	0.22	0.28		
	螺旋箍、复合或连续复合矩形螺旋箍	0.08	0.09	0.11	0.13	0.16	0.19	0.24		
二	普通箍、复合箍	0.08	0.09	0.11	0.13	0.15	0.18	0.22	0.28	0.31
	螺旋箍、复合或连续复合矩形螺旋箍	0.06	0.07	0.09	0.11	0.13	0.16	0.19	0.24	0.27
三	普通箍、复合箍	0.06	0.07	0.09	0.11	0.13	0.15	0.18	0.22	0.25
	螺旋箍、复合或连续复合矩形螺旋箍	0.05	0.06	0.07	0.09	0.11	0.13	0.16	0.19	0.22

注:a.普通箍指单个矩形箍和单个圆形箍,复合箍指由矩形、多边形、圆形箍或拉筋组成的箍筋;复合螺旋箍指由螺旋箍与矩形、多边形、圆形箍或拉筋组成的箍筋;连续复合矩形螺旋箍指全部螺旋箍为同一根钢筋加工而成的箍筋;

b.框支柱宜采用螺旋箍或井字复合箍,其应比表内数值增加 0.02,且体积配箍率不应小于 1.5%;

c.剪跨比不大于 2 的柱宜采用复合螺旋箍或井字复合箍,其体积配箍率不应小于 1.2% ,9 度时不应小于 1.5%;

d.计算复合螺旋箍的体积配箍率时,其非螺旋箍的箍筋体积应乘以换算系数 0.8。

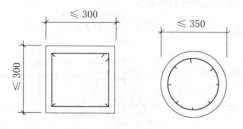

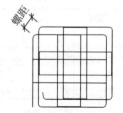

图 4.25　普通箍图　　　　　　　　　　图 4.26　连续复合螺旋箍

柱箍筋非加密区的箍筋体积配箍率不宜小于加密区的 50%;箍筋间距,一、二级框架柱不应大于 10 倍纵向钢筋直径,三、四级框架柱不应大于 15 倍纵向钢筋直径。

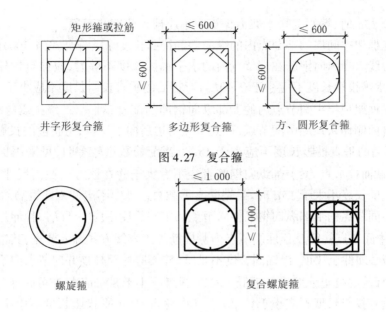

井字形复合箍　　　　多边形复合箍　　　　方、圆形复合箍

图 4.27　复合箍

螺旋箍　　　　　　　　　复合螺旋箍

图 4.28　螺旋箍

(3)框架节点的抗震构造措施

框架节点核心区内箍筋的最大间距和最小直径宜按表 4.16 采用,一、二、三级框架节点核心区配箍特征值分别不宜小于 0.12、0.10、0.08。柱剪跨比不大于 2 的框架节点核心区配箍特征值不宜小于核心区上、下柱端的较大配箍特征值。

(4)钢筋的接头和锚固

钢筋的接头和锚固,除应符合《混凝土结构设计规范》的有关规定外,尚应符合下列要求:

①框架梁、柱中的纵向钢筋最小锚固长度 l_{aE}

一级　　　　　　　　　　　$l_{aE} = 1.15l_a$　　　　　　　　　　　(4.103a)

二级　　　　　　　　　　　$l_{aE} = 1.05l_a$　　　　　　　　　　　(4.103b)

三级　　　　　　　　　　　$l_{aE} = 1.0l_a$　　　　　　　　　　　(4.103c)

式中　　l_a——纵向受拉钢筋的锚固长度,按《混凝土结构设计规范》规定采用。

当采用搭接接头时,其搭接长度 l_{1E} 应取

$$l_{1E} = \zeta l_{aE} \tag{4.104}$$

式中　　ζ——受拉钢筋搭接长度修正系数,按《混凝土结构设计规范》规定采用。

②框架梁、柱的纵向受力钢筋的接头,一级宜采用机械连接接头;二、三级和四级,宜采用机械连接接头,也可采用焊接接头或搭接接头;对框支柱宜采用机械连接接头。

③受力钢筋连接接头均不宜位于构件最大弯矩处,且宜避开梁端和柱端箍筋加密区。位于同一连接区段内的受力钢筋接头面积百分率不应超过 50%。

④箍筋末端应做成 135° 的弯钩,弯钩端头平直段长度不应小于箍筋直径的 10 倍;在纵向钢筋搭接长度范围内的箍筋间距不应大于搭接钢筋较小直径的 5 倍,且不应大于 100mm。

⑤框架梁在框架中间层的中间节点内的上部纵向钢筋应贯穿中间节点;梁的下部纵向钢筋伸入中间节点的锚固长度不应小于 l_{aE},且伸过中心线不应小于 5 d。梁内贯穿中柱的每根纵向钢筋直径,对一、二级抗震等级,不宜大于柱在该方向截面尺寸的 1/20,且当梁纵筋贯穿节

点的长度不大于 $15d$ 时,梁端受弯承载力计算中不应计入此钢筋面积。

⑥框架梁在框架中间层的端节点内的纵向钢筋锚固长度除应符合式(4.100)的规定外,并应伸过节点中心线。当纵向钢筋在端节点内的水平锚固长度不够时,应伸至柱外边并向下弯折,其弯折前的水平投影长度不应小于 $0.40l_{aE}$,弯折后的垂直投影长度不应小于 $15d$。

⑦框架梁在框架顶层中间节点内的上部纵向钢筋的配置,对一、二级抗震等级,框架梁应优先采用分别自两侧伸入顶层中间节点,伸到节点对边后向下弯折,弯折前的投影长度不应小于 $0.40l_{aE}$,弯折后的垂直投影长度不应小于 $15d$。当配筋数量较多时,可采用贯穿节点的配筋方式,对矩形截面柱节点,梁上部纵向钢筋直径不宜大于柱在该方向截面尺寸的1/20,且当梁纵筋贯穿节点的长度不大于 $15d$ 时,梁端受弯承载力计算中不应计入此钢筋面积。

框架顶层中间节点的下部纵向钢筋伸入节点的锚固长度不应小于 l_{aE},且伸过中心线不应小于 $5d$。顶层中间节点柱筋及顶层端节点内侧柱筋可用直线方式锚入节点,其锚固长度应不小于 l_{aE},但柱筋必须伸至柱顶,当锚固长度不足时,柱筋应伸至柱顶并向节点内水平弯折。当楼盖为现浇,且板的混凝土强度等级不低于C20,板厚不小于80mm时,亦可向外弯折。柱筋锚固段弯折前的垂直投影长度不应小于 $0.45l_{aE}$,向内弯折时,水平投影长度不应小于 $12d$,向外弯折时,水平投影长度不应小于 $12d$,且伸出柱边长度不应小于250mm。

⑧在框架顶层端节点中,梁上部纵向钢筋与柱外侧纵向钢筋的搭接:对一、二、三级抗震等级,搭接接头可沿节点外边及梁上边布置,搭接长度不应小于 $1.5l_{aE}$,且伸入梁内的柱纵向钢筋不小于柱外侧计算需要的柱纵向钢筋的70%,其中不能伸入梁内的外侧柱筋或应伸至柱内边,向下弯折不少于 $8d$ 后截断,或伸入现浇板内,其长度应与伸入梁内的柱筋相同。梁上部纵筋应沿柱外侧伸至梁底标高,当梁筋伸至柱外侧时,应向内弯折 $8d$ 后截断,当梁筋伸至柱里排钢筋时,可不设弯折段。对二、三级抗震等级,当梁、柱配筋率较高时,可采用搭接接头沿柱外边搭接,搭接长度不应小于 $1.7l_{aE}$;搭接接头末端一次截断的纵向钢筋配筋率不应大于1%,超过部分应向梁内继续延伸 $20d$ 或向柱内继续延伸 $20d$ 后截断。

(5)砌体填充墙的构造

钢筋混凝土结构中的砌体填充墙,宜与柱脱开或采用柔性连接,并应符合下列要求:

①填充墙在平面和竖向的布置,宜均匀对称,宜避免形成薄弱层或短柱。

②砌体的砂浆强度等级不应低于 $M5$,墙顶应与框架梁密切结合。

③填充墙应沿框架柱全高每隔500mm配置 $2\phi6$ 拉筋,拉筋伸入墙内的长度,6、7度时不应小于墙长的1/5且不小于700mm,8、9度时宜沿墙全长贯通。

④墙长大于5m时,墙顶与梁宜有拉结;墙高超过4m时,墙体半高宜设置与柱连接且沿墙全长贯通的钢筋混凝土水平系梁。

4.8.2 抗震墙结构构造措施

①两端有翼墙或端柱的抗震墙厚度,一、二级不应小于160mm且不应小于层高的1/20,三、四级不应小于140mm且不应小于层高的1/25。一、二级底部加强部位的墙厚不应小于层高的1/16且不应小于200mm,当底部加强部位无端柱或翼墙时不宜小于净高的1/10。

②抗震墙厚度大于140mm时,竖向和横向分布钢筋应采用双排布置;双排分布钢筋间拉筋的间距不应大于600mm,直径不应小于6mm;在底部加强部位,边缘构件以外的拉筋间距应

适当加密。

③抗震墙竖向、横向分布钢筋的配筋,应符合下列要求:

a. 一、二级抗震墙的竖向和水平分布钢筋最小配筋率均不应小于 0.25% ;三、四级抗震墙均不应小于 0.20% ;钢筋最大间距不应大于 300mm,最小直径不应小于 8mm。

b. 部分框支抗震墙结构落地抗震墙底部加强部位墙板的纵向及横向分布钢筋配筋率不应小于 0.3% ,钢筋间距不应大于 200mm。

c. 钢筋直径不宜大于墙厚的 1/10。

④一级和二级抗震墙,底部加强部位在重力荷载代表值作用下墙体平均轴压比,9 度时不宜超过 0.4;8 度的一级不宜超过 0.5,二级不宜超过 0.6;底部加强部位以上的一般部位,墙体平均轴压比不宜大于底部加强部位的墙体平均轴压比。

⑤抗震墙两端和洞口两侧应设置边缘构件,并应符合下列要求:

a. 全部落地的抗震墙结构,一级和二级抗震墙底部加强部位在重力荷载作用下墙体平均轴压比不小于表 4.16 的规定值时,应设置约束边缘构件,小于时可按下述第⑦条设置构造边缘构件;一、二级抗震墙底部加强部位以上的一般部位和三、四级抗震墙,均应按下述第⑦条设置构造边缘构件。

表 4.16　抗震墙设置构造边缘构件的最大平均轴压比

烈度或等级	9 度	8 度一级	二级
轴压比	0.1	0.2	0.3

注:a.墙体平均轴压比 η_w 可按下式计算:$\eta_w = N/f_c A_w$,N 为重力荷载设计值,A_w 为墙体截面面积;

　　b.翼墙长度小于其 2 倍厚度或端柱截面边长小于 2 倍墙厚时,按矩形截面对待。

b. 部分框支抗震墙结构的落地抗震墙,两端应有翼墙或端柱,并应设置约束边缘构件。不落地的抗震墙可按下述第⑦条设置构造边缘构件。

c. 小开口墙的洞口两侧,可按下述第⑦条设置构造边缘构件。

⑥抗震墙结构的约束边缘构件包括暗柱、端柱和翼墙(图 4.29),应符合下列要求:

a. 约束边缘构件沿墙肢的长度和配箍特征值应符合表 4.17 的要求,纵向钢筋的最小量应符合表 4.18 的要求。

表 4.17　约束边缘构件范围 l_c 及其配箍特征值 λ_V

项目	9 度		8 度一级		二级	
轴压比范围	0.1	0.4	0.2	0.5	0.3	0.6
λ_V 范围	0.1	0.2	0.1	0.2	0.1	0.2
l_c(暗柱)	$0.1h_w$	$0.25h_w$	$0.1h_w$	$0.25h_w$	$0.1h_w$	$0.25h_w$
l_c(有翼墙)	$b_f + 300$	$0.2h_w$	$b_f + 300$	$0.2h_w$	$b_f + 300$	$0.2h_w$
l_c(有端柱)	$b_c + 300$	$0.2h_w$	$b_c + 300$	$0.2h_w$	$b_c + 300$	$0.2h_w$

注:a.轴压比介于表中范围时,l_c 和 λ_V 由内插确定;

　　b.翼墙长度小于其两倍厚度或端柱截面边长小于两倍墙厚时,视为无翼墙无端柱。

　　c.l_c 为约束边缘构件沿墙肢长度,不应小于表内数值、$1.5b_w$ 和 450mm 三者的较大值;

　　d.λ_V 为约束边缘构件的配箍特征值;

　　e.h_w 为抗震墙墙肢长度,对小开口墙为墙的总长度;

　　f.b_f 和 b_c 分别为翼墙厚度和端柱沿墙肢方向的截面高度。

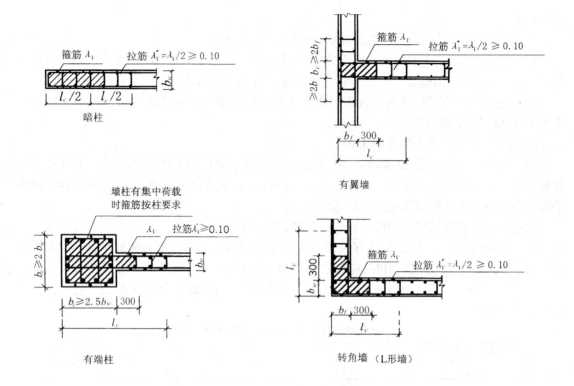

图 4.29　抗震墙的约束边缘构件

表 4.18　抗震墙的构造边缘构件的配筋要求

抗震等级	底部加强部位			其他部位		
	纵向钢筋最小量（取较大值）	箍筋		纵向钢筋最小量	拉筋	
		最小直径	沿竖向最大间距/mm		最小直径	沿竖向最大间距/mm
一	$0.010A_c$,$4\phi16$	$\phi8$	100	$4\phi14$	$\phi8$	150
二	$0.010A_c$,$4\phi16$	$\phi8$	150	$4\phi12$	$\phi8$	200
三	$0.010A_c$,$4\phi16$	$\phi6$	150	$4\phi12$	$\phi6$	200
四	$0.010A_c$,$4\phi16$	$\phi6$	200	$4\phi12$	$\phi6$	250

注：a. A_c 为计算边缘构件纵向构造钢筋的暗柱或端柱面积，即图 4.30 抗震墙截面的阴影部分；

　　b. 对其他部位，拉筋的水平间距不应大于纵筋间距的 2 倍，转角处宜用箍筋；

　　c. 当端柱承受集中荷载时，尚应满足柱配筋要求。

　　b. 约束边缘构件应向上延伸到底部加强部位以上不小于约束边缘构件纵向钢筋锚固长度的高度。

　　⑦抗震墙的构造边缘构件的范围，应按图 4.30 采用；构造边缘构件的配筋应满足计算要求，并应符合表 4.18 的要求。

　　⑧抗震墙小墙肢长度不宜小于墙厚的 3 倍。小墙肢的轴力设计值轴压比不宜大于 0.6。小墙肢的配筋构造应按柱的构造要求。抗震墙端部小墙肢的连梁跨高比宜大于 6。尚应考虑

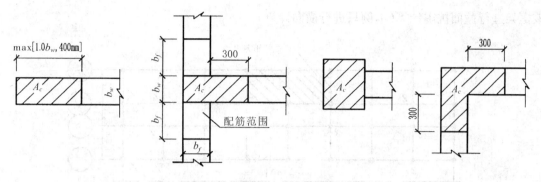

图 4.30　抗震墙的构造边缘构件范围

小墙肢失效不致影响整体安全。

⑨一、二级抗震墙底部加强部位跨高比小于2的连梁,应采用斜向交叉配筋。

⑩顶层连梁的纵向钢筋锚固长度范围内,应设置箍筋。

4.8.3　框架-抗震墙结构的构造要求

框架-抗震墙结构的抗震措施除按框架结构和抗震墙结构的有关构造措施采用外,还应满足下列要求:

1)抗震墙的厚度不应小于 160mm 且不应小于层高的 1/20,抗震墙的周边应设置梁(或暗梁)和端柱组成的边框:端柱截面宜与同层框架柱相同,配筋应满足计算和《规范》对框架柱的要求;抗震墙底部加强部位的端柱和紧靠抗震墙洞口的端柱宜按柱箍筋加密区的要求沿全高加密箍筋。抗震墙洞口两侧应设置构造边缘构件,其范围应按图 4.31 采用,其配筋应符合抗震墙构造措施中第⑦条的规定;当洞口连梁不能满足式(4.99)、(4.100)时,洞口应设置约束边缘构件。

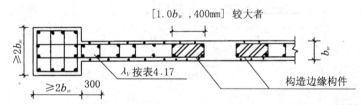

图 4.31　框架 – 抗震墙结构中墙端和洞口两侧边缘构件范围

2)抗震墙的竖向和横向分布钢筋,配筋率均不应小于 0.25%;并应双排布置,拉筋间距不应大于 600mm,直径不应小于 6mm。

4.9　框架结构抗震设计实例

该建筑为一幢六层现浇钢筋混凝土框架房屋,屋顶有局部突出的楼梯间和水箱间。设防烈度 8 度、Ⅱ 类场地,特征周期分区为二区。梁、柱混凝土强度等级均为 C30。主筋采用 HRB335 级热轧钢筋,箍筋用 HPB235 级热轧钢筋。框架平面、剖面,构件尺寸和各层重力荷载代表值见图 4.32,其中,柱截面尺寸:一至三层为 550×550mm,四至七层为 500×50mm。试对该框架进行截面抗震计算(本例只进行横向计算)。

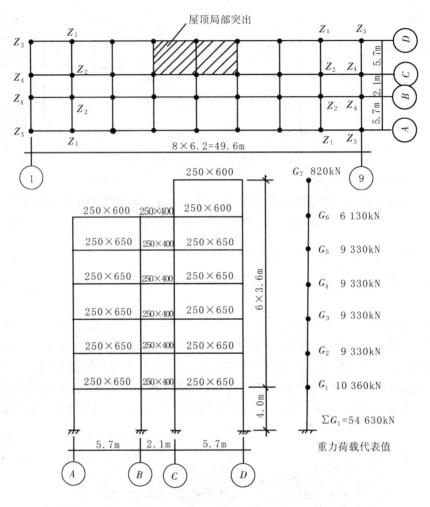

图 4.32

4.9.1 框架刚度

表 4.19 列出了梁的刚度计算过程。表 4.20 列出了按 D 值法计算柱刚度的过程。其中混凝土弹性模量 E_c : C30 为 $3.0 \times 10^4 \text{N/mm}^2$。计算梁线刚度时考虑楼板对梁刚度的有利影响,边框架梁的惯性矩取 $1.5 I_0$,中框架梁的惯性矩取 $2.0 I_0$(I_0 为矩形截面梁的截面惯性矩)。

表 4.19 框架梁线刚度计算

部位	断面 $b \times h$ /(m×m)	跨度 I_0 /m	矩形截面惯性矩 I_0 /(10^{-3}m^4)	边跨梁		中跨梁	
				$I_b = 1.5 I_0$ /(10^{-3}m^4)	$k_b = \dfrac{EI_b}{l}$ /($10^4 \text{kN} \cdot \text{m}$)	$I_b = 2.0 I_0$ /(10^{-3}m^4)	$k_b = \dfrac{EI_b}{l}$ /($10^4 \text{kN} \cdot \text{m}$)
屋架梁	0.25×0.60	5.7	4.50	6.75	3.55	9.00	4.74
楼层梁	0.25×0.65	5.7	5.72	8.58	4.52	11.44	6.02
走道梁	0.25×0.40	2.1	1.33	2.00	2.86	2.66	3.80

4.9.2　自振周期计算

基本自振周期采用顶点位移法或能量法公式计算。其中考虑非结构墙影响的折减系数 α_0 取 0.7。结构顶点假想侧移 Δ_G 计算结果列于表 4.21。

表 4.20　框架柱侧移刚度计算

层次	层高 (m)	柱号	柱根数	$\bar{K}$	α	k_c /(10^4 kN·m)	$\dfrac{12}{h^2}$ /(1/m^2)	D	$\sum D$	楼层 D
								/(10^4 kN/m)		
6	3.6	1	14	1.240	0.383	4.34	0.926	1.539	21.546	62.686
		2	14	2.115	0.514			2.060	28.924	
		3	4	0.930	0.317			1.274	5.096	
		4	4	1.589	0.443			1.780	7.120	
4,5	3.6	1	14	1.387	0.410	4.34	0.926	1.648	23.072	65.824
		2	14	2.263	0.531			2.134	29.876	
		3	4	1.041	0.342			1.374	5.496	
		4	4	1.700	0.459			1.845	7.380	
2,3	3.6	1	14	0.948	0.322	6.35	0.926	1.893	26.502	79.710
		2	14	1.546	0.436			2.564	35.896	
		3	4	0.712	0.369			2.170	8.680	
		4	4	1.162	0.367			2.158	8.632	
1	4.0	1	14	1.052	0.509	5.72	0.75	2.184	30.576	83.638
		2	14	1.717	0.596			2.557	35.798	
		3	4	0.790	0.462			1.982	7.928	
		4	4	1.290	0.544			2.344	9.336	

表 4.21　Δ_i 计算

层次	G_i /kN	$\displaystyle\sum_{j=i}^{n} G_j$ /kN	D_i /(10^4 kN·m^{-1})	$\delta_i = \dfrac{\displaystyle\sum_{j=i}^{n} G_j}{D_i}$ /m	Δ_i /m	$G_i\Delta_i$	$G_i\Delta_i^2$
6	6 950	6 950	62.686	0.011 1	0.239 3	1 663.14	397.99
5	9 330	16 280	65.824	0.024 7	0.228 2	3 715.10	847.78
4	9 330	25 610	65.824	0.038 9	0.203 5	5 211.64	1 060.57
3	9 330	34 940	79.710	0.043 8	0.164 6	5 751.12	946.64
2	9 330	44 270	79.710	0.055 5	0.128 08	5 347.82	646.02
1	10 360	54 630	83.638	0.065 3	0.065 3	3 567.34	232.95
$\sum$	54 630					25 256.16	4 131.95

1) 按顶点位移法公式 (4.5) 计算基本周期 T_1

$$T_1 = 1.7\alpha_0\sqrt{\Delta_G} = 1.7 \times 0.7 \times \sqrt{0.239\ 3} = 0.582\text{s}$$

2) 按能量法计算基本周期

$$T_1 = 2\alpha_0\sqrt{\dfrac{\displaystyle\sum_{i=1}^{n} G_i\Delta_i^2}{\displaystyle\sum_{i=1}^{n} G_i\Delta_i}} =$$

$$2 \times 0.7 \times \sqrt{\frac{4\ 131.95}{25\ 256.16}} = 0.566\text{s}$$

取 $T_1 = 0.58\text{s}$。

4.9.3 多遇水平地震作用标准值计算

该建筑物总高为 22m,且质量和刚度沿高度分布均匀,符合《规范》采用底部剪力法的条件。

该建筑不考虑竖向地震作用。

按地震影响系数 α 曲线,设防烈度为 8 度时,$\alpha_{\max} = 0.16$,

Ⅱ类场地,特征周期分区为二区时,$T_g = 0.4\text{s}$,

$$\alpha_1 = (\frac{T_g}{T_1})^{0.9} \alpha_{\max} = (\frac{0.4}{0.58})^{0.9} \times 0.16 = 0.114$$

由于 $T_1 = 0.58\text{s} > 1.4T_g = 0.56\text{s}$,顶部附加地震作用系数

$$\delta_n = 0.08T_1 + 0.01 = 0.08 \times 0.58 + 0.01 = 0.056\ 4$$

结构总水平地震作用效应标准值为:

$$F_{Ek} = \alpha_1 G_{eq} = 0.114 \times 0.85 \times 54\ 630 = 5\ 294\text{kN}$$

附加顶部集中力为

$$\Delta F_n = \delta_n F_{Ek} = 0.056\ 4 \times 5\ 294 = 298\text{kN}$$

各楼层水平地震作用标准值按下式计算,例如对第 7 层。

$$F_7 = \frac{G_7 H_7}{\sum_1^7 G_i H_i} = \frac{820 \times 25.6}{820 \times 25.6 + 6\ 130 \times 22 + \cdots + 10\ 360 \times 4.0} \times 5\ 294 \times (1 - 0.056\ 4) = 154\text{kN}$$

各楼层水平地震作用标准值、各楼层地震剪力及楼层层间弹性位移计算过程见表4.22。按式(4.25)验算框架层间弹性位移,满足《规范》要求。

表4.22 水平地震作用、楼层剪力及楼层弹性位移计算

层次	h_i /m	H_i /m	G_i /kN	$G_i H_i$ /kN·m	F_i /kN	V_i /kN	D_i /(kN·m^{-1})	$\Delta u_{EI} = \frac{V_i}{D_i}$ /cm	$\frac{\Delta u_{ei}}{h}$	
7	3.6	25.6	820	20 992	154	154+298				
6	3.6	22.0	6 130	134 860	987	1 439	626 860	0.230	1/1 579	$\Delta = 3.022$cm
5	3.6	18.4	9 330	171 672	1 257	2 696	658 240	0.410	1/878	$\frac{\Delta}{H} = \frac{1}{728}$
4	3.6	14.8	9 330	138 084	1 011	3 707	658 240	0.563	1/640	
3	3.6	11.2	9 330	104 496	765	4 472	797 100	0.561	1/642	
2	3.6	7.6	9 330	70 908	519	4 991	797 100	0.626	1/575	$\leqslant 1/550$
1	4.0	4.0	10 360	41 440	303	5 294	836 380	0.632	1/633	

4.9.4 水平地震作用下内力分析

水平地震作用近似地取倒三角形分布,确定各柱的反弯点高度,利用 D 值法计算柱端弯矩,以中框架为例,计算结果见图4.33。

梁端剪力及柱轴力标准值见表 4.23。

4.9.5　竖向荷载作用下内力分析

以中框架(无局部突出部分)为例,重力荷载代表值产生的柱轴压力见表 4.24。

表 4.23　水平地震作用下中框架梁端剪力和柱轴力

层次	V_{EK}/kN		N_{Eh}/kN	
	进深梁	走道梁	边柱	中柱
6	$\dfrac{82.37+55.63}{5.7}=24.21$	$\dfrac{2\times44.60}{2.1}=42.48$	24.21	$42.48-24.21=18.27$
5	$\dfrac{179.78+145.51}{5.7}=57.07$	$\dfrac{2\times91.85}{2.1}=87.48$	$24.21+57.07=81.28$	$18.27+87.48-57.07=48.68$
4	$\dfrac{282.69+218.47}{5.7}=87.92$	$\dfrac{2\times137.91}{2.1}=131.34$	$81.28+87.92=169.20$	$48.68+131.34-87.92=92.10$
3	$\dfrac{353.34+288.80}{5.7}=112.66$	$\dfrac{2\times182.30}{2.1}=173.62$	$169.20+112.66=281.86$	$92.10+173.62-112.66=153.06$
2	$\dfrac{408.79+334.14}{5.7}=130.34$	$\dfrac{2\times210.92}{2.1}=200.88$	$281.86+130.34=412.20$	$153.06+200.88-130.34=223.60$
1	$\dfrac{441.33+349.27}{5.7}=138.70$	$\dfrac{2\times220.47}{2.1}=209.97$	$412.20+138.70=550.90$	$223.60+209.97-138.70=294.87$

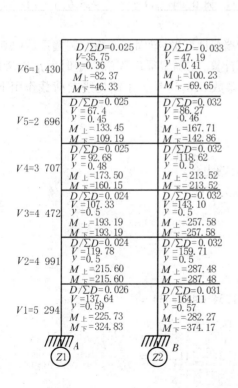
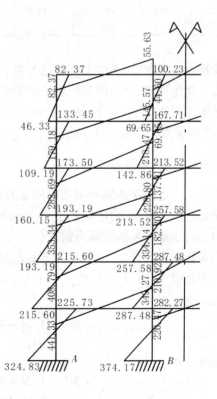

图 4.33　多遇水平地震作用下梁端、柱端弯矩 M_{Eh}

表4.24 竖向荷载作用下框架柱轴压力 N_{GE} 计算结果 单位:kN

层次	边柱		中柱	
	N_i	$N_{GE} = \sum_i^n N_i$	N_i	$N_{GE} = \sum_i^n N_i$
6	162	162	221	221
5	246	408	337	558
4	246	654	337	895
3	246	900	337	1 232
2	246	1 146	337	1 569
1	273	1 419	374	1 943

表4.25 梁和柱端弯矩 M_{GE} 计算结果 单位:kN·m

层次	梁				柱			
	进深梁		走道梁		边柱		中柱	
	M_{bGE}^l	M_{bGE}^r	M_{bGE}^l	M_{bGE}^r	M_{cGE}^t	M_{cGE}^b	M_{cGE}^t	M_{cGE}^b
6	− 46.5	56.1	− 15.8	15.8	46.5	47.6	− 40.3	− 42.1
5	− 94.6	103.9	− 17.8	17.8	47.0	47.3	− 44.0	− 44.1
4	− 93.9	103.8	− 17.9	17.9	46.6	41.9	− 41.8	− 39.5
3	− 99.9	107.5	− 15.0	15.0	58.0	43.3	− 53.0	− 49.1
2	− 107.3	111.3	− 12.2	12.2	54.0	59.6	− 50.0	− 54.9
1	− 98.4	106.3	− 15.8	15.8	58.0	19.5	− 35.6	− 17.5

梁端和柱端弯矩采用弯矩分配法计算。考虑梁端塑性变形,梁固端弯矩的调幅系数取0.8。这是为了简化计算,竖向荷载作用下梁端弯矩调幅计算,在确定梁端固端弯矩时即加以考虑。计算结果见表4.25、图4.34,梁固端弯矩乘以调幅系数0.8,这是为了简化竖向荷载作用下梁端负弯矩的调幅计算而采取的措施。

4.9.6 截面承载力验算

本例只考虑水平地震作用效应和重力荷载效应的组合。

设防烈度为8度,房屋高度小于30m,抗震等级为二级。

(1)梁(以第一层进深梁为例)

①弯矩组合设计值: $M_b = \gamma_G M_{GE} \pm \gamma_{Eh} M_{Eh}$

一般情况下,取 $\gamma_G = 1.2$, $\gamma_{Eh} = 1.3$

梁左端负弯矩

$$- M_b^l = 1.2(- 98.4) + 1.3(- 441.33) = - 691.81\text{kN} \cdot \text{m}$$

梁左端正弯矩

$$+ M_b^l = 1.2(- 98.4) - 1.3(- 441.33) = 455.65\text{kN} \cdot \text{m}$$

梁右端负弯矩

$$- M_b^r = 1.2(- 106.3) - 1.3(349.27) =$$

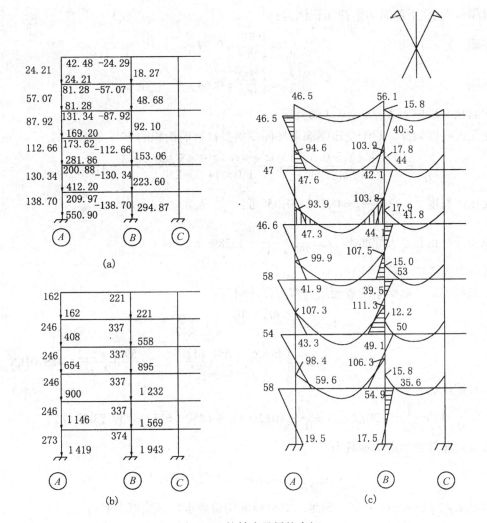

图 4.34 柱轴力及梁柱弯矩

(a)柱轴力 N_{Eh}(kN) (b)柱轴力 N_{GEh}(kN) (c)梁端柱端弯矩 M_{GE}(kN·m)

$$-581.61 \text{kN·m}$$

梁右端正弯矩

$$+ M_b^r = 1.2(-106.3) + 1.3(349.27) =$$
$$326.49 \text{kN·m}$$

②正截面受弯承载力验算

$$M_b \leqslant \frac{1}{\gamma_{RE}} \left[\alpha_1 f_c bx \left(h_0 - \frac{x}{2} \right) + f'_y A'_s (h_0 - a'_s) \right]$$

$$\alpha_1 f_c bx = f_y A_s - f'_y A'_s$$

式中 $\alpha_1 = 1.0$(混凝土强度等级低于 C50),混凝土 C30,$f_c = 14.3 \text{N/mm}^2$。

经计算梁端截面配筋选用:

左端 上部 $4\phi25$,下部 $4\phi22$

右端 上部 $4\phi25$,下部 $4\phi20$

梁端截面上、下部纵向钢筋面积比为：

左端 $\dfrac{A'_s}{A_s} = \dfrac{1\,520}{1\,964} = 0.77$

右端 $\dfrac{A'_s}{A_s} = \dfrac{1\,256}{1\,964} = 0.64$

以上均满足二级框架 $A'_s/A_s \not< 0.3$ 的要求。

受压区高度验算。对于受压钢筋可按同截面受拉钢筋面积的 30% 考虑。则

$$x = \frac{A_s f_y - A'_s f_y \times 0.3}{\alpha_1 f_c b} = \frac{1\,964 \times 300 - 1\,964 \times 300 \times 0.3}{1.0 \times 14.3 \times 250} = 115\text{mm}$$

相对受压区高度 $\xi = \dfrac{x}{h_0} = \dfrac{115}{615} = 0.187 < 0.35\,(\text{可})$

纵向受拉钢筋最大配筋率 $\dfrac{A_s}{bh_0} = \dfrac{1\,964}{250 \times 615} = 1.28\% < 2.5\%\,(\text{可})$

③斜截面受剪承载力计算

二级抗震等级框架梁端截面组合剪力设计值为：

$$V_b = 1.2 \frac{(M_b^l + M_b^r)}{l_n} + 1.2 \frac{q l_n}{2} =$$

$$1.2 \times \frac{(455.65 + 581.61)}{5.2} + 1.2 \times \frac{59.5 \times 5.2}{2} = 425.01\text{kN}$$

验算剪压比

$$V_b \leqslant \frac{1}{\gamma_{RE}}(0.20 f_c b_b h_0) = \frac{1}{0.85}(0.2 \times 14.3 \times 250 \times 615) = 439.73\text{kN}\,(\text{可})$$

按下式验算截面受剪承载力：

$$V_b \leqslant \frac{1}{\gamma_{RE}}\left(0.42 f_t b h_0 + 1.25 f_{yv} \frac{A_{sv}}{s} h_0\right)$$

梁端箍筋采用 $\phi12@100$，双肢。满足二级抗震的构造要求。其受剪承载力

$$\frac{1}{\gamma_{RE}}\left(0.42 f_t b h_0 + 1.25 f_{yv} \frac{A_{sv}}{s} h_0\right) =$$

$$\frac{1}{0.85}\left(0.42 \times 1.43 \times 250 \times 615 + 1.25 \times 210 \times \frac{226.2}{100} \times 615\right) =$$

$$538.25\text{kN} >$$

$$425.01\text{kN}(\text{可})$$

(2)柱截面设计(以第 1 层中柱为例)

①轴力组合设计值：$N_c = \gamma_G N_{GE} + 1.3 N_{Eh}$

当验算轴压比时，取 $\gamma_G = 1.2$

$$N_c = 1.2 \times 1\,943 + 1.3 \times 294.87 = 2\,714.93\text{kN}$$

当验算正截面承载力时，取 $\gamma_G = 1.0$

$$N_c = 1.0 \times 1\,943 - 1.3 \times 294.87 = 1\,559.67\text{kN}$$

②弯矩组合设计值：$M_c = 1.2 M_{GE} + 1.3 M_{Eh}$

柱顶弯矩 $M_c^t = 1.2 \times 35.6 + 1.3 \times 282.27 = 409.67\text{kN·m}$

柱底弯矩　　　　　$M_c^b = 1.2 \times 17.5 + 1.3 \times 374.17 = 507.42 \text{kN} \cdot \text{m}$

③正截面承载力验算：

轴压比 $\dfrac{N}{f_c b_c h_c} = \dfrac{2\,714\,930}{14.3 \times 550 \times 550} = 0.63 < 0.8$（可）

正截面承载力验算

$$Ne \leqslant \frac{1}{\gamma_{RE}} \Big[\alpha_1 f_c bx \Big(h_0 - \frac{x}{2} \Big) + A_s' f_y' (h_0 - a_s') \Big]$$

$$e = \eta e_i + \frac{h}{2} - a , \gamma_{RE} = 0.8$$

其中柱底截面的弯矩增大系数为 1.25。由于二级抗震，1 层柱顶节点应满足。$\sum M_c = 1.2 \sum M_b$ 的要求。

$$e_0 = \frac{1.25 \times 507.42}{1\,559.67} = 0.41 \text{m}$$

$$e = 0.41 + \frac{1}{2}(0.515) - 0.035 = 0.632\,5 \text{m}$$

$$x = \frac{N}{\alpha_1 f_c b} = \frac{1\,559\,670}{1.0 \times 14.3 \times 550} = 198 \text{mm}$$

柱截面每侧配 $4\phi22$，$A_s = A_s' = 1\,520 \text{mm}^2$，$\dfrac{1520}{550 \times 515} = 0.54\% > 0.2\%$，

$Ne = 1\,559.67 \times 0.632\,5 = 986.49 \text{kN} \cdot \text{m} <$

$$\frac{1}{0.8} \Big[14.3 \times 550 \times 198 \times \Big(515 - \frac{198}{2} \Big) + 300 \times 1\,520 \times (515 - 35) \Big] = 1\,083.4 \text{kN} \cdot \text{m}（可）$$

柱截面总配筋为 $12\phi22$，$A_s = 380 \times 12 = 4\,560 \text{mm}^2$，配筋率 $\dfrac{4\,560}{550 \times 515} = 1.61\% > 0.8\%$（二级框架柱纵向钢筋的最小配筋率），也小于 5%，满足构造要求。

④斜截面受剪承载力验算：

二级抗震框架柱截面组合剪力设计值：

$$V = 1.2 \frac{(M_c^t + M_c^b)}{H_n}$$

且应符合　$V \leqslant \dfrac{1}{\gamma_{RE}}(0.2 f_c b_c h_{c0})$

因柱底弯矩增大 1.25 倍，故

$$V = 1.2 \times \frac{(409.67 + 1.25 \times 507.42)}{3.675} = 284.07 \text{kN}$$

$$\frac{1}{\gamma_{RE}}(0.2 f_c b_c h_{c0}) = \frac{1}{0.85}(0.2 \times 14.3 \times 550 \times 515) =$$

$$953.05 \text{kN} > 284.07 \text{kN}（可）$$

柱截面受剪承载力：

柱端配 $\phi10@100$ 复合箍（图 4.35）

《规范》要求的最小体积配箍率为

$$\rho_v = \lambda_v f_c / f_{yv} = 0.136 \times 14.3 / 210 = 0.9\%$$

体积配箍率

$$\rho_v = \frac{8 \times 500 \times 78.5}{100 \times 500^2} = 1.3\% > 0.9\%(\text{满足})$$

$$\lambda = \frac{M^c}{V^c h_0} = \frac{507.42}{229.26 \times 0.515} = 4.3 > 3,\text{取}\,\lambda = 3$$

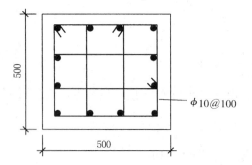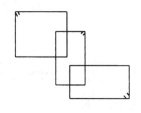

图 4.35 柱配筋构造

$$\frac{1}{\gamma_{RE}}\left(\frac{1.05}{\lambda+1}f_c b h_0 + f_y \frac{A_{sv}}{S}h_0 + 0.056N\right) =$$

$$\frac{1}{0.85}\left(\frac{1.05}{3+1} \times 14.3 \times 550 \times 515 + 210 \times \frac{4 \times 78.5}{100} \times 515 + 0.056 \times 2\,714\,930\right) =$$

$$1\,829.27\ \text{kN} > 284.07\ \text{kN}(\text{可})$$

(3)梁柱节点设计(以第 1 层中柱节点为例)

二级抗震框架梁柱节点核心区的组合剪力设计值为:

$$V_j = \frac{1.2(M_b^l + M_b^r)}{h_{b0} - a'_s}\left(1 - \frac{h_{b0} - a'_s}{H_c - h_b}\right)$$

且应符合 $V_j \leqslant \dfrac{1}{\gamma_{RE}}(0.3\eta_j f_c b_j h_j)$

因楼板为现浇,四侧各梁截面高度不小于该侧柱截面高度的 1/2,且正交方向梁高度不小于框架梁高度的 3/4,取 $\eta_j = 1.5$;又:

$$M_b^l = 1.2 \times 106.3 + 1.3 \times 349.27 = 581.61\ \text{kN·m}$$

$$M_b^r = 1.2 \times (-15.8) + 1.3 \times 220.47 = 267.65\ \text{kN·m}$$

得

$$V_j = \frac{1.2(581.61 + 267.65)}{0.615 - 0.035} \times \left[1 - \frac{0.615 - 0.035}{4.0 - 0.65}\right] = 1\,452.88\ \text{kN}$$

$$\frac{1}{\gamma_{RE}}(0.3\eta_j f_c b_j h_j) = \frac{1}{0.85}(0.3 \times 1.5 \times 14.3 \times 550 \times 550) =$$

$$2\,290.10\text{kN} > 1\,452.88\ \text{kN}(\text{可})$$

节点核心区箍筋不应少于柱端加密区箍筋量,故采用复合箍。其受剪承载力为:

$$\frac{1}{\gamma_{RE}}\left[1.1\eta_j f_t b_j h_j + 0.05\eta_j N \frac{b_j h_j}{b_c h_c} + f_{yv}\frac{A_{svj}}{S}(h_{b0} - a'_s)\right] =$$

$$\frac{1}{0.85}\left[1.1 \times 1.5 \times 1.43 \times 550 \times 550 + 0.05 \times 1.5 \times 1\,559.67 + 210 \times \frac{4 \times 78.5}{100}(615 - 35)\right] =$$

$$1\,289.79\ \text{kN} < 1\,452.88\ \text{kN}(\text{不满足})$$

可考虑加大箍筋直径。

4.9.7　框架变形验算

(1)层间弹性位移验算
多遇水平地震作用下框架层间弹性位移验算结果见表 4.22。

(2)间薄弱层弹塑性位移验算
罕遇水平地震作用下框架层间塑性位移可按 4.5 节所述步骤进行。经计算柱截面减小的第 4 层的楼层屈服强度系数 ξ_y 为最小,也就是薄弱层。但不小于相邻层该系数平均值 0 的 0.8 倍。说明仍属于比较均匀的框架。可按《规范》查表确定弹塑性位移增大系数 η_p。

4.10　高层建筑结构抗震设计概述

4.10.1　高层建筑结构的内力与变形

(1)水平作用成为决定因素
在低多层建筑中,往往是以重力为代表的竖向荷载控制着结构的设计,而在高层建筑中,尽管竖向荷载仍对结构设计产生重要影响,而水平作用却起着决定性的作用。随着建筑层数的增多,水平作用愈益成为结构设计中的控制因素。一方面,因为建筑自重和楼面使用荷载在竖向构件中引起的轴力与弯矩,仅与建筑高度的一次方成正比;而水平作用对结构产生的倾覆力矩,以及由此在竖向构件中引起的轴力,是与建筑高度的两次方成正比。另一方面,对某一特定建筑而言,竖向荷载大体上是定值,而作为水平作用的风荷载和地震作用,其数值随结构动力特性的不同而有较大幅度的变化。

(2)轴向变形不容忽视
1)对连续梁弯矩的影响

采用框架体系和框架-抗震墙体系的高层建筑中,框架中柱的轴压应力往往大于边柱的轴压应力,中柱轴向压缩变形大于边柱轴向压缩变形。当房屋很高时,此种差异轴向变形将会达到较大的数值,其后果相当于连续梁中间支座产生沉陷,使连续梁中间支座处的负弯矩值减小,跨中正弯矩值和端支座负弯矩值增大。在低层建筑中,因为柱的总长度较小,此种效应不显著。

2)对构件剪力和侧移的影响

对高层建筑而言,考虑和不考虑轴向变形得到的剪力和位移相比,不考虑竖向构件的轴向变形时,各构件水平剪力的平均误差达 30% 以上,结构顶点位移小一半以上。

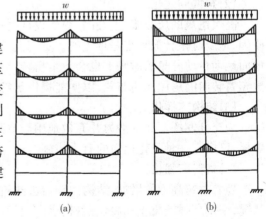

图 4.36　框架连续梁的弯矩分布
(a)未考虑柱的差异压缩
(b)各柱差异压缩后的实际情况

(3)侧移成为控制指标

与低层建筑相比,结构侧移已成为高层建筑

结构设计中的关键因素。随着建筑高度的增加,水平作用下结构的侧向变形迅速增大。

设计高层建筑时,不仅要求结构具有足够的强度,还要求具有足够的抗侧刚度,使结构在水平作用下的侧移被控制在某一限度之内。因为高层建筑的使用功能和安全,与结构侧移的大小密切相关:

①侧移幅值的大小会影响建筑物内人员的正常工作与生活。

②过大的侧向变形会使隔墙、围护墙以及高级饰面材料出现裂缝或损坏,此外也会使电梯因轨道变形而不能正常运行。

③高层建筑的重心较高,过大的侧向变形将使结构因 P-Δ 效应而产生较大的附加应力,甚至因侧移与应力的恶性循环导致建筑物倒塌。

(4)结构延性是重要设计指标

为了使结构在进入塑性变形阶段后仍具有较强的变形能力,避免倒塌,特别需要在构造上采取恰当的措施,来保证结构具有足够的延性。

4.10.2 高层建筑结构的发展趋势

(1)构件立体化

高层建筑在水平荷载作用下,主要靠竖向构件提供刚度和强度来维持稳定。在各类竖向构件中,竖向线形构件(柱)的抗侧刚度很小,竖向平面构件(墙或框架)虽然在其平面内具有很大的抗侧刚度,然而其平面外的刚度却小到可以忽略不计。由四片墙围成的墙筒或由四片密排柱框架围成的框筒,是立体构件,在任何方向的水平力作用下,均有宽大的翼缘参与抗压和抗拉,其抗力偶的力臂,即横截面受压区中心到受拉区中心的距离很大,能够抵御很大的倾覆力矩,从而适用于层数很多的高层建筑。

(2)布置周边化

高层建筑的层数多、重心高,纵然设计时注意质量和刚度的对称布置,但由于偶然偏心等原因,地震时扭转振动也是难免的。更何况地震动确实存在着转动分量,即使是对称结构,在地面运动转动分量的激励下也会发生扭转。所以,高层建筑的抗侧构件正在从中心布置和分散布置转向沿房屋周边布置,以便能提供足够大的抗扭转力偶。

(3)结构支撑化

为充分发挥框筒的潜力并有效地用于更高的建筑,在框筒中增设支撑或斜向布置的抗剪墙板,已成为一种强化框筒的有力措施。

(4)材料高强化

随着建筑高度的增加,结构面积占去建筑使用面积的比例越来越大,为了改善这一不合理状况,采用高强混凝土和高强钢材已势在必行。

(5)建筑轻量化

房屋越高,自重越大,引起的水平地震作用就越大,对竖向构件和地基造成的压力也越大,从而带来一连串的不利影响,目前在高层建筑中,已开始推广应用轻型隔墙、轻质外墙板,以及采用陶粒、火山渣为集料的轻混凝土,以减轻建筑自重。

4.10.3　高层建筑抗震设计原则

(1)选择有利场地,保证地基的稳定性

建造高层建筑,应注意场地的选择。高层建筑应座落在较好的地基上,可采用深基础或桩基;不应把高层建筑直接建于软弱地基或易产生砂土液化的地基上。

选择结构体系时,应综合考虑上部结构的动力特性和场地、地基的情况。各类建筑物在不同卓越周期的场地上,震害有明显差别。

(2)选择合理的结构方案和建筑布局

结构方案和建筑布局是高层建筑结构设计的重要环节,设计中应注意:

①具有明确的计算简图和合理的地震作用传递路线。

②具备多道抗震防线,不会因部分结构或构件失效而导致整个体系丧失抵抗侧力或承受重力荷载的能力。

③具备必要的承载力、良好的延性和较多的耗能潜力,从而使结构体系遭遇地震时有足够的防倒塌能力。

④沿水平和竖向,结构的刚度和强度分布均匀,或按需要合理分布,避免出现局部削弱或突变,形成薄弱环节,从而防止地震时出现扭转、过大的应力集中或塑性变形集中。

⑤在满足温度收缩、不均匀沉降的前提下,尽量不设或少设温度缝、沉降缝。需设时应按抗震缝要求,将独立结构单元分开,避免相互碰撞。

在确定建筑方案的同时,应综合考虑房屋的重要性、设防烈度、场地条件、房屋高度、地基基础以及材料供应和施工条件,并结合体系的技术、经济指标,选择最合适的结构体系。

(3)提高结构或构件的延性

对于地震区的高层建筑,提高结构延性是增强结构抗倒塌能力,并使抗震设计做到经济合理的重要途径之一。设计中应通过调整结构和构件的内力,采用各种构造措施和耗能手段来增强结构与构件的延性。

(4)保证结构的整体性

建筑物的整体性对抗震能力有很大影响。整体性好的建筑物,其各部分结构共同工作的协同性好,空间作用能力强,可显著提高抗震能力,即使个别构件出现破坏,也不会导致整个结构的连续破坏。因此应从结构方案、构造措施、施工质量等方面来保证结构整体性。

(5)减轻结构的重量,减少地震作用

减轻结构的重量是经济有效的抗震措施,而它的关键在于发展轻质高强的建筑材料和采用最优的结构方案。随着高层建筑的发展,应不断改进结构体系和结构布置,发展轻质高强的结构材料和非结构用材料,如高强混凝土、高强钢筋、轻质隔断等。

(6)注意侧移的影响

高层建筑的使用功能和安全,与结构侧移的大小密切相关。过大的侧向变形会使非结构构件如围护墙以及高级饰面材料出现裂缝或损坏;高层建筑的重心较高,过大的侧向变形会使结构因 $P\text{-}\Delta$ 效应而产生较大的附加应力,甚至导致建筑物倒塌;过大的侧向变形还会带来结构的扭转振动以及结构构件承受较大变形能力如何等问题。因此设计较柔的高层建筑时,应注意侧向变形过大带来的各种问题。

(7)妥善处理非结构构件

高层建筑的女儿墙、挑檐、吊顶等非结构构件在地震中往往会先期破坏,塌落伤人,隔墙、框架填充墙等也经常破坏、倒塌,危及人们的生命安全。因此抗震设计中对这些非结构构件要予以足够重视,采取相应的抗震措施,保证非结构构件与主体结构之间具有可靠的连接和锚固。

(8)保证施工质量

施工质量是保证建筑物抗震性能的关键。施工质量不能保证,房屋很难达到设计期望的抗震要求。因此设计中应注明对结构材料和施工质量的要求,并在设计中创造条件,采用便于施工、检查的结构构造措施,以保证设计要求的切实执行,确保建筑物的抗震能力。

(9)优化结构设计

高层建筑结构设计的优化问题包括结构类型和结构体系、抗震墙的形式、构件的截面尺寸、楼盖结构方案以及框-墙体系中抗震墙的数量和布置、筒中筒结构中内外筒的刚度比等,这些问题与结构抗震安全及经济性密切相关,设计时应加以研究,以体现安全、经济、适用的建筑原则。

本章小结　本章结合《规范》,对常见的多层和高层钢筋混凝土结构体系的抗震设计做了较为系统的讲述。

对震害特点进行分析、总结是正确进行抗震概念设计的依据,具有十分重要的意义。

多层和高层钢筋混凝土结构房屋的抗震设计一般包括下列步骤:

①确定结构方案,进行结构布置;

②初步确定梁、柱、抗震墙截面及材料强度等级;

③确定结构总地震作用;

④总地震作用在结构中的分配;

⑤结构的抗震变形验算;

⑥内力分析;

⑦荷载组合及截面设计;

⑧结构和构件的抗震构造设计。

思 考 题

1. 多、高层钢筋混凝土房屋的震害主要表现在哪些方面？从震害经验中可吸取哪些教训？

2. 多层和高层钢筋混凝土结构的抗震等级是根据什么划分的？划分结构抗震等级的意义是什么？

3. 抗震墙结构和框架-抗震墙结构中的抗震墙各应符合哪些要求？

4. 如何计算框架结构在水平荷载作用下的侧移？

5. 简述如何验算框架结构在罕遇地震作用下的层间弹塑性侧移。

6. 计算框架-抗震墙结构内力的步骤有哪些？

7. 框架-抗震墙结构内力计算中,为何要对综合框架的总剪力进行修正？

8.何谓抗震框架结构"强柱弱梁"、"强剪弱弯"、"强节点、强锚固"的设计原则？在设计中如何体现上述原则？

9.题图 1 所示为三层现浇钢筋混凝土框架结构，属丙类建筑，设防烈度为 8 度，建筑场地为Ⅱ类，场地特征周期分区为二区（$T_g = 0.40s$）。梁、柱混凝土强度等级为 C25，纵向钢筋种类为 HRB335 级热轧钢筋，箍筋种类为 HPB235 级热轧钢筋。经计算试对横向中间框架进行抗震计算。$G_1 = 12\ 000kN$，$G_2 = 11\ 000kN$，$G_3 = 8\ 000kN$。

10.简述高层建筑结构的发展趋势。

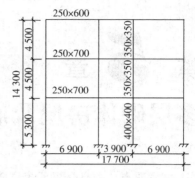

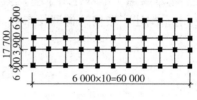

题图 1

第 **5** 章
多层砌体房屋及底部框架、内框架砖房

本章要点 本章介绍了多层砌体房屋、底部框架和多层内框架砖房的震害特点、破坏规律，着重阐述了结构的类型及布置、抗震设防原则、抗震计算和构造措施。

5.1 震害及其分析

5.1.1 多层砌体房屋

多层砌体房屋主要指以砌体作为竖向承重构件，采用装配或现浇的钢筋混凝土屋盖与楼盖，由此组成的多层房屋。由于多层砌体房屋施工方便、造价低、保温、隔声效果较好等原因，几十年来一直是民用建筑的主要形式。在一些粘土资源缺乏的地区，为保护土地资源，避免"毁田造砖"，混凝土砌块也被大量使用。

砌体是一种脆性材料，其抗拉、抗剪和抗弯强度均较低，因此，砌体结构的抗震性能较差。震害调查发现，无配筋砌体结构在 6 度时出现损坏，9 度时出现倒塌，10~11 度则全部倒毁。在采取适当的构造措施后，其抗震能力明显加强。从我国的经济情况来看，此类房屋今后还会继续应用和发展。

根据震害调查结果，多层砌体房屋的破坏规律及原因大致如下：

①房屋倒塌

在高烈度区，房屋倒塌占有相当比例。当房屋墙体整体抗震强度不足时，易发生整体倒塌；当局部或上层墙体抗震强度不足时，易发生局部倒塌；当构件间连接强度不足，个别部分严重超载，整体性差时，个别构件会失稳倒塌。

②墙体破坏

多层砌体房屋与水平地震作用平行的墙体是承担地震作用的主要构件，墙体的裂缝形式主要是交叉裂缝、水平裂缝和竖向裂缝。当墙片抗剪强度不足、墙片的高宽比较小时，易出现斜裂缝，在地震反复作用下，可形成交叉裂缝。当墙片出平面受弯时，易出现水平裂缝。纵横墙交接处，因房屋结构体系的变化，相邻部位振幅不同会产生竖向裂缝。

③墙角的破坏

墙角位于纵横墙的交汇处，加上扭转影响较明显，因此，在地震作用下，其应力状态很复杂，易产生应力集中，其破坏形态也多种多样，有受剪斜裂缝，也有受压竖向裂缝，严重时有墙角脱落现象。

④纵横墙连接破坏

纵横墙连接处受力比较复杂,易产生应力集中。地震时出现竖向剪切裂缝,严重时纵横墙脱开,外纵墙甚至倒塌。

⑤楼梯间破坏

楼梯间开间小,在水平方向承担的地震力较大,加上墙体高厚比较大,稳定性差,容易造成楼梯间墙体的破坏,楼梯本身很少破坏。

⑥楼盖与屋盖的破坏

楼盖、屋盖是地震时传递水平地震作用的主要构件,其水平刚度对房屋的抗震性能影响很大。倒塌主要是由于楼板搁置长度不够,或下部的支承墙体倒塌引起,很少由自身造成破坏。

⑦附属构件的破坏

突出屋面的女儿墙、小烟囱、屋顶间、门脸等附属构件,因地震中产生"鞭梢效应",地震反应强烈,破坏率较高。隔墙、室内装饰等也会因地震作用而开裂或倒塌。

5.1.2　底部框架砖房的震害分析

底部框架砖房的底层为钢筋混凝土框架-剪力墙结构,上部多为多层砖混结构。这种房屋底层空间大,可以用来设置服务大厅、商店、银行、汽车库、地下铁道的出入口等,上部可用作民用住宅或办公楼等。这种混合承重的房屋,比框架结构经济且施工简单,在我国城市的沿街建筑和住宅区带商店的建筑中使用较多。

底部框架砖房由于底层采用框架结构,而上部采用钢筋混凝土楼盖、砖墙承重,并且纵横墙设置较多,因此,上层重量和侧移刚度与底层框架相比相差悬殊。当底层无抗震墙时,在地震作用下,底层框架丧失承载力或因变形集中、位移过大而破坏,震害集中在底层框架部分,并危及整个房屋的安全。当底层有较强的抗震横墙时,其震害与多层砖房类似,一般第二层砖墙破坏较严重。

未经抗震设防,或虽作抗震设防但抗震设计不符合规范要求的底层框架砖房,房屋的震害多数发生在底层,震害表现为上层轻、底层重;底层震害为墙比柱重、柱比梁重;底层为全框架的砖房,比底层为内框架的砖房的震害轻;施工质量好、地基土质较坚实的房屋震害相对较轻。

唐山地震震害调查表明,8度区,半数该类房屋基本完好,少数房屋轻微损坏,个别房屋出现中等破坏;9度区,在二到三层的该类建筑中,底层框架完好,上层砖房有中等程度的损坏,与同一地区同样层数的砖房相比,没有震害加剧的现象;10度区,少数房屋严重破坏,大多数房屋倒塌。

5.1.3　多层内框架砖房的震害分析

多层内框架砖房是指外墙为承重砖墙(壁柱)、内部为钢筋混凝土梁柱承重的混合结构多层房屋。与多层砖房相比,这类建筑能提供较大的内部使用空间;与钢筋混凝土框架相比,它省去了钢筋混凝土外柱,结构经济,施工也简单。这类房屋适用于工艺上需要较大空间的轻工业、仪表工业厂房或民用公共建筑。

多层内框架砖房在竖向荷载作用下受力是合理的,但在水平荷载作用下,由于房屋刚度较差,承重外墙和内部框架动力特性相差较大,受力不协调。因此,外墙和框架相继破坏是该类建筑的震害特征。

多层内框架砖房的震害,有类似于多层砖混房屋的地方,也有多层框架的破坏特点。一般是上面几层破坏较重,下面几层破坏较轻,并且比多层砖房和钢筋混凝土全框架房屋严重。顶层外纵墙是最薄弱环节,其次是底层横墙。

多层内框架砖房是由砖墙和钢筋混凝土柱两种不同材料的抗侧力构件所组成的混合结构,内部空旷,抗震性能较差。6度区,少数房屋轻微损坏;7度区,半数房屋出现中等破坏;8度区,多数房屋遭到中等程度以上破坏;9度区,多数房屋严重破坏,少数房屋倒塌,倒塌率略低于多层砖房。

经震害调查,多层内框架房屋的主要震害现象及原因如下:

①墙体的破坏

外纵墙顶部周围、外纵墙及砖垛在大梁底面或窗间墙的上下端由于弯曲产生水平裂缝。距承重横墙越远,裂缝越宽,且上层比下层严重,砖墙体局部压碎崩落。

承重横墙是主要的抗侧力构件,其刚度比内框架梁柱大得多。由于横墙数量较少,在地震中受力较大。在砌体主拉应力强度不足时,发生剪切破坏,出现斜裂缝或交叉裂缝。

②梁、柱节点破坏

当横墙间距过大时,如果楼盖体系的整体性较差或水平刚度过小,地震力就不能全部传递给承重横墙,使得框架柱承受过大的水平力或发生较大的变形,造成内框架梁柱节点承担过大弯矩,严重时混凝土酥碎、崩落,纵向钢筋压屈。

尽管多层内框架房屋比多层砖房及底部框架砖房的震害严重,但只要结构布置合理,并采取有效措施,加强薄弱环节,仍可在地震区使用。

5.2 抗震设计的一般规定

抗震设计应包括强度、变形验算和抗震构造措施两部分。为使多层房屋达到"小震不坏,设防烈度可修,大震不倒"的抗震设防目标,应重视房屋的抗震概念设计。多层房屋在强震作用下易倒塌,防倒塌设计是多层砖房抗震设计中的重要问题。多层砖房的抗倒塌,不是依靠罕遇地震作用下的抗震变形验算来保证的,而是在总结以往震害经验的同时,利用结构总体布置和细部构造措施来实现。

多层砌体房屋及底部框架、内框架砖房的抗震概念设计主要包括以下内容:

5.2.1 建筑平立面布置及结构体系

当结构体型复杂和抗侧力构件布置不均匀时,难以估计应力集中和扭转的影响以及抗震薄弱部位。在采用简化的抗震计算时,应保证房屋结构平面、立面和剖面的合理布置。对建筑平、立、剖面的布置应规则、均匀、对称,避免质量、刚度发生突变,避免楼层错层等。

多层砌体房屋的结构体系,应符合下列要求:

①应优先采用横墙承重或纵横墙共同承重的结构体系;

②纵横墙的布置宜均匀对称,沿平面内宜对齐,沿竖向应上下连接;同一轴线上的窗间墙宽度宜均匀;

③房屋有下列情况之一时宜设置防震缝,缝两侧均应设置墙体,缝宽应根据烈度和房屋高度确定,可采用 50～100mm:

a.房屋立面高差在 6m 以上；

b.房屋有错层,且楼板高差较大；

c.各部分结构刚度、质量截然不同；

d.楼梯间不宜设置在房屋的尽端和转角处；

e.烟道、风道、垃圾道等不应削弱墙体；当墙体被削弱时,应对墙体采取加强措施；不宜采用无竖向配筋的附墙烟囱及突出屋面的烟囱；

f.不宜采用无锚固的钢筋混凝土预制挑檐。

底部框架-抗震墙房屋的结构布置,应符合下列要求：

①房屋的底层,应沿纵横两方向对称布置一定数量的抗震墙,且宜均匀对称布置；6 度、7 度且总层数不超过五层时,可采用嵌砌于框架之间的砌体墙,但应考虑砌体墙对框架的附加轴力和附加剪力；其余情况宜采用钢筋混凝土墙；

②底部框架-抗震墙房屋的纵横两个方向,第二层与底层侧移刚度的比值,6、7 度时不应大于 2.5,8、9 度时不应大于 2.0,且不宜小于 1.0；

③底部两层框架－抗震墙房屋的纵横两个方向,底层与底部第二层的侧移刚度应接近第三层与底部第二层侧移刚度的比值,6、7 度时不应大于 2.0,8、9 度时不应大于 1.5,且不宜小于 1.0；

④上部承重墙宜与底部的框架梁或抗震墙对齐。

5.2.2　房屋总高度和层数的限制

震害调查表明,多层砖房的震害与其总高度和层数有密切关系,倒塌的百分率与房屋的层数成正比,这是由于作用在多层砖房的水平地震作用随房屋层数的增加而加大。各国都对房屋的总高度和层数进行了限制,这是一种经济有效的抗震措施。一般情况下,房屋的层数、总高度不宜超过表 5.1 的规定。

表 5.1　房屋的层数和高度限值

房屋类别		最小厚度/mm	烈度							
			6		7		8		9	
			高度	层数	高度	层数	高度	层数	高度	层数
多层砌体	普通粘土砖	240	24	8	21	7	18	6	12	4
	多孔砖	240	21	7	21	7	18	6	12	4
	多孔砖	190	21	7	18	6	15	5	–	–
	混凝土小砌块	190	21	7	21	7	18	6	12	4
底部框架－抗震墙		240	22	7	22	7	19	6	10	3
多排柱内框架		240	16	5	16	5	13	4	7	2

注：房屋的总高度指室外地面到檐口或屋面顶板的高度,半地下室可从地下室室内地面算起,全地下室和嵌固条件好的半地下室可从室外地面算起；带阁楼的坡屋面时应算到山墙尖的 1/2 高度处。

对医院、教学楼等横墙较少(横墙较少是指同一层开间大于 4.2m 的房间占该层总面积的 40% 以上)的多层砌体房屋总高度,应比表 5.1 的规定降低 3m,层数相应减少一层；各层横墙很少的多层砌体房屋,还应根据具体情况再适当降低总高度和层数。

砖和砌块砌体承重房屋的层高,不宜超过 3.6m；底部框架-抗震墙房屋的底部和内框架砖房屋的层高,不应超过 4.5m。

5.2.3 多层砌体房屋高宽比的限制

房屋的高宽比越大,地震的倾覆作用越明显。为确保房屋不发生整体弯曲破坏,《规范》对房屋的总高度和总宽度比值进行了限制,最大比值应符合表 5.2 的要求。

表 5.2 房屋最大高宽比

烈　度	6	7	8	9
最大高宽比	2.5	2.5	2.0	1.5

注:1.单面走廊房屋的总宽度不包括走廊宽度;

2.点式、墩式建筑的高宽比宜适当减小。

5.2.4 抗震横墙间距限制

多层砌体房屋的横向地震作用主要由横墙来承担。横墙间距过大,会使横墙数量减少,纵墙支承减少,楼盖平面内变形过大,造成横墙整体抗震能力下降,纵墙发生较大的出平面弯曲,楼盖不能有效地把地震作用均匀地传给各抗侧力构件。因此,房屋抗震横墙间距,不应超过表 5.3 的要求。

表 5.3 房屋抗震横墙最大间距/m

房屋类别		烈度			
		6	7	8	9
多层砌体	现浇或装配整体式钢筋混凝土	18	18	15	11
	装配式钢筋混凝土	18	18	15	11
	木	11	11	7	4
底部框架-抗震墙	上部各层	同多层砌体房屋			
	底层或底部两层	21	18	16	11
多排柱内框架		25	21	18	15

5.2.5 房屋局部尺寸限制

墙体是多层砖房最基本的承重构件和抗侧力构件,地震时房屋的倒塌一般也是从墙体破坏开始的。应保证房屋的各道墙体能同时发挥它们的最大抗震强度,避免个别墙段的抗震强度不足导致逐个破坏,从而造成整个房屋的破坏甚至倒塌。房屋局部某些墙体尺寸过小,在地震作用下会成为薄弱部位。对房屋中砌体墙段的局部尺寸应加以限制,见表 5.4。

表 5.4 房屋的局部尺寸限值/m

部　位	6 度	7 度	8 度	9 度
承重窗间墙最小宽度	1.0	1.0	1.2	1.5
承重外墙尽端至门窗洞边的最小距离	1.0	1.0	1.2	1.5
非承重外墙尽端至门窗洞边的最小距离	1.0	1.0	1.0	1.0
内墙阳角至门窗洞边的最小距离	1.0	1.0	1.5	2.0
无锚固女儿墙(非出入口处)的最大高度	0.5	0.5	0.0	0.0

注:1.局部尺寸不足时,应采取局部加强措施弥补;

2.出入口处的女儿墙应有锚固;

3.多层内框架房屋的纵向窗间墙宽度不应小于1.5m。

5.2.6　底部框架-抗震墙和内框架房屋的抗震等级

底部框架-抗震墙房屋和内框架房屋的钢筋混凝土结构部分,应符合钢筋混凝土房屋的有关要求;底部框架-抗震墙房屋的框架和抗震墙的抗震等级,6、7、8、9 度时分别按三、二、一级采用;内框架的抗震等级,6、7、8、9 度时可分别按四、三、二、一级采用。

5.3　多层砌体房屋的抗震设计

地震时的地面运动随时间和空间的变化而变化,且十分复杂。对于多层砌体房屋,一般只考虑水平方向的地震作用,分别就纵、横向进行抗震强度验算。多层砌体房屋的抗震强度验算,实际上只进行在水平地震作用下砌体墙片的抗震抗剪强度验算。

当按要求进行建筑布置和结构选型后,扭转振动一般可忽略不计。不进行竖向地震作用下的抗震强度验算,也不进行水平地震作用下的弯曲强度验算。当房屋的高宽比符合要求时,可认为砌体房屋在水平地震作用下的变形以剪切变形为主。

5.3.1　砌体结构计算简图和地震作用

(1)计算简图

多层砌体房屋在满足抗震概念设计的要求后,质量和刚度沿高度分布一般比较均匀。如假定楼盖平面内变形可忽略不计,可以认为房屋在水平地震作用下的变形以层间剪切变形为主。在计算地震作用时,应以防震缝所划分的结构单元作为计算单元,采用层间剪切计算图式,如图 5.1 所示。

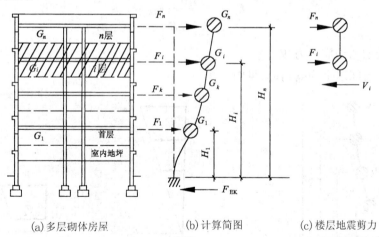

(a)多层砌体房屋　　　(b)计算简图　　　(c)楼层地震剪力

图 5.1　多层砌体结构房屋计算简图

各楼层质点重力荷载集中在楼、屋盖标高处。第 i 质点的重力荷载包括该层楼盖的全部重量、上下各半层墙体(包括门、窗)重量及该楼面上 50% 的活荷载。

计算简图中,底部按固定端考虑。固定端位置的取值分别为:

①当基础埋置较浅时,取基础顶面;

②基础埋置较深时,一般取室外地面以下 $0.5m$ 处或基础梁顶部两者之中的较大值;

③当有整体刚度很大的地下室时,则取地下室顶板处;

④当地下室整体刚度较小或是半地下室时,取地下室室内地坪处。

(2)地震作用

多层砌体房屋高宽比较小,纵横墙之间又相互联系,因此形成了一个刚度很大的空间体系。因此,砌体结构自振周期较小,一般在 $0.15 \sim 0.3$ 秒之间,属于刚性体系。各层的水平侧向位移,基本与离地面的高度成正比,因此,只需考虑基本振型影响。在抗震计算时,采用底部剪力法计算各质点的水平地震作用,且不考虑顶层质点的附加水平地震作用。

(3)多层砌体房屋抗震验算

多层砌体房屋抗震验算可按下列步骤进行:

①按《规范》规定计算各质点的重力荷载代表值 G_i

②计算等效重力荷载代表值 G_{eq}

$$G_{eq} = \begin{cases} G_1 & (n = 1) \\ 0.85 \sum_{i=1}^{n} G_i & (n > 1) \end{cases}$$

③计算总水平地震作用(底部剪力)

$$F_{EK} = \alpha_1 G_{eq}$$

由于多层砌体房屋纵向和横向的基本自振周期一般小于 0.3 秒,为简化计算,《规范》规定,地震影响系数 α_1 取最大值,即 $\alpha_1 = \alpha_{max}$。因此

$$F_{EK} = \alpha_{max} G_{eq} \tag{5.1}$$

④计算各质点的地震作用

$$F_i = \frac{G_i H_i}{\sum_{j=1}^{n} G_j H_j} F_{EK} \tag{5.2}$$

⑤计算各楼层的地震剪力 V_i

取 i 楼层的层间以上为隔离体,见图 5.2。

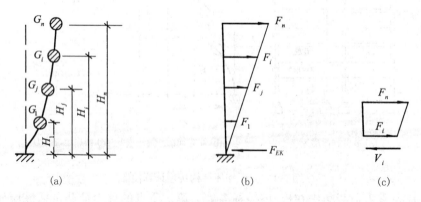

(a)　　　　　　　　　　(b)　　　　　　　　(c)

图 5.2　多层砌体房屋地震作用分布图

由静力平衡条件可得,作用在第 i 层的水平地震剪力标准值

$$V_{ik} = \sum_{j=1}^{n} F_j \qquad (5.3)$$

第 i 层层间水平地震剪力设计值

$$V_i = \gamma_{Eh} V_{ik} = 1.3 V_{ik} \qquad (5.4)$$

式中，γ_{Eh} 为水平地震作用分项系数。

对于突出屋面的屋顶间、女儿墙、烟囱等建筑的地震作用效应，考虑"鞭梢效应"的影响，应乘以 3 倍的增大系数，即

$$V_n = 3 F_n \qquad (5.5)$$

但增大部分不往下传递。

⑥楼层水平地震剪力在同一楼层各抗侧力墙体间的分配及抗震承载力验算

将得到的地震剪力分配到同一楼层的各道墙上去，进行墙体抗震承载力验算；进而把每道墙分得的地震剪力分配到该墙的各个墙段，对各墙段进行抗震承载力验算。

5.3.2　楼层水平地震剪力的分配

在砌体结构抗震设计中，假定横向地震作用全部由横墙承担，纵向地震作用全部由纵墙承担。各层的地震剪力在抗侧力墙体之间的分配，与墙体的层间抗侧移刚度及楼盖的刚度与类型有关。

(1)墙体侧移刚度计算

在多层砌体房屋的抗震计算时，如各层楼盖仅发生平移而不发生转动，可将墙体作为下端固定、上端嵌固的构件。其侧移刚度包括层间弯曲刚度 k_b 和层间剪切刚度 k_s。

对于无洞墙体，考虑弯曲变形时

$$\delta_b = \frac{h^3}{12EI} = \frac{1}{Et}\left(\frac{h}{b}\right)^3$$

考虑剪切变形时

$$\delta_s = \frac{\xi h}{AG} = \frac{3}{Et}\frac{h}{b}$$

其中，$A = bt$，$I = \frac{bt^3}{12}$，$G = 0.4E$。ξ 为截面剪应力不均匀系数，对于矩形截面，$\xi = 1.2$。

总变形

$$\delta = \delta_b + \delta_s = \frac{1}{Et}\frac{h}{b}\left[\left(\frac{h}{b}\right)^2 + 3\right] \qquad (5.6)$$

同时考虑弯、剪变形的墙体，其侧移刚度

$$k_{bs} = \frac{1}{\delta} = \frac{Et}{\rho(\rho^2 + 3)} \qquad (5.7)$$

如仅需考虑剪切变形影响时

$$k_{bs} = \frac{1}{\delta} = \frac{Et}{3h/b} = \frac{Et}{3\rho} \qquad (5.8)$$

其中，$\rho = \frac{h}{b}$ 为墙体的高宽比，为简化计算：

①当 $\rho \leqslant 1$ 时，墙体以剪切变形为主，弯曲变形很小，可略去；

②当 $1 < \rho \leqslant 4$ 时，墙体弯曲变形占相当比例，应同时考虑剪切变形和弯曲变形；

③当 $\rho > 4$ 时,墙体侧移刚度比 $\rho \leqslant 4$ 时小得多,可不给该墙分配地震剪力。

一般开洞墙体的侧移刚度计算可参照例题进行。

(2)横向墙体水平层间地震剪力的分配

同一楼层各墙体承担的地震剪力之和等于该楼层总的地震剪力,即 $V_i = \sum\limits_{m=1}^{l} V_{im}$。$l$ 为 i 层间在验算方向的墙道数。

在地震剪力分配时,同一楼层中,各墙所承担的地震剪力与楼盖刚度、各墙的侧移刚度及负荷面积有关。通常将楼盖理想化为三种楼盖情况,现分述如下:

①刚性楼盖

对于现浇或装配整体式钢筋混凝土楼盖、屋盖,假定在水平地震作用下不发生任何平面内变形,仅发生刚体位移。在忽略扭转效应后,楼盖、屋盖仅产生平动,且各点平动位移相等,各道墙的侧移相等(图5.3)。

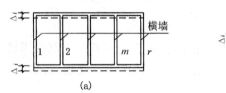 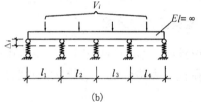 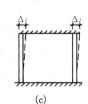

图 5.3 刚性楼盖计算简图

设第 m 道墙片的侧移刚度为 k_{im},楼盖、屋盖侧移 Δ_i,第 m 道墙片所承担的剪力

$$V_{im} = \eta_{im} V_i \tag{5.9}$$

式中 V_i——第 i 层的地震剪力;

η_{im}——第 i 层第 m 道墙的层间地震剪力分配系数,求法如下:

第 m 道墙片所承担的剪力

$$V_{im} = k_{im} \Delta_i$$

$$V_i = \sum_{m=1}^{l} V_{im} = \Delta_i \sum_{m=1}^{l} k_{im}$$

$$\Delta_i = \frac{V_i}{\sum\limits_{m=1}^{l} k_{im}}$$

所以,

$$V_{im} = \frac{k_{im}}{\sum\limits_{m=1}^{l} k_{im}} V_i = \eta_{im} V_i$$

$$\eta_{im} = \frac{k_{im}}{\sum\limits_{m=1}^{l} k_{im}}$$

当计算墙体在其平面内的侧移刚度 K_{im} 时,因其弯曲变形小,故一般只考虑剪切变形的影响,即

$$K_{im} = \frac{A_{im} G_{im}}{\xi h_{im}}$$

式中　G_{im}——第 i 层第 m 道墙砌体的剪切模量；

　　　　A_{im}——第 i 层第 m 道墙的净横截面积；

　　　　h_{im}——第 i 层第 m 道墙的高度。

若各墙的高度、材料相同，从而 h_{im}、G_{im} 相同，则

$$\eta_{im} = \frac{A_{im}}{\sum_{m=1}^{r} A_{im}}$$

式中　$\sum_{m=1}^{r} A_{im}$——第 i 层各抗震横墙净横截面积之和。

上式说明，对于刚性楼盖，当各抗震横墙高度、材料相同时，其层间水平地震剪力可按各横墙横截面面积的比例进行分配。

②柔性楼盖

如木楼盖结构等，楼盖平面内的刚度很小，因此，各道墙在地震作用下变形不受楼盖约束（图 5.4）。在此情形下，可以认为各道墙所承担的地震剪力和该道墙承担的重力荷载代表值成比例，按式（5.10）计算。

$$V_{im} = \eta_{im} V_i \tag{5.10}$$

$$\eta_{im} = \frac{G_{im}}{G_i}$$

式中　G_i——i 层楼盖上的总重力荷载代表值；

　　　　G_{im}——i 层 m 道墙从属面积上的重力荷载代表值。

当楼盖荷载均匀分布时，（5.10）式简化为

$$V_{im} = \eta_{im} V_i \tag{5.11}$$

$$\eta_{im} = \frac{F_{im}}{F_i}$$

式中　F_i——i 层楼盖的建筑面积；

　　　　F_{im}——i 层楼盖第 m 道墙所分配的建筑面积。

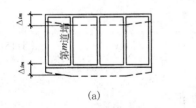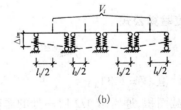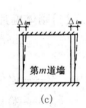

(a)　　　　　　　　　　　　(b)　　　　　　　　　　　　(c)

图 5.4　柔性楼盖计算简图

③中等刚性楼盖

如装配式钢筋混凝土楼盖，其刚度介于刚性楼盖和柔性楼盖之间，称为中等刚性楼盖。在中等刚性楼盖情况下，各道墙的地震剪力计算比较复杂，近似取按刚性楼盖和柔性楼盖分配时计算结果的平均值。

$$V_{im} = \frac{1}{2}\left[\frac{k_{im}}{\sum\limits_{m=1}^{r} k_{im}} + \frac{G_{im}}{G_i}\right]V_i \quad \text{或} \quad V_{im} = \frac{1}{2}\left[\frac{A_{im}}{\sum\limits_{m=1}^{r} A_{im}} + \frac{F_{im}}{F_i}\right]V_i \tag{5.12}$$

(3)纵向墙体水平层间地震剪力的分配

在进行纵向地震剪力分配时,由于楼盖纵向的计算高度远大于宽度,楼盖平面内的抗弯刚度往往很大,此时,可不考虑楼盖的具体构造,一律采用刚性楼盖假定,即

$$V_{im} = \frac{k_{im}}{\sum\limits_{m=1}^{l} k_{im}} V_{im} \tag{5.13}$$

(4)一道墙地震剪力在各墙段上的分配

由于圈梁及楼盖的约束作用,一般可认为同一道墙中各墙段具有相同的侧移,从而可按各墙段的侧移刚度分配地震剪力。

第 i 层第 m 道墙第 r 墙段所受的地震剪力

$$V_{imr} = \frac{k_{imr}}{k_{im}} V_{im} \tag{5.14}$$

式中　　k_{imr}——第 i 层第 m 道墙第 r 墙段的侧移刚度。

一般当一道墙中各墙段的高宽比比较接近,且所受正应力相差不大时,可认为如该道墙的抗震强度满足要求时,各墙段的抗震强度也满足要求,不必进行各墙段的抗震验算。

5.3.3　墙体截面的抗震承载力验算

砌体结构的抗震强度验算,最后归结为一道墙或一个墙段的抗震强度验算。一般不必每道墙、每个墙段都进行验算,而是根据工程经验选择若干个对抗震不利的墙段进行抗震强度验算。只要这些墙段的抗震强度满足要求,其他墙段也能满足要求。

根据震害和工程经验,多层砌体房屋的抗震验算,可只选择承载面积较大或竖向应力较小的墙段进行截面的抗震承载力验算。抗震不利的墙段一般为底层、顶层或砂浆强度变化的楼层墙体,也可能是承担地震作用较大或竖向正应力较小的墙体,以及墙体截面被削弱较多的墙段。

(1)砌体墙片抗震强度验算公式

$$V \leqslant \frac{f_{VE}A}{\gamma_{RE}} \tag{5.15}$$

式中　　V——墙体剪力设计值,$V = 1.3V_k$;

　　　　A——验算墙体的截面积,通常取 1/2 层高处的净截面积;

　　　　γ_{RE}——抗震承载力调整系数:自承重墙体取 0.75;对于承重墙体,当墙体两端设有构造柱或芯柱时,取 0.9,否则取 1.0;

　　　　f_{VE}——各类砌体沿阶梯形截面破坏的抗震抗剪强度设计值,按式(5.16)计算:

$$f_{VE} = \xi_N f_v \tag{5.16}$$

式中　　f_v——非抗震设计的砌体抗剪强度设计值,按《砌体结构设计规范》采用;

　　　　ξ_N——截面正应力对砌体强度的影响系数,查表 5.5。

如验算不满足上式要求,可计入设置于墙段中部、截面不小于 240mm × 240mm 且纵向钢筋

配筋率不小于 0.6% 的构造柱对承载力的提高作用,按下列简化方法验算。

$$V \le \left[\eta_c f_{VE} (A - A_c) + \zeta f_t A_c + 0.08 f_y A_s \right] / \gamma_{RE} \tag{5.17}$$

式中　A_c——中部构造柱的横截面总面积(对横墙和内纵墙,$A_c > 0.15A$ 时,取 $0.15A$;对外纵墙,$A_c > 0.25A$ 时,取 $0.25A$);

　　　f_t——中部构造柱的混凝土轴心抗拉强度设计值;

　　　A_s——中部构造柱的纵向钢筋截面总面积(配筋率大于 1.4% 时,取 1.4%);

　　　f_y——钢筋抗拉强度设计值;

　　　ζ——中部构造柱参与工作系数,居中设一根时取 0.5,多于一根时取 0.4;

　　　η_c——墙体约束修正系数,一般情况下取 1.0,构造柱间距不大于 2.8m 时取 1.1。

表 5.5　砌体强度的正应力影响系数

砌体类别	σ_0 / f_v							
	0.0	1.0	3.0	5.0	7.0	10.0	15.0	20.0
粘土砖、多孔砖	0.80	1.00	1.28	1.50	1.70	1.95	2.32	
混凝土小砌块		1.25	1.75	2.25	2.60	3.10	3.95	4.80

注:σ_0 为对应于重力荷载代表值的砌体截面平均压应力。

(2)水平配筋粘土砖、多孔砖墙体的截面抗震承载力验算

为提高砖砌体的抗剪强度,增强其变形能力,可在砌体的水平灰缝中设置横向钢筋。配筋砖砌体的截面抗震承载力,按下式计算

$$V \le \left(f_{VE} + \Psi_s f_y \rho_y \right) A / \gamma_{RE} \tag{5.18}$$

式中　A——墙体横截面积,多孔砖取毛截面积;

　　　f_y——钢筋抗拉强度设计值;

　　　ρ_y——层间墙体体积配筋率,应不小于 0.07% ,且不大于 0.17% ;

　　　Ψ_s——钢筋参与工作系数,按表 5.6 采用。

表 5.6　钢筋参与工作系数

墙体高宽比	0.4	0.6	0.8	1.0	1.2
Ψ_s	0.10	0.12	0.14	0.15	0.12

(3)混凝土小型空心砌块墙体的截面抗震承载力验算

$$V \le \left[f_{VE} A + (0.03 f_c A_c + 0.05 f_y A_s) \zeta_c \right] / \gamma_{RE} \tag{5.19}$$

式中　f_c——芯柱混凝土轴心抗压强度设计值;

　　　A_c——芯柱截面总面积;

　　　A_s——芯柱钢筋截面总面积;

　　　ζ_c——芯柱影响系数,按表 5.7 采用。

表 5.7　芯柱影响系数

填孔率 ρ	$\rho < 0.15$	$0.15 \le \rho < 0.25$	$0.25 \le \rho < 0.5$	$\rho \ge 0.5$
ζ_c	0	1.0	1.10	1.15

注:填孔率指芯柱根数(含构造柱和填实孔洞数量)与孔洞总数之比。

5.4 底部框架、内框架砖房的抗震验算

底部框架-抗震墙和多层内框架砖房高度有限,跨度也不大,因此,结构刚度较大,水平地震作用的计算,可采用底部剪力法。抗震计算时,可不考虑竖向地震作用的影响,也不考虑地基与结构的相互作用。

5.4.1 地震作用及层间剪力的计算

(1)地震作用

在采用底部剪力法计算时,地震影响系数一律取 α_{max},即烈度为 6、7、8、9 度时,α_{max} 分别取 0.04、0.08、0.16、0.32。结构总水平地震作用标准值 F_{EK} 按下式计算:

$$F_{EK} = \alpha_{max} G_{eq} \tag{5.20}$$

式中 G_{eq} —— 结构等效重力荷载。

$$G_{eq} = 0.85 \sum_{i=1}^{n} G_i \tag{5.21}$$

由底部剪力法,各质点的水平地震作用

$$F_i = \frac{G_i H_i}{\sum\limits_{j=1}^{n} G_j H_j} F_{EK}(1 - \delta_n) \tag{5.22}$$

顶部附加水平地震作用为

$$\Delta F_n = \delta_n F_{EK} \tag{5.23}$$

式中 δ_n ——顶部附加水平地震作用系数,底部框架砖房取 0;多层内框架砖房取 0.2。

(2)层间地震剪力

底部框架砖房的底层较柔,上层较刚,房屋底层在地震时变形集中,会成为薄弱楼层。为了防止底层的层间变形过大而倒塌,底层的纵向和横向地震剪力设计值应乘以增大系数,其值可根据第二层与底层侧移刚度比值的大小在 1.2~1.5 范围内选用:侧移刚度比为 3 时,增大系数取 1.5,侧移刚度比为 2 时,增大系数取 1.2,中间可按内插法取值。底部两层框架 – 抗震墙房屋的底层和第二层,纵向和横向地震剪力设计值亦均应乘以增大系数,其值可根据侧移刚度比在 1.2~1.5 范围内选用。

对于突出屋面的楼梯间、水箱间、女儿墙、烟囱等,要考虑这部分结构在地震时的"鞭梢效应"的影响,对按底部剪力法计算得到的地震作用乘以 3 倍的增大系数。

5.4.2 底部框架砖房的底层地震剪力分配

(1)抗震墙间的地震剪力分配

地震期间,当抗震墙未开裂时,由于墙体初始弹性刚度很大,框架的侧移刚度较小,在验算底层抗震墙在纵横向的抗震强度时,底层的纵横向设计地震剪力分别由相应方向的抗震墙承担,并按各抗震墙侧移刚度的比例分配,不考虑底层框架的分担作用,验算抗震墙时忽略框架的作用偏于安全。第 i 片抗震墙所承担的地震剪力为

$$V_{wi} = \frac{K_{wi}}{\sum K_{cw} + \sum K_{bw}} V_1 \tag{5.24}$$

式中 K_{cw}、K_{bw}——分别为一片钢筋混凝土及砖砌体抗震墙的抗侧移刚度,按下式计算:

$$K_w = \frac{1}{1.2h/GA + h^3/3EI} \tag{5.25}$$

式中 E、G——分别为材料的弹性模量和剪切模量。对钢筋混凝土,$G = 0.43E$;砖砌体,$G = 0.4E$。

　　A、I——分别为墙体截面的面积和惯性矩;

　　V_1——底层设计地震剪力。

(2)框架柱的地震剪力分配

　　研究表明,当楼层的变形角小于 1/500 时,钢筋混凝土框架处于弹性变形阶段,侧移刚度无明显降低;而钢筋混凝土抗震墙因出现裂缝,其侧移刚度下降到初始弹性刚度的 30% 左右;嵌砌在框架间的砖抗震墙,因出现较多裂缝,其侧移刚度下降到初始弹性刚度的 20% 左右。当验算底层框架柱的抗震强度时,应按底层框架柱的侧移刚度与抗震墙的有效侧移刚度的比例分配地震剪力,即

$$V_f = \frac{K_f}{0.3\sum K_{cw} + 0.2\sum K_{bw} + \sum K_f} V_1 \tag{5.26}$$

式中 K_f——为一榀框架的侧移刚度,可按 D 值法计算。

(3)底层地震倾覆力矩的分配和框架柱轴力的计算

　　对于底层框架砖房,由于地震倾覆力矩使楼层平面发生转动,因此,作用在底层的地震倾覆力矩的分配,与地震剪力在抗侧移构件间的分配不同,应按照抗震墙和框架柱的整体抗弯刚度比例在两者间分配。

　　作用在房屋底层的地震倾覆力矩 M_1 为

$$M_1 = \sum_{i=2}^{n} F_i (H_i - H_1) \tag{5.27}$$

式中,F_i、H_i 的意义同前。

　　一片抗震墙承担的倾覆力矩为

$$M_w = \frac{K'_w}{K'_1} M_1 \tag{5.28}$$

　　一榀框架承担的倾覆力矩为

$$M_f = \frac{K'_f}{K'_1} M_1 \tag{5.29}$$

式中,$K'_1 = \sum K'_w + \sum K'_f$。其中,$K'_f$ 为底层一榀框架在自身平面内的转动刚度,亦即使框架顶部产生单位转角所需施加的倾覆力矩 $\bar{M}_f$;K'_w 为底层一片抗震墙平面内的整体弯曲刚度,即抗震墙顶面产生单位转角所需施加的倾覆力矩。两者计算方法如下:

　　①K'_w 的计算

　　如图 5.5 所示计算公式如下:

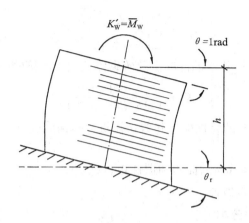

图 5.5　抗震墙整体抗弯刚度计算简图

$$K'_w = \cfrac{1}{\cfrac{h}{EI} + \cfrac{1}{C_\varphi I_\varphi}} \qquad (5.30)$$

式中　I、I_φ——分别为抗震墙水平截面及基础底面的惯性矩;

　　　　C_φ——地基抗弯刚度系数(kN/m³),即在非均匀压缩条件下,单位面积的地基土产生单位压缩变形所需荷载,可近似地取 $C_\varphi = 2.15C_z$,C_z 为地基抗压刚度系数(kN/ m²),即在均匀压缩条件下,单位面积地基土产生单位弹性均匀压缩变形所需的荷载,可由表5.8查得。

表 5.8　天然地基的抗压刚度系数 C_z/kN·m⁻²

地基土静承载力标准值 $f_k/(\text{kN}\cdot\text{m}^{-2})$	岩石、碎石土	粘土	亚粘土	砂土
100	176 000			
800	135 000		.	
700	117 000			
600	102 000			
500	88 000	88 000		
400	75 000	75 000		
300	61 000	61 000	53 000	48 000
250		53 000	44 000	41 000
200		45 000	36 000	34 000
150		35 000	28 000	26 000
100		25 000	20 000	18 000
80		18 000	14 000	

注:1. f_k 为未作基础宽度和深度修正的静力承载力标准值;

　　2. 表中 C_z 值适用于基础底面积 $F \geqslant 20\text{m}^2$ 的情况,当 $F < 20\text{m}^2$ 时,应乘以修正系数 $\sqrt[3]{20/F}$。

②K'_f 的计算

底层一榀框架在自身平面内的转动变形由两部分组成,一是由框架自身杆件的变形引起的转动变形,设转角为 θ_f,二是地基变形引起的转动变形,设转角为 θ_b,如图 5.6。

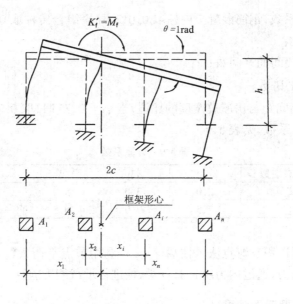

图 5.6　底层一榀框架平面内弯曲刚度计算简图

底层一榀框架在自身平面内的转动刚度 K'_f 为

$$K'_f = \frac{\overline{M}_f}{\theta} = \frac{\overline{M}_f}{\theta_f + \theta_b} = \frac{1}{\dfrac{h}{E\sum\limits_{i=1}^{n}A_i x_i^2} + \dfrac{1}{C_z\sum\limits_{i=1}^{n}F_i x_i^2}} \tag{5.31}$$

式中　A_i、F_i——分别为 i 柱的截面积及基础底面积。

由于框架承担倾覆力矩 M_f，框架柱产生的附加轴力为

$$N_{ci} = \sigma_i A_i = \pm \frac{M_f A_i x_i}{\sum\limits_{i=1}^{n}A_i x_i^2} \tag{5.32}$$

当框架各柱截面积相同时，上式可简化为

$$N_{ci} = \pm \frac{M_f x_i}{\sum\limits_{i=1}^{n}x_i^2} \tag{5.33}$$

式中　n——为一榀框架中柱子的总数。

5.4.3　多层内框架砖房地震剪力的计算

多层内框架砖房的墙体刚度远大于柱的刚度，可以认为，横向地震作用所产生的层间地震剪力，全部由横墙承担。与底层框架砖房类似，将地震剪力按各墙的侧移刚度进行分配。

当结构发生层间位移时，钢筋混凝土框架柱、砖壁柱和砖墙，在框架平面内也具有一定的刚度，因此，框架柱也承担部分地震剪力。考虑楼盖水平变形和砖墙刚度退化影响，以及横墙间距不同、层数不同等参数变化，多层内框架柱砖房第 i 层各柱的地震剪力简化计算公式为

$$V_c = \frac{\varphi_c}{n_b n_s}(\zeta_1 + \zeta_2 \lambda) V_i \tag{5.34}$$

式中　　φ_c——柱类型系数,钢筋混凝土内柱取 0.012,外墙组合砖柱取 0.007 5,无筋砖柱(墙)取 0.005;

　　　　n_b——抗震横墙间的开间数;

　　　　n_s——内框架的跨数;

　　　　λ——抗震横墙间距与房屋总宽度的比值,当小于 0.75 时,取 0.75;

　　　　ζ_1、ζ_2——计算系数,见表 5.9。

表 5.9　计算系数

房屋总层数	2	3	4	5
ζ_1	2.0	3.0	5.0	7.5
ζ_2	7.5	7.0	6.5	6.0

柱剪力求出后,可以用反弯点法求柱端弯矩,再利用节点平衡条件和按刚度分配原则,求出梁端弯矩、剪力及轴力,通过内力组合对各梁、柱进行承载能力验算。

5.4.4　抗震强度及变形验算

(1)底部框架砖房

二层及二层以上多层砖房部分的抗震强度,与多层砌体房屋中砖砌体的有关规定相同。底层框架的抗震强度验算参照第四章的有关规定,地基、基础的抗震强度验算,参照第二章的有关规定。

底部框架砖房的底层部分属于框架 – 抗震墙结构,应进行低于本地区设防烈度的多遇地震作用下结构的抗震变形验算。层间弹性位移角限值为:采用框架砖填充墙时为 1/550;采用框架 – 抗震墙时为 1/800。

底部框架砖房的底层有时是明显的薄弱部位,当楼层屈服强度系数小于 0.5 时,应进行罕遇地震作用下的抗震变形验算,层间弹塑性位移角限值为 1/100。

底部框架 – 抗震墙房屋中嵌砌于框架之间的粘土砖抗震墙,当符合本章所述构造要求时,其抗震验算应符合下列规定:

①底层框架柱的轴向力和剪力,应计入砖抗震墙引起的附加轴力和附加剪力,其值可按下列公式计算:

$$N_f = V_w H_f / l \tag{5.35}$$

$$V_f = V_w \tag{5.36}$$

式中　　V_w——墙体承担的剪力设计值,柱两侧有墙时可取二者的较大值;

　　　　N_f——框架柱的附加轴压力设计值;

　　　　V_f——框架柱的附加剪力设计值;

　　　　H_f、l——分别为框架的层高和跨度。

②嵌砌于框架之间的粘土砖抗震墙,其截面抗震承载力应按下式验算:

$$V = \frac{1}{\gamma_{REc}} \sum (M_{yc}^u + M_{yc}^l)/H_0 + \frac{1}{\gamma_{REw}} \sum f_{VE} A_{w0} \tag{5.37}$$

式中　　V——嵌砌粘土砖抗震墙剪力设计值;

A_{u0}——砖墙水平截面的计算面积,无洞口时取实际截面的 1.25 倍,有洞口时取截面的净面积,但不计入宽度小于洞口高度 1/4 的墙肢截面积;

M_{yc}^u、M_{yc}^l——分别为底层框架柱上下端的正截面受弯承载力设计值,可按现行国家标准《混凝土结构设计规范》非抗震设计的有关公式取等号计算;

H_0——底层框架柱的计算高度,两侧均有砖墙时,取柱净高的 2/3,其余情况取柱净高;

γ_{REc}——底层框架柱承载力抗震调整系数,可采用 0.8;

γ_{REw}——嵌砌粘土砖抗震墙承载力抗震调整系数,可采用 0.9。

(2)多层内框架砖房

多层内框架结构中砖墙的抗震强度验算,参照多层砌体房屋中砖砌体计算的有关规定。

内框架中钢筋混凝土柱的截面抗震验算,参照第四章的有关规定。

外墙砖柱在横向地震作用下,将发生平面外弯曲,所以应按砖砌体结构偏心受压构件计算。无筋砖柱产生的总偏心距,不宜超过截面形心到竖向力所在方向截面边缘距离的 0.9 倍。抗震验算时应满足

$$\gamma_{RE}N \le \Psi A_m f \tag{5.38}$$

式中　γ_{RE}——承载力抗震调整系数,取 0.9;

N——壁柱所承受的设计竖向力;

A_m——壁柱毛截面面积;

f——砖砌体抗压设计强度;

Ψ——纵向力影响系数,按《砌体结构设计规范》取值。

当偏心距较大,不能满足以上要求时,宜采用竖向配筋柱,此时承载力抗震调整系数取 0.85。

5.5　抗震构造措施

由于抗震设计涉及到许多不确定因素,抗震设计计算方法还不够完善,要对结构进行"精确"抗震计算来预测地震破坏是困难的。从概念设计的角度来看,经济实用的抗震构造措施,是在震害调查和模型试验基础上总结出来的经验和规律,对抵御罕遇地震、防止结构倒塌起着关键作用。

5.5.1　多层砌体房屋的抗震构造措施

多层砌体房屋的抗震验算只是对墙体本身的强度进行验算,对于墙片之间、楼屋盖之间和房屋局部等的连结强度问题,计算时较难考虑,应采取构造措施来加强各部分连结和房屋的整体性及变形能力。因此,为了保证结构在地震作用下的安全,在进行抗震设计时,应同时考虑强度验算和构造措施,以保证"小震不坏,大震不倒"的设计原则。

(1)钢筋混凝土构造柱和芯柱的设置

钢筋混凝土构造柱或芯柱与圈梁结合,可对砌体房屋形成一种约束作用,提高结构的变形能力和结构延性,约束墙体裂缝的开展,使结构在遭到强烈地震时,虽有严重开裂而不致倒塌。

1)多层粘土砖、多孔砖房

根据设防烈度、房屋层数和抗震薄弱部位不同,构造柱的设置部位,一般情况下,应符合表5.10的要求。

表 5.10 砖房构造柱设置要求

房屋层数				设置部位	
6 度	7 度	8 度	9 度		
四、五	三、四	二、三		外墙四角,错层部位横墙与外纵墙的交接处,较大洞口两侧,大房间内外墙交接处	7、8 度时,楼、电梯间的四角,每隔 15m 左右的横墙与外墙交接处
六、七	五	四	二		隔开间横墙(轴线)与外墙交接处,山墙与内纵墙交接处,7~9 度时,楼、电梯间的四角
八	六、七	五、六	三、四		内墙(轴线)与外墙交接处,内墙的局部较小墙垛处,7~9 度时,楼、电梯间的四角,9 度时内纵墙与横墙(轴线)交接处

外廊式和单面走廊式的多层房屋,应根据房屋增加一层后的层数,按表 5.11 的要求设置构造柱,且单面走廊两侧的纵墙均应作外墙处理。教学楼、医院等横墙较少的房屋,应根据房屋增加一层后的层数,按表 5.10 设置构造柱。

构造柱的最小截面可采取 240mm × 180mm,纵向钢筋宜采用 4ϕ12,箍筋间距不宜大于 250mm,且在柱上、下端宜适当加密;7 度时超过六层、8 度时超过五层和 9 度时,构造柱的纵向钢筋宜采用 4ϕ14,箍筋间距不应大于 200mm;房屋四角的构造柱可适当加大截面及配筋。

表 5.11 混凝土小型空心砌块房屋芯柱设置要求

房屋层数				设置位置	设置数量
6 度	7 度	8 度	9 度		
四、五	三、四	二、三		外墙转角,楼梯间四角,大房间内外墙交接处;隔 16m 或单元横墙与外纵墙交接处	外墙转角,灌实 3 个孔;内外墙交接处,灌实 4 个孔
六	五	四	二	外墙转角,楼梯间四角,大房间内外墙交接处;隔开间横墙(轴线)与外纵墙交接处	
七	六	五	三	外墙转角,楼梯间四角,各内墙(轴线)与外纵墙交接处;8、9 度时,内纵墙与外横墙(轴线)交接处和洞口两侧	外墙转角,灌实 5 个孔;内外墙交接处,灌实 4 个孔;内墙交接处,灌实 4~5 个孔;洞口两侧各灌实 1 个孔
	七	六	四	同上;横墙内芯柱间距不宜大于 2m	外墙转角,灌实 7 个孔;内外墙交接处,灌实 5 个孔;内墙交接处,灌实 4~5 个孔;洞口两侧各灌实 1 个孔

构造柱与墙体连接处宜砌成马牙槎,以增强构造柱和砖墙之间的整体性,同时,也便于利

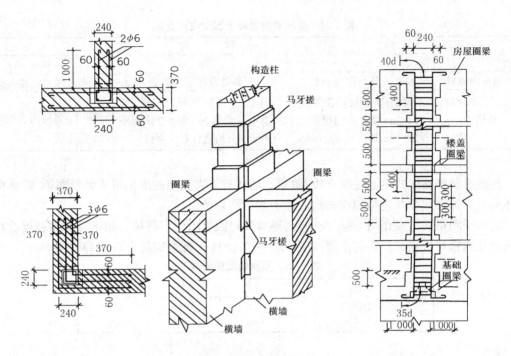

图 5.7　构造柱示意图

用构造柱的外露侧面检查施工质量。并应沿墙高每隔 500mm 设 $2\phi6$ 拉结钢筋,每边深入墙内不宜小于 1m。如图 5.7 所示。

构造柱与圈梁连接处,构造柱的纵筋应穿过主梁的主筋,保证构造柱纵筋上下贯通。

构造柱可不单独设置基础,但应伸入室外地面下 500mm,或锚入浅于 500mm 的基础圈梁内。

2)混凝土小型空心砌块房屋

钢筋混凝土芯柱的设置应满足表 5.11 的要求,对医院、教学楼等横墙较少的房屋,应根据房屋增加一层后的层数,按表 5.11 的要求设置构造柱。

混凝土小型空心砌块房屋芯柱截面不宜小于 120mm × 120mm,混凝土强度等级不应低于 C20。芯柱竖向钢筋应贯通墙身且与圈梁连接,插筋不应小于 $1\phi12$,7 度超过五层、8 度超过四层和 9 度,插筋不应小于 $1\phi14$。芯柱应伸入室外地面下 500mm,或锚入浅于 500mm 的基础圈梁内。为提高墙体抗震承载力而设置的芯柱,宜在墙体内均匀布置,最大净距不宜大于 2.0m。

(2)钢筋混凝土圈梁的设置

钢筋混凝土圈梁对房屋的抗震有较重要的作用,它可以加强纵横墙体的连接,增强楼、屋盖的整体性并增加墙体的稳定性,有助于限制墙体裂缝的开展,减轻由于地基不均匀沉降而造成的房屋破坏。

1)多层粘土砖、多孔砖房的现浇混凝土圈梁

当采用装配式钢筋混凝土楼、屋盖或木楼、屋盖的房屋,横墙承重时应按表 5.12 的要求设置圈梁;纵墙承重时每层均应设置圈梁,且抗震墙上的圈梁间距应比表内要求适当加密。

表 5.12 现浇钢筋混凝土圈梁设置要求

墙类	烈 度		
	6、7	8	9
外墙和内纵墙	屋盖处及每层楼盖处	屋盖处及每层楼盖处	屋盖处及每层楼盖处
内横墙	同上;屋盖处间距不应大于7m;楼盖处间距不应大于15m;构造柱对应部位	同上;屋盖处沿所有横墙,且间距不应大于7m;楼盖处间距不应大于7m;构造柱对应部位	同上;各层所有横墙

现浇或装配整体式钢筋混凝土楼、屋盖与墙体有可靠连接的房屋可不另设圈梁,但楼板沿墙体周边应加强配筋并应与相应的构造柱钢筋可靠连接。

为确保圈梁的约束作用,圈梁应闭合,遇有洞口圈梁应上下搭接。圈梁宜与预制板设在同一标高处或紧靠板底。圈梁的截面高度不应小于120mm,配筋应符合表5.13的要求。

表 5.13 圈梁的配筋要求

配筋	6、7度	8度	9度
最小纵筋	$4\phi8$	$4\phi10$	$4\phi12$
最大箍筋间距(mm)	250	200	150

为加强基础整体性和刚性而增设的基础圈梁,截面高度不应小于180mm,配筋不应小于$4\phi12$。砖拱楼、屋盖房屋的圈梁应按计算确定,但配筋不应小于$4\phi10$。

2)混凝土小型空心砌块房屋现浇圈梁

砌块房屋均应设置现浇钢筋混凝土圈梁,圈梁宽度不小于190mm,配筋不应少于$4\phi12$,箍筋间距不应大于200mm,并按表5.14要求设置。

表 5.14 砌块房屋现浇钢筋混凝土圈梁设置要求

墙类	烈 度	
	6、7	8、9
外墙和内纵墙	屋盖处及每层楼盖处	屋盖处及每层楼盖处
内横墙	同上;屋盖处沿所有横墙;楼盖处间距不应大于7m;芯柱对应部位	同上;各层所有横墙

(3)墙体间的连接

对于多层砖房,7度时层高超过3.6m或长度大于7.2m的大房间,及8度和9度时,外墙转角及内外墙交接处,应沿墙高每隔500mm配置$2\phi6$拉结钢筋,并每边伸入墙内不宜小于1m。

后砌的非承重隔墙应沿墙高每隔500mm配置拉结钢筋与承重墙或柱拉结,每边伸入墙内不应少于500mm。8度和9度时,长度大于5m的后砌隔墙的墙顶应与楼板或梁拉结。

(4)楼、屋盖的抗震构造

多层砌体房屋的楼、屋盖是墙体的水平联系构件,其整体性的好坏直接关系到水平地震作用的有效传递,这种传递是依靠楼板与墙体接触面的摩擦力和粘结力来实现的。

现浇钢筋混凝土楼板、屋盖,具有整体性好、水平刚度大的优点,是较理想的抗震构件。预制板端部搁置长度过短,板与板之间或板与墙之间无可靠拉结,会导致地震时楼盖、屋盖坠落,因此,现浇钢筋混凝土楼板或屋面板伸进纵、横墙内的长度,均不宜小于 120mm;装配式钢筋混凝土楼板或屋面板,当圈梁未设在板的同一标高时,板端伸入外墙的长度不应小于 120mm。伸进内墙的长度不宜小于 100mm,在梁上不应小于 80mm;当板的跨度大于 4.8m 并与外墙平行时,靠外墙的预制板侧边应与墙或圈梁拉结;房屋端部大房间的楼盖,8 度时房屋的屋盖和 9 度时房屋的楼、屋盖,当圈梁设在板底时,钢筋混凝土预制板应相互拉结,并应与梁、墙和圈梁拉结。

楼盖、屋盖的钢筋混凝土梁或屋架应与墙、柱(包括构造柱)或圈梁可靠连接,梁与砖柱的连接不应削弱柱截面,各层独立砖柱顶部应在两个方向均有可靠连接。

坡屋顶房屋的屋架应与顶层圈梁可靠连接,檩条或屋面板应与墙及屋架可靠连接,房屋出入口处的檐口瓦应与屋面构件锚固;8 度和 9 度时,顶层内纵墙顶宜增砌支撑山墙的踏步式墙垛。

(5)楼梯间的抗震构造

楼梯间由于比较空旷,在历次地震中破坏都很严重,当楼梯间设在房屋尽端时,破坏尤为严重。

8 度和 9 度时,顶层楼梯间的横墙和外墙宜沿墙高每隔 500mm 设 $2\phi6$ 的通长钢筋,9 度时其他各层楼梯间可在休息平台或楼层半高处设置 60mm 厚的配筋砂浆带,砂浆强度等级不宜低于 M5,钢筋不宜少于 $2\phi10$。

8 度和 9 度时,楼梯间及门厅内墙阳角处的大梁支承长度不应小于 500mm,并应与圈梁连接。

装配式楼梯段应与平台板的梁可靠连接,不应采用墙中悬挑式踏步或踏步竖肋插入墙体的楼梯,不应采用无筋砖砌栏板。

突出屋面的楼、电梯间,构造柱应伸到顶部,并与顶部圈梁连接,内外墙交接处应沿墙高每隔 500mm 设 $2\phi6$ 拉结钢筋,且每边伸入墙内不应小于 1m。

(6)其他构造要求

门窗洞处不应采用无筋砖过梁,过梁的支承长度,6~8 度不应小于 240mm,9 度时不应小于 360mm。

预制阳台应与圈梁和楼板的现浇板带可靠连接。

同一结构单元的基础(或桩承台),宜采用同一类型的基础,基础宜埋置在同一标高上,否则应增设基础圈梁并按 1:2 的台阶放坡。

横墙较少的多层粘土砖、多孔砖住宅楼的总高度和层数接近或达到表 5.1 的规定限值,应采取下列加强措施:

①房屋的最大开间尺寸不得大于 6.6m;

②一个结构单元内横墙错位数量不宜超过总墙数的 1/3,且连续错位不宜多于两道;错位的墙体交接处均应增设构造柱,且楼、屋面板应采用现浇钢筋混凝土板;

③横墙和内纵墙上洞口的宽度不宜大于 1.5m;外纵墙上洞口的宽度不宜大于 2.1m;内外墙上洞口位置不应影响外纵墙和横墙的整体连接;

④所有纵横墙均应在楼、屋盖标高处设置加强的现浇钢筋混凝土圈梁;圈梁的截面高度不宜小于 150mm,上下纵筋各不应少于 $3\phi10$;

⑤所有纵横墙交接处及横墙的中部,均应增设满足下列要求的构造柱;在横墙内的柱距不宜大于层高,在纵墙内的柱距不宜大于 4.2m,最小截面尺寸不宜小于 240mm × 240mm,配筋宜

符合表 5.15 的要求；

表 5.15　柱的纵筋和箍筋设置要求

位置	纵向钢筋(HPB235 等级)			箍　　　筋		
	最大配筋率	最小配筋率	最小直径	加密区范围	加密区直径	最小直径
角柱	1.8%	0.8%	$\phi14$	全高	100	$\phi6$
边柱			$\phi14$	上端 700		
中柱	1.4%	0.6%	$\phi12$	下端 500		

⑥同一结构单元的楼、屋面板应设置在同一标高处；

⑦房屋的底层和顶层，在窗台板处应设置现浇钢筋混凝土带；其厚度为 60mm，宽度不小于 240mm，纵向钢筋不少于 $3\phi6$；两端深入墙体不宜小于 360mm。

5.5.2　底部框架-抗震墙房屋构造措施

(1)构造柱的设置要求

钢筋混凝土构造柱的设置部位，应根据房屋的总层数参照多层砖房抗震构造的要求设置钢筋混凝土构造柱。构造柱截面不宜小于 240mm × 240mm。构造柱的纵向钢筋不宜少于 $4\phi14$，箍筋间距不宜大于 200mm。

过渡层尚应在底部框架柱对应位置设置构造柱。过渡层构造柱的纵向钢筋，7 度时不宜少于 $4\phi16$，8 度和 9 度时不宜少于 $6\phi16$。一般情况下，纵向钢筋应锚固于下部的框架柱内。当纵向钢筋锚固在框架梁内时，框架梁的相应位置应加强。

构造柱应与每层圈梁连接，或与现浇楼板可靠拉结。

(2)楼盖、屋盖的构造要求

底层框架-抗震墙房屋的过渡层楼板是底层框架砖房的重要部件，它联系着上层砖结构和底层的框架-抗震墙结构，应有较大的水平刚度来传递水平地震剪力，并具有一定的整体性。过渡层的楼板应采用现浇的钢筋混凝土板，板厚不宜小于 120mm，并应少开洞、开小洞，当洞口尺寸大于 800mm 时，应设洞边梁。

其他楼层，采用装配式钢筋混凝土楼板时应设现浇圈梁，采用现浇钢筋混凝土楼板时可不设圈梁，但楼板沿外墙周边应加强配筋并应与相应的构造柱可靠连接。

(3)抗震墙的构造要求

上部的承重墙和厚度不小于 240mm 的自承重墙，其中心线宜同底部的框架梁、抗震墙的轴线相重合，构造柱宜同框架柱上下贯通。

底部的钢筋混凝土抗震墙，墙板周边应有梁(或暗梁)和框架柱组成的边框，边框截面宽度不宜小于墙板厚度的 1.5 倍，截面高度不宜小于墙板厚度的 2.5 倍，边框柱的截面高度不宜小于墙板厚度的 2 倍。抗震墙墙板的厚度不宜小于 160mm，且不应小于墙板净高的 1/20。抗震墙的竖向和横向分布钢筋，配筋率均不应小于 0.25%，并应采用双排布置。双排分布钢筋间拉筋的间距不应大于 700mm，直径不应小于 6mm。

底部框架-抗震墙房屋的底层采用粘土砖抗震墙时，墙厚不应小于 240mm，砌筑砂浆强度等级不应低于 M7.5，应先砌墙后浇框架。沿框架柱每隔 500mm 配置 $2\phi6$ 拉结钢筋，并沿砖墙全长设置。在墙体半高处尚应设置与框架柱相连的钢筋混凝土水平系梁。墙长大于 5m 时，应在墙内增设钢筋混凝土构造柱。

(4)其他构造要求

底部框架-抗震墙房屋的钢筋混凝土托墙梁,梁的截面宽度不宜小于 300mm,梁的截面高度不宜小于跨度的 1/10。箍筋直径不应小于 8mm,间距不应大于 200mm。梁端在 1.5 倍梁高且不小于 1/5 梁净跨范围内,以及上部墙体的洞口处和洞口两侧各 500mm 的范围内,箍筋间距不应大于 100mm。沿梁高应设置腰筋,数量不应少于 $2\phi14$,间距不应大于 250mm。梁的主筋和腰筋应按受拉钢筋的要求锚固在柱内,且支座上部的主筋至少应有两根伸入柱内,长度在托墙梁底面以下不少于 35 倍钢筋直径。

底部框架房屋的材料强度等级,应符合:框架柱、抗震墙和托墙梁的混凝土强度等级,不应低于 C30;过渡层墙体的砌筑砂浆强度等级,不应低于 M7.5。

底部框架房屋的其他构造要求与多层砖房类似。

5.5.3　内框架房屋的构造措施

多层内框架砖房由两种不同材料的结构组成,动力特性相差很大,振动不协调,并且由于层高较高和开间较大,其刚度和整体性也较差,震害较重。因此,在抗震构造措施上比多层砖房要求严格。

(1)构造柱的设置

多层内框架房屋应在下列部位设置钢筋混凝土构造柱:一是外墙四角和楼梯、电梯间四角,楼梯休息平台板、梁的支撑部位;二是抗震墙两端和未设置组合柱的外纵墙、外横墙上对应于中间柱列轴线的部位。

构造柱的截面,不宜小于 240mm×240mm。构造柱的纵向钢筋不宜少于 $4\phi14$,箍筋间距不宜大于 200mm。构造柱应与每层圈梁连接,或与现浇楼板可靠拉结。

(2)楼、屋盖的构造要求

多层内框架的屋盖应采用现浇或装配整体式钢筋混凝土板。采用现浇钢筋混凝土楼板时可不设圈梁,但楼板应与相应的构造柱可靠连接。

(3)其他构造措施

内框架梁在外纵墙、外横墙上的搁置长度不应小于 300mm,且梁应与圈梁连接。

内框架房屋的其他构造措施,与多层砖房类似。

5.6　设 计 实 例

【例 5.1】　某四层砖混结构办公楼,其平、剖面尺寸如图 5.8。楼盖和屋盖采用预制钢筋混凝土空心板。横墙承重,楼梯间突出屋顶。砖的强度等级为 MU10,砂浆的强度等级为:底层、二层为 M5,其余层为 M2.5。窗口除个别注明者外,一般为 $150\times210cm^2$,内门尺寸为 $100\times250cm^2$,设防烈度为 7 度,一区、Ⅰ类场地。试验算该楼墙体的抗震承载能力。

5.6.1　建筑总重力荷载代表值 G_E 计算

集中在各楼层标高处的各质点重力荷载代表值包括:楼面(或屋面)自重的标准值、50% 楼

(屋)面承受的活荷载、上下各半层墙重的标准值之和,即:

屋顶间顶盖处质点 $G_5 = 205.94 \times 10^3 \text{N}$

4 层屋盖处质点 $G_4 = 4\,140.84 \times 10^3 \text{N}$

3 层楼盖处质点 $G_3 = 4\,856.67 \times 10^3 \text{N}$

2 层楼盖处质点 $G_2 = 4\,856.67 \times 10^3 \text{N}$

底层楼盖处质点 $G_1 = 5\,985.85 \times 10^3 \text{N}$

建筑总重力荷载代表值 $G_E = \sum_{i=1}^{5} G_i = 20\,045.97 \times 10^3 \text{N}$

5.6.2 水平地震作用计算

房屋底部总水平地震作用标准值 F_{EK} 为

$$F_{EK} = \alpha_1 G_{eq} = \alpha_{\max} \times 0.85 G_E =$$
$$0.08 \times 0.85 \times 20\,045.97 \times 10^3 \text{N} = 1\,363.13 \times 10^3 \text{N}$$

各楼层的水平地震作用标准值及地震剪力标准值见表 5.16 及图 5.10。

表 5.16 水平地震作用标准值及地震剪力标准值

分项 层数	$G_i(\text{N})$ $\times 10^3$	H_i /(m)	$G_i H_i$ $\times 10^3$	$\dfrac{G_i H_i}{\sum_{j=1}^{5} G_j H_j}$	$F_i = \dfrac{G_i H_i}{\sum_{j=1}^{5} G_j H_j} F_{EK}$ $(\text{N}) \times 10^3$	$V_i = \sum_{i}^{5} F_i$ $(\text{N}) \times 10^3$
屋顶间	205.94	18.2	3\,748.11	0.020	27.263	27.263
4	4\,140.84	15.2	62\,940.77	0.335	456.648	483.911
3	4\,856.67	11.6	56\,337.37	0.299	407.576	891.487
2	4\,856.67	8.0	38\,853.36	0.206	280.805	1\,172.292
1	5\,985.85	4.4	26\,337.74	0.140	190.838	1\,363.13
Σ	20\,045.97		188\,217.35		1\,363.13	

5.6.3 抗震承载力验算

(1)屋顶间墙体承载力验算

考虑"鞭梢效应"影响,屋顶间的地震作用取计算值的 3 倍:

屋面采用预制空心板且沿房屋纵向布置,⑤、⑥轴墙体为承重墙,故选择 C、D 轴墙进行验算。屋顶间 C 轴墙净横截面面积(图 5.8)

$$A_{顶C} = (3.54 - 1.0) \times 0.24 = 0.61 \text{m}^2$$

屋顶间 D 轴墙净横截面面积:

$$A_{顶D} = (3.54 - 1.5) \times 0.36 = 0.73 \text{m}^2$$

因屋顶间沿房纵向尺寸很小,故其水平地震作用所产生的剪力分配按式(5.12)进行,即

$$V_{顶C} = \frac{1}{2}\left(\frac{0.61}{0.61 + 0.73} + \frac{1}{2}\right) \times 81.789 \times 10^3 \text{N} = 39.05 \times 10^3 \text{N}$$

$$V_{顶D} = \frac{1}{2}\left(\frac{0.73}{0.61 + 0.73} + \frac{1}{2}\right) \times 810\,789 \times 10^3 \text{N} = 42.735 \times 10^3 \text{N}$$

在层高半高处由墙自身产生的平均压应力为(图 5.9,砖砌体容重为 19kN/m³)

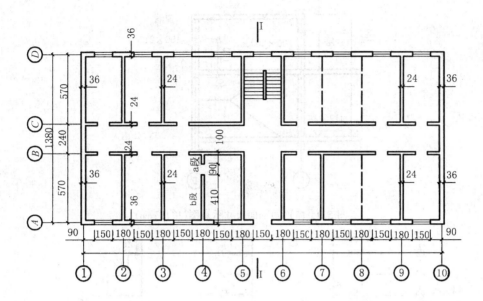

(a) 底层平面图

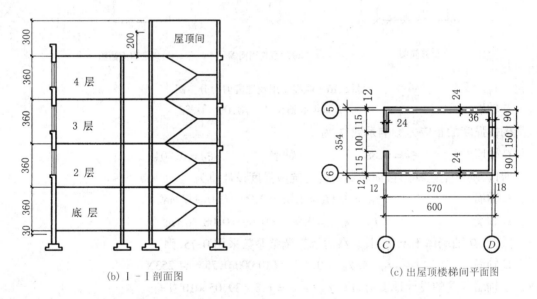

(b) Ⅰ-Ⅰ剖面图　　　　　　　　　　(c) 出屋顶楼梯间平面图

图 5.8　办公楼平面、剖面图(单位:cm)

C 轴墙

$$\sigma_0 = \frac{(1.5 \times 3.54 - 0.5 \times 1.0) \times 0.24 \times 19}{0.24 \times (3.54 - 1.0)} =$$

$$35.98\text{kN/m}^2 = 3.598 \times 10^{-2}\text{N/mm}^2$$

D 轴墙

$$\sigma_0 = \frac{(3.5 \times 3.54 - 0.2 \times 1.50) \times 0.36 \times 19}{0.36 \times (3.54 - 1.50)} =$$

$$46.66 \text{ kN/m}^2 = 4.666 \times 10^{-2}\text{N/mm}^2$$

由《砌体结构设计规范》查得砂浆强度等级为 M2.5 时的砖砌体 $f_v = 0.09\text{N/mm}^3$,其 σ_0/f_v 值为

C 轴墙

$$\sigma_0/f_v = 3.598 \times 10^{-2}/0.09 = 0.40$$

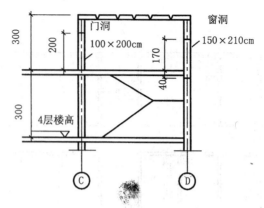

图 5.9　屋顶间剖面尺寸示意图(单位:cm)

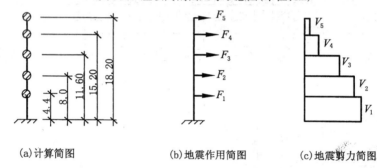

(a)计算简图　　　　　　(b)地震作用简图　　　　　(c)地震剪力简图

图 5.10　地震作用及地震剪力分布图

D 轴墙 　　　　　　　　$\sigma_0/f_v = 4.666 \times 10^{-2}/0.09 = 0.52$

砌体强度的正应力影响系数 ξ_N 为

C 轴墙 　　　　$\xi_N = 0.88$ 　　　　　D 轴墙 　　　　　$\xi_N = 0.904$

所以,砌体沿阶梯形截面破坏的抗震抗剪强度设计值为

C 轴墙 　　　　　　$f_{VE} = \xi_N \cdot f_v = 0.88 \times 0.09 = 0.079 \text{N/mm}^2$

D 轴墙 　　　　　　$f_{VE} = \xi_N f_v = 0.904 \times 0.09 = 0.081 \text{N/mm}^2$

因 C、D 轴墙体不承重,其承载力抗震调整系数采用 0.75,则

C 轴墙 　　　　　　$f_{VE} \cdot A/\gamma_{RE} = 0.079 \times 610\,000/0.75 = 64\,253 \text{N}$

C 轴墙承受的设计地震剪力 $= \gamma_{Eh} \cdot V_{顶C} = 1.3 \times 39.05 \times 10^3 \text{N} =$
$$50\,765 \text{N} < 64\,253 \text{N}$$

抗剪承载力满足要求。

D 轴墙 　　　　$f_{VE} \cdot A/\gamma_{RE} = 0.081 \times 730\,000/0.75 = 78\,840 \text{N} >$
$$\gamma_{Eh} \cdot V_{顶D} = 1.3 \times 42\,735 = 55\,555 \text{N}$$

抗剪承载力满足要求。

(2)横向地震作用下,横墙的抗剪承载力验算(取底层④、⑨轴墙体)

1)④轴墙体验算

④轴墙体横截面面积:
$$A_{14} = (6.0 - 0.9) \times 0.24 = 1.224 \text{m}^2$$

底层横墙总截面面积：$A_1 = 27.26\text{m}^2$

④轴墙承担的地震作用面积：

$$F_{14} = 3.3 \times 7.08 = 23.36\text{m}^2$$

底层建筑面积：$\qquad F_1 = 14.16 \times 30.06 = 425.65\text{m}^2$

④轴墙体由地震作用所产生的剪力按式(5.12)计算得：

$$V_{14} = \frac{1}{2}\left(\frac{A_{14}}{A_1} + \frac{F_{14}}{F_1}\right)V_1 = \frac{1}{2}\left(\frac{1.224}{27.26} + \frac{23.36}{425.65}\right) \times 1\,363.13 \times 10^3\text{N} =$$

$$68.16 \times 10^3\text{N}$$

④轴墙上 2 有门洞 $0.9 \times 2.1\text{m}^2$，将墙分为 a、b 两段(图 5.8a)，计算墙段高宽比 h/b 时，墙段 a、b 的 h 取为 2.1m，则

a 墙段 $\qquad\qquad\qquad h/b = 2.10/1.0 = 2.1 {> 1 \atop < 4}$

b 墙段 $\qquad\qquad\qquad h/b = 2.1/4.1 = 0.51 < 1$

求墙段侧移刚度时，a 墙段考虑剪切和弯曲变形的影响，b 墙段仅考虑剪切变形的影响。

$$K_a = \frac{Et}{h/b\left[(h/b)^2 + 3\right]} = \frac{Et}{2.1 \times (2.1^2 + 3)} = 0.064Et$$

$$K_b = \frac{Et}{3 \times h/b} = \frac{Et}{3 \times 0.51} = 0.654Et$$

所以，$\qquad\qquad \sum K = K_a + K_b = (0.064 + 0.654)Et = 0.718Et$

各墙段分配的地震剪力为

墙段 a $\qquad V_a = \dfrac{K_a}{\sum K}V_{14} = \dfrac{0.064Et}{0.718Et} \times 68.16 \times 10^3\text{N} = 6.076 \times 10^3\text{N}$

墙段 b $\qquad V_b = \dfrac{K_b}{\sum K}V_{14} = \dfrac{0.645Et}{0.718Et} \times 68.16 \times 10^3\text{N} = 62.084 \times 10^3\text{N}$

各墙段在层高半高处的平均压应力(计算过程略)为

墙段 a $\qquad\qquad\qquad \sigma_0 = 60.33 \times 10^{-2}\text{N/mm}^2$

墙段 b $\qquad\qquad\qquad \sigma_0 = 46.21 \times 10^{-2}\text{N/mm}^2$

各墙段抗剪承载力验算列于表 5.17，砂浆等级强度为 M5 时，$f_v = 0.12\text{N/mm}^2$

由上计算可看出，各墙段抗剪承载力均满足要求。

2)⑨轴墙体验算

⑨轴墙体横截面面积：

$$A_{19} = 6.0 \times 0.24 \times 2 = 2.88\text{m}^2 \qquad\qquad A_1 = 27.26\text{m}^2$$

⑨轴墙承担的地震作用面积：

$$F_{19} = (3.3 + 1.65) \times 7.08 + (3.3 + 3.3) \times 7.08 = 81.77\text{m}^2$$

$$F_1 = 425.65\text{m}^2$$

⑨轴墙体由地震作用所产生的地震剪力按式(5.12)计算得

$$V_{19} = \frac{1}{2}\left(\frac{A_{19}}{A_1} + \frac{F_{19}}{F_1}\right)V_1 = \frac{1}{2}\left(\frac{2.88}{27.26} + \frac{81.77}{425.65}\right) \times 1\,363.13 \times 10^3\text{N} = 203.11 \times 10^3\text{N}$$

表 5.17　各墙段抗剪承载力验算

分项 墙段	A $/mm^2$	σ_0 $/N \cdot mm^{-2}$	$\dfrac{\sigma_0}{f_V}$	ζ_N	$f_{vE} = \zeta_N f_v$ $/N \cdot mm^{-2}$	V $/N$	$\gamma_{Eh} V$ $/N$	$\dfrac{f_{vE} A}{\gamma_{RE}}$ $/N$
a	240 000	60.33×10^{-2}	5.03	1.503	0.180	6.076×10^3	7.899×10^3	43 200
b	984 000	46.21×10^{-2}	3.85	1.374	0.165	62.084×10^3	80.709×10^3	162 360

⑨轴墙体在层高半高处的平均压应力为

$$\sigma_0 = 41.60 \times 10^{-2} \text{N/mm}^2$$

砂浆等级强度为 $M5$,抗剪强度 $f_v = 0.12 \text{N/mm}^2$,则

$$\sigma_0/f_v = 41.60 \times 10^{-2}/0.12 = 3.47, \quad \zeta_N = 1.332$$

$$f_{VE} = \zeta_N \cdot f_v = 1.332 \times 0.12 = 0.16 \text{N/mm}^2$$

$$f_{VE} \cdot A/\gamma_{RE} = 0.16 \times 2\,880\,000/1 = 460 \times 10^3 \text{N}$$

⑨轴墙体承受的设计地震剪力 $= \gamma_{Eh} \cdot V_{19} = 1.3 \times 203.11 \times 10^3 \text{N} = 264 \times 10^3 \text{N}$

$$460 \times 10^3 \text{N} > 264 \times 10^3 \text{N}$$

⑨轴墙体抗剪承载力满足要求。

(3)纵向地震作用下,外纵墙抗剪承载力验算(取底层 A 轴墙体)

1)作用在 A 轴窗间墙上的地震剪力

由于 A 轴各窗间墙的宽度相等,故作用在窗间墙上的地震剪力 V_0 可按横截面面积的比例进行分配,即

$$V_0 = (a_0/A_1) V_1$$

式中　A_1——底层纵墙总横截面面积;$A_1 = 22\text{m}^2$

　　　a_0——窗间墙的横截面面积,$a_0 = 1.8 \times 0.36 = 0.648\text{m}^2$

$$V_0 = (0.648/22) \times 1\,363.13 \times 10^3 \text{N} = 40.15 \times 10^3 \text{N}$$

2)窗间墙抗剪承载力验算

A 轴墙体在层高半高处截面上的平均压应力为　$\sigma_0 = 35.06 \times 10^{-2} \text{N/mm}^2$

$$\sigma_0/f_v = 35.06 \times 10^{-2}/0.12 = 2.92, \quad \zeta_N = 1.269$$

$$f_{VE} = \zeta_N \cdot f_v = 1.269 \times 0.12 = 0.127 \text{N/mm}^2$$

以上验算的是纵向非承重窗间墙,但从总体上看,有大梁作用于纵墙上,故仍属承重砖墙,其承载力抗震调整系数仍采用1,故

$$f_{VE} \cdot A/\gamma_{RE} = 0.127 \times 1\,800 \times 360/1 = 82\,300\text{N} > \gamma_{Eh} \cdot V_0 =$$

$$1.3 \times 40.15 \times 10^3 \text{N} = 52\,200\text{N}$$

所以,纵向窗间墙抗剪承载力满足要求。

(4)其他各层墙体验算方法与上相同,此处从略

本章小结　本章介绍了多层砌体结构、底部框架——抗震墙和多层内框架砖房的震害特征和产生的原因,以及抗震设计的一般规定和构造措施,着重介绍了抗震设计计算方法。

在进行抗震验算时,一般只需考虑水平地震作用,并在结构的两个主轴方向分别验算。各

方向的水平地震作用全部由该方向的抗震构件承担。当符合建筑布置和结构选型的要求后，一般可采用底部剪力法计算各质点的水平地震作用。一般并不计算结构的自振周期，地震影响系数一律取最大值，当顶部有突出屋面的小建筑时，应考虑"鞭梢效应"的影响。

多层砌体房屋和底部框架——抗震墙砖房，都不考虑顶层质点的附加地震作用。砌体结构各道墙体分配的地震剪力与楼盖刚度、各墙的抗侧刚度及负荷面积有关，常将楼盖分为刚性楼盖、柔性楼盖和中性楼盖三种计算。砌体结构的抗震强度验算最后归结为一道墙或一个墙段的抗震强度验算，通过增加房屋整体性和加强连接等构造措施来提高房屋的变形能力，确保"大震不倒"和小震作用下各构件间的连接强度。底层框架砖房的底层，其地震作用设计值应考虑一定的增大系数，底层框架的抗震强度验算可参照框架结构的有关规定，并进行抗震变形验算。

多层内框架砖房在用底部剪力法计算地震作用时，应考虑顶部的附加水平地震作用，并对求得的地震作用效应进行调整。在地震剪力分配时，楼层纵、横方向地震剪力完全由该方向砖墙承担，并考虑内框架柱和外壁柱承受一定的楼层地震剪力。内框架中钢筋混凝土部分的截面抗震验算可参照框架结构的有关规定。

思 考 题

1. 砌体结构房屋有哪些震害？哪些方面应通过计算或验算解决？哪些方面应采取构造措施？

2. 为什么要限制多层砌体房屋的总高度和层数？为什么要控制房屋的最大高宽比的数值？

3. 为什么要限制多层砌体房屋的抗震墙间距？

4. 简述构造柱和圈梁对砌体房屋的抗震作用及相应规定。

5. 多层砌体房屋的局部尺寸有哪些限制？

6. 应选择哪些墙段进行墙体截面的抗震承载力验算？

7. 怎样进行多层砌体房屋的抗震验算？

8. 多层砌体房屋的结构体系应符合哪些要求？

9. 底部框架砖房的底层为什么沿房屋纵横方向要布置一定数量的抗震墙？

10.《规范》对底部框架房屋第二层与底层侧移刚度的比值有何限制？为什么要限制其刚度比？

11. 底部框架砖房底层的地震剪力在抗震墙和柱之间是按什么原则分配的？倾覆力矩是按什么原则分配的？

12. 在进行底层框架砖房抗震设计时，为什么要将底层纵横向地震剪力均应乘以增大系数？

13. 多层内框架砖房楼层地震剪力在抗震墙和柱之间是如何分配的？

14. 底层框架砖房和多层内框架砖房在抗震构造措施方面有哪些要求？

第 **6** 章

单层钢筋混凝土柱厂房

本章要点 本章介绍了钢筋混凝土柱单层厂房的震害特点,详细阐述了单层厂房的横向抗震计算方法,以及纵向抗震计算的空间分析法、柱列法、修正刚度法和拟能量法,并结合规范给出了抗震设防原则和抗震构造措施。

6.1 震害及其分析

单层钢筋混凝土柱厂房通常是由钢筋混凝土排架柱、有檩或无檩钢筋混凝土屋盖体系组成的装配式结构。凡是经过正规设计的单层钢筋混凝土厂房,即使未经抗震设防,由于设计时考虑了风荷载和吊车制动力的作用,在小震时,厂房主体结构一般完好。中震及大震时,由于地震作用较大,致使主体结构有不同程度的损坏,严重时甚至倒塌。

钢筋混凝土柱单层厂房的主要震害如下:

6.1.1 屋盖体系

屋盖体系包括屋面板、屋架和天窗架,震害主要表现为:

(1)屋面板

地震时,由于屋面板与屋架或屋面梁焊点不牢或焊接不牢,造成震落、错位。靠近柱间支撑的屋架端部,由于该处屋面板传递的水平地震力最大,造成屋面板主肋出现斜裂缝。

(2)天窗架

天窗架的刚度远小于下部主体结构,且突出屋面以上。由于"鞭梢效应"影响,地震作用较大。造成天窗架立柱根部水平开裂或折断,支撑杆件压曲,天窗架发生歪斜甚至倒塌。

(3)屋架

屋盖的水平地震力经由屋架向柱头传递,该处的地震剪力最为集中。导致屋架与柱连接部位预埋件拔出,端头混凝土酥裂断角等,严重时屋架倒塌。另外,其他部位的倒塌,也会引起屋架倒塌。

6.1.2 钢筋混凝土柱

一般情况下,钢筋混凝土柱有一定的抗震能力,但局部震害较为普遍,常见的震害有:

(1)上柱根部或吊车梁处出现水平裂缝、酥裂或折断

由于上柱承受着直接从屋盖传来的地震力,而此处刚度突变,因此,应力集中严重。对于高低跨厂房的中柱,由于高振型的影响,内力较大,上柱本身的抗震承载力也相对不足。

(2)高低跨厂房中柱支承低跨屋盖的牛腿(柱肩)的竖向劈裂

因为高低跨厂房在地震时存在高振型的影响,使高低两个屋盖产生相反方向的运动,增大了牛腿(柱肩)的地震水平拉力,导致竖向开裂。

(3)柱间支撑与柱的联接部位破坏

设有柱间支撑的厂房,由于支撑的拉力作用和应力集中的影响,柱上多有水平裂缝出现,严重时,柱间支撑将柱脚剪断。

(4)下柱的破坏

下柱由于弯矩、剪力过大,承载力不足,在柱根附近产生水平裂缝或环裂,严重时发生酥碎、错位甚至折断。

(5)上柱柱顶破坏

柱顶直接承受来自屋盖的地震作用,如与屋架连接不牢,连接件被拔出或松动,柱顶混凝土会发生酥碎或劈裂的震害。

6.1.3　柱间支撑

当支撑刚度不足时,将导致柱间支撑压屈失稳。支撑与柱连接部位破坏,会造成支撑部分失效,主体结构错位或倾倒。

6.1.4　墙体

厂房的外围护墙、封墙、山墙等,由于墙体较高,与柱及屋盖的连接较差,地震时易出现墙体开裂、外闪,严重时局部或全部倒塌。由于受高振型影响,高跨封墙受力较大,易失稳倒塌。震害表明,围护墙主体比结构更易遭受破坏。

6.2　单层钢筋混凝土柱厂房抗震设计的一般规定

6.2.1　厂房的平面、立面布置

①为使整个厂房结构的质量和刚度分布均匀,厂房的平面布置力求简单、规整、平直;

②厂房贴建的工具间、生活间等,不宜布置在厂房角部和紧邻防震裂缝处;

③厂房的竖向布置要避免质量和高度沿高度的突变,以免造成应力集中剧烈,使震害加剧;

④厂房体型复杂或有贴建得房屋和构筑物时,宜设防震缝,使各区段呈矩形状;设防震缝时,应将两侧的上部结构完好分开,并与沉降缝协同布置。

6.2.2　屋盖系统

①天窗架是突出屋面的承重和抗侧力结构,地震反应较大。突出屋面的天窗,宜用钢天窗架。烈度较低时也可用钢筋混凝土天窗架,9度区宜采用下沉式井式天窗。屋盖的屋面板宜采用轻质板材,而不宜用大型屋面板。天窗宜从厂房端部第二节间开始设置。

②7~8度区厂房可采用钢筋混凝土屋架,8度区Ⅲ、Ⅳ类场地和9度区,当屋架跨度大于

或等于 24m 时宜采用钢屋架。

③厂房端部宜设屋架承重,不宜采用山墙承重。

④高大、重大的厂房优先采用轻型屋面。

6.2.3 柱和柱间支撑

柱是厂房结构最主要的受力构件,厂房排架柱宜采用矩形截面、工字型截面,或斜腹柱双肢柱,不宜采用薄壁开孔或预制腹柱的工字型柱。柱底至室内地坪以上 500mm 范围内和阶梯形上柱宜采用矩形截面,防止侧向变形造成柱子劈裂。柱的抗侧移刚度一般不宜过大,防止吸收较大的地震作用,对厂房整体抗震不利,柱间支撑宜采用型钢,其斜杆与水平面的夹角不宜大于 55°。

6.2.4 围护墙与隔墙

砖墙自重较大,抗震能力较差,为减少震害,应符合下列要求:

①墙宜采用轻质墙板,或大型钢筋混凝土墙板。外侧柱距为 12m 时,应采用大型墙板;高低跨处的高跨封墙和纵、横向厂房交接处的悬墙宜采用轻质墙板;

②当采用砖砌体作为围护墙时,宜采用外贴式,但单跨厂房可在两侧均采用嵌砌式;

③砌体隔墙与柱宜采用柔性连接或完全脱开,为保证墙体的稳定性,隔墙顶应设整体浇注的混凝土压梁。

6.3 单层钢筋混凝土柱厂房抗震设计

《规范》规定,当设防烈度为 7 度,Ⅰ、Ⅱ类场地,柱高不超过 10m,并且结构单元两端有山墙的单跨及等高多跨厂房(锯齿型厂房除外),主体结构基本无损坏,当按规范规定采取了抗震构造措施后,可不进行抗震验算。

单层钢筋混凝土柱厂房应分别进行横向和纵向抗震计算,一般可按以下步骤进行:

①确定厂房所在地区的设防烈度、场地类别、建筑场地特征周期分区;

②建立厂房的结构计算简图;

③分别计算周期和计算地震作用时各集中质点处重力荷载代表值;

④计算厂房结构的自振周期;

⑤按《规范》规定的方法确定结构各质点上的地震作用;

⑥在求得相应的地震作用后,将地震作用看做等效静力荷载,对厂房排架进行结构内力分析;

⑦将地震作用效应进行适当调整后与正常使用荷载效应组合,进行结构及构件的抗震承载力验算;

⑧对于 8 度Ⅲ类、Ⅳ类场地和 9 度时的高大单层钢筋混凝土柱厂房,宜进行罕遇地震作用下薄弱层(部位)塑性变形验算。

6.3.1　横向抗震计算

对于钢筋混凝土无檩或有檩屋盖厂房,一般情况下,宜考虑屋盖的横向弹性变形,按多质点空间结构进行分析。简化计算时,可采用平面铰接排架计算图式,但应考虑厂房空间工作的影响,对计算所得到的周期进行修正,并对地震作用效应进行调整。

横向抗震计算的主要内容是确定厂房排架的横向水平地震作用。在确定地震作用时,可以采用两种计算方法:

①底部剪力法,主要用于一般的单跨和等高多跨厂房;

②振型分解反应谱法,用于结构布置比较复杂,质量与刚度分布很不均匀的厂房以及需要精确计算的少量高大和特别重要的厂房。

(1)基本假定

①设厂房屋盖为有限刚性盘体,地震时沿地震作用方向产生水平剪切变形,并考虑屋盖变形(水平与扭转)对厂房排架地震作用的影响。

②设厂房每一榀排架为一个独立的计算单元,按平面铰接排架计算地震作用。但应考虑山墙对厂房的空间作用、屋盖弹性变形的影响以及吊车桥架的影响。这些影响分别通过不同的调整系数对地震作用及内力加以调整。

③厂房按铰接排架计算时,将重力荷载集中在柱顶及吊车梁顶面标高处。

④厂房排架在地震作用下的变形主要是剪切变形,地震作用沿厂房高度按倒三角形分布。

⑤多遇地震作用下,可按弹性阶段计算,并采用线性叠加原理。

(2)振型分解反应谱方法

对于结构布置比较复杂,质量与刚度分布很不均匀的厂房,以及需要精确计算的少量高大和特别重要的厂房,按底部剪力法计算时的误差较大,此时,应用振型分解反应谱法计算。另外,对于高低跨厂房,当需要求出高低跨交接处的内力时,也需用振型分解反应谱法才能求得。计算步骤如下:

①计算各振型的自振周期 T_j 及振型 X_{ji};

②计算各振型的地震作用

$$F_{ji} = \alpha_j \gamma_j X_{ji} G_i \tag{6.1}$$

$$\gamma_j = \frac{\sum_{j=1}^{n} G_i X_{ji}}{\sum_{j=1}^{n} G_i X_{ji}^2} \tag{6.2}$$

③将 F_{ji} 作为外荷载作用在排架上,求出各振型的排架地震作用效应 S_{ji};

④按平方和开平方法求出各振型地震作用效应组合

$$S = \sqrt{\sum_{j=1}^{n} S_j^2} \tag{6.3}$$

(3)底部剪力法

研究分析表明,对于一般厂房来说,采用底部剪力法计算所得的厂房排架横向水平地震作用,与振型分解反应谱法的计算结果相比,仅差 10% 左右,因此底部剪力法可以满足抗震设计的精度要求。

底部剪力法的计算内容主要包括以下两个方面：

①确定厂房排架的基本周期；

②根据《规范》反应谱曲线，确定地震影响系数 α 的数值，计算排架的总横向水平地震作用 F_{EK} 和各质点处的横向水平地震作用。

下面介绍在厂房排架的横向抗震计算时，底部剪力法的计算方法。

1)计算简图和等效重力荷载代表值

单层厂房排架的计算简图，可取一个柱距的单榀排架为计算单元，将计算单元的质量集中在不同标高处，柱底与基础固结，柱顶与横梁铰接。

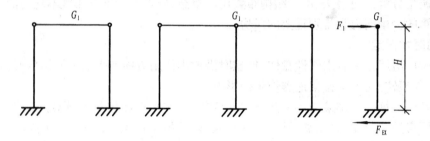

(a) 单质点体系

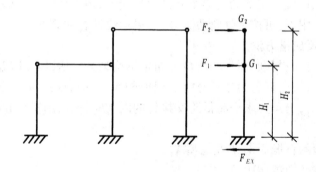

(b) 两质点体系

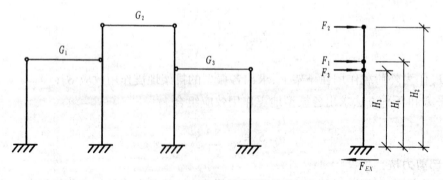

(c) 三质点体系

图 6.1 厂房排架结构计算简图

一般单层单跨和单层等高多跨厂房,厂房质量集中在屋盖标高处,简化为单质点体系;两跨不等高厂房,可简化为两质点体系;三跨不对称厂房,可简化为三质点体系(图6.1)。

①周期计算时

计算厂房自振周期时,集中在各质点标高处的重力荷载代表值,是按照动能等效的原则求得的。所谓动能等效是指原结构体系的最大动能与折算质量体系的最大动能相等,从而保证两体系基本周期等效。

a. 单跨或等高多跨厂房

$$G_1 = 1.0(G_{屋盖} + 0.5G_{雪} + 0.5G_{积灰}) + 0.5G_{吊车梁} + 0.25G_{柱} +$$
$$0.25G_{纵墙} + 0.5G_{檐墙} \tag{6.4}$$

b. 两跨不等高厂房

$$G_1 = 1.0(G_{低跨屋盖} + 0.5G_{低跨雪} + 0.5G_{低跨积灰}) + 0.5G_{低跨吊车梁} + 0.25G_{低跨边柱} +$$
$$0.25G_{低跨纵墙} + 1.0G_{低跨檐墙} + 1.0G_{高跨吊车梁(中柱)} + 0.25G_{中柱下柱} +$$
$$0.5G_{中柱上柱} + 0.5G_{高跨封墙} \tag{6.5}$$

$$G_2 = 1.0(G_{高跨屋盖} + 0.5G_{高跨雪} + 0.5G_{高跨积灰}) + 0.5G_{高跨吊车梁(边柱)} + 0.25G_{高跨边柱} +$$
$$0.25G_{高跨外纵墙} + 1.0G_{高跨檐墙} + 0.5G_{中柱上柱} + 0.5G_{高跨封墙} + 1.0G_{高跨封墙、檐墙} \tag{6.6}$$

式中,$1.0G_{屋盖}$、$0.5G_{雪}$、$0.5G_{积灰}$、$1.0G_{檐墙}$分别为屋盖、雪载、屋面积灰、檐墙重力荷载代表值,其中1.0、0.5为荷载组合系数;$0.5G_{吊车梁}$、$0.25G_{柱}$、$0.25G_{纵墙}$、$0.5G_{上柱}$、$0.5G_{封墙}$分别为乘以动能等效换算系数(如0.5、0.25)的吊车梁、柱和纵墙、上柱、封墙的重力荷载代表值;$1.0G_{高跨吊车梁(中柱)}$为中柱高跨吊车梁重力荷载代表值集中于低跨屋盖处的数值,当集中于高跨屋盖时,应乘以0.5的动能换算系数,计算时采用就近集中的原则。

当厂房有吊车桥架时,桥架对排架起到横向撑杆作用,使计算简图改变:一方面,排架横向刚度增大,自振周期变短;另一方面,桥架质量又会使周期变长。两者综合影响,使得有吊车桥架的排架单元的横向自振周期,等于或略小于无吊车桥架单元的自振周期。如考虑桥架质量,则应同时考虑其撑杆作用。如只计吊车桥架质量,会使计算周期偏长,计算出的地震作用偏小。因此,在采用排架图式计算周期时,一般不考虑吊车质量。

②地震作用计算时

计算厂房地震作用时,重力荷载代表值的取值与计算周期时不同。重力荷载等效换算系数由柱底或墙底截面处弯矩等效的原则确定。

a. 单跨或等高多跨厂房

$$G_1 = 1.0(G_{屋盖} + 0.5G_{雪} + 0.5G_{积灰}) + 0.75G_{吊车梁} + 0.5G_{柱} +$$
$$0.5G_{纵墙} + 1.0G_{檐墙} \tag{6.7}$$

b. 两跨不等高厂房

$$G_1 = 1.0(G_{低跨屋盖} + 0.5G_{低跨雪} + 0.5G_{低跨积灰}) + 0.75G_{低跨吊车梁} +$$
$$0.5G_{低跨边柱} + 0.5G_{低跨纵墙} + 1.0G_{低跨檐墙} + 1.0G_{高跨吊车梁(中柱)} +$$
$$0.5G_{中柱下柱} + 0.5G_{中柱上柱} + 0.5G_{高跨封墙} \tag{6.8}$$

$$G_2 = 1.0(G_{高跨屋盖} + 0.5G_{高跨雪} + 0.5G_{高跨积灰}) + 0.75G_{高跨吊车梁(边柱)} +$$
$$0.5G_{高跨边柱} + 0.5G_{高跨外纵墙} + 1.0G_{高跨檐墙} + 0.5G_{中柱上柱} +$$
$$0.5G_{高跨封墙} + 1.0G_{高跨封墙、檐墙} \tag{6.9}$$

对于集中在吊车梁顶面处的吊车质量,柱距 12m 或 12m 以下的厂房,单跨时取一台,多跨时不超过二台。集中的吊车质量为跨内最大一台吊车。

对于设有桥式吊车的厂房,应考虑吊车桥架的重力荷载。对硬钩吊车,尚应考虑最大吊重的 30%。一般是把某跨吊车桥架重力荷载集中在该跨任一柱的吊车梁顶面标高处。如两跨不等高厂房均设有吊车,在确定厂房地震作用时按四个集中质点考虑(图 6.2)。

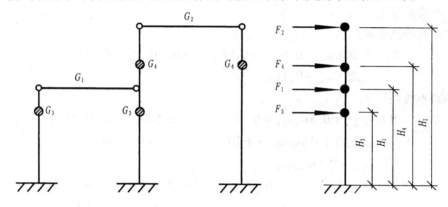

图 6.2　四个质点体系

2)横向自振周期的计算

①单跨和等高多跨厂房

这类厂房可简化为单质点体系,横向基本周期按下式计算:

$$T_1 = 2\pi \sqrt{\frac{G\delta}{g}} \approx 2\sqrt{G\delta} \tag{6.10}$$

式中　G——质点等效重力荷载;

　　　δ——作用在排架顶部单位力引起的侧移,可由结构力学求柔度系数的办法求得(图 6.3)。

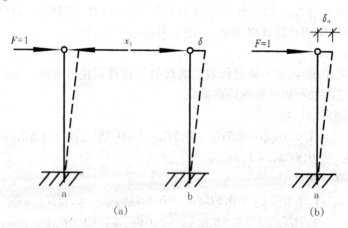

图 6.3　柱顶的侧移

$$\delta = (1 - x_1)\delta^a \tag{6.11}$$

式中　x_1——排架横梁的轴力;

　　　δ^a——在悬臂柱顶作用单位水平力时,该处产生的侧移。

②两跨不等高厂房

按照瑞利的建议,假设各质点的重力荷载 G_i 水平作用于相应质点 m_i 上所产生的挠曲线作为基本振型,采用能量法,基本周期的近似计算公式为

$$T_1 = 2\sqrt{\frac{G_1\Delta_1^2 + G_2\Delta_2^2}{G_1\Delta_1 + G_2\Delta_2}} \tag{6.12}$$

式中　G_1、G_2——分别为集中于低跨屋盖①和高跨屋盖②处的重力荷载代表值;

Δ_i——质点 i 处的侧移,由各质点处横向作用 G_i 时叠加求得:

$$\Delta_1 = G_1\delta_{11} + G_2\delta_{12} \tag{6.13}$$

$$\Delta_2 = G_1\delta_{21} + G_2\delta_{22} \tag{6.14}$$

式中　δ_{11}、δ_{22}——分别为屋盖①、②作用单位力时,屋盖①、②标高处产生的侧移;

δ_{12}、δ_{21}——单位力分别作用于屋盖②、①处,在屋盖①、②处产生的侧移,$\delta_{12} = \delta_{21}$;由图 6.4 可见:

$$\delta_{11} = (1 - x_1^{①})\delta_{11}^a \tag{6.15}$$

$$\delta_{21} = \delta_{12} = x_2^{②}\delta_{22}^c = x_1^{②}\delta_{11}^a \tag{6.16}$$

$$\delta_{22} = (1 - x_2^{②})\delta_{22}^c \tag{6.17}$$

式中　$x_1^{①}$、$x_2^{②}$——分别为单位力作用于屋盖①处时,在横梁①、②上引起的内力;

$x_1^{②}$、$x_2^{②}$——分别为单位力作用于屋盖②处时,在横梁①、②上引起的内力;

δ_{11}^a、δ_{22}^c——分别为在单根柱 a、c 柱顶作用单位力时,柱顶的侧移值。

中跨升高的三跨厂房,其周期计算方法与上类似。

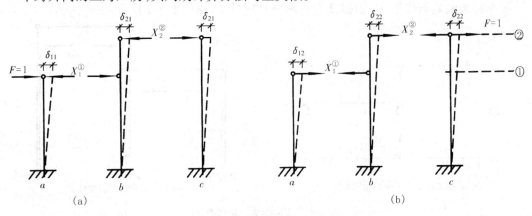

图 6.4　屋盖的侧移

③横向自振周期的修正

以上各类厂房横向自振周期都是按铰接排架图式计算得到的,没有考虑屋架和柱顶之间的实际连接情况,另外,围护墙对排架的侧向变形也有约束作用,因此,按上述公式计算的基本周期比实际偏长。为此,《规范》规定,由钢筋混凝土屋架或钢屋架与钢筋混凝土柱组成的排架厂房,对基本自振周期进行调整,即将以上得到的周期值 T 再乘以系数 K:有纵墙时,K 取 0.8;无纵墙时,K 取 0.9。

3)排架地震作用

单层工业厂房的横向水平地震作用可采用底部剪力法计算。

①基底总水平地震作用标准值(底部剪力)

$$F_{EK} = \alpha_1 G_{eq} \tag{6.18}$$

式中　α_1——相应于基本周期 T_1 的地震影响系数;

　　　G_{eq}——集中于柱顶的等效重力荷载代表值。

②质点 i 的水平地震作用标准值

$$F_i = \frac{G_i H_i}{\sum\limits_{j=1}^{n} G_j H_j} F_{EK} \tag{6.19}$$

③吊车的地震作用

吊车梁顶面标高处吊车桥架重力荷载产生的水平地震作用

$$F_{cri} = \alpha_1 G_{cri} \frac{H_{cri}}{H_i} \tag{6.20}$$

式中　H_i——吊车所在跨排架柱顶的高度;

　　　H_{cri}——吊车所在跨吊车梁面的高度;

　　　G_{cri}——第 i 跨一台吊车桥架自重(包括小跑车在内)在一根排架柱牛腿上的反力值,根据吊车规格(轮距)计算确定(图6.5a)

$$G_{cri} = \frac{G}{4}\left(1 + \frac{l-k}{l}\right)$$

式中,k,G 值可查相关规范。

吊车桥架的地震作用 F_{cri} 由排架左右两柱共同承受,见图6.5(b)。

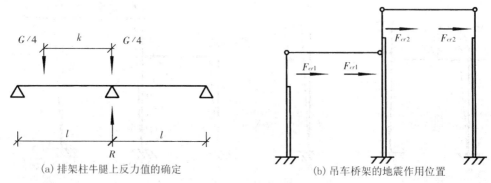

(a) 排架柱牛腿上反力值的确定　　　　(b) 吊车桥架的地震作用位置

图6.5　吊车桥架的地震作用

4)天窗架的横向水平地震作用

突出屋面的钢筋混凝土天窗架的横向刚度远大于厂房排架的刚度,在横向相对于排架来讲几乎是刚性的。在横向水平地震作用下,可以认为天窗架基本上随排架平移,自身变位很小,高振型的影响也很小。由于按底部剪力法计算时,假设地震作用按三角形分布,因此,天窗架的地震作用比按振型分解反应谱法计算的结果大 15% ~ 27%。《规范》规定,对于突出屋面且带有斜腹杆的桁架式钢筋混凝土天窗架,其横向地震作用按底部剪力法计算已足够安全。只是当跨度大于 9m 或烈度大于 9 度时,天窗架的横向地震作用效应才乘以效应增大系数 1.5,以考虑高振型影响。

5)考虑厂房空间工作和扭转影响对地震作用效应的调整

震害和理论分析表明,当厂房山墙之间的距离不太大,且为钢筋混凝土屋盖时,作用在厂房上的地震作用将有一部分通过屋盖传递给山墙,从而使排架上的地震作用减小,这种现象称为厂房的空间作用。

空间作用的大小取决于山墙的间距和屋盖的刚度。如果厂房只有一端有山墙,或两端虽有山墙,但其抗侧移刚度相差很大时,厂房屋盖的整体振动将变得复杂,有可能出现扭转。因此,由于厂房空间作用的影响,按平面排架计算简图求得的地震作用,符合下列条件时,按表6.1考虑效应调整系数:

①设防烈度不高于 8 度,否则山墙破坏严重,不考虑厂房空间作用;

②厂房单元屋盖长度与总跨度之比小于 8 或厂房总跨度大于 12m;屋盖长度指山墙到山墙的间距,仅一端有山墙时,应取所考虑排架至山墙的距离;高低跨相差较大的不等高厂房,总跨度可不包括低跨;否则不满足屋盖平面内以剪切变形为主及厂房的横向变形以剪切型为主的条件;

③山墙的厚度不小于 240mm,开洞所占的水平截面积不超过总面积的 50%,并且与屋盖系统有良好的连接。

④柱顶高度不大于 15m。

表 6.1　钢筋混凝土柱(高低跨交接处的上柱除外)
考虑空间工作和扭转影响的效应调整系数

屋盖	山　墙		屋盖长度/m											
			<30	36	42	48	54	60	66	72	78	84	90	96
钢筋混凝土无檩屋盖	两端山墙	等高厂房			0.75	0.75	0.75	0.8	0.8	0.8	0.85	0.85	0.85	0.9
		不等高厂房			0.85	0.85	0.85	0.9	0.9	0.9	0.95	0.95	0.95	1.0
	一端山墙		1.05	1.15	1.2	1.25	1.3	1.3	1.3	1.3	1.35	1.35	1.35	1.35
钢筋混凝土有檩屋盖	两端山墙	等高厂房			0.8	0.85	0.9	0.95	0.95	1.0	1.0	1.05	1.05	1.1
		不等高厂房			0.85	0.9	0.95	1.0	1.0	1.05	1.05	1.1	1.1	1.15
	一端山墙		1.0	1.05	1.1	1.1	1.15	1.15	1.15	1.2	1.2	1.2	1.25	1.25

6)高低跨交接处钢筋混凝土柱的内力调整

排架高低跨交接处,高低跨两个屋盖可能产生相反的运动,因此,钢筋混凝土柱支承低跨屋盖牛腿以上各截面,由于高振型的影响,按底部剪力法求得的地震剪力和弯矩应乘以增大系数。

$$\eta = \xi_2 \left(1 + 1.7 \frac{n_h}{n_0} \frac{G_{EI}}{G_{Eh}} \right) \tag{6.21}$$

式中　n_h——高跨跨数;

n_0——计算跨数:一侧有低跨时取总跨数,二侧均有低跨时取总跨数与高跨跨数之和;

G_{EI}——低跨屋盖标高处总重力荷载代表值;

G_{Eh}——集中于高跨柱顶标高处总重力荷载代表值;

ξ_2——高低跨交接处(中柱牛腿以上截面)钢筋混凝土上柱的空间工作影响系数,见表6.2。

表 6.2 　高低跨交接处钢筋混凝土上柱空间工作影响系数 ζ_2

屋盖	山墙	屋盖长度/m										
		≤36	42	48	54	60	66	72	78	84	90	96
钢筋混凝土	两端山墙		0.7	0.76	0.82	0.88	0.94	1.0	1.06	1.06	1.06	1.06
无檩屋盖	一端山墙	1.25										
钢筋混凝土	两端山墙		0.9	1.0	1.05	1.1	1.1	1.15	1.15	1.15	1.2	1.2
有檩屋盖	一端山墙	1.05										

7)吊车桥架对排架柱局部地震作用效应的修正

吊车桥架是一个较大的移动质量,在地震中往往引起厂房的强烈局部振动,对吊车所在排架产生局部影响,加重震害。

钢筋混凝土柱单层厂房的吊车梁顶标高处的上柱截面,由吊车桥架引起的地震剪力和弯矩,应乘以表 6.3 的效应增大系数。

表 6.3 　吊车桥架引起的地震剪力和弯矩增大系数

屋盖类型	山墙	边柱	高低跨柱	其他中柱
钢筋混凝土无檩屋盖	两端山墙	2.0	2.5	3.0
	一端山墙	1.5	2.0	2.5
钢筋混凝土有檩屋盖	两端山墙	1.5	2.0	2.5
	一端山墙	1.5	2.0	2.0

(4)排架的内力组合

内力组合是指地震作用引起的结构内力(考虑地震的往复作用,符号可正可负)与其他竖向荷载(如结构自重、雪荷载、积灰荷载等,有吊车时,还应考虑吊车竖向荷载)引起的内力,根据可能出现的最不利荷载情况组合。

由于单层厂房考虑了地震作用效应后就足以抵抗风荷载作用,因此,一般不考虑风荷载效应。另外,不考虑吊车横向水平制动力、屋面施工荷载引起的内力,也不考虑竖向地震作用效应。

组合效应的一般表达式为

$$S = \gamma_G S_{GE} + \gamma_{Eh} S_{Ehk} \tag{6.22}$$

式中　γ_G——重力荷载分项系数,一般取 1.2;

γ_{Eh}——水平地震作用分项系数,取 1.3;

S_{GE}——重力荷载效应;

S_{Ehk}——水平地震作用标准值的效应。

当考虑地震的内力组合(包括荷载分项系数、抗震承载力调整系数影响)小于正常荷载下内力组合时,取正常荷载下的内力组合。

(5)截面抗震验算

1)抗震承载力验算的一般公式为:

$$S \leq R/\gamma_{RE} \tag{6.23}$$

式中　S——内力组合设计值;

　　R——结构构件承载力设计值；

　　γ_{RE}——承载力抗震调整系数，对排架柱，按偏心受压构件计算，当轴压比不大于 0.15 时，取 0.75，轴压比大于 0.15 时，取 0.8。

　　2)为防止高低跨交接处牛腿在地震中竖向拉裂，按下式确定牛腿受拉钢筋面积：

$$A_s \geq \left(\frac{N_G a}{0.85 h_0 f_y} + 1.2 \frac{N_E}{f_y}\right)\gamma_{RE} \tag{6.24}$$

式中　N_G——柱牛腿截面以上承受重力荷载代表值时产生的压力设计值；

　　　　N_E——柱牛腿截面以上地震组合水平拉力设计值；

　　　　a——重力作用点至下柱近侧边缘的距离，当 $a < 0.3 h_0$ 时，取 $a = 0.3 h_0$；

　　　　h_0——牛腿最大竖向截面的有效高度；

　　　　γ_{RE}——承载力抗震调整系数，取 1.0；

　　　　f_y——钢筋抗拉设计强度。

　　3)柱头截面抗震验算

　　由于侧向水平变位受约束，嵌砌内隔墙或侧边贴建披屋使钢筋混凝土柱处于短柱工作状态，按下式对柱头进行截面抗震验算

$$V \leq (0.042 b_c h_0 f_c + A_{sv} f_{yv} + 0.054 N)/\gamma_{RE} \tag{6.25}$$

式中　V、N——分别为柱顶剪力设计值及相对应的柱顶轴压力；

　　　　A_{sv}——柱顶以下 500mm 范围内全部箍筋截面积；

　　　　f_{yv}——箍筋抗拉强度设计值；

　　　　f_c——混凝土抗压强度设计值；

　　　　b_c、h_0——分别为柱顶截面的宽度和有效高度；

　　　　γ_{RE}——承载力抗震调整系数，取 1.0。

6.3.2　纵向抗震计算

　　从震害调查来看，单层厂房的纵向抗震能力较差，厂房在纵向水平地震作用下的破坏程度比横向严重，天窗架、屋面板、屋架、屋盖支撑、柱间支撑等部位的震害多半由纵向地震造成，因此，应对单层厂房的纵向进行详细的抗震分析。

　　单层厂房的纵向振动十分复杂。在纵向地震作用下，质量和刚度分布均匀的等高厂房仅产生纵向水平振动；而质量中心和刚度中心不重合的高低跨厂房将产生纵向平动和扭转的耦联振动。由于钢筋混凝土屋盖平面内的刚度有限，在纵向水平地震作用下，屋盖会产生剪切变形。因此，在地震作用下，厂房的纵向是整体空间工作的。

　　在计算方法上，对于钢筋混凝土无檩和有檩屋盖及其有较完整支撑系统的轻型屋盖厂房，一般情况下，宜考虑屋盖的纵向弹性变形、围护墙与隔墙的有效刚度以及扭转的影响，按多质点进行空间结构分析；纵向质量和刚度基本对称的钢筋混凝土屋盖等高厂房，可不考虑扭转影响，采用振型分解反应谱法计算。

　　当符合一定条件时，可采用相应的简化计算方法：即纵墙对称布置的单跨厂房和轻型屋盖的多跨厂房，可采用柱列法，按柱列分片单独计算；若柱顶标高不大于 15m 且平均跨度不大于 30m 的单跨或等高多跨的钢筋混凝土柱厂房，可采用修正刚度法；对于钢筋混凝土屋盖的两跨

不等高厂房,可采用拟能量法计算。

进行厂房的纵向抗震计算时,以横向防震缝所分割的厂房纵向单元作为一个计算单元。当厂房无横向防震缝时,取整个厂房作为一个计算单元。

下面分别介绍上述计算方法。

(1)空间分析方法

1)力学模型

在进行结构的空间分析时,首先应了解各构件的力学特性和参与工作的程度。由于屋盖在其自身平面内并非绝对刚性,在纵向地震作用下,围护墙和柱间支撑参与工作,边柱列的侧移要小于中柱列的侧移,从而减轻了边柱列和支撑的震害。因此,这对整个厂房的动力特性和地震作用都会产生一定影响。在进行单层厂房的纵向抗震分析时。应采取空间力学模型,将屋盖视为有限刚度的水平等效剪切梁,各个纵向柱列视为柱子、柱间支撑和纵墙的并联体(图6.6)。

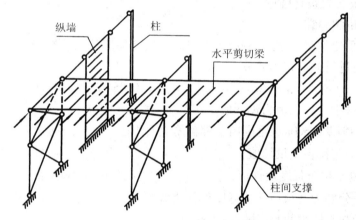

图 6.6 力学模型

2) 计算简图

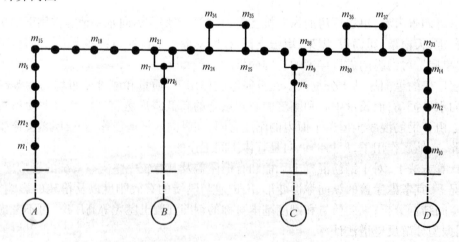

图 6.7 厂房纵向分析简图

采用数值方法计算结构地震反应时,对具有连续分布质量的结构要进行离散化处理。一般情况下,对于边柱列,宜取不少于 5 个质点;对于中柱列,宜取不少于 2 个质点。若要同时计算出屋面构件节点及屋架端部竖向支撑的地震内力,对于无天窗屋盖,每跨不少于 6 个质点;对于有天窗屋盖,每跨不少于 8 个质点,使之成为"串并联多质点体系"(图 6.7)。若仅需要确定柱列水平地震作用,而不需要验算屋面构件及其连接的抗震强度时,也可按动能等效原则(确定自振特性)或内力等效原则(确定地震作用),把每一柱列全部质量集中换算到柱顶,将等高或不等高厂房分别简化为具有较少质点的"并联多质点体系"或"串并联多质点体系"计算模型(图 6.8)。

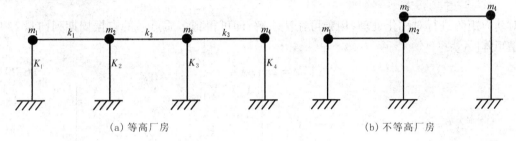

(a) 等高厂房　　　　　　　　　　　　　(b) 不等高厂房

图 6.8　简化的多质点系

3) 自由振动方程

等高厂房沿纵向基本对称,可仅考虑平动影响,不考虑扭转因素。

以质点纵向振动时的相对位移幅值作为变量,厂房纵向自由振动方程为

$$-\omega^2[m]\{X\} + [K]\{X\} = \{0\} \tag{6.26}$$

式中　ω——多质点系自由振动圆频率;

　　　$\{X\}$——质点相对位移幅值列向量:

$$\{X\} = [X_1 \ X_2 \cdots X_i \cdots X_n]^T$$

　　　n——多质点系的质点数;

　　　$[m]$——多质点体系质量矩阵:

$$[m] = \mathrm{ding}[m_1 \ m_2 \cdots m_i \cdots m]$$

　　　$[K]$——多质点系刚度矩阵,$[\overline{K}]$ 为柱列侧移刚度 K_i 所组成的刚度矩阵,$[k]$ 为屋盖纵向水平刚度引起的各柱列之间的耦联刚度矩阵:

$$[K] = [\overline{K}] + [k]$$

$$[\overline{K}] = \mathrm{diag}[K_1 \ K_2 \cdots K_i \cdots K_n]$$

$$[k] = \begin{bmatrix} k_1 & -k_1 & & & \\ -k_1 & k_1+k_2 & & 0 & \\ \cdots & \cdots & \cdots & & \\ & 0 & -k_{n-2} & k_{n-2}+k_{n-1} & -k_{n-1} \\ & & & -k_{n-1} & k_{n-1} \end{bmatrix}$$

　　　k_i——第 i 跨屋盖的纵向水平刚度:

$$k_i = \frac{L}{l_i}\overline{k}$$

　　　L——厂房纵向长度或防震缝区段长度;l_i 为第 i 跨的跨距;$\overline{k}$ 为单位面积屋盖沿厂房纵

向的水平等效剪切刚度基本值:无檩屋盖,取 $2 \times 10^4 kN$;有檩屋盖,取 $6 \times 10^3 kN$。

4)周期和振型

将纵向自由振动方程化为求特征值和特征向量的标准形式:

$$[K]^{-1}[m]\{X\} = \lambda\{X\} \tag{6.27}$$

式中 λ——多质点系动力矩阵 $[K]^{-1}[m]$ 的特征值:

$$\lambda = \frac{1}{\omega^2} \tag{6.28}$$

对动力矩阵进行对称化处理,用雅可比法求解,即可得到多质点系的自振周期列向量 $\{T\}$ 和振型矩阵 $[\Lambda]$:

$$\{T\} = 2\pi\{\sqrt{\lambda}\} \tag{6.29}$$

$$[\Lambda] = [\{X_1\}\{X_2\}\cdots\{X_i\}\cdots\{X_n\}] = \begin{bmatrix} X_{11} & X_{21} & \cdots & X_{i1} & \cdots & X_{n1} \\ X_{12} & X_{22} & \cdots & X_{i2} & \cdots & X_{n2} \\ \cdots & \cdots & \cdots & \cdots & \cdots & \cdots \\ X_{1n} & X_{2n} & \cdots & X_{in} & \cdots & X_{nn} \end{bmatrix}$$

5)质点的水平地震作用

多质点体系前 t 个振型质点水平地震作用形成的 $n \times t$ 阶矩阵:

$$[F]_{n \times t} = g[m][\Lambda]_{n \times t}[\alpha][\gamma] \tag{6.30}$$

式中 $[\alpha]$——相应于各阶自振周期的地震影响系数组成的对角矩阵:

$$[\alpha] = \mathrm{diag}[\alpha_1 \alpha_2 \cdots \alpha_i \cdots \alpha_t]$$

$[\gamma]$——各振型参与系数 γ_i 形成的对角阵:

$$[\gamma] = [\gamma_1 \gamma_2 \cdots \gamma_i \cdots \gamma_t]$$

t——需要组合的振型数,一般情况下,取 $t = 5$ 已满足;

g——重力加速度。

6)空间结构的侧移

在纵向分析中,纵向空间结构可以看做全由剪切构件组成,杆段内力与杆端相对侧移成正比。在计算结构侧移时,采用考虑砖墙刚度退化的空间结构刚度矩阵。

式(6.30)计算出的质点地震作用是对厂房纵向空间结构节点的地震作用,需要进行空间分配后才能得出作用于柱列分离体上的水平地震作用。方法是:首先计算出空间结构分别在各振型质点地震作用下的质点侧移,即柱列的纵向位移;然后,乘以柱列纵向刚度,得到作用于柱列上端的各振型地震作用 $\bar{F}$。

前 t 个振型的质点相对侧移形成的矩阵:

$$[\Delta] = [K']^{-1}[F] \tag{6.31}$$

式中 $[K']$——考虑砖墙刚度退化的空间结构刚度矩阵。

7)柱列地震作用

作用于各柱列(分离体)上端的前 t 个振型水平地震作用:

$$[\bar{F}] = [\bar{K}][\Delta] \tag{6.32}$$

8)构件的地震作用效应

分别计算前 5 个振型地震作用单独影响下的构件地震作用效应并进行组合,即得构件的设计地震作用效应。

对于不等高单层厂房,由于高跨和低跨的纵向侧移刚度相差较大,在地面纵向平动分量的作用下,结构将出现扭转振动。因此,对于不等高厂房的纵向抗震计算,当采用空间分析方法时,除考虑纵向平动外,还应计入各层屋盖整体转动的影响,即对厂房做平移—扭转耦联振动分析,详细讨论参见相关文献。

(2)柱列法

柱列法适用于①各种单跨厂房;②轻型屋盖(瓦楞铁、石棉瓦等轻材料)的多跨等高厂房。

一般单跨厂房的两边柱列纵向刚度相同,在厂房作纵向振动时,基本是同步的,这样可以认为两柱列各自独立振动、互不影响。

对于轻型屋盖多跨等高厂房,边柱列和中柱列的纵向振动虽有差异,但因屋盖刚度小,协调各柱列变形的能力差,厂房作纵向振动时,可认为各柱列独自振动。至于屋盖对各柱列纵向振动的影响,可通过调整柱列的纵向基本周期来解决。

计算时,以跨度中线划界,取各自独立的柱列进行分析,使计算得以简化,这种计算方法称为柱列法。

1)柱列的柔度和刚度

在计算柱列的基本周期和各抗侧力构件(柱、支撑、纵墙)的地震作用时,需要知道各抗侧力构件的柔度和刚度以及柱列的柔度和刚度。下面讨论各抗侧力构件柔度和刚度的计算方法。

①柱的柔度和刚度

a. 等截面柱

侧移柔度

$$\delta_c = \frac{H^3}{3E_c I_c \mu} \tag{6.33}$$

侧移刚度

$$k_c = \frac{1}{\delta_c} = \mu \frac{3E_c I_c}{H^3} \tag{6.34}$$

式中 H——柱的高度;

I_c——柱截面惯性矩;

E_c——混凝土弹性模量;

μ——屋盖、吊车梁等纵向构件对柱侧移刚度的影响系数:无吊车梁时 $\mu = 1.1$,有吊车梁时 $\mu = 1.3$。

b. 变截面柱

侧移柔度

$$\delta_c = \frac{H^3}{C_0 E_c I'_c \mu} \tag{6.35}$$

式中 H——柱的高度;

$E_c I'_c$——排架平面内下柱截面抗弯刚度;

C_0——变截面柱位移系数,查排架计算手册的阶梯形柱顶反力与位移系数表,等截面柱 $C_0 = 3$。

c. 柱的刚度

一柱列内所有柱的总刚度 $\sum k_c = \dfrac{1}{\sum \delta_e}$

②柱间支撑的柔度和刚度

单层厂房常见的柱间支撑形式有 K 型支撑、X 型支撑等。计算时,因所用支撑杆件的长细比不同,应分别采用不同的计算简图。

在水平力作用下,柱间支撑的计算简图可以采用悬臂桁架体系。其中,水平杆件和两边的竖向杆件截面积较大,其轴向变形可略去不计,以简化计算。

a. 柔性支撑

支撑杆件的长细比 $\lambda = \dfrac{l_0}{r} > 200$,属于大柔度杆。这种杆件基本不参与受压工作,可只考虑杆件受拉。如图 6.9(a)所示。

按结构力学方法,计算时,首先,求出杆件的内力 N;然后,求杆件的伸长 $\Delta = \dfrac{NL}{EA}$;最后,求出杆件节点处的水平位移 $\delta = \dfrac{\Delta}{\cos\alpha}$,其中 α 为斜杆与水平杆件之间的夹角。

例如,对图 6.9(a)所示 A_2 杆件,当支撑顶部作用单位水平力时,A_2 杆件的轴力 N_2 可由隔离体静力平衡条件 $N_2\cos\alpha - 1 = 0$ 得到。其中,$\cos\alpha = \dfrac{L}{l_2}$。因此,$N_2 = \dfrac{l_2}{L}$。于是,$A_2$ 杆件的伸长量 $\Delta_2 = \dfrac{l_2^2}{EA_2L}$。

所以,由 A_2 杆件的伸长引起的支撑顶部水平位移为 $\delta'_{21} = \dfrac{\Delta_2}{\cos\alpha} = \dfrac{l_2^3}{EA_2L^2}$。

同理可得 $\delta'_{11}\delta'_{31}$。相加后,得到在 $F = 1$ 作用点引起的侧移,即侧移柔度:

$$\delta_{11} = \frac{1}{EL^2}\left(\frac{l_1^3}{A_1} + \frac{l_2^3}{A_2} + \frac{l_3^3}{A_3}\right) \tag{6.36}$$

式中　A_1、l_1,A_2、l_2 和 A_3、l_3——分别为从顶部算起支撑第 1、2、3 节间斜杆的截面面积和长度;

　　　　E——钢材的弹性模量;

　　　　L——柱间支撑的宽度。

同理可得,

$$\delta_{22} = \delta_{12} = \delta_{21} = \frac{1}{EL^2}\left(\frac{l_2^3}{A_2} + \frac{l_3^3}{A_3}\right) \tag{6.37}$$

b. 半刚性支撑

当支撑杆件的长细比 $\lambda = 40 \sim 200$ 时,属于半刚性杆。从初始加载到压杆屈服前,拉压杆具有一定的承载力和刚度,计算时,应计入斜杆的拉压作用。但与受拉斜杆同时工作的受压斜杆,发挥的刚度不是定值,而是随荷载大小变化:荷载大时,压杆在整个支撑刚度中所参与的刚度少;荷载小时,参与刚度多。试验表明,这种支撑在水平力作用下,拉杆屈服前,压杆达到临界状态,但尚未失稳,支撑拉杆和压杆的轴力之比可取 $1:\varphi$(φ 为压杆稳定系数)。对于图 6.9(b)中所示的 X 型交叉支撑,其侧移柔度为

$$\delta_{11} = \frac{1}{EL^2}\left(\frac{1}{1+\varphi_1}\frac{l_1^3}{A_1} + \frac{1}{1+\varphi_2}\frac{l_2^3}{A_2} + \frac{1}{1+\varphi_3}\frac{l_3^3}{A_3}\right) \tag{6.38}$$

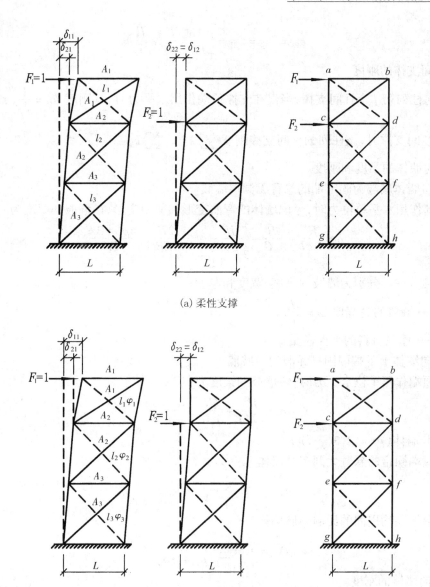

(a) 柔性支撑

(b) 半刚性支撑

图 6.9　柱间支撑

$$\delta_{22} = \delta_{12} = \delta_{21} = \frac{1}{EL^2} \left(\frac{1}{1+\varphi_2} \frac{l_2^3}{A_2} + \frac{1}{1+\varphi_3} \frac{l_3^3}{A_3} \right) \tag{6.39}$$

式中　$\varphi_1, \varphi_2, \varphi_3$——分别为第 1,2,3 节斜杆轴心受压稳定系数,按《钢结构设计规范》取值。

c. 刚性支撑

当支撑斜杆的长细比 $\lambda < 40$ 时,压杆不致失稳,压杆的工作状态与拉杆一样,可以充分发挥全截面的承载力。刚性支撑在多层厂房中应用较多,在单层厂房中一般不用。对于以上形式的 X 型交叉支撑,刚性支撑的侧移柔度为:

$$\delta_{11} = \frac{1}{2EL^2} \left(\frac{l_1^3}{A_1} + \frac{l_2^3}{A_2} + \frac{l_3^3}{A_3} \right) \tag{6.40}$$

$$\delta_{22} = \delta_{12} = \delta_{21} = \frac{1}{2EL^2}(\frac{l_2^3}{A_2} + \frac{l_3^3}{A_3}) \tag{6.41}$$

d. 柱间支撑的刚度

对纵向柱列第 j 个柱间支撑，当仅在支撑顶端作用水平力时，其刚度 $k_{bj} = \frac{1}{\delta_j}$；当一纵向柱列有 n 个柱间支撑时，该柱列的柱间支撑刚度 $\sum k_b = \sum_{j=1}^{n} k_{bj}$。

③纵向墙体的柔度和刚度

a. 纵向墙体底端为固定端的悬臂无洞单墙肢

在顶部作用水平单位力时，考虑墙体的弯曲变形和剪切变形，该墙肢的柔度为

$$\delta = \frac{H^3}{3EI} + \frac{\xi H}{A_w G} \approx \frac{H^3}{3E\frac{B^3 t}{12}} + \frac{1.2H}{0.4EBt} \approx \frac{4\rho^3 + 3\rho}{Et} \tag{6.42}$$

式中 H、B、t——分别为墙肢的高度、宽度和厚度；

   ρ——墙肢的高宽比，$\rho = \frac{H}{B}$；

   E——墙肢材料的弹性模量。

b. 纵向墙体上下端嵌固且无洞的单肢墙

在其顶端作用单位水平力时，该墙肢的柔度为

$$\delta = \frac{H^3}{12EI} + \frac{\xi H}{A_w G} \approx \frac{\rho^3 + 3\rho}{Et} \tag{6.43}$$

c. 多肢墙体$(j = 1,2,3,\cdots,n)$

对于底端固定的悬臂无洞多肢墙体

$$\delta_w = (Et\sum_{j=1}^{n} \frac{1}{4\rho_j^3 + 3\rho_j})^{-1} \tag{6.44}$$

对于上下端均嵌固的无洞多肢墙体

$$\delta_w = (Et\sum_{j=1}^{n} \frac{1}{\rho_j^3 + 3\rho_j})^{-1} \tag{6.45}$$

d. 纵向墙体的刚度

将纵墙高度方向所有墙带的柔度相加可得墙体的柔度，取倒数后即为纵向墙体的侧移刚度 $\sum k_w$。

④柱列的侧移柔度和侧移刚度

a. 柱列顶部作用一个地震力(图 6.10)

第 i 柱列柱顶标高处的侧移刚度等于各抗侧力构件同一标高侧移刚度之和：

$$k_i = \sum k_c + \sum k_b + \sum k_w \tag{6.46}$$

为简化计算，对于钢筋混凝土柱，一个柱列内全部柱子的总侧移刚度 $\sum k_c$，可以近似地取该柱列所有柱间支撑侧移刚度的 10%，即 $\sum k_c = 0.1\sum k_b$。

考虑到在持续地震作用下，砖墙会开裂，导致刚度降低。对于贴砌的砖围护墙，根据地震烈度的大小，取不同的刚度折减系数，则柱列的纵向刚度：

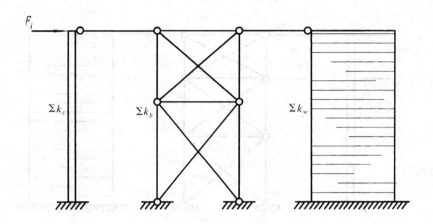

图 6.10　柱顶设置水平连杆

$$k'_i = \sum k_c + \sum k_b + \Psi_k \sum k_w \tag{6.47}$$

$$\text{或 } k'_i = 1.1 \sum k_b + \Psi_k \sum k_w$$

式中　Ψ_k——砖墙开裂后的刚度降低系数,烈度 7、8、9 度时,分别为 0.6、0.4、0.2。

第 i 柱列的侧移柔度为:

$$\delta_i = \frac{1}{k_i} \text{ 或 } \frac{1}{k'_i} \tag{6.48}$$

b. 柱列作用两个地震力(图 6.11)

第 i 柱列的刚度矩阵:

$$[k_i] = \begin{bmatrix} k_{11} & k_{12} \\ k_{21} & k_{22} \end{bmatrix} = [k_c] + [k_b] + [k_w] = \begin{bmatrix} k_{c11} + k_{b11} + k_{w11} & k_{c12} + k_{b12} + k_{w12} \\ k_{c21} + k_{b21} + k_{w21} & k_{c22} + k_{b22} + k_{w22} \end{bmatrix}$$

式中　$[k_c]$、$[k_b]$、$[k_w]$——分别为第 i 柱列柱、柱间支撑和纵墙的刚度矩阵,可采用柔度矩阵
求逆得到。

第 i 柱列的柔度矩阵:

$$[\delta_i] = \begin{bmatrix} \delta_{11} & \delta_{12} \\ \delta_{21} & \delta_{22} \end{bmatrix} = [k_i]^{-1} = \frac{1}{|k_i|} \begin{bmatrix} k_{22} & -k_{21} \\ -k_{12} & k_{11} \end{bmatrix}$$

其中,$|k| = k_{11} k_{22} - k_{12}^2$。

2)等效重力荷载代表值

①计算柱列自振周期时

第 i 柱列换算到柱顶标高处的集中质点等效重力荷载代表值,包括柱列左右跨度各半的
屋盖重力荷载代表值,以及该柱列的柱、纵墙、山墙等。按动能等效原则换算到柱顶处的重力
荷载代表值:

$$G_i = 1.0(G_{屋盖} + 0.5G_雪 + 0.5G_{积灰}) + 0.5(G_{吊车桥} + G_{吊车梁}) +$$
$$0.25(G_柱 + G_{山墙}) + 0.35G_{纵墙} + 0.5G_{悬墙} \tag{6.49}$$

式中,纵墙的等效质量系数 0.35,是纵墙按剪切振动时的动能等效原则得到的;$G_{吊车桥}$ 为第 i 柱
列左右跨所有吊车桥自重的一半,硬钩吊车还应包括吊重的 30%。

②计算柱列地震作用时

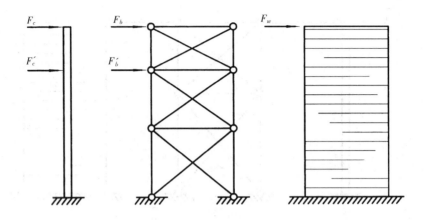

(a) 有吊车厂房计算模型

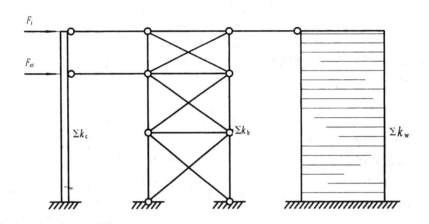

(b) 有吊车厂房地震作用分配

图 6.11 有吊车厂房

第 i 柱列换算等效重力荷载代表值分别集中在柱顶及柱列牛腿面高度处,按照底部内力等效原则得到的换算重力荷载代表值为:

无吊车厂房

$$\overline{G}_i = 1.0(G_{屋盖} + 0.5G_{雪} + 0.5G_{积灰}) + 0.5(G_{柱} + G_{山墙}) + 0.7G_{纵墙} + 0.5G_{悬墙} \qquad (6.50)$$

有吊车厂房

$$\overline{G}_i = 1.0(G_{屋盖} + 0.5G_{雪} + 0.5G_{积灰}) + 0.7(G_{吊车桥} + G_{吊车梁}) + 0.1G_{柱} +$$
$$0.5G_{山墙} + 0.7G_{纵墙} + 0.5G_{悬墙} \qquad (6.51)$$

牛腿面处

$$\overline{G}_{cri} = 1.0(G_{吊车桥} + G_{吊车梁}) + 0.4G_{柱} \qquad (6.52)$$

③柱列的自振周期

第 i 柱列沿厂房纵向的基本自振周期

$$T_i = 2\Psi_T\sqrt{\frac{G_i}{k_i}} \tag{6.53}$$

式中 G_i——第 i 柱列的重力荷载代表值;

k_i——第 i 柱列总刚度:

$$k_i = \sum k_c + \sum k_b + \sum k_w$$

Ψ_T——根据厂房纵向空间分析结果确定的周期修正系数:单跨厂房取 $\Psi_T = 1.0$,多跨厂房按表 6.4 取值。

表 6.4 柱列自振周期修正系数

围护墙	天窗或支撑		边柱列	中柱列
石棉瓦、挂板或无墙	有支撑	边跨无天窗	1.3	0.9
		边跨有天窗	1.4	0.9
	无柱间支撑		1.15	0.85
砖墙	有支撑	边跨无天窗	1.60	0.9
		边跨有天窗	1.65	0.9
	无柱间支撑		2.0	0.85

④柱列水平地震作用标准值

第 i 柱列纵向水平地震作用标准值,按底部剪力法计算

$$F_i = \alpha_1 \overline{G}_i \tag{6.54}$$

式中 α_1——相应于柱列基本自振周期的水平地震影响系数;

$\overline{G}_i$——集中于第 i 柱列质点等效重力荷载代表值。

第 i 柱列牛腿面处的水平地震作用,仍然设地震作用沿厂房高度呈倒三角形分布:

$$F_{cri} = \alpha_1 \overline{G}_{cri} \frac{H_{cri}}{H_i} \tag{6.55}$$

式中的符号意义同前。

⑤柱列各抗侧力构件水平地震作用的分配

一根柱分配的地震作用标准值:

$$F_{ci} = \frac{k_c}{k'_i} F_i \tag{6.56}$$

一片支撑分配的地震作用标准值:

$$F_{bi} = \frac{k_b}{k'_i} F_i \tag{6.57}$$

一片砖墙分配的地震作用标准值:

$$F_{wi} = \frac{\Psi_k k_w}{k'_i} F_i \tag{6.58}$$

⑥柱、柱间支撑的地震作用效应和承载力验算

一般情况下,钢筋混凝土柱仅需进行横向地震作用下的承载力验算,纵向可不验算。

两个主轴方向的柱距不小于 12m,无桥式吊车且无柱间支撑的大柱网厂房,柱截面抗震验

算应同时考虑两个主轴的水平地震作用,并应考虑位移引起的附加弯矩。

在进行柱间支撑抗震验算时,对于半刚性支撑可仅验算斜拉杆的抗震承载力,但应考虑压杆的卸载影响,即应考虑压杆超过临界荷载后的承载力降低:

A.受拉斜杆的轴向力

$$N_{ti} = \frac{l_i}{(1 + \Psi_c \varphi_i) L} V_{bi} \tag{6.59}$$

式中 N_{ti}——支撑第 i 节间的斜杆,抗拉验算时轴向拉力设计值;

     l_i——第 i 节间斜杆全长;

     Ψ_c——压杆斜载系数,当压杆长细比 $\lambda = 60, 100, 200$ 时,分别取 $0.7, 0.6, 0.5$;

     φ_i——第 i 节间斜杆轴心受压稳定系数;

     V_{bi}——第 i 节间承受的地震剪力设计值;

     L——支撑所在的柱间净距。

B.拉杆截面承载力的验算

第 i 节间受拉斜杆截面抗震承载力,按下式验算:

$$\gamma_{Eh} N_{ti} \leqslant \frac{A_n f_y}{\gamma_{RE}} \tag{6.60}$$

式中 N_{ti}——支撑第 i 节间的斜杆轴向拉力设计值,按①中(6.59)式计算;

     A_n——第 i 节间斜杆的净截面积;

     f_y——钢材抗拉强度设计值;

     γ_{Eh}——地震作用分项系数,取 1.3;

     γ_{RE}——承载力抗震调整系数,取 0.9。

C.节点与预埋件的承载力验算

除验算柱间支撑交叉斜杆的承载力外,为防止斜杆与柱连接的节点先于斜杆屈服而破坏,还应验算:

  a.斜杆与节点板间的连接焊缝承载力;

  b.节点板与柱中埋件的连接承载力;

  c.柱中埋件的承载力。

在进行 a、b、c 等项承载力验算时,设计内力宜取支撑斜杆全截面钢材达到屈服强度时承载力的 1.2 倍。

⑦纵向墙体的承载力验算

纵向墙体可仅对底层窗间墙 1/2 高度处砌体的受剪抗震承载力进行验算。第 m 道墙的地震剪力 V_m 应满足:

$$V_m \leqslant \frac{f_{VE} A}{\gamma_{RE}} \tag{6.61}$$

式中 f_{VE}——砖砌体沿阶梯形截面破坏时,抗震抗剪强度设计值;

     A——墙体截面积;

     γ_{RE}——为承载力抗震调整系数,取 1.0。

对配有横向钢筋的墙体,其承受的地震剪力为

$$V_m \leq \frac{1}{\gamma_{RE}}(f_{VE}A + 0.15f_yA_s) \tag{6.62}$$

式中　f_y——横向钢筋抗拉强度设计值；

　　　A_s——墙体竖向截面中钢筋总截面积。

⑧天窗架的纵向抗震计算

天窗架的纵向抗震计算，可采用空间分析的方法，并考虑屋盖平面弹性变形和纵墙的有效刚度。但对于柱高不超过 15m 的单跨或等高多跨钢筋混凝土无檩屋盖厂房的天窗架，可采用底部剪力法计算纵向水平地震作用，但地震作用效应应分别乘以下列增大系数：

边跨屋盖或有纵向内隔墙的中跨屋盖

$$\eta = 1 + 0.5n \tag{6.63}$$

其他各跨屋盖

$$\eta = 0.5n \tag{6.64}$$

式中　η——地震作用效应增大系数，大于 3 时，取 3；

　　　n——厂房跨数，超过 4 跨时，按 4 跨考虑。

(3)修正刚度法

适用于柱顶标高不大于 15m，且平均跨度不大于 30m 的单跨或多跨等高钢筋混凝土无檩或有檩屋盖厂房。这类厂房屋盖的平面内刚度较大，地震作用下空间反应明显，厂房的纵向振动特性接近于刚性屋盖厂房，可按刚性屋盖厂房的计算原则进行计算。为了反映屋盖变形的影响，须对厂房纵向自振周期和柱列侧移刚度加以修正，这种方法称为修正刚度法。

1)厂房的纵向自振周期

①按单质点体系确定

这种方法假定厂房的整个屋盖是理想的刚性盘体，将所有的重力荷载代表值按动能等效原则集中在屋盖标高处，并与屋盖重力荷载代表值加在一起。此外，将各柱列侧移刚度也加在一起，形成单质点体系。

厂房的自振周期

$$T_1 = 2\Psi_T \sqrt{\frac{\sum G_i}{\sum k_i}} \tag{6.65}$$

表 6.5　钢筋混凝土屋盖厂房的纵向周期修正系数 Ψ_T

纵向围护墙	无檩屋盖		有檩屋盖	
	边跨无天窗	边跨有天窗	边跨无天窗	边跨有天窗
砖墙	1.45	1.50	1.60	1.65
无墙、石棉瓦、挂板	1.0	1.0	1.0	1.0

式中　i——柱列序号；

　　　G_i——第 i 柱列集中到屋盖标高处的等效重力荷载代表值；

　　　k_i——第 i 柱列的侧移刚度，等于柱列所有柱子、支撑和砖墙侧移刚度之和：

$$k_i = \sum k_c + \sum k_b + \sum k_w$$

其中，k_c、k_b、k_w 分别为一根柱、一片支撑、一片墙的侧移刚度；

工程结构抗震设计

Ψ_T——厂房自振周期修正系数,按表6.5取值。

②按《规范》方法确定

《规范》根据柱顶标高不大于15m,且平均跨度不大于30m的单跨或等高多跨厂房的纵向自振周期实测结果,经统计整理,给出了以下经验公式:

a. 砖围护墙厂房

$$T_1 = 0.23 + 0.000\,25\Psi_1 l\sqrt{H^3} \tag{6.66}$$

式中　Ψ_1——屋盖类型系数:大型屋面板钢筋混凝土屋架采用1.0,钢屋架采用0.85。

l——厂房跨度,多跨厂房取各跨平均值(m);

H——基础顶面到柱顶的高度(m)。

b. 敞开、半敞开或墙板与柱子柔性连接的厂房

$$T_1 = \Psi_2(0.23 + 0.000\,25\Psi_1 l\sqrt{H^3}) \tag{6.67}$$

式中　Ψ_2——围护墙影响系数:

$$\Psi_2 = 2.6 - 0.002 l\sqrt{H^3} \tag{6.68}$$

计算时,Ψ_2如小于1.0时,取1.0。

2)柱列水平地震作用标准值

①厂房结构的底部剪力

由换算到屋盖标高处的等效重力荷载代表值,产生的结构底部剪力为

$$F_{Ek} = \alpha_1 G_{eq} = \alpha_1 \sum \overline{G}_i \tag{6.69}$$

式中　$\overline{G}_i$——按结构底部内力相等的原则换算到屋盖标高处第i个柱列重力荷载代表值,按下式计算:

无吊车厂房

$$\overline{G}_i = 1.0(G_{屋盖} + 0.5G_{雪} + 0.5G_{积灰}) + 0.5(G_{柱} + G_{山墙}) + 0.7G_{纵墙} \tag{6.70}$$

有吊车厂房

$$\overline{G}_i = 1.0(G_{屋盖} + 0.5G_{雪} + 0.5G_{积灰}) + 0.1G_{柱} + 0.5G_{山墙} + 0.7G_{纵墙} \tag{6.71}$$

②第i柱列地震作用标准值

无吊车厂房

$$F_i = \alpha_1 \sum \overline{G}_i \cdot \frac{k_{ai}}{\sum k_{ai}} = F_{Ek} \cdot \frac{k_{ai}}{\sum k_{ai}} \tag{6.72}$$

式中　k_{ai}——考虑墙体刚度退化的第i柱列调整侧移刚度:

$$k_{ai} = \Psi_3 \Psi_4 k'_i$$

式中　k'_i——考虑砖墙刚度退化的第i柱列侧移刚度:

$$k'_i = \sum k_c + \sum k_b + \Psi_k \sum k_w$$

Ψ_3——柱列侧移刚度的围护墙影响系数,按表6.6采用。有纵向围护墙的四跨或五跨厂房,由边柱列数起的第三柱列,可按表6.6内相应数值的1.15倍采用;

表 6.6 围护墙影响系数 Ψ_3

围护墙类别和烈度		边柱列	柱列和屋盖类别			
			中柱列			
			无檩屋盖		有檩屋盖	
240 砖墙	370 砖墙		边跨无天窗	边跨有天窗	边跨无天窗	边跨有天窗
7 度	7 度	0.85	1.7	1.8	1.8	1.9
8 度	8 度	0.85	1.5	1.6	1.6	1.7
9 度	9 度	0.85	1.3	1.4	1.4	1.5
		0.85	1.2	1.3	1.3	1.4
无墙、石棉瓦或挂板		0.90	1.1	1.1	1.2	1.2

Ψ_4——柱列侧移刚度的柱间支撑影响系数,纵向为砖围护墙时,边柱列可采用 1.0,中柱列可按表 6.7 采用。

表 6.7 纵向采用砖围护墙的中柱列柱间支撑影响系数 Ψ_4

厂房单元内设置下柱支撑的柱间数	中柱列下柱支撑斜杆的长细比					中柱列无支撑
	≤40	41~80	81~120	121~150	>150	
一柱间	0.9	0.95	1.0	1.1	1.25	1.4
二柱间	–	–	0.9	0.95	1.1	

对于有吊车厂房,第 i 柱列吊车梁顶面标高处的纵向地震作用标准值,按地震作用沿厂房高度呈三角形分布的假定,用下式计算:

$$F_{cri} = \alpha_1 G_{cri} \cdot \frac{H_{cri}}{H_i} \tag{6.73}$$

式中 F_{cri}——第 i 柱列吊车梁顶面标高处的纵向地震作用标准值;

G_{cri}——第 i 柱列吊车梁顶面标高处的等效重力荷载,按下式计算:

$$G_{cri} = 1.0(G_{吊车桥} + G_{吊车梁}) + 0.4 G_柱 \tag{6.74}$$

H_{cri}——第 i 柱列吊车梁顶高度;

H_i——第 i 柱列柱顶高度。

3)抗侧力构件的水平地震作用计算

计算方法同柱列法。

(4)拟能量法

该方法仅适用于钢筋混凝土无檩和有檩屋盖的两跨不等高厂房的纵向抗震计算。

对于上述厂房由于存在高低跨柱列,其纵向自振特性和柱列间的地震作用分配都很复杂。分析比较发现,以跨度中线划分的柱列作为计算对象,考虑剪扭振动空间分析结果调整各柱列的重力荷载代表值,采用能量法计算厂房的纵向自振周期,然后,按底部剪力法分别计算各个柱列的水平地震作用,这样所得的结果可接近厂房空间分析结果。以跨度中线划分分离体,用能量法计算整个厂房的自振周期,再按柱列法分别计算各个柱列的纵向水平地震作用,这种方法称为拟能量法。

进行质量集中时,对于无吊车厂房或有较小吨位吊车的厂房,质量可全部集中在柱顶;对于有较大吨位吊车的厂房,在支承吊车梁的牛腿面处增设一个质点,并在此集中吊车桥和吊车梁的质量以及按就近集中原则得到的柱的一部分质量。

为了减少手算时的工作量,计算周期和地震作用时,所采用的等效重力荷载代表值,统一采用按构件底部内力等效得到的等效重力荷载代表值。

1)厂房纵向基本周期

根据体系振动的能量守恒原理,并考虑厂房的空间作用和等效重力荷载按内力等效取值等方面的差异,厂房的纵向基本周期根据能量守恒原则,按下式计算:

$$T_1 = 2\Psi_t \sqrt{\frac{\sum\limits_{i=1}^{n} G'_i \Delta^2}{\sum\limits_{i=1}^{n} G'_i \Delta_i}} \qquad (6.75)$$

式中　i——质点编号;

　　　Ψ_t——拟能量法周期修正系数:无围护墙时取 0.9,有围护墙时取 0.8;

　　　G'_i——按厂房空间作用进行调整后的第 i 质点的重力荷载代表值:

高低跨中柱列　$G'_i = k\overline{G}_i$ (6.76)

边柱列　$G'_i = G_i + (1 - k)\overline{G}_i$ (6.77)

吊车梁顶面标高处　$G'_i = 1.0G_{cri}$ (6.78)

式中　k——按跨度中线划分的柱列重力荷载调整系数,按表 6.8 取值;

　　　$\overline{G}_i$——高低跨中柱列的重力荷载代表值;

　　　G_i——边柱列的重力荷载代表值。

表 6.8　中柱列质量调整系数 k

纵向围护墙地震烈度		钢筋混凝土无檩屋盖		钢筋混凝土有檩屋盖	
240 砖墙	370 砖墙	边跨无天窗	边跨有天窗	边跨无天窗	边跨有天窗
	7 度	0.50	0.55	0.60	0.65
7 度	8 度	0.60	0.65	0.70	0.75
8 度	9 度	0.70	0.75	0.80	0.85
9 度		0.75	0.80	0.85	0.90
无墙、石棉瓦、瓦楞铁或挂板		0.90	0.90	1.00	1.00

对 Δ_i 求解时,以各柱列作为分离体,将本柱列的各质点的重力荷载代表值作为纵向水平力同时作用在柱列上,得到的第 i 质点的侧移(图 6.12)。

2)柱列水平地震作用标准值

第 i 柱列的水平地震作用标准值,采用调整后的质点重力荷载代表值,按底部剪力法计算:

边柱列　$F_i = \alpha_1 G'_i$ (6.79)

中柱列　$F_{ik} = \alpha_1(G'_{i1} + G'_{i2})\dfrac{G'_{ik}H_{ik}}{G'_{i1}H_{i1} + G'_{i2}H_{i2}} \qquad (k = 1,2)$ (6.80)

式中　k——中柱列(高低跨柱列)不同屋盖的序号(图 6.13(a))。

有吊车的厂房,作用于第 i 柱列吊车梁顶标高处的水平地震作用标准值,可按下式近似计算:

$$F_{cri} = \alpha_1 G'_{cri} \frac{H_{cri}}{H_i} \qquad (6.81)$$

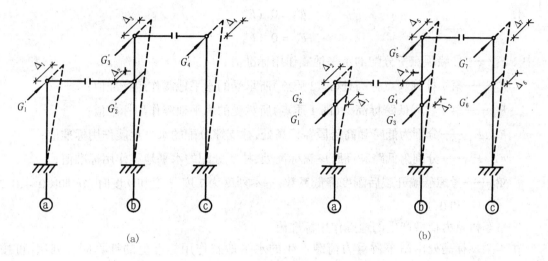

图 6.12　柱列的位移

式中,符号意义见式(6.73)。

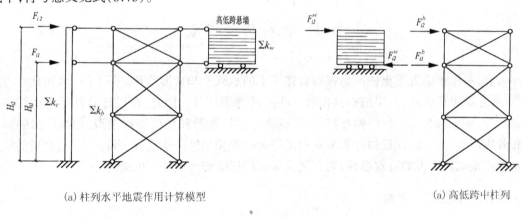

(a) 柱列水平地震作用计算模型　　　　　　　　(a) 高低跨中柱列

图 6.13

3)各抗侧力构件水平地震作用的分配

①一般重力荷载产生的水平地震作用标准值

a.边柱列

边柱列的水平地震作用在各抗侧力构件上的分配按式(6.56)、(6.57)和(6.58)计算。

b.高低跨中柱列(图 6.13(b))

考虑到柱列的实际变形特点,为简化计算,仅考虑柱的剪切变形,并取柱的总刚度近似等于柱间支撑总刚度的 0.1,即 $\sum k_c = 0.1 \sum k_b$。各抗侧力构件的水平地震作用标准值为:

悬墙
$$F_{i2}^w = \frac{\Psi_k K_{22}^w}{1.1 k_{22}^b + \Psi_k k_{22}^w} F_{i2}$$

支撑
$$F_{i2}^b = \frac{\Psi_k K_{22}^b}{1.1 k_{22}^b + \Psi_k k_{22}^w} F_{i2}$$

$$F_{i1}^b = \frac{1}{1.1}(F_{i1} + F_{i2}^w)$$

柱
$$F_{i2}^c = 0.1F_{i2}^b$$
$$F_{i1}^c = 0.1F_{i1}^b$$

式中　F_{i2}^w——悬墙顶点所分配的水平地震作用标准值;

　　　F_{i2}——第 i 柱列顶点标高处(即 2 质点)所承受的水平地震作用标准值;

　　　F_{i1}——第 i 柱列低跨标高处(即 1 质点)所承受的水平地震作用标准值;

　　　F_{i1}^b、F_{i2}^b——分别为低跨和高跨屋盖标高处,柱支撑分配的水平地震作用标准值;

　　　F_{i1}^c、F_{i2}^c——分别为低跨和高跨屋盖标高处,柱所分配的水平地震作用标准值;

　　　Ψ_k——考虑悬墙开裂后刚度降低系数,基本烈度为 7 度、8 度和 9 度时,分别取 0.4、0.2 和 0.1。

②吊车桥重力荷载产生的地震作用标准值

吊车梁顶标高处由吊车桥重力荷载产生的水平地震作用标准值的计算同柱列法,可按 (6.73)式计算。

6.4　抗震构造措施

目前,单层钢筋混凝土柱厂房在地震作用下的承载力和变形验算,采用了一些简化计算方法,有些方面未尽合理,厂房结构存在着一些抗震薄弱环节。因此,在设计时针对厂房结构的薄弱环节,应采取相应的抗震构造措施,正确确定结构布置和结构构件选型,加强厂房的整体性和各构件间的连接,保证构件和节点有足够的强度和延性。历次震害调查表明,合理的抗震设防措施是减轻震害的有效途径,它直接关系到厂房抵御地震作用的能力。

6.4.1　体型和抗震缝

单层厂房的平、立面布置应注意使体型简单、规则,结构各部分的刚度、质量均匀对称。尽可能避免曲折复杂和凹凸变化。当为了生产工艺要求,需采用较复杂的平面布置时,应用防震缝将其分成体型简单的独立单元。厂房的结构布置,应符合下列要求:

①多跨厂房宜等高和等长;

②厂房贴建房屋和构筑物,不宜布置在厂房角部和紧邻防震缝处;

③厂房体型复杂或有贴建的房屋和构筑物时,宜设防震缝;在厂房纵横跨交接处、大柱网厂房或不设柱间支撑的厂房,防震缝宽度可采用 100～150mm,其他情况可采用 50～90mm;

④两个主厂房之间的过渡跨至少应有一侧采用防震缝与主厂房脱开;

⑤厂房内上吊车的铁轨不应靠近防震缝设置;多跨厂房各跨上吊车的铁轨不宜设置在同一横向轴线附近;

⑥工作平台宜与厂房主体结构脱开;

⑦厂房的同一结构单元内,不应采用不同的结构形式;厂房端部应设屋架,不应采用山墙承重;厂房单元内不应采用横墙和排架混合承重;

⑧厂房各柱列的侧移刚度宜均匀。

6.4.2　屋盖体系

选用轻屋盖,可减小厂房结构所承受的地震作用,减轻支撑体系、联接构造以及承重构件在地震时的破坏程度。

(1)天窗架

突出屋面的天窗架,由于高振型的影响,地震反应较大,常造成天窗架与支撑的破坏。为了保证天窗和整个厂房的安全,《规范》规定厂房天窗架的设置,应符合下列要求:

1)天窗宜采用突出屋面较小的避风型天窗,有条件或9度时宜采用下沉式天窗;

2)突出屋面的天窗宜采用钢天窗架;6~8度时,可采用矩形截面杆件的钢筋混凝土天窗架;

3)8度和9度时,天窗架宜从厂房单元端部第三柱间开始设置;

4)窗屋盖、端壁板和侧板,宜采用轻型板材。

(2)屋架

屋架是单层厂房屋盖的主要承重结构,厂房屋架的设置,应符合下列要求:

①厂房宜采用钢屋架或重心较低的预应力混凝土或钢筋混凝土屋架;

②跨度不大于15m时,可采用钢筋混凝土屋面梁。

③跨度大于24m,或8度Ⅲ、Ⅳ类场地和9度时,应优先采用钢屋架;

④柱距为12m时,可采用预应力混凝土托架(梁);当采用钢屋架时,亦可采用钢托架(梁);

⑤有突出屋面天窗架的屋盖不宜采用预应力混凝土或钢筋混凝土空腹屋架。

6.4.3　支撑系统

厂房支撑系统是装配式厂房传递和抵抗水平地震作用的主要构件,因此,应合理选择支撑刚度,设置多道支撑,分散支撑刚度,使刚度协调均匀,并形成封闭空间体系。

表6.9　有檩屋盖的支撑布置

支撑名称		烈　　　度		
		6、7	8	9
屋架支撑	上弦横向支撑	厂房单元端开间各设一道	厂房单元端开间及厂房单元长度大于66m的柱间支撑开间各设一道;天窗开洞范围的两端各增设局部的支撑一道	厂房单元端开间及厂房单元长度大于42m的柱间支撑开间各设一道;天窗开洞范围的两端各增设局部的上弦横向支撑一道
	下弦横向支撑	同　非　抗　震　设　计		
	跨中竖向支撑			
	端部竖向支撑	屋架端部高度大于900mm时,厂房单元端开间及柱间支撑开间各设一道。		
天窗架支撑	上弦横向支撑	厂房单元天窗端开间各设一道	厂房单元天窗端开间及每隔30m各设一道	厂房单元天窗端开间及每隔18m各设一道
	两侧竖向支撑	厂房单元天窗端开间及每隔36m各设一道		

(1)有檩屋盖构件的连接及支撑布置

①檩条应与屋架(屋面梁)焊牢,并应有足够的支承长度;

②双脊檩应在跨度1/3处相互拉结;

③槽瓦、瓦楞铁、石棉瓦等应与檩条拉结;

④支撑布置应符合表6.9的要求。

(2)无檩屋盖构件的连接

①大型屋面板应与屋架(屋面梁)焊牢;靠柱列的屋面板与屋架(屋面梁)的连接焊缝长度不宜小于80mm;

②6度和7度时,有天窗厂房单元的端开间,或8度和9度时各开间,宜将垂直屋架方向两侧相邻的大型屋面板的顶面彼此焊牢;

③8度和9度时,大型屋面板端头底面的预埋件宜采用角钢并与主筋焊牢;

④标准屋面板宜采用装配整体式接头,或将板四角切掉后与屋架(屋面梁)焊牢;

⑤屋架(屋面梁)端部顶面预埋件的锚筋,8度时不宜少于4ϕ10,9度时不宜少于4ϕ12;

⑥支撑的布置宜符合表6.10的要求,有中间井式天窗时宜符合表6.11的要求;8度和9度跨度不大于15m的屋面梁屋盖,可仅在厂房单元两端各设竖向支撑一道。

表6.10　无檩屋盖的支撑布置

支撑名称		烈　　度		
		6、7	8	9
屋架支撑	上弦横向支撑	屋架跨度小于18m时同非抗震设计,跨度不小于18m时在厂房单元端开间各设一道	厂房单元端开间及柱间支撑开间各设一道,天窗开洞范围的两端各增设局部的支撑一道	
	上弦通长水平系杆	同非抗震设计	沿屋架跨度不大于15m设一道,但装配整体式屋面可不设; 围护墙在屋架上弦高度有现浇圈梁时,其端部处可不另设	沿屋架跨度不大于12m设一道,但装配整体式屋面可不设; 围护墙在屋架上弦高度有现浇圈梁时,其端部处可不另设
	下弦横向支撑		同非抗震设计	同上弦横向支撑
	跨中竖向支撑			
	两端横向支撑 屋架端部高度≤900mm	厂房单元端开间各设一道	厂房单元端开间各设一道	厂房单元端开间及每隔48m各设一道
	两端横向支撑 屋架端部高度>900mm		厂房单元端开间及柱间支撑开间各设一道	厂房单元端开间、柱间支撑开间每隔30m各设一道
天窗架支撑	天窗两侧竖向支撑	厂房单元天窗端开间及每隔30m各设一道	厂房单元天窗端开间及每隔24m各设一道	厂房单元天窗端开间及每隔18m各设一道
	上弦横向支撑	同非抗震设计	天窗跨度≥9m时,厂房单元天窗端开间和柱间支撑开间各设一道	厂房单元端开间和柱间支撑开间各设一道

表 6.11　中间井式天窗无檩屋盖支撑布置

支撑名称		6、7 度	8 度	9 度
上弦横向支撑 下弦横向支撑		厂房单元端开间各设一道	厂房单元端开间及柱间支撑开间各设一道	
上弦通长水平系杆		天窗范围内屋架跨中上弦节点处设置		
下弦通长水平系杆		天窗两侧及天窗范围内屋架下弦节点处设置		
跨中竖向支撑		有上弦横向支撑开间设置,设置与下弦通长系杆相对应		
两端竖向支撑	屋架端部高度 ≤900mm	同非抗震设计		有上弦横向支撑开间且间距 不大于 48m
	屋架端部高度 >900mm	厂房单元端开间各设一道	有上弦横向支撑开间且间距不大于 48m	有上弦横向支撑开间且间距 不大于 30m

(3)屋盖支撑

屋盖支撑是保证屋盖结构整体刚度的重要构件,同时使屋盖引起的水平地震作用能迅速直接地向下传递。屋盖支撑宜符合下列要求:

①天窗开洞范围内,在屋架脊点处应设上弦通长水平压杆;

②屋架跨中竖向支撑在跨度方向的间距,6~8 度时不大于 15m,9 度时不大于 12m;当仅在跨中设一道时,应设在跨中屋架屋脊处;当设两道时,应在跨度方向均匀布置;

③屋架上、下弦通长水平系杆与竖向支撑宜配合设置;

④柱距不小于 12m 且屋架间距 6m 的厂房,托架(梁)区段及其相邻开间应设下弦纵向水平支撑;

⑤屋盖支撑杆件宜用型钢;

⑥突出屋面的钢筋混凝土天窗架,其两侧墙板与天窗立柱宜采用螺栓连接。

(4)柱间支撑

厂房柱间支撑是保证单层厂房纵向刚度,传递纵向地震作用的重要构件,它的设置和构造,应符合下列要求:

①厂房柱间支撑的布置,应符合下列规定:

a.一般情况下,应在厂房单元中部设置上、下柱间支撑;

b.有吊车或 8 度和 9 度时,宜在厂房单元两端增设上柱支撑;

c.厂房单元较长或 8 度Ⅲ、Ⅳ类场地和 9 度时,可在厂房单元中部 1/3 区段内设置两道柱间支撑,且下柱支撑应与上柱支撑配套设置。

②柱间支撑应采用型钢,支撑形式宜采用交叉式,其斜杆与水平面的交角不宜大于 55°。

③支撑杆件的长细比,不宜超过表 6.12 的规定。

④下柱支撑的下节点位置和构造措施,应保证将地震作用直接传给基础;当 6 度和 7 度不能直接传给基础时,应考虑支撑对柱和基础的不利影响。

⑤交叉支撑在交叉点应设置节点板;其厚度不应小于 10mm,斜杆与交叉节点板应焊接,与端节点板宜焊接。

8 度时跨度不小于 18m 的多跨厂房中柱和 9 度时多跨厂房各柱,柱顶宜设置通长水平压杆,此压杆可与梯形屋架支座处通长水平系杆合并设置。钢筋混凝土系杆端头与屋架间的空隙应采用混凝土填实。

表 6.12　交叉支撑斜杆的最大长细比

位　置	烈　　　度			
	6 度和 7 度Ⅰ、Ⅱ场地	7 度Ⅲ、Ⅳ类场地和 8 度Ⅰ、Ⅱ场地	8 度Ⅲ、Ⅳ类场地和 9 度Ⅰ、Ⅱ场地	9 度Ⅲ、Ⅳ类场地
上柱支撑	250	250	200	150
下柱支撑	200	200	150	150

(5)钢筋混凝土屋架的截面和配筋

由于屋架端部第一节间上弦杆及梯形屋架竖杆在纵向地震作用下易出现剪切破坏,设计时应将此杆件局部加强,使其具有足够的出平面抗剪能力。规范规定:

①屋架上弦第一节间和梯形屋架端竖杆的配筋,6 度和 7 度时不宜少于 4ϕ12,8 度和 9 度时不宜少于 4ϕ14;

②梯形屋架的端竖杆截面宽度宜与上弦宽度相同;

③屋架上弦端部支撑屋面板的小立柱的截面不宜小于 200mm × 200mm,高度不宜大于 500mm,6 度和 7 度时主筋不宜少于 4ϕ12,8 度和 9 度时主筋不宜少于 4ϕ14,箍筋可采用 ϕ6,间距宜为 100mm;

④钢筋混凝土组合屋架的上弦宜为矩形截面,下弦应采用型钢。

6.4.4　柱

柱子的选型,应重视柱子的结构形式,使其具有良好的抗侧力刚度。对于单层厂房钢筋混凝土柱来说,在柱的静力设计时,柱截面与配筋都考虑了风和吊车的作用,足以抵抗一定的地震作用。因此,在钢筋混凝土柱的抗震设计中,厂房柱的设置,应符合下列规定:

①8 度和 9 度时,宜采用矩形、工字形截面柱或斜腹杆双肢柱,不宜采用薄壁工字形柱、腹板开孔柱、预制腹板的工字形柱和管柱;

②柱底至室内地坪以上 500mm 范围内和阶形柱的上柱宜采用矩形截面。

厂房柱子的箍筋,应符合下列要求:

①下列范围内柱的箍筋应加密:

a.柱头,取柱顶以下 500mm 并不小于柱截面长边尺寸;

b.上柱,取阶形柱自牛腿面至吊车梁顶面以上 300mm 高度范围内;

c.牛腿(柱肩),取全高;

d.柱根,取下柱柱底至室内地坪以上 500mm;

e.柱间支撑与柱连接节点,取节点上、下各 300mm。

②加密区箍筋间距不应大于 100mm。箍筋肢距和最小直径应符合表 6.13 的规定。

山墙抗风柱的配筋,应符合下列要求:

①抗风柱柱顶以下 300mm 和牛腿(柱肩)面以上 300mm 范围内的箍筋,直径不宜小于 6mm,间距不应大于 100mm,肢距不宜大于 250mm 。

②抗风柱的变截面牛腿(柱肩)处,宜设置纵向受拉钢筋。

大柱网厂房柱的截面和配筋构造,应符合下列要求:

①柱截面宜采用正方形或接近正方形的矩形;边长不宜小于柱全高的 1/18 ~ 1/16。

②重屋盖厂房考虑地震组合的柱轴压比,6、7 度时不宜大于 0.8,8 度时不宜大于 0.7,9 度时不应大于 0.6。

表 6.13 柱加密区箍筋最大肢距和最小箍筋直径

烈度和场地类别		6 和 7 度Ⅰ、Ⅱ场地	7 度Ⅲ、Ⅳ类场地和 8 度Ⅰ、Ⅱ场地	8 度Ⅲ、Ⅳ类场地和 9 度
箍筋最大肢距/mm		300	250	200
箍筋的最小直径	一般柱头和柱根	$\phi6$	$\phi8$	$\phi10$
	角柱柱头	$\phi8$	$\phi10$	$\phi10$
	上柱牛腿和有支撑的柱根	$\phi8$	$\phi8$	$\phi10$
	有支撑的柱头和柱变位受约束部位	$\phi8$	$\phi10$	$\phi10$

③纵向钢筋宜沿柱截面周边对称配置,间距不宜大于 200mm,角部宜配置直径较大的钢筋。

④柱头和柱根的箍筋应加密,并应符合下列要求:

a.加密范围,柱根取基础顶面至室内地坪以上 1m,且不小于柱全高的 1/6;柱头取柱顶以下 500mm,且不小于柱截面长边尺寸;

b.箍筋直径、间距和肢距,应符合表 6.13 的规定。

⑤箍筋末端应设 135°弯钩,且平直段的长度不应小于箍筋直径的 10 倍。

6.4.5 厂房结构构件的连接节点

厂房结构构件的连接和节点设计,直接关系到整个厂房抗震能力的发挥。地震时节点的破坏,会使所有的支撑系统、抗震圈梁等加强结构整体性的措施失去作用。在抗震设计时,要使节点的承载能力大于或等于所连接的结构构件的承载力,不使节点先于构件破坏;另外,节点构造应具有较好的变形能力,通过节点的变形来保障相关构件进入弹塑性工作阶段。《规范》规定,连接节点应符合下列要求:

①屋架(屋面梁)与柱顶的连接,8 度时宜采用螺栓,9 度时宜采用钢板铰,亦可采用螺栓;屋架(屋面梁)端部支承垫板的厚度不宜小于 16mm;

②柱顶预埋件的锚筋,8 度时不宜少于 $4\phi14$,9 度时不宜少于 $4\phi16$;有柱间支撑的柱子,柱顶预埋件尚应增设抗剪钢板;

③山墙抗风柱的柱顶,应设置预埋板,使柱顶与屋架上弦(屋面梁上翼缘)可靠连接。连接部位应位于上弦横向支撑与屋架的连接点处,不符合时可在支撑中增设次腹杆或设置型钢横梁,将水平地震作用传至节点部位;

④支承低跨屋盖的中柱牛腿(柱肩)的预埋件,应与牛腿(柱肩)中按计算承受水平拉力部分的纵向钢筋焊接,且焊接的钢筋,6 度和 7 度时不应少于 $2\phi12$,8 度时不应少于 $2\phi14$,9 度时不应少于 $2\phi16$;

⑤柱间支撑与柱连接节点预埋件的锚件,8 度Ⅲ、Ⅳ类场地和 9 度时,宜采用角钢加端板,其他情况可采用Ⅱ级钢筋,但锚固长度不应小于 30 倍锚筋直径或增设端板;

⑥厂房中的吊车走道板、端屋架与山墙间的填充小屋面板、天沟板、天窗端壁板和天窗侧板下的填充砌体等构件应与支承结构有可靠的连接;

6.4.6 围护墙

围护墙应尽量采用强度和整体性都较好的钢筋混凝土大型墙板,或轻质材料制成的墙板,以增强厂房的整体性和围护墙自身的抗震能力。厂房围护墙、女儿墙的布置和构造应符合非结构构件的有关规定。

6.5 设 计 实 例

【例 6.1】 一两跨不等高厂房,其结构简图与基本数据示于图 6.14。AB 跨和 CD 跨各设 5t 和 10t 吊车一台,钢筋混凝土无檩屋盖,重力荷载为 3.5kN/m²,雪荷载为 0.2kN/m²,柱的混凝土强度等级为 C20,砖围护墙厚 240mm。厂房位于 8 度、一区、Ⅲ类场地,试用底部剪力法计算排架的横向地震作用。

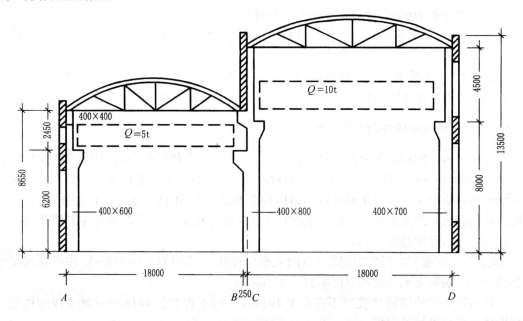

图 6.14 厂房结构布置图

[解] 在采用底部剪力法进行计算时,首先按平面排架计算,然后再考虑空间工作影响对排架地震作用效应的调整。

1)计算各部分的重力荷载

① $G_{屋盖} = 3.5 \times 18 \times 6 = 378$kN

② $G_{雪} = 0.2 \times 18 \times 6 = 21.6$kN

③ $G_{柱A} = 49$kN,$G_{柱B} = 75$kN,$G_{柱D} = 77$kN

④ $G_{吊车梁} = 45$kN/根

⑤ $G_{纵墙A} = 196$kN(A 柱列纵墙)

$G_{纵墙B} = 89$kN(高跨封墙)

$G_{纵墙D} = 286$kN（D 柱列纵墙）

⑥吊车桥架重

一台　5t　153kN

一台　10t　186kN

2)结构计算简图

本例为高低跨不等高厂房,结构计算简图可采用图 6.15 所示的两质点体系。

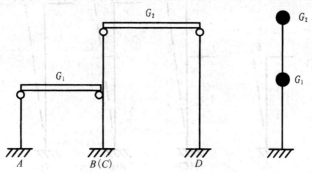

图 6.15　排架结构计算简图

3)各质点处重力荷载代表值的计算

①柱顶标高处

a.低跨柱顶处:

计算基本周期时,

$G_1 = 1.0(G_{低跨屋盖} + 0.5G_{低跨雪}) + 0.5G_{低跨吊车梁} + 1.0G_{高跨吊车梁} + 0.25G_{A柱} + 0.25G_{B柱下} +$

　　$0.5G_{B柱上} + 0.25G_{纵墙} + 0.5G_{B封墙} =$

　　$1.0 \times (378 + 0.5 \times 21.6) + 0.5 \times 45 \times 2 + 1.0 \times 45 + 0.25 \times 49 + 0.25 \times 50 + 0.5 \times$

　　$25 + 0.25 \times 196 + 0.5 \times 89 = 609.5$kN

计算地震作用时,

$G_1 = 1.0(G_{低跨屋盖} + 0.5G_{低跨雪}) + 0.75G_{低跨吊车梁} + 1.0G_{高跨吊车梁} + 0.5G_{A柱} + 0.5G_{B柱下} +$

　　$0.5G_{B柱上} + 0.5G_{A纵墙} + 0.5G_{B封墙} =$

　　$1.0 \times (378 + 0.5 \times 21.6) + 0.75 \times 45 \times 2 + 1.0 \times 45 + 0.5 \times 49 + 0.5 \times 50 +$

　　$0.5 \times 25 + 0.5 \times 196 + 0.5 \times 89 = 705.8$kN

b.高跨柱顶处:

计算基本周期时,

$G_2 = 1.0(G_{高跨屋盖} + 0.5G_{高跨雪}) + 0.5G_{高跨吊车梁} + 0.25G_{D柱} + 0.5G_{B柱上} +$

　　$0.25G_{D纵墙} + 0.5G_{B封墙} =$

　　$1.0 \times (378 + 0.5 \times 21.6) + 0.5 \times 45 + 0.25 \times 77 + 0.5 \times 25 + 0.25 \times 286 +$

　　$0.5 \times 89 = 559.05$kN

计算地震作用时,

$G_2 = 1.0(G_{高跨屋盖} + 0.5G_{高跨雪}) + 0.75G_{高跨吊车梁} + 0.5G_{D柱} + 0.5G_{B柱上} +$

　　$0.5G_{D纵墙} + 0.5G_{B封墙} =$

　　$1.0 \times (378 + 0.5 \times 21.6) + 0.75 \times 45 + 0.5 \times 77 + 0.5 \times 25 + 0.5 \times 286 +$

$$0.5 \times 89 = 661.05 \text{kN}$$

c.吊车梁面标高处：

AB 跨 $G_{cr1} = 57.3 \text{kN}$

CD 跨 $G_{cr2} = 61.6 \text{kN}$

4)排架基本周期计算

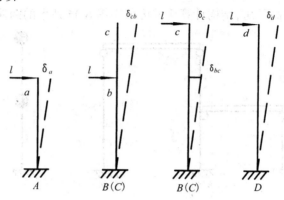

图 6.16　单柱位移计算简图

①单柱位移

单柱位移的计算简图见图 6.16。

各柱在单位力作用下的柱顶及高低跨交接处的水平位移如下：

$$\delta_a = \frac{1}{3E}\left(\frac{H_1^3}{I_1} + \frac{H_2^3 - H_1^3}{I_2}\right) = \frac{1}{3 \times 2.55 \times 10^7} \times \left(\frac{2.45^3}{2.13 \times 10^{-3}} + \frac{9.15^3 - 2.45^3}{7.2 \times 10^{-3}}\right) =$$

$$1.45 \times 10^{-3} \text{m/kN}$$

$$\delta_c = \frac{1}{3E}\left(\frac{H_3^3}{I_1} + \frac{H_4^3 - H_3^3}{I_2}\right) = \frac{1}{3 \times 2.55 \times 10^7} \times \left(\frac{4.5^3}{7.2 \times 10^{-3}} + \frac{13^3 - 4.5^3}{14.38 \times 10^{-3}}\right) =$$

$$2.08 \times 10^{-3} \text{m/kN}$$

$$\delta_b = \frac{1}{3E}\left(\frac{H_3^3}{I_1} + \frac{H_5^3 - H_3^3}{I_2}\right) = \frac{1}{3 \times 2.55 \times 10^7} \times \left(\frac{4.5^3}{7.2 \times 10^{-3}} + \frac{9.15^3 - 4.5^3}{14.38 \times 10^{-3}}\right) =$$

$$0.78 \times 10^{-3} \text{m/kN}$$

$$\delta_{bc} = \delta_{cb} = \frac{1}{3E}\left(\frac{H_3^3 - a^3}{I_1} - \frac{a(H_3^2 - a^2)}{0.67 I_1} + \frac{H_4^3 - H_3^3}{I_2} - \frac{a(H_4^2 - H_3^2)}{0.67 I_1}\right) =$$

$$\frac{1}{3 \times 2.55 \times 10^7} \times \left(\frac{\frac{4.5^3 - 3.85^3}{7.2 \times 10^{-3}} - \frac{3.85(4.5^2 - 3.85^2)}{0.67 \times 7.2 \times 10^{-3}} + \frac{13^3 - 4.5^3}{14.38 \times 10^{-3}} -}{\frac{3.85(13^2 - 4.5^2)}{0.67 \times 14.38 \times 10^{-3}}}\right) =$$

$$1.143 \times 10^{-3} \text{m/kN}$$

$$\delta_d = \frac{1}{3E}\left(\frac{H_3^3}{I_1} + \frac{H_4^3 - H_3^3}{I_2}\right) = \frac{1}{3 \times 2.55 \times 10^7} \times \left(\frac{4.5^3}{2.13 \times 10^{-3}} + \frac{13^3 - 4.5^3}{11.4^3 \times 10^{-3}}\right) =$$

$$2.96 \times 10^{-3} \text{m/kN}$$

②排架横梁内力计算

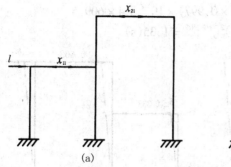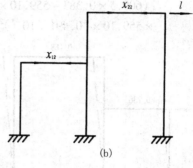

图 6.17　排架横梁内力计算简图

当单位力作用在左边侧屋盖时(图 6.17(a)),横梁内力为

$$x_{11} = \frac{\delta_a}{K_1}, \quad x_{21} = K_3 x_{11}$$

当单位力作用在右侧屋盖时(图 6.17(b)),横梁内力为

$$x_{22} = \frac{\delta_d}{K_2}, \quad x_{12} = K_4 x_{22}$$

$K_1 \sim K_4$ 按下式计算:

$$K_1 = \delta_a + \delta_b - \delta_{bc} K_3$$

$$K_2 = \delta_c + \delta_d - \delta_{bc} K_4$$

$$K_3 = \frac{\delta_{bc}}{\delta_c + \delta_d}$$

$$K_4 = \frac{\delta_{bc}}{\delta_a + \delta_b}$$

$$K_1 = 1.97, \quad K_2 = 4.46$$

$$K_3 = 0.226, \quad K_4 = 0.513$$

由此得

$$x_{11} = \frac{\delta_a}{K_1} = \frac{1.45}{1.97} = 0.736$$

$$x_{21} = K_3 x_{11} = 0.266 \times 0.736 = 0.166$$

$$x_{22} = \frac{\delta_d}{K_2} = \frac{2.96}{4.46} = 0.663$$

$$x_{12} = K_4 x_{22} = 0.513 \times 0.663 = 0.340$$

③排架在单位力作用下的位移计算(图 6.18)

$$\delta_{11} = (1 - x_{11})\delta_a = (1 - 0.736) \times 1.45 \times 10^{-3} = 0.383 \times 10^{-3} \, \text{m/kN}$$

$$\delta_{12} = \delta_{21} = x_{21}\delta_d = 0.166 \times 2.96 \times 10^{-3} = 0.491 \times 10^{-3} \, \text{m/kN}$$

$$\delta_{22} = (1 - x_{22})\delta_d = (1 - 0.663) \times 2.96 \times 10^{-3} = 0.977 \times 10^{-3} \, \text{m/kN}$$

④基本周期计算

对两质点体系,排架的基本周期可按下式计算

$$T_1 = 1.4 \Psi_T \sqrt{G_1 \delta_{11} + G_2 \delta_{22} + \sqrt{(G_1 \delta_{11} - G_2 \delta_{22})^2 + 4 G_1 G_2 \delta_{12}^2}} =$$

$$1.4 \times 0.8 \times \{609.5 \times 0.383 \times 10^{-3} + 559.10 \times 0.997 \times 10^{-3} +$$

$$[(609.5 \times 0.383 - 559.10 \times 0.997) \times 10^{-6} + 4 \times 609.5$$
$$\times 559.10 \times (0.491 \times 10^{-3})^2]^{1/2}\}^{1/2} = 1.35(\text{s})$$

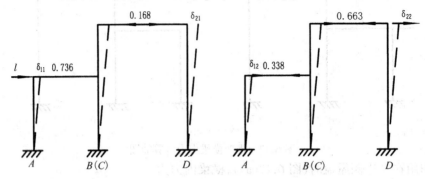

图 6.18 排架位移计算简图

T_1 也可用下式求得:

$$T_1 = 2\Psi_T \sqrt{\sum G_i \Delta_i^2 / \sum G_i \Delta_i} \quad (i = 1, 2)$$

式中

$$\Delta_1 = G_1 \delta_{11} + G_2 \delta_{12}, \Delta_2 = G_1 \delta_{21} + G_2 \delta_{22}。$$

同样可得

$$T_1 = 1.35(\text{s})$$

5)排架横向水平地震作用计算

①排架底部总水平地震作用标准值为

$$F_{Ek} = \alpha_1 G_{eq}$$

按 8 度、一区,Ⅲ类场地,

$$T_g = 0.45, \alpha_{max} = 0.16$$

$$\alpha_1 = \left(\frac{T_g}{T_1}\right)^{0.9} \alpha_{max} = \left(\frac{0.45}{1.35}\right)^{0.9} \times 0.16 = 0.059$$

对多质点系

$$G_{eq} = 0.85 G_E$$

$$G_E = G_1 + G_2 = 705.8 + 661.05 = 1\,366.85\text{kN}$$

$$G_{eq} = 0.85 \times 1\,366.85 = 1\,161.82\text{kN}$$

得

$$F_{Ek} = 0.059 \times 1\,161.82 = 68.55\text{kN}$$

②低跨和高跨柱顶处的横向水平地震作用标准值为

由

$$F_i = \frac{G_i H_i}{\sum_j G_j H_j} F_{Ek}$$

可得

$$F_1 = \frac{G_1 H_1}{G_1 H_1 + G_2 H_2} F_{Ek} = \frac{705.8 \times 9.15 \times 68.55}{705.8 \times 9.15 + 661.05 \times 13} = 28.55\text{kN}$$

$$F_2 = \frac{G_2 H_2}{G_1 H_1 + G_2 H_2} F_{Ek} = \frac{661.05 \times 13 \times 68.55}{705.8 \times 9.15 + 661.05 \times 13} = 39.14\text{kN}$$

③吊车梁面处吊车桥梁引起的横向水平地震作用标准值:

$$F_{cr1} = \alpha_1 G_{cr1} \frac{H_{cr1}}{H} = 0.059 \times 57.3 \times \frac{7.5}{13} = 1.95\text{kN}$$

$$F_{cr2} = \alpha_1 G_{cr2} \frac{H_{cr2}}{H} = 0.059 \times 61.6 \times \frac{9.3}{13} = 2.60 \text{kN}$$

6)排架地震作用效应计算

①排架地震作用效应分别按图 6.19(a)和图 6.19(b)进行计算。

在 F_1 和 F_2 同时作用下的排架地震作用效应示于图 6.20。

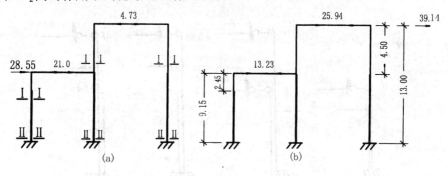

图 6.19　排架地震作用效应计算简图

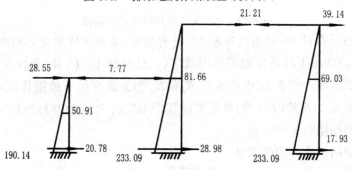

图 6.20　排架地震作用效应图

各柱截面的地震作用效应如下：

A 柱

$$M_{\text{I-I}} = 50.91 \text{kN·m}$$

$$V_{\text{I-I}} = 20.78 \text{kN}$$

$$M_{\text{II-II}} = 190.14 \text{kN·m}$$

$$V_{\text{II-II}} = 20.78 \text{kN}$$

B 柱

$$M_{\text{I-I}} = 81.66 \text{kN·m}$$

$$V_{\text{I-I}} = 28.98 \text{kN}$$

$$M_{\text{II-II}} = 346.83 \text{kN·m}$$

$$V_{\text{II-II}} = 28.98 \text{kN}$$

D 柱

$$M_{\text{I-I}} = 69.03 \text{kN·m}$$

$$V_{\text{I-I}} = 17.93 \text{kN}$$

$$M_{\text{II-II}} = 233.09\text{kN}\cdot\text{m}$$

$$V_{\text{II-II}} = 17.93\text{kN}$$

②吊车桥引起的地震作用效应：

吊车地震作用引起的排架柱地震作用效应,可按柱顶为不动铰的计算简图进行计算(图6.21)。

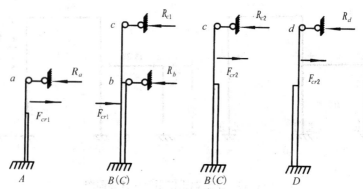

图 6.21　吊车地震作用效应计算简图

通过上述简图分别对 AB 跨有吊车和 CD 跨有吊车,求出各柱顶反力和在柱顶反力及吊车地震作用 $F_{cr1}(F_{cr2})$ 作用下的吊车地震作用效应(在柱截面 I-I,II-II 以及 A-A 的弯矩和剪力),此处具体计算从略。图 6.21 中所示的 R_a 和 R_{c1} 为低跨有吊车地震作用时的 A 柱和 B 柱的柱顶反力;R_{c2} 和 R_d 为高跨(CD 跨)有吊车地震作用时的 B 柱和 D 柱的柱顶反力。

7)排架柱地震作用效应的调整

①考虑厂房空间工作影响的调整

对不等高厂房排架柱地震作用效应的调整分为以下两个组成部分：

a.除高低跨交接处柱的上柱以外的所有排架柱柱截面,其按平面排架算得的地震作用效应 M 和 V,均应乘以表 6.1 所示的考虑空间工作影响的效应调整系数。本例中,厂房长 66m,钢筋混凝土屋盖,两端均有山墙,由表可查得效应调整系数为 0.8,即本例的 A 柱,B(C)柱的下柱,D 柱的所有截面地震作用效应均应乘以 0.8,调整后的效应如下：

A 柱

$$M_{\text{I-I}} = 0.8 \times 50.91 = 40.73\text{kN}\cdot\text{m}$$

$$V_{\text{I-I}} = 0.8 \times 20.78 = 16.62\text{kN}$$

$$M_{\text{II-II}} = 0.8 \times 190.14 = 152.11\text{kN}\cdot\text{m}$$

$$V_{\text{II-II}} = 0.8 \times 20.78 = 16.62\text{kN}$$

B 柱

$$M_{\text{II-II}} = 0.8 \times 346.83 = 277.46\text{kN}\cdot\text{m}$$

$$V_{\text{II-II}} = 0.8 \times 28.98 = 23.18\text{kN}$$

D 柱

$$M_{\text{I-I}} = 0.8 \times 69.03 = 55.22\text{kN}\cdot\text{m}$$

$$V_{\text{I-I}} = 0.8 \times 17.93 = 14.34\text{kN}$$

$$M_{\text{II-II}} = 0.8 \times 233.09 = 186.47\text{kN}\cdot\text{m}$$

$$V_{\text{II-II}} = 0.8 \times 17.93 = 14.34\text{kN}$$

b.高低跨交接处柱支承低跨屋盖牛腿以上柱截面的地震作用效应,应按本章所给的式(6.21)计算所得的增大系数 η 进行调整,公式中的空间影响系数 ζ_2 查表6.2为0.94。对本例,B 柱的上柱截面内力 $M_{\text{I-I}}$ 和 $V_{\text{I-I}}$ 的增大系数为

$$\eta = \zeta\left(1 + 1.7\frac{n_h}{n_0}\frac{G_{El}}{G_{Eh}}\right) = 0.94 \times \left(1 + 1.7 \times \frac{1}{2} \times \frac{683}{649.85}\right) = 1.78$$

由此得 B 柱上柱截面修正后的地震作用效应为:

$$M_{\text{I-I}} = 1.78 \times 81.66 = 145.35\text{kN}\cdot\text{m}$$

$$V_{\text{I-I}} = 1.78 \times 28.98 = 51.58\text{kN}$$

②吊车地震作用效应的局部增大效应调整

吊车地震作用效应,应乘以表6.3的增大系数,但只用于吊车梁面的柱截面,对本例,A 柱的 M_{AA} 应乘以增大系数2.0,B 柱的 M_{AA} 应乘以增大系数3.0,C 柱的 M_{AA} 也乘以2.0。

8)排架地震作用效应与其他荷载效应的组合

①与结构重力荷载及雪荷载的组合

对 A,B,D 柱分别进行柱截面的效应组合,组合表达式为

$$M_{\text{组合}} = 1.2M_G + 1.3M_{Ehk}$$

$$Q_{\text{组合}} = 1.2V_G + 1.3V_{Ehk}$$

式中:M_G 取自重力荷载计算的排架分析效应;M_{Ehk} 则取自排架地震作用效应分析。

②与吊车荷载效应的组合

a.与吊车桥架地震作用效应的组合。吊车桥架地震作用效应 M_{Ecrh},即本例的6(2)所述的柱截面 I-I,II-II 和 A-A 的吊车地震作用效应[截面 A-A 的吊车地震作用效应应乘局部增大系数2.0(A,D 柱),3.0(B 柱)],应根据对柱截面受力最不利的组合原则进行组合(取不利的吊车地震作用方向),在组合表达式中应再增加一项 M_{Ecrh},其荷载分项系数也取1.3。

b.与吊车竖向荷载效应的组合。吊车竖向荷载效应包括两部分:(a)吊车桥架自重 N_{cr} 产生的对柱的弯矩 M_{cr} 和剪力 V_{cr};(b)吊车吊重 N_{crl} 产生的对柱的弯矩 M_{crl} 和 V_{crl} 组合时,对 M_{cr},V_{cr} 效应必须进行组合,但吊重竖向荷载的效应 M_{crl} 和 V_{crl} 应按柱截面 I-I 和 II-II 区别对待,对柱截面 I-I,应考虑吊重的效应进行组合,对柱截面 II-II,则应根据柱截面受力的不利组合情况,确定是否组合。

在组合吊车荷载的效应时,荷载的分项系数也用1.2。

【例6.2】 两跨等高钢筋混凝土无檩屋盖厂房,纵墙和山墙为外贴砖墙,厂房主要尺寸如图6.22所示。屋盖自重2.6kN/m²,雪荷载0.30kN/m²,积灰荷载0.30kN/m²,柱57kN/根,吊车梁40kN/根,吊车自重182.3kN/台(每跨两台),纵墙130kN/柱间,山墙990kN/跨。设防烈度为8度,二区,I类场地。试计算各柱列的纵向地震作用,并验算柱间支撑截面。

[解] 1)各柱列的重力荷载代表值

为简化计算,各项荷载(包括吊车梁与吊车桥架的自重)经等效处理后,集中于各列柱顶标高处。

①计算结构的动力特性时

边柱列

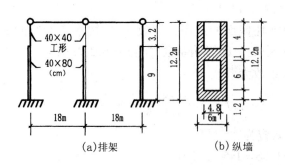
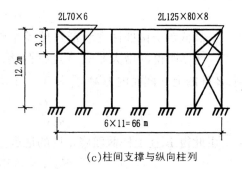

图 6.22　计算例题

$G_1 = 1.0(G_{屋盖} + 0.5G_{雪} + 0.5G_{积灰}) + 0.25(G_{柱} + G_{横墙}) + 0.35G_{纵墙} + 0.5(G_{吊车桥梁} +$
$\qquad G_{吊车桥梁}) =$

$\qquad 1.0 \times (2.6 + 0.5 \times 0.3 + 0.5 \times 0.3) \times 66 \times \dfrac{18}{2} + 0.25 \times (57 \times 12 + 990 \times 2 \times \dfrac{1}{2}) + 0.35$

$\qquad \times (130 \times 11) =$

$\qquad 0.5 \times (40 \times 11 + 182.3 \times 2 \times \dfrac{1}{2}) =$

$\qquad 1\,722.6 + 418.5 + 500.5 + 311.15 = 2\,952.75 \text{kN}$

中柱列

$G_2 = 1\,722.6 \times 2 + 0.25 \times (57 \times 12 + 990 \times 2) + 311.15 \times 2 = 4\,733.5 \text{kN}$

②计算结构的地震作用效应时

边柱列

$\overline{G}_1 = 1.0 \times (G_{屋盖} + 0.5G_{雪} + 0.5G_{积灰}) + 0.5 \times (G_{柱} + G_{横墙}) + 0.7G_{纵墙} + 0.75 \times (G_{吊车梁} +$
$\qquad G_{吊车梁}) =$

$\qquad 1.0 \times (2.6 + 0.5 \times 0.3 + 0.5 \times 0.3) \times 66 \times \dfrac{18}{2} + 0.5 \times (57 \times 12 + 990 \times 2 \times \dfrac{1}{2}) + 0.7 \times$

$\qquad (130 \times 11) + 0.75 \times (40 \times 11 + 182.3 \times 2 \times \dfrac{1}{2}) =$

$\qquad 1\,722.6 + 837 + 1\,001 + 466.7 = 4\,027.3 \text{kN}$

中柱列

$\overline{G}_2 = 1\,722.6 \times 2 + 0.5 \times (57 \times 12 + 990 \times 2) + 466.7 \times 2 = 5\,710.6 \text{kN}$

2)各柱列的侧移刚度和屋盖的剪切刚度

①边柱列侧移刚度

a.柱

近似地按悬臂计算,但考虑吊车梁、圈梁等的嵌固作用,其刚度乘以增大系数 1.5;下柱工字型截面的换算面积取同上柱,即 $b \times h = 40 \text{cm} \times 40 \text{cm}$;每柱列共有 12 根柱。

$$\sum K_c = 3\,\frac{EI}{H^3} \times 12 \times 1.5 = \frac{3 \times 2.8 \times 10^7 \times 0.4^4}{12 \times (12.2)^3} \times 12 \times 1.5 = 0.178 \times 10^4 \text{kN/m}$$

b.柱间支撑

下柱柱间支撑一道,长度 $l_1 = \sqrt{9^2 + 5.6^2} = 10.6\text{m}$。

截面积 $A_1 = 15.99 \times 10^{-4} \times 2 = 31.98 \times 10^{-4}\text{m}^2$,回转半径 $i_1 = 4.01\text{cm}$,长细比 $\lambda_1 = 1\,060 \times 0.5/4.01 = 130$,轴心受压稳定系数 $\varphi_1 = 0.39$。

上柱柱间支撑三道,长度 $l_2 = \sqrt{3.2^2 + 5.6^2} = 6.45\text{m}$。

截面积 $A_2 = 8.16 \times 10^{-4} \times 2 \times 3 = 31.98 \times 10^{-4}\text{m}^2$,回转半径 $i_2 = 3.41\text{cm}$,长细比 $\lambda_2 = 645 \times 0.5/3.41 = 94$,轴心受压稳定系数 $\varphi_2 = 0.60$。

$$\delta_b = \frac{1}{EL^2}\left[\frac{l_1^3}{(1+\varphi_1)A_1} + \frac{l_2^3}{(1+\varphi_2)A_2}\right] =$$

$$\frac{1}{2.1 \times 10^8 \times 5.6^2}\left[\frac{10.6^3}{(1+0.39) \times 31.98 \times 10^{-4}} + \frac{6.45^3}{(1+0.60) \times 48.96 \times 10^{-4}}\right] =$$

$$0.458\,5 \times 10^{-4}\text{m/kN}$$

$$\sum K_b = 1/\delta_b = 2.181 \times 10^4\text{kN/m}$$

c.纵墙

窗下墙有两段,$h_1 = 1.2\text{m}$,$h_3 = 1\text{m}$,$A_1 = A_3 = 0.24 \times 66\text{m}^2$,只考虑剪切变形影响;窗间墙沿高度有两段,$h_2 = 6\text{m}$,$h_4 = 4\text{m}$,$A_2 = A_4 = 0.24 \times 1.2\text{m}^2$,共 11 片,同时考虑剪切变形和弯曲变形的影响。

$$\delta_w = \frac{\xi(h_1 + h_3)}{0.4EA_1} + \left[\frac{\xi(h_2 + h_4)}{0.4EA_2 \cdot n} + \frac{h_2^3 + h_4^3}{12EI \cdot n}\right] =$$

$$\frac{1}{E}\left[\frac{1.2 \times (1.2 + 2)}{0.4 \times 0.24 \times 66} + \frac{1.2 \times (6 + 4)}{0.4 \times 0.24 \times 1.2 \times 11} + \frac{6^3 + 4^3}{0.24 \times 1.2^3 \times 11}\right] =$$

$$\frac{1}{2.3 \times 10^6}[0.416\,7 + 9.469\,7 + 61.377\,7] = 30.984 \times 10^{-6}\text{m/kN}$$

$$\sum K_w = \frac{1}{\delta_w} = 3.227 \times 10^4\text{kN/m}$$

d.边柱列总侧移刚度

$$\overline{K}_1 = \sum K_c + \sum K_b + \Psi_k \sum K_w =$$

$$(0.178 + 2.181 + 0.4 \times 3.227) \times 10^4 = 3.65 \times 10^4\text{kN/m}$$

②中柱列侧移刚度

$$\overline{K}_2 = \sum K_c + \sum K_b = (0.178 + 2.181) \times 10^4 = 2.359 \times 10^4\text{kN/m}$$

③屋盖剪切刚度

$$k = k_0\frac{L}{l} = 2 \times 10^4 \times \frac{66}{18} = 7.333 \times 10^4\text{kN/m}$$

3)空间结构的动力特性

①结构对称化处理

结构为三质点并联体系,对称化处理时把中间质点的重力荷载代表值和中柱列的侧移刚度一分为二,成为二质点体系,如图6.23。

$$\begin{cases} G_1 = 2\,952.75\text{kN} \\ G_2 = \frac{1}{2} \times 4\,733.5 = 2\,366.8\text{kN} \end{cases} \qquad \begin{cases} K_1 = 3.65 \times 10^4\text{kN/m} \\ K_2 = \frac{1}{2} \times 2.359 \times 10^4 = 1.18 \times 10^4\text{kN/m} \end{cases}$$

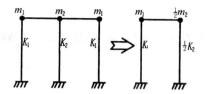 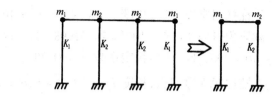

图6.23　单层厂房多质点系的对称化处理

②结构的刚度与柔度矩阵

$$[K] = \begin{bmatrix} K_{11} & K_{12} \\ K_{21} & K_{22} \end{bmatrix} = \begin{bmatrix} K_1 + k & -k \\ -k & K_2 + k \end{bmatrix} = \begin{bmatrix} 10.983 & -7.333 \\ -7.333 & 8.513 \end{bmatrix} \times 10^4 \text{kN/m}$$

$$\bar{K} = K_{11}K_{22} - K_{12}^2 = [10.983 \times 8.513 - (-7.333)^2] \times 10^8 = 39.725 \times 10^8 \text{kN/m}$$

$$[\delta] = \begin{bmatrix} \delta_{11} & \delta_{12} \\ \delta_{21} & \delta_{22} \end{bmatrix} = [K]^{-1} = \frac{1}{\bar{K}} \begin{bmatrix} K_{22} & -K_{21} \\ -K_{12} & K_{11} \end{bmatrix} =$$

$$\frac{10^{-4}}{39.725} \begin{bmatrix} 8.513 & 7.333 \\ 7.333 & 10.983 \end{bmatrix} = \begin{bmatrix} 0.214\ 3 & 0.184\ 6 \\ 0.184\ 6 & 0.276\ 5 \end{bmatrix} \times 10^{-4} \text{m/kN}$$

③结构的自振周期、振型和振型参与系数

a.自振周期

$$\lambda_2^1 = \frac{1}{2}\left[(m_1\delta_{11} + m_2\delta_{22}) \pm \sqrt{(m_1\delta_{11} - m_2\delta_{22})^2 + 4m_1m_2\delta_{12}\delta_{21}} \right] =$$

$$\frac{1}{2}\left[(295.275 \times 0.214\ 3 + 236.68 \times 0.276\ 5) \pm \right.$$

$$\sqrt{(295.275 \times 0.214\ 3 - 236.68 \times 0.276\ 5)^2 + 4 \times 295.275 \times 236.68 \times 0.184\ 60^2} \left. \right] \times 10^{-4} =$$

$$\frac{1}{2}[128.719 \pm 97.653] \times 10^{-4} = \begin{matrix} 113.186 \times 10^{-4} \\ 15.533 \times 10^{-4} \end{matrix}$$

$$T_1 = 2\pi\sqrt{\lambda_1} = 2\pi\sqrt{113.186 \times 10^{-4}} = 0.668\text{s}$$

$$T_2 = 2\pi\sqrt{\lambda_2} = 2\pi\sqrt{15.533 \times 10^{-4}} = 0.248\text{s}$$

b.振型

$$X_{11} = 1.0$$

$$X_{12} = \frac{\lambda_1 - m_1\delta_{11}}{m_2\delta_{12}} = \frac{(113.186 - 295.275 \times 0.214\ 3) \times 10^{-4}}{236.68 \times 0.184\ 6 \times 10^{-4}} = 1.142$$

$$X_{21} = 0$$

$$X_{22} = \frac{\lambda_2 - m_1\delta_{11}}{m_2\delta_{12}} = \frac{(15.533 - 295.275 \times 0.214\ 3) \times 10^{-4}}{236.68 \times 0.184\ 6 \times 10^{-4}} = -1.093$$

c.振型参与系数

$$\gamma_1 = \frac{\sum m_i X_{1i}}{\sum m_i X_{1i}^2} = \frac{295.275 \times 1 + 236.68 \times 1.142}{295.275 \times 1 + 236.68 \times 1.142^2} = 0.937$$

$$\gamma_2 = \frac{\sum m_i X_{2i}}{\sum m_i X_{2i}^2} = \frac{295.275 \times 1 + 236.68 \times (-1.093)}{295.275 \times 1 + 236.68 \times (-1.093)^2} = 0.063$$

4)空间结构各柱列柱顶处的纵向位移

①地震影响系数

$$\alpha_1 = \left(\frac{T_g}{T_1}\right)^{0.9} \qquad \alpha_{max} = \left(\frac{0.3}{0.668}\right)^{0.9} \times 0.16 = 0.0778$$

$$\alpha_2 = \alpha_{max} = 0.16$$

②地震作用

计算地震效应时,重力荷载代表值为

$$G_1 = \overline{G}_1 = 4027.3 \text{kN}$$

$$G_2 = \frac{1}{2}\overline{G}_2 = \frac{1}{2} \times 5710.6 = 2850.3 \text{kN(对称化处理)}$$

$$[F] = \begin{bmatrix} F_{11} & F_{21} \\ F_{12} & F_{22} \end{bmatrix} = \begin{bmatrix} G_1 & 0 \\ 0 & G_2 \end{bmatrix} \begin{bmatrix} X_{11} & X_{21} \\ X_{12} & X_{22} \end{bmatrix} \begin{bmatrix} \alpha_1 & 0 \\ 0 & \alpha_2 \end{bmatrix} \begin{bmatrix} \gamma_1 & 0 \\ 0 & \gamma_2 \end{bmatrix}$$

$$F_{11} = \alpha_1 \gamma_1 X_{11} G_1 = 0.0778 \times 0.937 \times 1.0 \times 4027.3 = 293.585 \text{kN}$$

$$F_{12} = \alpha_1 \gamma_1 X_{12} G_2 = 0.0778 \times 0.937 \times 1.142 \times 2850.3 = 237.288 \text{kN}$$

$$F_{21} = \alpha_2 \gamma_2 X_{21} G_1 = 0.16 \times 0.063 \times 1.0 \times 4027.3 = 40.595 \text{kN}$$

$$F_{22} = \alpha_2 \gamma_2 X_{22} G_2 = 0.16 \times 0.063 \times (-1.093) \times 2850.3 = -31.403 \text{kN}$$

③柱列柱顶处位移

$$[\Delta] = \begin{bmatrix} \Delta_{11} & \Delta_{21} \\ \Delta_{12} & \Delta_{22} \end{bmatrix} = \begin{bmatrix} \delta_{11} & \delta_{21} \\ \delta_{12} & \delta_{22} \end{bmatrix} \begin{bmatrix} F_{11} & F_{21} \\ F_{12} & F_{22} \end{bmatrix} =$$

$$\begin{bmatrix} 0.2143 & 0.1846 \\ 0.1846 & 0.2765 \end{bmatrix} \begin{bmatrix} 293.585 & 40.595 \\ 237.288 & -31.403 \end{bmatrix} \times 10^{-4} \text{m} =$$

$$\begin{bmatrix} 106.719 & 2.903 \\ 119.806 & -1.189 \end{bmatrix} \times 10^{-4}$$

$$\Delta_1 = \sqrt{\Delta_{11}^2 + \Delta_{21}^2} = \sqrt{(106.719)^2 + (2.903)^2} \times 10^{-4} = 106.758 \times 10^{-4} \text{m}$$

$$\Delta_2 = \sqrt{\Delta_{21}^2 + \Delta_{22}^2} = \sqrt{(119.806)^2 + (-1.189)^2} \times 10^{-4} = 119.812 \times 10^{-4} \text{m}$$

5)各柱列地震作用

作用于各柱列(分离体)柱顶处的地震作用为

$$[\overline{F}] = [\overline{K}][\Delta]$$

边柱列 $\quad \overline{F}_1 = \overline{K}_1 \Delta_1 = 3.65 \times 10^4 \times 106.758 \times 10^{-4} = 389.667 \text{kN}$

中柱列 $\quad \overline{F}_2 = \overline{K}_2 \Delta_2 = 2.359 \times 10^4 \times 119.812 \times 10^{-4} = 282.636 \text{kN}$

6)柱间支撑地震作用和截面验算

边柱列 $\quad F_b = \dfrac{\sum K_b}{\overline{K}_1}\overline{F}_1 = \dfrac{2.181}{3.65} \times 389.667 = 232.839 \text{kN}$

中柱列 $\quad F_b = \dfrac{\sum K_b}{\overline{K}_2}\overline{F}_2 = \dfrac{2.181}{2.359} \times 282.636 = 261.310 \text{kN}$

每柱列上柱柱间支撑有三道，$A_2 = 48.96\text{cm}^2$，$\varphi_2 = 0.60$；下柱柱间支撑一道，$A_1 = 31.98\text{cm}^2$，$\varphi_1 = 0.39$。可见后者弱于前者，故只验算下柱柱间支撑。受压杆卸载系数 $\Psi_c = 0.57$（由 $\lambda_1 = 130$ 确定）。

斜杆轴向拉力设计值

$$N = \frac{1}{1 + \varphi_1 \Psi_c} \frac{l_1}{L} V_b = \frac{1}{1 + 0.39 \times 0.57} \times \frac{10.6}{5.6}(261.310 \times 1.3) = 527.749\text{kN}$$

截面抗震承载力

$$A_1 f / \gamma_{RE} = 3\ 198 \times 215/0.9 = 763\ 966\text{N} = 763.966\text{kN} > N, \text{可。}$$

【例6.3】 已知两跨等高钢筋混凝土柱厂房，屋盖采用钢筋混凝土大型屋面板，折线型屋架（跨度 18m），屋盖自重 3.2kN/m^2，雪荷载 0.3kN/m^2。每跨设有二台 10t 中级工作制吊车（图6.24），柱距 6m，厂房长 60m。厂房柱混凝土强度等级为 C20，围护墙采用 240mm 厚砖墙。设防烈度为 8 度，二区，Ⅰ类场地土。试按修正刚度法对厂房纵向进行抗震验算。

[解] 由于是等高两跨钢筋混凝土柱，无檩的钢筋混凝土屋盖厂房，且柱顶标高不超过 15m，平均跨度不大于 30m，因此，可以采用简化计算法进行计算。

1）柱列重力荷载代表值

经过计算，有关重力荷载代表值如下：

一列边柱	664 kN
一列中柱	972 kN
一端半跨山墙	138 kN
一侧纵墙	726 kN
一侧吊车梁（后张预应力鱼腹式吊车梁）	512 kN
一台吊车桥架	204 kN
半跨屋盖总重力荷载	$3.2 \times 9 \times 60 = 1\ 728$ kN
半跨雪荷载总重	$0.3 \times 9 \times 60 = 162$ kN

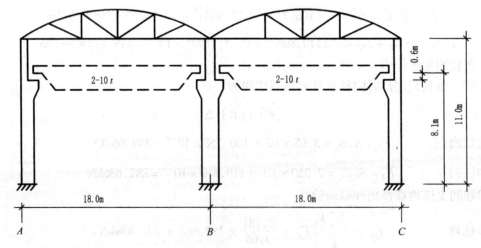

图 6.24　厂房横向剖面图

①集中到各柱列柱顶标高处的等效重力荷载代表值

a.确定厂房纵向基本周期时：

$$G_A = G_C = 1.0G_{屋盖} + 0.5G_{雪} + 0.25G_{边柱} + 0.35G_{纵墙} + 0.25G_{山墙} + 0.5G_{吊车梁} + 0.5G_{吊车桥} =$$
$$1.0 \times 1\ 728 + 0.5 \times 162 + 0.25 \times 664 + 0.35 \times 726 + 0.25 \times 2 \times 138 + 0.5 \times 512 + 0.5 \times 102 =$$
$$2\ 605.1 \text{ kN}$$

$$G_B = 1.0G_{屋盖} + 0.5G_{雪} + 0.25G_{中柱} + 0.25G_{山墙} + 0.5G_{吊车梁} + 0.5G_{吊车桥} =$$
$$1.0 \times 2 \times 1\ 728 + 0.5 \times 2 \times 162 + 0.25 \times 972 + 0.25 \times 2 \times 2 \times 138 + 0.5 \times 2 \times 512 + 0.5 \times 204 =$$
$$4\ 613 \text{ kN}$$

$$\sum G_i = 2 \times 2\ 605.1 + 4\ 613 = 9\ 823.2 \text{ kN}$$

b.确定地震作用时：

$$\overline{G}_A = \overline{G}_C = 1.0G_{屋盖} + 0.5G_{雪} + 0.1G_{边柱} + 0.7G_{纵墙} + 0.5G_{山墙} =$$
$$1.0 \times 1\ 728 + 0.5 \times 162 + 0.1 \times 664 + 0.7 \times 726 + 0.5 \times 2 \times 138 = 2\ 521.6 \text{ kN}$$

$$\overline{G}_B = 1.0G_{屋盖} + 0.5G_{雪} + 0.1G_{中柱} + 0.5G_{山墙} =$$
$$1.0 \times 2 \times 1\ 728 + 0.5 \times 2 \times 162 + 0.1 \times 972 + 0.5 \times 2 \times 2 \times 138 = 3\ 991.2 \text{ kN}$$

$$\sum \overline{G}_i = 2 \times 2\ 521.6 + 3\ 991.2 = 9\ 034.4 \text{ kN}$$

②集中到各柱列牛腿顶面标高处的等效重力荷载代表值

$$G_{cr(A)} = G_{cr(C)} = 0.4G_{边柱} + 1.0G_{吊车梁} + 1.0G_{吊车桥} =$$
$$0.4 \times 664 + 1.0 \times 512 + 1.0 \times 0.5 \times 204 = 879.6 \text{ kN}$$

$$G_{cr(B)} = 0.4G_{中柱} + 1.0G_{吊车梁} + 1.0G_{吊车桥} =$$
$$0.4 \times 972 + 1.0 \times 2 \times 512 + 1.0 \times 204 = 1\ 616.8 \text{ kN}$$

2)厂房纵向刚度

①边柱列纵向刚度 $k_A = k_C$

边柱　　　　　　　　　　　$\sum k_A^c = 2\ 380 \text{kN/m}$

柱间支撑　　　　　　　　　$\sum k_A^b = 18\ 867 \text{kN/m}$

纵墙　　　　　　　　　　　$\sum k_A^w = 354\ 560 \text{kN/m}$

$$k_A = k_C = \sum k_A^c + \sum k_A^b + \sum k_A^w = 2\ 380 + 18\ 867 + 354\ 560 = 375\ 807 \text{kN/m}$$

②中柱列纵向刚度 k_B

中柱　　　　　　　　　　　$\sum k_B^c = 3\ 170 \text{kN/m}$

柱间支撑　　　　　　　　　$\sum k_B^b = 36\ 139 \text{kN/m}$

$$k_B = \sum k_B^c + \sum k_B^b = 3\ 170 + 36\ 139 = 39\ 309 \text{kN/m}$$

③厂房纵向刚度

$$\sum k_i = k_A + k_B + k_C = 2 \times 375\ 807 + 39\ 309 = 790\ 923 \text{kN/m}$$

3)厂房纵向基本周期计算

①按式(6.65)计算

$$T_1 = 2\Psi_T \sqrt{\frac{\sum G_i}{\sum k_i}} = 2 \times 1.45 \sqrt{\frac{9\ 823.2}{790\ 923}} = 0.323 \text{ s}$$

②按式(6.66)计算

$$T_1 = 0.23 + 0.000\,25\,\Psi_1\,l\,\sqrt{H^3} = 0.23 + 0.000\,25 \times 1 \times 18\,\sqrt{11^3} = 0.394\ \text{s}$$

现选用 $T_1 = 0.323$ s

4)柱列水平地震作用

①厂房底部剪力标准值

$$F_{EK} = \alpha_1 \sum \overline{G}_i = \left(\frac{0.3}{0.323}\right)^{0.9} \times 0.16 \times 9\,034.4 = 1\,352.5\ \text{kN/m}$$

②柱列柱顶标高处水平地震作用标准值

边柱 $\quad k'_A = k'_C = \sum k_A^c + \sum k_A^b + \Psi_k \sum k_A^w =$

$$2\,380 + 18\,367 + 0.4 \times 354\,560 = 163\,071\ \text{kN/m}$$

中柱 $\quad k'_B = K_B = 39\,309$ kN/m

柱列柱顶的调整侧移刚度按(6.72)计算

边柱 $\quad k_{a(A)} = k_{a(C)} = \Psi_3 \Psi_4 k'_A = 0.85 \times 1.0 \times 163\,071 = 138\,610$ kN/m

中柱 $\quad k_{a(B)} = \Psi_3 \Psi_4 k'_B$

其中,$\Psi_3 = 1.3$(烈度为8度,无檩屋盖,边跨无天窗)

$\Psi_4 = 0.95$(中柱列柱间支撑 $\lambda = 75$,且下柱支撑的柱间数为一柱间,故 $\Psi_4 = 0.95$)

$$k_{a(B)} = 1.3 \times 0.95 \times 39\,309 = 48\,547\text{kN/m}$$

$$\sum k_{ai} = 2 \times 138\,610 + 48\,547 = 325\,767\text{kN/m}$$

各柱列柱顶标高处水平地震作用标准值:

边柱列 $\quad F_A = F_C = \dfrac{k_{a(A)}}{\sum k_{ai}} F_{EK} = \dfrac{138\,610}{325\,767} \times 1\,352.5 = 575.5\text{kN}$

中柱列 $\quad F_B = \dfrac{k_{a(B)}}{\sum k_{ai}} F_{EK} = \dfrac{48\,547}{325\,767} \times 1\,352.5 = 201.5\text{kN}$

③柱列吊车梁顶标高处的水平地震作用标准值

边柱列 $\quad F_{c(A)} = F_{c(C)} = \alpha_1 G_{cr(A)} \dfrac{H_{cr(A)}}{H} = \left(\dfrac{0.3}{0.323}\right)^{0.9} \times 0.16 \times 879.6 \times \dfrac{7.5}{11} = 89.78\text{kN}$

中柱列 $\quad F_{c(B)} = \alpha_1 G_{cr(B)} \dfrac{H_{cr(B)}}{H} = \left(\dfrac{0.3}{0.323}\right)^{0.9} \times 0.16 \times 1\,616.8 \times \dfrac{7.5}{11} = 165\text{kN}$

其余计算从略。

本章小结 本章介绍了单层钢筋混凝土柱工业厂房的震害特点、结构选型要求、抗震计算方法和抗震构造措施。单层工业厂房存在屋盖重、构件连接构造单薄、支撑体系较弱和构件局部强度不足等薄弱环节,因此,一般厂房需要进行地震作用下横向和纵向抗侧力构件的抗震强度验算。

在进行厂房横向抗震计算时,可采用横向铰接排架计算图式。对高低跨厂房,当低跨与高跨相差较大时,应采用振型分解反应谱法。一般情况下,地震作用可采用底部剪力法进行简化计算。考虑到屋架与柱顶之间连接的固结及围护墙对排架侧向变形约束的影响,应对横向自振周期和地震作用效应进行调整。地震作用效应和其他荷载组合后,进行截面抗震验算。

厂房纵向的破坏程度重于横向,在抗震计算时,一般采用多质点体系的空间分析法。当符

合一定条件时,可采用以下相应的简化计算方法:

对于单跨厂房和轻型屋盖多跨等高厂房,纵向抗震计算可采用"柱列法";以跨度中线划界,取各自独立的柱列进行简化计算;屋盖等对各柱列的影响,可以通过对自振周期的修正加以调整;

对于多跨等高的钢筋混凝土屋盖厂房,可采用"修正刚度法";按刚性屋盖厂房的原则进行计算,考虑到屋盖变形和围护墙的影响,应对厂房的纵向周期和柱列的侧移刚度进行修正;

对于钢筋混凝土屋盖的两跨不等高厂房,可采用"拟能量法";以跨度中线划分的柱列作为分析对象,对柱列的等效重力荷载可根据剪扭空间振动分析结果进行调整,用能量法计算自振周期,按底部剪力法计算地震作用。

地震作用计算完成后,即可对柱、墙体、柱间支撑等进行抗震验算。

由于地震作用计算采用了若干假设和简化计算方法,因此,加强构造措施对保证厂房良好的整体性和稳定性尤为重要。在采取构造措施时,应注意加强屋盖的整体稳定性,合理布置屋盖支撑体系,确保柱间支撑的抗震能力,合理选择与设计连接节点,加强各构件之间的连接。

思　考　题

1. 单层厂房在平面布置上有何要求?
2. 单层厂房横向抗震计算有哪些基本假定? 怎样进行横向抗震计算?
3. 在计算单层厂房横向基本周期时,为什么不考虑吊车桥重力荷载?
4. 试说明单层厂房纵向计算的柱列法、修正刚度法和拟能量法的原理及其应用范围。
5. 简述厂房屋盖的连接和柱间支撑及系杆的设置和构造要求。

第 7 章
桥梁抗震设计

本章要点　首先介绍了国内外桥梁的典型震害,总结了桥梁震害的一般规律,介绍了桥梁抗震设防要求。然后根据桥梁结构的震害主要集中于下部结构的特点,重点介绍了基于反应谱分析的桥墩抗震设计方法,并对桥台及支座的抗震计算作了简单介绍。最后详细列出了规范中关于桥梁抗震措施的有关规定。

规范条文的介绍以铁路抗震规范为主,对于公路规范则主要介绍了与铁路规范的不同之处。为了反映这两部规范的原貌,本章所用的公式符号仍沿用原规范中的符号,未与建筑抗震计算中所用的符号统一。

7.1　震害及其分析

桥梁是铁路或公路跨越河流、山谷及其他障碍的建筑物。桥梁的形式很多,从力学角度出发分为梁桥、拱桥、刚架桥、悬索桥、斜张桥、组合体系桥等。

桥梁是交通运输工程的重要组成部分,桥梁在地震时所遭受的震害,不仅造成经济上的巨大损失,而且还会因中断交通,影响抗震救灾工作的顺利进行,导致严重的社会后果。因此,地震区的桥梁还必须能够抗御地震的袭击,以保障交通运输的畅通。

7.1.1　国外桥梁震害简介

世界各国的强烈地震均对桥梁产生了不同程度的破坏,为桥梁抗震设计提供了丰富的震害经验。

在日本,1923 年关东地震(里氏 7.9 级),1946 年南海地震(8.1 级),1948 年福井地震(7.3 级),1964 年新泻地震(7.5 级),1968 年十胜冲地震(7.9 级)等大震均对桥梁结构产生了严重震害。其震害都发生在桥台、桥墩、大梁和支座方面。大致可分为以下三类:

1)由于支座的薄弱,当上部结构和下部结构之间的相对位移达到足够大时,在支座处可引起破坏,甚至导致落梁的严重破坏。且由于落梁时的强烈冲撞,上部结构和下部结构都会遭受重大的破坏。

2)由于下部结构的薄弱,当下部结构的刚度不足以抵抗本身的惯性力和大梁产生的惯性力时,就会产生相当大的变形,有些会引起彻底破坏或倾覆。在这种情况下,上部结构必然遭到重大的损害。

3)由于地基的薄弱,使基础大量沉陷或滑移,导致下部结构倾斜,甚至引起上部结构的倒塌。

最常见的桥梁破坏情况是：①下部结构倾斜、沉陷、滑移、开裂和倾覆；②支座上大梁位移、开裂和脱落；③锚螺栓剪断或拔出，支座处混凝土破碎，以及④翼墙沉陷和滑移，翼墙和桥台分离以及桥台胸墙破坏。需要说明的是，由于地震引起的结构振动直接产生的震害数量很少。

在美国，1906 年旧金山地震（8.3 级），1952 年加州地震（7.7 级），1964 年阿拉斯加地震（7.9 级），1971 年加州圣费尔南多地震（6.6 级），1989 年加州洛马·普里埃塔（Loma Prieta）地震，都对桥梁产生了损坏。

在阿拉斯加地震中，几乎所有的破坏都是由下部结构破坏而引起的，其原因是地面的大位移、沉陷和丧失承载力。桥梁破坏的类型包括：①桥墩移动和倾斜；②桥墩和桥台胸墙断裂；③桩的移动、倾斜和裂开；④回填土沉陷；⑤支座锚栓的剪断和弯曲；⑥桥面板从纵梁上扯散；⑦连接和垫板焊接的破坏，以及⑧摇轴支座倾斜。很少的破坏是直接由振动作用所引起的。值得注意的是，阿拉斯加地震中桥梁结构的损坏原因和类型与日本地震震害的原因非常相似。

在圣费尔南多地震中，许多立交桥破坏，有几座桥全部倒塌。在洛马·普里埃塔地震中，由于振动位移过大造成了海湾大桥桁架部分落梁震害，使地震后的交通中断一个月。

其他国家也有许多关于桥梁震害的记载。典型的如，1970 年在巴布亚-新几内亚的马当发生了 7.1 级地震，这次地震使位于该地震区的 47 座桥梁（除两座外）全部遭到破坏。正如日本的许多地震和 1964 年美国的阿拉斯加地震一样，桥梁的破坏主要是由于地面运动使基础破坏而引起的。许多桥台损坏是由于土压力太大，桥台通常向河心移动，从而引起支座破坏，伸缩缝闭合。而由于结构振动引起的破坏非常少见。

又如，在 1971 年智利 7.5 级地震中，位于南北方向的主要公路上的浦拉里桥的三跨简支梁均从支座上脱落。另一座双梁式钢桥由于中间桥墩的破坏而发生了严重震害。几乎所有桥的桥台回填土沉陷了 20～30 厘米左右。破坏的基本原因还是地面的运动，而不是振动的影响。

这些震害基本上都具有一个共同的特点，即桥梁的破坏基本上是由于桥台滑移以及地基破坏所引起的次生灾害，很少是由于结构振动所引起的。

在近两年发生的强烈地震中，如 1999 年 8 月 17 日土耳其伊兹米特市发生的 7.8 级地震，1999 年 9 月 21 日台湾南投县 7.6 级地震，2001 年 1 月 26 日印度古吉拉特邦 7.9 级地震中，地震区的许多桥梁均遭到了严重的破坏。土耳其地震和台湾地震均造成了高速公路高架桥塌落，跨河公路桥梁跨塌的严重震害。

不同地震又具有各自不同的特点。1983 年日本海中部地震及 1985 年墨西哥地震均因长周期地震动而在震源的远方发生震害。1994 年美国的北岭（Northridge）地震及 1995 年日本阪神大地震均为城市直下型地震。由于上下震动大，使桥梁的破坏与前述震害有所不同。在阪神地震中有 32 处坠桥，多处钢筋混凝土高架桥发生损坏。钢制桥墩有一处在水平方向发生破断，多数梁式桥在支承部分发生破损。震后，许多国家都在吸取阪神大地震的经验教训，研究修订抗震规范。

7.1.2　我国桥梁的一般震害规律

我国自 1966 年 3 月 22 日在邢台发生了 7.2 级地震后的 10 年间，相继发生了十余次强烈地震。特别是 1975 年海城地震和 1976 年唐山地震发生在人烟稠密和工业、交通发达的地区，造成了人民生命财产的巨大损失。其中铁路和公路桥梁所遭受的震害也是非常严重的。从实

用的抗震设计角度出发,将铁路桥梁的震害分为两大类型,即顺桥向破坏型及横桥向破坏型。两种破坏类型及主要特点为:

(1)顺桥向破坏型

河岸滑移、桥头路堤下沉及桥台向河心滑移所引起的震害,是桥梁震害中最普遍的现象,几乎是逢桥头必沉。路堤下沉加大了台后土压力,加之地震力作用和地基失效,推动桥台向河心滑移,压缩桥孔,并由此引起了梁、支座及墩的一系列连锁破坏,诸如:梁端撞裂、混凝土剥落、支座锚螺栓剪断、支座位移及脱落、落梁、桥墩下沉及倾斜、断裂等。

典型实例 1。唐遵线 $K2+980$ 陡河桥,1970 年新建。上部结构为 3 孔 16 米钢筋混凝土梁,重力式墩、台,地基松软,在饱和粉细砂层上,基础为 4 根直径 1 米的钻孔桩基础,长约 24 米,两个桥台为扩大基础。该桥位于 10 度区,地震时饱和粉细砂层液化。桥台基础在液化层内,两个桥台均随河岸坍滑体向河心移动,两侧河岸均出现多道裂缝。桥孔缩小 3.73 米,两个桥墩间桥孔无变化,但两个桥墩均沿混凝土施工缝折断,并向唐山侧倾斜。唐山侧桥台沿混凝土施工缝错断成三截,桥台向河心移动 1.5 米。遵化侧桥台向河心移动达 2.23 米,由于该台混凝土系连续灌注,无施工缝,台身未折断。桥梁支座全部剪断,梁体均向唐山侧串动,在平面上呈折线,梁端横隔板剪断,同一孔梁的两片梁间有 40 厘米宽缝隙。

(2)横桥向破坏型

铁路桥梁横桥向破坏以唐山地震中通坨线上最为突出,9 座桥中有 7 座发生横向移动,最大横移量达 210 厘米,使一片梁坠入河中。梁的横向移动常伴随着支座锚栓剪坏,横隔板开裂或断裂,严重者会导致横向落梁。

典型实例 2。唐山地震区通坨上行线 6 号桥,为 1 孔 23.8 米预应力钢筋混凝土梁,T 形混凝土桥台,台高 14.6 米,为扩大基础,埋深 2~4 米,基底为饱和细砂层。地震烈度 8 度,地震后右侧一片梁被横向地震力剪断支座锚栓,拉断横隔板,甩落河中,左侧一片梁支座脱出,纵向位移 21 厘米,横向位移 12 厘米。通台离地面 2 米左右处,沿施工缝水平断裂,裂缝宽达 5 厘米,台身上下节错动 5 厘米并压碎桥台底部,呈竖向裂缝,桥头路基下沉 3 米。

7.1.3 桥墩震害特点

我国唐山与海城地震的震害特点是:

1)在实际发生的桥墩的震害中,大部分属于由桥台滑移引起的推挤、落梁撞击所产生的次生灾害。而属于桥墩本身及上部结构的地震惯性力所引起的墩身破坏的例子很少。

2)桥梁的震害程度不仅受烈度的制约,而且地基条件的好坏也直接影响桥梁的震害程度。特别是当地基发生液化时,在很大程度上加重了桥梁的震害程度。

3)不同桥墩基础类型对桥墩的震害程度具有重要影响,深基础(桩基础及沉井基础等)要优于浅埋的扩大基础,而扩大基础桥墩的破坏绝大多数也是由于地基丧失承载力所引起。当地基较好时,即便是扩大基础,其破坏也是轻微的,或者可以说,稳定地基上的浅基础桥墩与深基础桥墩一样,同样具有较好的抗震能力。

4)墩体结构形式不同,其抗震能力有很大差异。我国铁路桥多采用石砌或混凝土的实体墩,少数采用如薄壁钢筋混凝土圆形墩或其他截面形式的整体式桥墩。震害资料表明,实体墩的震害较轻。唐山地震中京山线有 18 座桥的桥墩遭受震害,其中属于因地基失效引起的墩基横移、纵移、墩身倾斜,以及墩身施工缝错动者居多,而属于墩身环裂、折断、墩帽劈裂者仅有 7

座桥中的 17 个桥墩。这些断裂多数发生在墩帽下墩身顶部或靠近基础(承台)的底部。通坨线有 4 座桥的 10 个桥墩发生了环裂或断裂,位置也都在墩的顶部或底部。

通过对铁路桥墩震害特点的分析,我们可以得到以下有益的启示:

1)浅埋扩大基础桥墩在松软地基上普遍遭到较重的震害,而在唐山市极震区(地震烈度达 10 ~ 11 度),地基较稳定,地下水位深(排除了液化因素),桥梁震害反而较轻。这说明,地基的好坏对于桥墩的抗震能力有着十分重要的作用。

2)在排除桥台滑移所产生的次生灾害后,在软弱地基以及可能发生液化的地基上,墩身较矮的桥墩的破坏一般都发生在地基,如滑移和倾斜等。墩身即便有破坏,大多也发生在施工缝处或墩颈处,而单纯由于桥墩本身振动所产生的破坏非常少见。

7.1.4　上部结构的震害特点

从震害资料可以看出,梁一般是耐震的,其主要震害是梁端撞裂、混凝土剥落及钢筋外露等。这些震害并不影响到梁的承载力,震后也不难修复。但作为连接分片式梁的横隔板却显得十分薄弱,地震时常出现隔板开裂、剪断及梁片分离等震害现象。

从横隔板的震害分析可知,若排除桥台滑移所产生的次生灾害,则隔板的破坏主要是由梁的横桥向振动引起的,而墩与梁之间的相互作用常会加重隔板的破坏。震害实例 2 对这种震害现象作了说明。

桥梁支座作为梁与墩之间的连接部件,在地震时不仅受到梁的振动,同时也受到墩身振动的联合影响。支座的破坏不仅包括在纵向破坏型中,而且也包括在横向破坏型中。在纵向破坏型中,支座的破坏主要是由桥台滑移所引起的次生灾害,但也不能完全排除梁部地震力引起支座破坏的可能性。在横向破坏型中,支座的破坏则主要是由墩梁体系的联合振动所产生的。

作为上部结构破坏最严重的落梁,大多数是由于桥台滑移引起的桥墩折断、倾斜及倒塌所引起的次生灾害,但也有不能归结于次生灾害的纵向落梁的例子。至于横向落梁,则更不能归于次生灾害之列,而是由梁部结构的地震惯性力所引起的。另外,落梁之前必有支座的破坏,而横向落梁还伴随着横隔板的破坏。

综上所述,桥梁的震害主要发生在下部结构中,因此限于篇幅,本章重点介绍桥墩的抗震计算方法。

7.2　抗震设防要求

7.2.1　抗震设防目标

与建筑结构抗震设计中采用的三水准二阶段的抗震设计法有所不同,目前,我国桥梁抗震仍采用一次设计法。铁路与公路工程的抗震设防目标如下。

《铁路工程抗震设计规范》GBJ111—87(以下简称《铁路抗规》)的抗震目标为:经抗震设防后的铁路工程,当遭受相当于基本烈度的地震影响时,Ⅰ、Ⅱ级铁路的损坏部分稍加整修后即可正常使用;Ⅲ级铁路经过短期抢修后即能恢复通车。

《公路工程抗震设计规范》JTJ004—89(以下简称《公路抗规》)的抗震目标为:经抗震设防

后,在发生与之相当的基本烈度地震影响时,位于一般地段的高速公路、一级公路工程,经一般整修即可正常使用;位于一般地段的二级公路工程及位于软弱粘性土层或液化土层上的高速公路、一级公路工程,经短期抢修即可恢复使用;三、四级公路工程和位于抗震危险地段、软弱粘性土层或液化土层上的二级公路以及位于抗震危险地段的高速公路、一级公路工程,保证桥梁、隧道及重要的构造物不发生严重破坏。

7.2.2　抗震设防标准

《铁路抗规》规定:建筑物的设计烈度,除国家有特殊规定外,应采用所在地区的基本烈度;跨越铁路的跨线桥、天桥等建筑物应按不低于该处铁路工程的设计烈度进行抗震设计。

《公路抗规》规定:构造物一般应按基本烈度采取抗震措施。对于高速公路和一级公路上的抗震重点工程,可比基本烈度提高一度采取抗震措施,但基本烈度为9度的地区,提高一度的抗震措施应专门研究;对于四级公路上的一般工程,可不考虑或采用简易抗震措施。立体交叉的跨线工程,其抗震设计不应低于线下工程的要求。

7.2.3　抗震设计的原则和要求

《铁路抗规》规定:铁路工程抗震设计方案,应符合下列原则:

1)选择基本烈度较低和对抗震有利的地段;

2)建筑物体形简单、自重轻、刚度和质量分布匀称、重心低;

3)采用有利于提高结构整体性的连接方式;

4)应尽量采用延性较好的建筑材料;

5)位于设计烈度为8度、9度地震区的桥梁,宜采用减震耗能支座,减小梁部结构产生的地震力;

6)技术上先进、经济上合理和便于修复加固。

此外,在抗震设计中还应提出保证施工质量的要求和措施。

对于公路工程,上述原则也同样适用。

7.3　地震作用和抗震验算要求

与建筑结构的抗震设计方法类似,桥梁结构的抗震计算主要采用反应谱方法。下面就桥梁抗震计算的有关规定、计算图式、计算公式进行介绍。

需要说明,《铁路抗规》和《公路抗规》所使用的公式符号是不同的,与建筑抗震设计规范也不相同。为便于读者掌握、使用这两部规范中的计算公式,本书中沿用原规范中的符号,在学习时应注意区分。

7.3.1　一般规定

1)桥梁抗震验算时,应只计算顺桥向或横桥向一个方向的水平地震作用。设计烈度为9度的悬臂结构和预应力混凝土刚构桥,还应计入竖向地震作用,并按水平与竖向地震作用同时发生的最不利情况组合。竖向地震系数取水平地震系数的1/2。

2）桥梁抗震验算时，地震作用应与表7.1中的荷载进行最不利组合（《铁路抗规》）。

《公路抗规》在荷载组合时，地震荷载只与表7.1中的恒载组合，活荷载不予考虑。车辆等活荷载不考虑的理由是：第一，与铁路列车活荷载相比，公路活荷载占总荷载的比例较小，其地震作用的影响也较小；第二，由于车辆的滚动、滑动作用以及车辆本身的消能减震装置，使最终传到桥梁的水平地震作用很小。

表 7.1　桥梁荷载

荷载分类	荷载名称
恒载	结构自重
	土压力
	静水压力及浮力
活荷载	活载重力
	离心力
	列车活载所产生的土压力

注：①双线桥只考虑单线活荷载；

②验算桥墩桥台时，一律采用常水位设计。常水位包括地表水或地下水。

3）简支梁及连续梁桥，梁部结构的抗震强度一般不予验算。

4）梁桥下部结构的抗震设计，应考虑上部结构的地震作用。其作用点的位置顺桥向为支座中心（或顶面），横桥向为上部结构的重心处。对于铁路桥梁，在考虑活载影响时，活载的地震作用点位于轨顶处。

5）位于非岩石地基上的桥梁抗震设计，应计入地基变形的影响。

6）对于一般桥梁，抗震计算采用反应谱法。对于结构特别复杂或特别重要的桥梁，可采用时程反应分析法。

7）位于常水位水深超过5m的桥墩，应计入地震动水压力。

7.3.2　抗震验算规定

《铁路抗规》对桥梁抗震验算的规定如下：

1）Ⅰ、Ⅱ级铁路应分别按有车、无车进行计算。当桥上有车时，顺桥向不计活荷载引起的地震力，横桥向只计50%活荷载引起的地震力且作用在轨顶处，活荷载垂直力均计100%。Ⅲ级铁路只按无车情况进行计算。

桥上有车时，顺桥向不计活载地震力的原因是，由于车轮的滚动作用，地面运动的加速度很难传递到列车上，但列车的重力仍可以传递到桥墩上。因此，纵向不计活载产生的地震力，而活载垂直力计100%。

活载的横向地震力，只有地震时恰好桥上有列车时才会产生，但地震时桥上有车的几率较小。即便有车，但由于车架上有弹簧，对横向振动有一定的减震消能作用，活载地震力也会有所折减。因此规范规定对行车密度较大的Ⅰ、Ⅱ级铁路，计50%的活载地震力。对双线铁路按单线活载计。Ⅲ级铁路一般行车密度较小，进行抗震验算时，可以不考虑桥上有车的情况。

2）基础底面的合力偏心距 e，应符合表7.2的规定。

表7.2　基础底面的合力偏心距 e

地基土	e
未风化至风化颇重的硬质岩石	$\leq 2.0\rho$
上项以外的其他岩石	$\leq 1.5\rho$
基本承载力 $\sigma_0 > 200\text{kPa}$ 的土层	$\leq 1.2\rho$
基本承载力 $\sigma_0 \leq 200\text{kPa}$ 的土层	$\leq 1.0\rho$

注:ρ 为基础地面计算方向的核心半径。

3)砌石及混凝土截面合力偏心距 e,应符合表7.3规定。

表7.3　砌石及混凝土截面合力偏心距 e

截　面　形　状	e
矩形及其他形状	$\leq 0.8S$
圆　　形	$\leq 0.7S$

注:S 为截面形心至最大压应力边缘的距离。

4)配有少量钢筋的混凝土重力式桥墩、桥台截面的偏心距可大于表7.3的规定值。配筋量应按强度计算确定,配筋率和裂缝开展度可不计算。

5)建筑材料的容许应力的修正系数,应符合表7.4的规定。

表7.4　建筑材料容许应力修正系数

材　料　名　称	应　力　类　别	修正系数
混凝土和石砌体	剪应力、主拉应力	1.0
	压应力	1.5
钢　　材	剪应力、拉、压应力	1.5

地震时提高容许应力,意味着可以降低地震时结构的安全度。钢材的匀质性较好,容许应力提高50%后,安全系数仍可达1.3左右。混凝土匀质性差,抗剪强度低,震害也多见于剪断,因此规定剪应力不予提高。抗压强度提高后,安全系数仍可达1.6。

6)滑动稳定系数不应小于1.1。

7)倾覆稳定系数不应小于1.2。

总之,《铁路抗规》仍延用容许应力法进行抗震强度和稳定性验算。

在《铁路抗规》(2000年修订版的征求意见稿中)还增加了钢筋混凝土桥墩的延性验算及采用铅芯橡胶支座时的抗震验算要求。

公路抗震规范1977年试行版中的抗震验算规定与铁路规范是一致的。即验算桥梁的抗震强度时,材料容许应力提高50%。现行《公路抗规》为了与公路桥涵设计规范一致,改用分项安全系数的极限状态法进行抗震强度验算。把材料容许应力提高50%换算成相当的荷载安全系数,进行等强度换算。也就是说,采用容许应力法计算抗震强度所需材料数量与采用极限状态法(降低荷载安全系数)计算抗震强度所需的材料数量相等。对于钢筋混凝土、混凝土及砖石结构采用极限状态法进行验算。但对于地基和支座仍采用容许应力法验算。

《公路抗规》的抗震验算,采用如下表达式:

①极限状态法

a.砖石和混凝土结构

$$S_d\left(\varphi\gamma_g\sum G;\varphi\gamma_q\sum Q_d\right)\leqslant R_d\left(\frac{R_j}{\gamma_m}\right) \tag{7.1}$$

b.钢筋混凝土和预应力混凝土结构

$$S_d\left(\gamma_g\sum G;\gamma_q\sum Q_d\right)\leqslant\gamma_bR_d\left(\frac{R_c}{\gamma_C};\frac{R_s}{\gamma_S}\right) \tag{7.2}$$

式中　G——非地震荷载效应；

　　　Q_d——地震荷载效应；

　　　φ——荷载组合系数，取 $\varphi=0.67$；

　　　γ_g——荷载安全系数，对于砖石与混凝土结构，结构重力取 $\gamma_g=1.2$，其余荷载取 $\gamma_g=1.4$，对于钢筋混凝土与预应力混凝土结构取 $\gamma_g=1.0$；

　　　γ_q——地震荷载安全系数，对于砖石与混凝土结构，结构重力产生的地震荷载取 $\gamma_q=1.2$，其余地震荷载取 $\gamma_q=1.4$，对于钢筋混凝土与预应力混凝土结构取 $\gamma_q=1.0$；

　　　S_d——荷载效应函数；

　　　R_d——结构抗力效应函数；

　　　R_j——材料或砌体的极限强度；

　　　R_c——混凝土设计强度；

　　　R_s——预应力钢筋或非预应力钢筋设计强度；

　　　γ_m——材料或砌体安全系数；

　　　γ_c——混凝土安全系数；

　　　γ_s——预应力钢筋或非预应力钢筋安全系数；

　　　γ_b——结构工作条件系数。矩形截面取 $\gamma_b=0.95$；圆形截面取 $\gamma_b=0.68$。

式(7.1)中右项计算表达式，应按现行的《公路砖石及混凝土桥涵设计规范》JTJ022—85 有关规定计算。

式(7.2)中右项计算表达式，应按现行的《公路钢筋混凝土及预应力混凝土桥涵设计规范》JTJ023—85 有关规定计算。

②容许应力法

$$\sigma\leqslant[\sigma] \tag{7.3}$$

式中　σ——计算应力(MPa)；

　　　$[\sigma]$——材料强度提高后的容许应力(MPa)。对于支座销钉、锚栓等，其材料容许应力按现行的《公路桥涵钢结构及木结构设计规范》JTJ025—86 规定值提高 50% 采用；对于地基土的容许应力按现行《公路桥涵地基与基础设计规范》中地基土修正后的容许承载力乘以容许承载力提高系数确定。

7.3.3　地震作用计算

(1)计算图式

铁路重力式桥墩的抗震计算图式如图 7.1 所示。

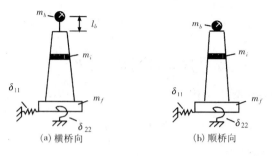

图 7.1 铁路桥墩地震作用计算图式

图中　　δ_{11}——基础平动柔度系数。当基底或承台底作用单位水平力时,基础底面产生的水平位移(m/kN);

　　　　δ_{22}——基础转动柔度系数。当基底或承台底作用单位弯矩时,基础底面产生的转角(rad/kN·m);

　　　　m_b——桥墩顶处换算质点的质量(t)。顺桥向:$m_b = m_d$;横桥向:$m_b = m_l + m_d$;

　　　　m_d——桥墩顶梁体质量(t),等跨桥墩顺桥向、横桥向和不等跨桥墩横桥向均为相邻两孔梁及桥面质量之和的一半,不等跨桥墩顺桥向为较大一跨梁及桥面质量之和;

　　　　m_l——桥墩顶活荷载反力换算的质量(t);

　　　　l_b——m_b质心距桥墩顶的高度(m);

　　　　m_i——桥墩第 i 段的质量(t)。

(2)地基柔度系数的计算公式

计算非岩石地基基础的柔度系数 δ_{11}、δ_{22}、δ_{12} 时,应计土的弹性抗力,并按下列公式计算。

①明挖、沉井基础底面的地基柔度系数

a.置于非岩石地基上的基础(包括基础置于岩石风化层内和置于风化层面上)。

$$\delta_{11} = \frac{6(b_0 \cdot m \cdot h^4 + 6 \cdot C_0 \cdot a \cdot W)}{b_0 \cdot m \cdot h^2(b_0 \cdot m \cdot h^4 + 18C_0 \cdot a \cdot W)} \tag{7.4}$$

$$\delta_{22} = \frac{36}{b_0 \cdot m \cdot h^4 + 18C_0 \cdot a \cdot W} \tag{7.5}$$

$$\delta_{12} = \frac{-12h}{b_0 \cdot m \cdot h^4 + 18C_0 \cdot a \cdot W} \tag{7.6}$$

b.明挖、沉井底面嵌入岩层内较浅的基础

$$\delta_{11} = \delta_{12} = 0$$

$$\delta_{22} = \frac{12}{b_0 \cdot m \cdot h^4 + 6C_0 \cdot a \cdot W} \tag{7.7}$$

式中　　b_0——基础侧面土抗力的计算宽度(m),按现行铁路桥涵设计规范的规定计算。明挖基础侧面土的抗力的计算宽度应由基础的平均尺寸确定。

　　　　m——非岩石地基系数的比例系数(kN/m⁴),按表 7.5 采用。

表 7.5　非岩石地基系数的比例系数

序号	土的名称	$m/(\text{kN} \cdot \text{m}^{-4})$
1	流塑粘性土 $I_l \geqslant 1$,淤泥	3 000 ~ 5 000
2	软塑粘性土 $1 > I_l \geqslant 0.5$,粉砂	5 000 ~ 10 000
3	硬塑粘性土 $0.5 > I_l \geqslant 0$,细砂、中砂	10 000 ~ 20 000
4	半干硬的粘性土、粗砂	20 000 ~ 30 000
5	砾砂、角砾土、圆砾土、碎石土、卵石土	30 000 ~ 80 000
6	块石土、漂石土	80 000 ~ 120 000

注：I_l 为液性指数。

h——基础底面位于地面以下或一般冲刷线以下的深度(m)；

C_0——基础底面竖向地基系数(kN/m^3)，按现行铁路桥涵设计规范的规定计算；

a——基础底面顺外力作用方向的基础长度(m)；

W——基础底截面抵抗矩(m^3)；

δ_{12}——当基础底或承台底作用单位弯矩时，基础底面产生的水平位移(m/kN·m)。

②桩基础承台底面的地基柔度系数，应按现行铁路桥涵设计规范的方法计算。

(3)地震力计算公式

①铁路规范

《铁路抗规》地震力的计算公式为：

$$F_{ijE} = \eta_C \cdot K_h \cdot \beta_j \cdot \gamma_j \cdot X_{ij} \cdot m_i \cdot g \tag{7.8}$$

$$M_{fjE} = \eta_C \cdot K_h \cdot \beta_j \cdot \gamma_j \cdot K_{fj} \cdot J_f \cdot g \tag{7.9}$$

式中　F_{ijE}——j 振型 i 点的水平震力(kN)；

η_C——综合影响系数，由桥墩高度 H(桥墩顶至基础顶的高度)查表 7.6；

K_h——水平地震系数。设计烈度 7 度时为 0.1,8 度时为 0.2,9 度时为 0.4。

β_j——j 振型动力系数。根据自振周期 T_j,按图 7.2 查得。图中的阻尼比为 0.05。

表 7.6　铁路桥墩综合影响系数 η_C

H/m	$\leqslant 10$	20	$\geqslant 30$
η_C	0.15	0.20	0.25

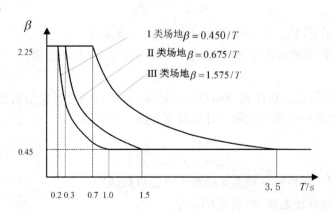

图 7.2　铁路抗震规范的设计反应谱

工程结构抗震设计

图 7.2 中的三条曲线代表三种场地类型。《铁路抗规》的场地划分如下：

Ⅰ类场地土：岩土和土层为密实的块石土、漂石土，或岩石、土层的平均剪切坡速 V_{sm} 大于 500m/s。

Ⅱ类场地土：Ⅰ类场地土、Ⅲ类场地土以外的稳定土，或土层的平均剪切波速 V_{sm} 大于 140m/s 并小于或等于 500m/s。

Ⅲ类场地土：土层为松散饱和的中砂、细砂、粉砂；新近沉积的粘性土和软塑至流塑的粘性土；淤泥和淤泥质土；新填土，或土层的平均剪切坡速 V_{sm} 小于或等于 140m/s。

图 7.2 中，当全桥组合阻尼比 ζ_c 大于 0.05 时，反应谱 β 值应乘以表 7.7 的调整系数 η_1。

表 7.7　反应谱调整系数 η_1

阻尼比 ζ_c	调整系数 η_1
0.05	1.0
0.10	0.8
0.15	0.75
0.20	0.70
0.25	0.65

γ_j——j 振型参与系数。按下式计算：

$$\gamma_j = \frac{\sum_i m_i \cdot X_{ij} + m_f \cdot X_{fj}}{\sum_i m_i \cdot X_{ij}^2 + m_f \cdot X_{fj}^2 + J_f \cdot K_{fj}^2} \tag{7.10}$$

X_{fj}——j 振型基础质心处的振型坐标；

m_f——基础的质量(t)；

X_{ij}——j 振型在 i 段桥墩质心处的振型坐标；

M_{fjE}——非岩石地基的基础或承台质心处的 j 振型地震力矩(kN·m)；

K_{fj}——j 振型基础质心角变位的振型函数(1/m)；

J_f——基础对质心轴的转动惯量(t·m²)。

地震作用效应弯矩、剪力、位移，一般可取前三个振型遇合，并应按下式计算：

$$S_{iE} = \sqrt{\sum_{j=1}^{3} S_{ijE}^2} \tag{7.11}$$

式中　S_{iE}——地震作用下，i 点的作用效应弯矩、剪力或位移；

$\qquad$ S_{ijE}——在 j 振型地震作用下，i 点的作用效应弯矩、剪力或位移。

②公路规范

《公路抗规》规定桥墩高度超过 30m 的特大桥梁，可采用时程反应分析法，对墩高小于 30m 的一般桥梁，只考虑第一振型的贡献。计算简图如图 7.3 所示。

计算公式为：

$$E_{ihp} = C_i C_z K_h \beta_1 \gamma_1 X_{1i} G_i \tag{7.12}$$

式中　E_{ihp}——作用于梁桥桥墩质点 i 的水平地震荷载(kN)；

$\qquad$ C_i——重要性修正系数，按表 7.8 取值；

$\qquad$ C_z——综合影响系数，按表 7.9 取值；

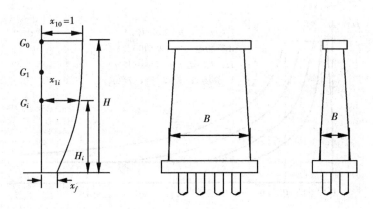

图 7.3　公路桥墩计算简图

K_h——水平地震系数,取值与铁路规范相同;

β_1——相应于桥墩顺桥向或横桥向的基本周期的动力放大系数,按图 7.4 的反应谱曲
　　　线确定。

表 7.8　重要性修正系数 C_i

路线等级及构造物	重要性修正系数 C_i
高速公路和一级公路上的抗震重点工程	1.7
高速公路和一级公路的一般工程、二级公路上的抗震重点工程、二、三级公路上桥梁的梁端支座	1.3
二级公路的一般工程、三级公路上的抗震重点工程、四级公路上桥梁的梁端支座	1.0
三级公路的一般工程、四级公路上的抗震重点工程	0.6

注:(1)位于基本烈度为 9 度地区的高速公路和一级公路上的抗震重点工程,其重要性修正系数也可
　　　采用 1.5。

　　(2)抗震重点工程系指特大桥、大桥、隧道和破坏后修复(抢修)困难的路基、中桥和挡土墙等工程。
　　　一般工程系指非重点的路基、中小桥和挡土墙等工程。

表 7.9　综合影响系数 C_z

桥梁和墩、台类型			桥墩计算高度 H/m		
			$H < 10$	$10 \leqslant H < 20$	$20 \leqslant H < 30$
梁桥	柔性墩	柱式桥墩、排架桩墩、薄壁桥墩	0.30	0.33	0.35
	实体墩	天然基础和沉井基础上的实体桥墩	0.20	0.25	0.30
	多排桩基础上的桥墩		0.25	0.30	0.35
	桥　　　台		0.35		
	拱　　　桥		0.35		

图 7.4 中的四条曲线代表四类场地土,公路规范的场地划分为:

Ⅰ类场地土:岩石、紧密的碎石土。

Ⅱ类场地土:中密、松散的碎石土,密实、中密的砾、粗、中砂;地基容许承载力 $[\sigma_0] >$
250kPa 的粘性土。

Ⅲ类场地土:松散的砾、粗、中砂,密实、中密的细、粉砂,地基土容许承载力 $[\sigma_0] \leqslant 250\text{kPa}$

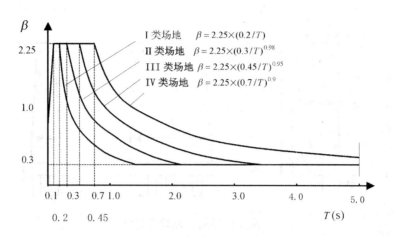

图 7.4　公路规范的反应谱曲线

的粘性土和$[\sigma_0] \geqslant 130$kPa 的填土。

Ⅳ类场地土:淤泥质土,松散的细、粉砂,新近沉积的粘性土;地基土容许承载力$[\sigma_0] <$ 130kPa 的填土。

γ_1——桥墩顺桥向或横桥向的基本振型参与系数;

$$\gamma_1 = \frac{\sum\limits_{i=0}^{n} X_{1i}G_i}{\sum\limits_{i=0}^{n} X_{1i}^2 G_i} \tag{7.13}$$

X_{1i}——桥墩基本振型在第 i 分段处的相对水平位移。对于实体桥墩,当 $H/B \geqslant 5$ 时,X_{1i} $= X_f + \dfrac{1-X_f}{H}H_i$(一般适用于顺桥向),当 $H/B < 5$ 时,$X_{1i} = X_f + \left(\dfrac{H_i}{H}\right)^{1/3}(1-X_f)$ (一般适用于横桥向);

X_f——考虑地基变形时,顺桥向作用于支座顶面或横桥向作用于上部结构质量重心上的 单位水平力在一般冲刷线或基础顶面引起的水平位移与支座顶面或上部结构质量 重心处的水平位移之比值;

H_i——一般冲刷线或基础顶面至墩身各段重心处的垂直距离(m);

H——桥墩计算高度,即一般冲刷线或基础顶面至支座顶面或上部结构质量重心的垂直 距离(m);

B——顺桥向或横桥向的墩身最大宽度(m);

$G_{i=0}$——桥梁上部结构重力(kN),对于简支梁桥,计算顺桥向地震荷载时为相应于墩顶固 定支座的一孔梁的重力;计算横桥向地震荷载时为相邻两孔梁重力的一半;

$G_{i=1,2,3\cdots}$——桥墩墩身各分段的重力(kN)。

梁桥桥墩的柔性墩(图 7.5),其顺桥向的水平地震荷载可采用下面公式计算。

$$E_{htp} = C_i C_z K_h \beta_1 G_t \tag{7.14}$$

式中　E_{htp}——作用于支座顶面处的水平地震荷载(kN);

G_t——支座顶面处换算质点重力(kN);

$$G_t = G_{SP} + G_{CP} + \eta G_P \tag{7.15}$$

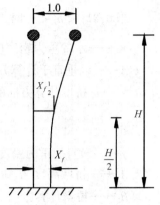

G_{SP}——梁桥上部结构重力。对于简支梁桥,计算地震荷载时为相应于墩顶固定支座的一孔梁的重力(kN);

G_{CP}——盖梁重力(kN);

G_P——墩身重力。对于扩大基础和沉井基础,为基础顶面以上墩身重力(kN);对于桩基础,为一般冲刷线以上墩身重力(kN);

η——墩身重力换算系数;

$$\eta = 0.16(X_f^2 + 2X_{f\frac{1}{2}}^2 + X_f X_{f\frac{1}{2}} + X_{f\frac{1}{2}} + 1) \tag{7.16}$$

$X_{f\frac{1}{2}}$——考虑地基变形时,顺桥向作用于支座顶面上的单位水平力在墩身计算高度 $H/2$ 处引起的水平位移与支座顶面处的水平位移之比值。

图 7.5　柔性墩计算简图

对于柱式桥墩、排架桩墩、薄壁桥墩等柔性桥墩,其自振周期的简化计算公式为

$$T_1 = 2\pi \left(\frac{G_t \delta}{g}\right)^{\frac{1}{2}} \tag{7.17}$$

式中　T_1——各类桥梁桥墩的基本周期(s);

δ——在顺桥向或横桥向作用于支座顶面或上部结构质量重心上单位水平力在该点引起的水平位移(m/kN);

g——重力加速度(m/s^2)。

上述简化方法也适用于铁路桥梁的抗震设计,但计算地震力的公式应按铁路规范的规定作相应变动。

7.3.4　地震动水压力计算

(1)铁路规范

《铁路抗规》提出的计算公式如下:

梁式桥跨结构的实体桥墩,在常水位以下部分,水深超过 5m 时,应计入地震动水压力对桥墩的作用。当采用圆形或圆端形桥墩时,应按下列公式计算(见图 7.6)。

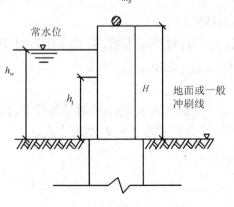

图 7.6　地震动水压力计算图

图中,h_w——常水位至基础顶面的高度(m)。

①水中墩高度 h_i 处单位墩高的动水压力,按下式计算:

$$F_{iwE} = K_h \cdot \frac{h_i}{H} \cdot m_w \cdot g \cdot \gamma_1 \cdot \beta_1 \tag{7.18}$$

式中　F_{iwE}——水中墩高度 h_i 处单位墩高的动水压力(kN);

m_w——桥墩单位高度水的附加质量(t/m),按下列公式计算。

当 $0 < h_i < 0.8h_w$ 时,　$m_w = \gamma_w \cdot \dfrac{A}{g}$ (7.19)

当 $0.8h_w < h_i < h_w$ 时，
$$m_w = \frac{5(h_w - h_i) \cdot \gamma_w \cdot A}{h_w \cdot g} \tag{7.20}$$

γ_w——水的重力密度(kN/m^3)；

A——以垂直于计算方向，桥墩 $h_w/2$ 处的截面宽度为直径的圆面积(m^2)；

γ_1——桥墩计算方向的振型参与系数，按下式计算：
$$\gamma_1 = \frac{0.375\gamma \cdot A_1 \cdot H + m_b \cdot g}{0.236\gamma \cdot A_1 \cdot H + m_b \cdot g} \tag{7.21}$$

γ——墩身的重力密度(kN/m^3)；

A_1——桥墩高度 H 的 1/2 处的截面面积(m^2)；

β_1——桥墩计算方向的动力系数，其基本周期按下式计算：
$$T_1 = 2\pi\sqrt{\frac{H^3(0.236\gamma \cdot A_1 \cdot H + m_b \cdot g)}{3E \cdot I'_P \cdot g}} \tag{7.22}$$

E——墩身的弹性模量(kPa)；

I'_P——桥墩高度 H 的 1/2 处截面计算方向的惯性矩(m^4)。

②桥墩动水压力基础顶面的剪力、弯矩按下列公式计算：
$$V_0 = \frac{0.407}{H}K_h \cdot \gamma_1 \cdot \beta_1 \cdot A \cdot \gamma_w \cdot h_w^2 \tag{7.23}$$
$$M_0 = 0.604 V_0 \cdot h_w \tag{7.24}$$

式中　V_0——基础顶面的剪力(kN)；

　　　M_0——基础顶面的弯距($kN \cdot m$)。

(2)公路规范

①$b/h \leqslant 2.0$ 时
$$E_w = 0.15(1 - b/4h)C_i K_h \xi_h \gamma_w b^2 h \tag{7.25}$$

②$2.0 < b/h \leqslant 3.1$ 时
$$E_w = 0.075 C_i K_h \xi_h \gamma_w b^2 h \tag{7.26}$$

③$b/h > 3.1$ 时
$$E_w = 0.24 C_i K_h \gamma_w b h^2 \tag{7.27}$$

式中　E_w——地震时在 $h/2$ 处作用于桥墩的总动水压力(kN)；

　　　ξ_h——断面形状系数。对于矩形墩和方形墩，取 $\xi_h = 1$；对于圆形墩，取 $\xi_h = 0.8$；对于圆端形墩，顺桥向取 $\xi_h = 0.9 \sim 1.0$，横桥向取 $\xi_h = 0.8$；

　　　γ_w——水的容重(kN/m^3)；

　　　b——与地震荷载方向相垂直的桥墩宽度，可取 $h/2$ 处的截面宽度(m)，对于矩形墩，横桥向时，取 $b = a$(长边边长)；对于圆形墩，两个方向均取 $b = D$(墩的直径)；

　　　h——从一般冲刷线算起的水深(m)。

7.4　桥台抗震计算

7.4.1　铁路规范

关于桥台所受的地震土压力,自 20 世纪 30 年代初,日本学者 Mononobe 根据库仑土压力理论,用一个给定的水平地震系数,按静力法导出作用于台背的地震主动土压力,并与 Okabe 等进行了砂箱振动试验以来,Mononobe-Okabe 公式一直被广泛应用着。由于这个公式比较繁冗,各国规范在实际应用时均作了不同的简化。下面分别列出铁路与公路抗震规范中的计算公式。

《铁路抗规》给出的计算公式如下:

(1)桥台第 i 截面以上部分质心处的水平地震力

$$F_{ihE} = \eta_C \cdot K_h \cdot \eta_i \cdot m_i \cdot g \tag{7.28}$$

式中　F_{ihE}——第 i 截面以上部分质心处的水平地震力(kN);

　　　η_C——综合影响系数,岩石地基采用 0.20,非岩石地基采用 0.25;

　　　η_i——水平地震作用沿桥台高度的增大系数(见图 7.7),其数值应按表 7.10 采用;

　　　m_i——第 i 截面以上部分的质量(t)。

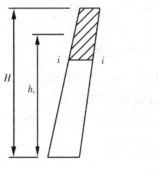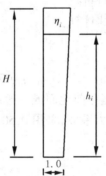

图 7.7　桥台地震作用增大系数分布图

图 7.7 中,h_i——i 截面以上部分质心至基础顶的高度(m);

　　　H——桥台基顶或一般冲刷线至轨顶的高度(m)。

表 7.10　水平地震作用沿桥台高度的增大系数 η_i

桥台高度/m	Ⅰ、Ⅱ级铁路	Ⅲ级铁路
$H \leqslant 12$	1	1
$H > 12$	$1 + h_i/H$	1

(2)梁部作用于桥台的水平地震力

$$F_E = \eta_C \cdot K_h \cdot m_d \cdot g \tag{7.29}$$

式中　F_E——梁部作用于桥台的水平地震力(kN)。

顺桥向作用点在支座中心。当梁在桥台端为固定支座时，m_d 以一孔梁计；当梁的两端为相同支座时，m_d 以半孔梁计。横桥向 m_d 以半孔梁计。

(3)作用于桥台的地震土压力公式

①作用于桥台台背的地震主动土压力按下式计算：

$$P_{iE} = \frac{1}{2} \gamma \cdot H^2 \cdot B (\lambda + \lambda') \tag{7.30}$$

$$\lambda' = \eta_C \cdot K_h \frac{1 - \sin\phi}{\cos\phi} \tag{7.31}$$

式中　P_{iE}——作用于计算截面以上的地震主动土压力(kN)，其作用点在计算截面以上 $H/3$ 处；

　　　H——计算截面至轨底的高度(m)；

　　　B——桥台或基础的计算宽度(m)；

　　　γ——土的重力密度(kN/m³)；

　　　λ——非地震条件下的库仑主动土压力系数；

　　　λ'——地震影响系数；

　　　η_c——综合影响系数，取 0.25；

　　　ϕ——台后土的综合内摩擦角(度)。

②桥台基础位于可液化土时，应按式(7.30)分层计算台背地震土压力，液化土的综合内摩擦角应按规范的规定进行折减。

③台前土压力按下式计算：

$$E = \frac{1}{2} \gamma \cdot h^2 \cdot B \cdot K_0 \tag{7.32}$$

式中　E——台前土压力(kN)，其着力点至计算土层底面的距离为 $h/3$；

　　　h——计算截面至台前地面或一般冲刷线的高度(m)；

　　　K_0——静止土压力系数，采用 0.50；当基底持力层为液化土时，不计台前土压力；γ、B 含义同前。

(4)验算公式

对于浅基础桥台应按下式进行基底水平滑动稳定的检算：

$$K_C = \frac{\tan\phi \sum N + E}{\sum P} \tag{7.33}$$

式中　K_C——滑动稳定系数；

　　　ϕ——基底持力层土层的综合内摩擦角(度)，对于液化土则按规范规定进行折减；

　　　$\sum P$——台背水平地震主动土压力和台身、基础及梁体的水平地震力总和(kN)；

　　　$\sum N$——基地垂直力总和(kN)；

　　　E——台前土压力(kN)，基地土液化时不计。

当滑动稳定系数小于 1.1 时，必须采取防滑移措施。

7.4.2　公路规范

(1)桥台的水平地震荷载

$$E_{hau} = C_i C_z K_h G_{au} \qquad (7.34)$$

式中　E_{hau}——作用于台身重心处的地震作用力(kN);

　　　G_{au}——基础顶面以上台身的重力(kN)。

注:①对于修建在基岩上的桥台,其水平地震荷载可按上式计算值的80%采用。

　　②验算设有固定支座的梁桥桥台时,还应计入由上部结构所产生的水平地震荷载,其值按式(7.34)计算,但G_{au}取一孔梁的重力。

　　③对于拱桥,应计入上部结构所产生的地震荷载。

(2)地震时作用于台背的主动土压力

$$E_{ea} = \frac{1}{2}\gamma H^2 K_A \left(1 + 3 C_i C_z K_h \tan\phi\right) \qquad (7.35)$$

式中　E_{ea}——地震时作用于台背每延米长度上的主动土压力(kN/m),其作用点为距台底

　　　　　$0.4H$处;

　　　γ——土的容重(kN/m^3);

　　　H——台身高度(m);

　　　K_A——非地震条件下作用于台背的主动土压力系数,按下式计算:

$$K_A = \frac{\cos^2\phi}{(1+\sin\phi)^2} \qquad (7.36)$$

　　　ϕ——台背的内摩擦角(度);

　　　C_z——综合影响系数,取$C_z = 0.35$。

当判定台址地表以下10m内,有液化土层或软土层时,桥台应穿过液化土层或软土层;当液化土层或软土层超过10m时,桥台应埋深至地表以下10m处。其作用于台背的主动土压力应按下式计算:

$$E_{ea} = \frac{1}{2}\gamma H^2 \left(K_A + 2 C_i C_z K_h\right) \qquad (7.37)$$

式中　综合影响系数取$C_z = 0.30$。

在基本烈度为9度地区的液化区设计桥台时,宜采用桩基。其作用于台背的主动土压力可按式(7.37)计算。

7.5　支座抗震计算

7.5.1　铁路规范

铁路规范规定,一般支座与梁、墩、台连接的锚螺栓,设防烈度时承受的水平地震力,按下列公式计算:

1)顺桥向固定端的水平地震力

$$F_{hE} = 1.5K_h \cdot m_d \cdot g \cdot \sum \mu R_a \tag{7.38}$$

式中 $\sum \mu R_a$ ——活动支座摩阻力之和(kN),并应符合下列规定:

$$\sum \mu R_a \leqslant 0.75K_h m_d g \tag{7.39}$$

F_{hE} ——固定端的水平地震力(kN);

m_d ——简支梁为一孔梁和桥面的质量(t);

μ ——活动支座的摩擦系数;钢辊轴、摇轴支座及盆式橡胶支座 $\mu = 0.05$;板式弧形支座及板式橡胶支座 $\mu = 0.1 \sim 0.2$;

R_a ——活动支座反力(kN)。

2)横桥向由活动支座与固定支座共同承受。一个桥墩墩顶处的水平地震力

$$F_{hE} = 1.5K_h \cdot m_b \cdot g \tag{7.40}$$

式中 F_{hE} ——一个桥墩墩顶处的水平地震力(kN)。

7.5.2 公路规范

公路规范规定:支座的水平地震荷载应按下列情况分别计算。

1)验算支座部件、梁与支座之间的连接、墩台锚栓和支座支挡措施的抗震强度时,水平地震荷载计算公式。

①顺桥向固定支座

$$E_{hb} = C_i K_h G_{sp} - \sum \mu_d R_{fre} \tag{7.41}$$

式中 E_{hb} ——作用于固定支座上顺桥向的水平地震荷载(kN);

G_{sp} ——上部结构重力(kN),对于简支梁,为一孔上部结构重力;对于连续梁,为一联上部结构重力;

$\sum \mu_d R_{fre}$ ——活动支座摩阻力之和(kN),并应符合

$$\sum \mu_d R_{fre} \leqslant 0.65 C_i K_h G_{sp}$$

μ_d ——活动支座动摩阻系数,对于聚四氟乙烯滑板支座, $\mu_d = 0.02$;弧形钢板支座 $\mu_d = 0.10$;平面钢板支座, $\mu_d = 0.15$;

R_{fre} ——上部结构重力在活动支座上产生的反力(kN)。

②横桥方向

横桥方向的水平地震荷载由活动支座和固定支座共同承受。

$$E_{zb} = C_i K_h G_{sp} \tag{7.42}$$

式中 E_{zb} ——作用于固定支座或活动支座上横桥向的水平地震荷载(kN);

G_{sp} ——上部结构重力(kN),对于连续梁为一联上部结构重力;对于简支梁为一孔上部结构重力的一半。

2)验算板式橡胶支座抗滑和板式橡胶支座厚度时,其作用于板式橡胶支座上的水平地震荷载计算公式

$$E_{hzb} = C_i C_z K_h \beta_1 G_{sp} \tag{7.43}$$

式中 E_{hzb} ——作用于板式橡胶支座上,顺桥向或横桥向的水平地震荷载(kN);

β_1——第一振型的动力放大系数;

G_{sp}——上部结构重力(kN),对于连续梁为一联上部结构重力;对于简支梁,为一孔上部结构重力。

7.6 抗震措施

7.6.1 铁路规范

1)桥孔宜按等跨布置。桥墩应避免承受斜向土压力,桥台宜用 T 形或 U 形。

2)位于液化土或软土地基上的特大桥、大中桥应适当增加桥长,并应将桥台放在稳定的河岸上。在主河槽与河滩分界的地形突变处不宜设置桥墩,当难以避开时,应根据具体情况采取措施。

3)位于常年有水河流的液化土或软土地基上的特大桥、大中桥桥墩桥台应采用桩和沉井等深基础,且桩尖及沉井底埋入稳定土层内不应小于 1 ~ 2m。当水平力较大时桩基桥台宜设置斜桩或采取其他加固措施。

4)特大桥、大中桥桥头路堤的地基为液化土或软土并同时符合下列条件时,在桥台尾后 15m 内的路堤基底下 7m 内的液化土或软土,应采取振密、砂桩、砂井、碎石桩、石灰桩、换填等加固措施。

  a.桥头路堤高度大于 3m;

  b.设计烈度为 8 度或 9 度的 Ⅰ、Ⅱ 级铁路。

5)当桥梁跨越断层带时,桥墩桥台基础不应设置在严重破碎带上。

6)桥墩桥台的建筑材料,应按表 7.11 采用。

无护面钢筋的混凝土桥墩桥台应减少施工缝。施工缝处必须设置接头钢筋。

表 7.11　桥墩桥台的建筑材料

设计烈度 (度)	7		8		9	
桥墩台高度 H/m	≤30	>30	≤20	>20	≤15	>15
材料名称	混凝土加护面钢筋	钢筋混凝土	混凝土加护面钢筋	钢筋混凝土	混凝土加护面钢筋	钢筋混凝土

7)采用明挖基础的桥台,当基础底面摩擦系数小于或等于 0.25 时,宜采用砂卵石换填,其厚度不应小于 0.5m。桥台后沿线路方向的地面坡度陡于 1:5 时,路堤基底应挖成台阶,其宽度不应小于 1.5m。

桥头路堤的填筑和桥墩桥台明挖基坑回填,应分层夯填密实,其压实系数不应小于 0.90。

8)桥梁一般应采用下列防止落梁的措施。

a.简支梁应采取纵向梁端的连接或梁端纵向支挡。连续梁应在桥墩上横隔板处设置支挡并应对端横隔板作局部加强。钢筋混凝土梁还应加强每孔梁两片之间的连接。

b.采用铅心橡胶支座时顺桥向不设连接或支挡,横桥向梁端处用 60kg/m 钢轨支挡,钢轨与梁体间塞 10cm 厚防腐木块。

c.深水、高墩、大跨等修复困难的桥梁,墩台顶帽应适当加宽或设置消能设施。

9)防止落梁措施可根据经验确定,当需要验算其结构强度时,除橡胶支座外,一个桥墩墩顶的水平地震力可按下式计算:

$$F_{hE} = K_h \cdot m_d \cdot g \tag{7.44}$$

式中　F_{hE}——桥墩墩顶的水平地震力(kN);

m_d——简支梁为一孔梁和桥面的质量(t)。

10)设在稳定密实地基(如基岩、卵石等土层)常年无水河流上的重力式桥墩桥台,当设计烈度为 7 度,桥墩桥台高度小于或等于 5m,或当设计烈度为 8 度,桥墩桥台高度小于或等于 10m 时,可不设防止落梁设施。

11)位于液化土或软土地基上的小桥、可在桥墩桥台基础间设置支撑或采用浆砌片石铺砌河床,Ⅰ、Ⅱ级铁路还宜采取换填砂卵石、打桩等措施。

12)装配式桥墩桥台的接头应适当加强,提高其整体性。

13)Ⅰ、Ⅱ、Ⅲ级铁路,在地震后可能形成泥石流的沟谷上,根据流域内地形地质情况,桥梁涵洞的孔径与净高均宜酌情加大。

14)地震区的拱桥不应跨越断层。其桥墩桥台应设置在整体岩石或同一类土层上。

15)地震区内在水文及结构条件允许时,宜采用各式涵洞代替小桥。非岩石地基上的涵洞不宜设置在路堤填土上。涵洞出入口应采用翼填式。

16)设护面钢筋的桥墩,纵筋直径不小于 $\phi16$,间距不大于 20cm,在基础顶面以上 2.0~3.0m 墩身范围的箍筋直径不小于 $\phi12$,间距不大于 10cm。

7.6.2　公路规范

(1)7 度区抗震措施

1)同一座桥梁不宜采用拱式和梁式混合桥型。当需要采用时,应将拱式与梁式衔接部位的墩做成实体桥墩。

2)拱桥基础宜置于地质条件一致、两岸地形相似的坚硬土层上。拱桥矢跨比宜取 1/5~1/8。空腹式拱桥宜减小拱上填料厚度,并宜采用轻质填料,填料必须逐层夯实。边腹拱宜采用静定结构。

3)简支梁梁端至墩、台帽或盖梁边缘应有一定的距离(见图 7.8a)。其最小值 a(cm)按 $a \geqslant 50 + L$ 计算。式中,L 为梁的计算跨径,以米为单位取值。吊梁与悬臂之间的搭接长度 d 不应小于 60cm(见图 7.8b)。

4)桥台胸墙应适当加强,并在梁与梁之间和梁与桥台胸墙之间加装橡胶或其他弹性衬垫,以缓和冲击作用和限制梁的位移。其构造示意如图 7.9 所示。

5)桥面不连续的简支梁(板)桥和吊梁,宜采用挡块、螺栓连接和钢夹板连接等防止纵横向落梁的措施。连续梁和桥面连续简支梁(板)桥,应采取防止横向产生较大位移的措施。

6)在软弱粘性土层、液化土层和严重不均匀地层上,不宜修建大跨度超静定桥梁。

注:严重不均匀地层系指岩性、土质、层厚、界面等在水平方向变化很大的地层。

7)在软弱粘性土层、液化土层和不稳定的河岸处建桥时,对于大、中桥,可适当增加桥长,

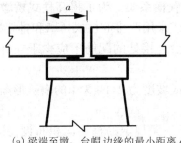

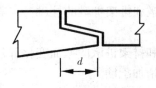

(a) 梁端至墩、台帽边缘的最小距离 a　　　(b) 吊梁与悬臂的搭接长度 d

图 7.8

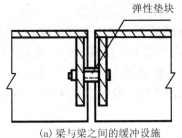

(a) 梁与梁之间的缓冲设施　　　(b) 梁与台之间的缓冲设施

图 7.9

合理布置桥孔,使墩、台避开地震时可能发生滑动的岸坡或地形突变的不稳定地段。否则,应采取措施增强基础抗侧移的刚度和加大基础埋置深度;对于小桥,可在两桥台基础之间设置支撑梁或采用浆砌片(块)石满铺河床。

8)在软粘性土层、液化土层和严重不均匀地层上建桥时,应根据具体情况采取下列措施:

a.换土或采用砂桩。

b.减轻结构自重、加大基底面积,减少基底偏心。

c.增加基础埋置深度、穿过液化土层。

d.采用桩基础或沉井基础。

(2)8 度区抗震措施

8 度区的抗震措施,除应符合 7 度区的规定外,尚应符合以下规定。

1)大跨径拱桥的主拱圈宜采用抗扭刚度大、整体性较好的断面型式,如箱形拱、板拱等。当采用钢筋混凝土肋拱时,必须加强横向联系。

拱上建筑的立柱或立墙顶端宜设铰,允许这些部位有些变形。

2)双曲拱桥应采取措施加强拱圈的整体性,如减少接头的数量;适当增设横隔板,加强拱波与拱肋之间的连接强度;增设拱板横向钢筋网并与拱肋锚固钢筋联成整体;将主拱圈的纵向钢筋锚固于墩台拱座内,适当加强主拱圈与墩台的连接等。

3)桥墩、台高超过 3m 的多跨连拱,不应采用双柱式桥墩或排架桩墩;当多跨连拱桥跨数过多时,不宜超过 5 孔,且总长不宜超过 200m 设一个制动墩。

4)梁桥活动支座,不应采用摆柱支座。当采用辊轴支座时,应采取限制其位移的措施。

5)连续梁桥宜采取使上部构造所产生的水平地震荷载能由各个墩、台共同承担的措施,以免固定支座墩受力过大。

6)连续曲梁的边墩和上部构造之间宜采用锚栓连接,防止边墩与梁脱离。

7)高度大于7m的柱式桥墩和排架桩墩应设置横系梁。为了提高柱式桥墩和排架桩墩的纵向刚度,宜根据具体情况适当加大柱(桩)直径或采用双排的柱式桥墩和排架桩墩。

8)柱式桥墩和排架桩墩的柱(桩)与盖梁、承台连接处的配筋不应少于柱(桩)身的最大配筋。

柱式桥墩和排架桩墩的截面变化部位,宜做成坡度为2:1～3:1的喇叭形渐变截面或在截面变化处适当增加配筋。

9)柱式桥墩和排架桩墩加密区段箍筋应按下一条规定的箍筋面积布设,其加密区段的位置和高度应符合下列要求:

a.扩大基础的柱式桥墩和排架桩墩应布置在柱(桩)的顶部和底部,其布置高度取柱(桩)的最大横截面尺寸或1/6柱(桩)高,并不小于50cm。

b.桩基础的柱式桥墩和排架桩墩应布置在柱(桩)的顶部(布置高度同上)和柱(桩)在地面或一般冲刷线以上1倍柱(桩)径处延伸到最大弯矩以下3倍柱(桩)径处,并不小于50cm。

10)柱式桥墩和排架桩墩加密区段箍筋配置及箍筋接头应符合下列要求:

a.圆形截面应采用螺旋式箍筋,其间距不大于10cm,箍筋直径不小于8mm;矩形截面的最小含箍率 ρ_{smin},顺桥向和横桥向均为0.3%。即:

$$\rho_{smin} = \frac{A_g}{S_K b} = 0.3\% \tag{7.45}$$

式中 S_K——箍筋竖向间距(cm);

b——垂直计算方向构件截面长度(cm);

A_g——计算方向箍筋面积(cm^2)。

b.螺旋式箍筋的接头,必须采用焊接;矩形箍筋应有135度弯钩,并伸入混凝土核心之内。

11)石砌或混凝土墩(台)的墩(台)帽与墩(台)身、墩(台)身与基础连接处、截面突变处,施工接缝处均应采取提高抗剪能力的措施。

12)桥台宜采用整体性强的结构形式。如 U 形桥台、箱形桥台和支撑式桥台等。对于桩、柱式桥台,宜采用埋置式。

13)石砌或混凝土墩、台和拱圈的最低砂浆标号,应按现行的《公路砖石及混凝土桥涵设计规范》JTJ022—85 的要求提高一级采用。

14)下部为钢筋混凝土结构,其混凝土标号,中、小跨径桥梁不低于 20 号,大跨径桥梁不低于 25 号。

15)构造物的基础宜置于基岩或坚硬的土层上。基础底面一般采用平面型式。当基础置于基岩上时,方可采用阶梯型式。

16)梁桥桥墩高度超过 10m 时,应采用混凝土或钢筋混凝土结构,并宜在施工缝部位配置适量短钢筋。

(3)9 度区抗震措施

9 度区的桥梁抗震措施,除应符合上述 7 度、8 度区的规定外,尚应符合本部分的规定。

1)梁桥各片梁间必须加强横向连接,以提高上部结构的整体性。当采用桁架体系时,必须加强横向稳定性。

2)拱桥拱圈的宽跨比不应小于 1/20。

3)混凝土或钢筋混凝土无铰拱,宜在拱脚的上、下缘配置或增加适当的钢筋,并按锚固长度的要求伸入墩(台)拱座内。

4)拱桥墩、台上的拱座,混凝土标号不应低于 25 号,并应配置适量钢筋。

5)桥梁墩、台采用多排桩基础时,宜设置斜桩。

6)桥台台背和锥坡的填料不宜采用砂类土,填土应逐层夯实,并注意排水措施。

7)梁桥活动支座应采用限制其竖向位移的措施。

8)钢筋混凝土柱式桥墩或排架桩墩,当墩高大于 15m 时,宜控制墩顶在地震作用下产生的弹塑性位移。

7.7　桥梁抗震设计实例

【例 7.1】　双柱式桥墩

某铁路双柱式桥墩的结构构造图示于图 7.10。

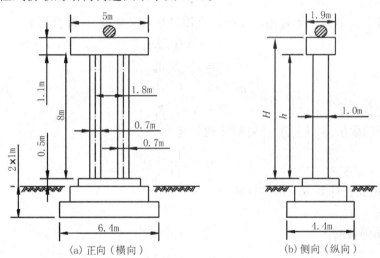

(a) 正向（横向）　　　　　　　(b) 侧向（纵向）

图 7.10　双柱式桥墩构造图

上部结构的质量(包括主梁及桥面系)为 160t,置于帽梁顶。帽梁的质量为 18.1t。墩高 $H = 9.1\text{m}$,立柱高 $h = 8\text{m}$,立柱质量为 33.6t,混凝土的弹性模量为 $E_h = 3.1 \times 10^7 \text{Kpa}$(计算弯曲刚度时,取 $E = 0.8E_h$)。地基土竖向的比例系数为 $c_0 = 250\ 000\text{kN/m}^3$。Ⅱ类场地,地震烈度为 8 度。试分别计算立柱在纵向和横向水平地震作用下的内力。

[解]　①简化计算图式

对于柱式桥墩,由于柱身质量与上部结构的质量相比很小,可以忽略不计,因此可以简化为单自由度系进行简化计算。对于纵向,可将帽梁及上部结构的质量集中于帽梁顶;对于横向,可将集中质量置于帽梁底。地基变形的影响用转动弹簧模拟,其位置简化到基顶处。如图 7.11 所示。

②简化计算公式

若忽略柱子质量及地基变形的影响,则自振频率的计算公式为

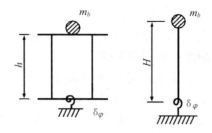

图 7.11 双柱式桥墩计算简图

$$\omega = \sqrt{\frac{1}{m_b \Delta}} \tag{7.46}$$

式中，m_b 为帽梁及上部结构的集中质量；Δ 为集中质量处的水平侧移柔度。

若计入柱子的质量及地基弹簧的影响，则用能量方法可以得到以下的近似计算公式

$$\omega = \sqrt{\frac{1}{m^* \Delta^*}} \tag{7.47}$$

式中，m^*、Δ^* 分别为等效的单自由度系的广义质量和广义柔度，计算公式为

纵向：
$$m^* = m_b + 0.25 m_p \tag{7.48}$$
$$\Delta^* = \Delta + H^2 \delta_\varphi \tag{7.49}$$

横向：
$$m^* = m_b + 0.37 m_p \tag{7.50}$$
$$\Delta^* = \Delta + h^2 \delta_\varphi \tag{7.51}$$

式中，m_p 为柱子的质量，δ_φ 为地基弹簧的转动柔度。

$$\delta_\varphi = \frac{1}{C_0 I} \tag{7.52}$$

式中，I 为基底截面在计算方向的惯性矩。

③参数计算

a.地基转动弹簧的柔度

纵向：$\delta_\varphi = \dfrac{1}{250\,000 \times 6.4 \times 4.4^3/12} = 8.80 \times 10^{-8} \, 1/\text{kN} \cdot \text{m}$

横向：$\delta_\varphi = \dfrac{1}{250\,000 \times 4.4 \times 6.4^3/12} = 4.16 \times 10^{-8} \, 1/\text{kN} \cdot \text{m}$

b.由立柱弹性变形引起的水平侧移柔度为

纵向：$\Delta = \dfrac{1}{2} \dfrac{H^3}{3EI} = \dfrac{9.1^3}{2 \times 3 \times 2.48 \times 10^7 \times 0.7 \times 1.2^3/12} = 5.06 \times 10^{-5} \, \text{m/kN}$

横向：$\Delta = \dfrac{1}{2} \dfrac{h^3}{12EI} = \dfrac{8^3}{2 \times 12 \times 2.48 \times 10^7 \times 1.2 \times 0.7^3/12} = 2.53 \times 10^{-5} \, \text{m/kN}$

广义柔度为

纵向：$\Delta^* = \Delta + H^2 \delta_\varphi = 5.06 \times 10^{-5} + 9.1^2 \times 8.8 \times 10^{-8} = 5.79 \times 10^{-5} \, \text{m/kN}$

横向：$\Delta^* = \Delta + h^2 \delta_\varphi = 2.53 \times 10^{-5} + 8^2 \times 4.16 \times 10^{-8} = 2.80 \times 10^{-5} \, \text{m/kN}$

广义质量为

纵向：$m^* = m_b + 0.25 m_p = 160 + 18.1 + 0.25 \times 33.6 = 186.5 \text{t}$

横向：$m^* = m_b + 0.37 m_p = 160 + 18.1 + 0.37 \times 33.6 = 190.5 \text{t}$

④自振周期及动力系数的计算

纵向:自振圆频率　$\omega = \sqrt{1/(186.5 \times 5.79 \times 10^{-5})} = 9.6 \text{rad/s}$

自振周期　$T = 2\pi/\omega = 0.65\text{s}$

动力系数　$\beta = 0.675/T = 1.04$

横向:自振圆频率　$\omega = \sqrt{1/(190.5 \times 2.8 \times 10^{-5})} = 13.7 \text{rad/s}$

自振周期　$T = \dfrac{2\pi}{\omega} = 0.46\text{s}$

动力系数　$\beta = 0.675/T = 1.47$

若不计柱子质量及地基变形的影响,得纵向及横向的自振周期分别为 0.60s 和 0.42s,相对误差不到 8%。

⑤地震力计算

作用在集中质量处的水平地震作用力为

$$F_E = \eta_c \cdot K_h \cdot \beta \cdot m^* \cdot g \tag{7.53}$$

纵向:$F_E = 0.25 \times 0.2 \times 1.04 \times 1\,865 = 97.0\text{kN}$

横向:$F_E = 0.25 \times 0.2 \times 1.47 \times 1\,905 = 140.0\text{kN}$

各柱子的地震剪力为

纵向:$Q_E = F_E/2 = 97.0/2 = 48.5\text{kN}$

横向:$Q_E = F_E/2 = 140.0/2 = 70.0\text{kN}$

各柱子柱底的最大地震弯矩为

纵向:$M_E = Q_E \cdot H = 48.5 \times 9.1 = 441.4\text{kN} \cdot \text{m}$

横向:$M_E = Q_E \cdot h/2 = 70.0 \times 8/2 = 280.0\text{kN} \cdot \text{m}$

纵向及横向的弯矩图为

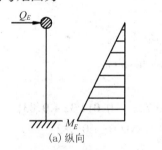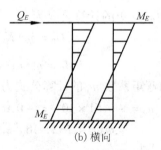

(a) 纵向　　　　　　　　　　　(b) 横向

图 7.12　立柱弯矩图

根据 Q_E、M_E 及恒载作用下柱子内的轴力,就可进行柱子的抗震强度及稳定性验算。

【例 7.2】　重力式桥墩

某铁路双线圆端形桥墩的结构构造示于图 7.13。

墩高 $H = 19.6\text{m}$,墩身坡度为 45:1,墩身的弹性模量为 $E = 2.48 \times 10^7 \text{kPa}$,比重为 2.3,代表上部结构恒载的墩顶集中质量为 $m_b = 1\,270\text{t}$。基础为四层明挖扩大基础,底层尺寸为纵向 8.4m,横向 12.9m。Ⅱ类场地,地基土的竖向比例系数为 $C_0 = 250\,000\text{kN/m}^3$,地震烈度为 8 度。试计算在纵向地震作用下,墩底截面的剪力和弯矩。

[解]　①计算公式

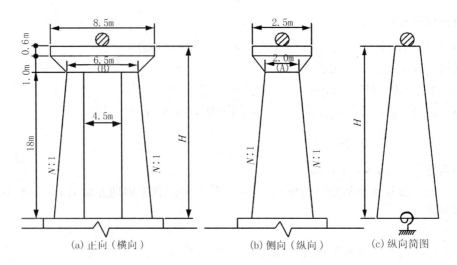

图 7.13　圆端形桥墩构造图

重力式桥墩的抗震计算可采用《铁路桥梁抗震鉴定与加固技术规范》(TB10116—99)中附录 D 的简化公式。

a.刚性地基桥墩自振圆频率的简化计算公式为

$$\omega_f = \frac{3.515}{H^2} \sqrt{\frac{EI_1}{\mu_1}} \left(-0.036\ 1\ \frac{H\mu_1}{m_b} + 0.363\ 3 \sqrt{\frac{H\mu_1}{m_b}} + 0.098\ 1 \right) \tag{7.54}$$

b.考虑地基弹性变形后的计算公式为

$$\omega_1 = \frac{\omega_f}{1 + 0.982\ 5U - 0.084\ 4U^2 + 0.003\ 4U^3} \tag{7.55}$$

式中, $U = \dfrac{EI_1 \delta_\varphi}{H}$ 。

c.墩底地震剪力和弯矩的计算公式为

$$Q_0 = \eta_c \cdot K_h \cdot \beta_1 \cdot W \cdot q_0 \tag{7.56}$$

$$M_0 = \eta_c \cdot K_h \cdot \beta_1 \cdot W \cdot \bar{h} \cdot m_0 \tag{7.57}$$

式中,剪力系数 q_0 和弯矩系数 m_0 的计算公式为

$$q_0 = -6.51 \times 10^{-6} z^3 + 0.000\ 72 z^2 - 0.014\ 3z + 0.831 \tag{7.58}$$

$$m_0 = 4.532 \times 10^{-5} z^2 - 0.002\ 6z + 0.982 \tag{7.59}$$

式中, $z = H \sqrt{T_1}$, $T_1 = \dfrac{2\pi}{\omega_1}$ 。

上述公式中, I_1 为墩底截面在计算方向的惯性矩; μ_1 为墩底截面的线密度; δ_φ 为地基弹簧的转动柔度; β_1 为基阶振型的动力系数; W 为墩身及墩顶集中重力之和; $\bar{h}$ 为 W 之重心距基顶截面的高度。

②参数计算

a.墩底截面特性(见图 7.14)

墩底截面的尺寸为

$$A_1 = 2.0 + \frac{2 \times 18}{45} = 2.8\text{m}$$

$$B_1 = 6.5 + \frac{2 \times 18}{45} = 7.3\text{m}$$

墩底截面面积为 $S_1 = 2.8 \times 4.5 + \pi \times 1.4^2 = 18.76\text{m}^2$

线密度为 $\mu_1 = 18.76 \times 2.3 = 43.15\text{t/m}$

惯性矩为 $I_1 = \dfrac{4.5 \times 2.8^3}{12} + \dfrac{\pi \times 2.8^4}{64} = 11.25\text{m}^4$

墩身质量为680t,桥墩及上部结构的总质量为

$W = 680 + 1\,270 = 1\,950\text{t}$

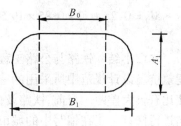

图7.14

W 之重心距墩底的高度为 $\bar{h} = 15.9\text{m}$。

b.地基转动弹簧柔度

$$\delta_\varphi = \frac{1}{C_0 I} = \frac{1}{250\,000 \times 12.9 \times 8.4^3/12} = 6.28 \times 10^{-9} \ 1/\text{kN}\cdot\text{m}$$

③自振周期及动力系数

$$\sqrt{\frac{EI_1}{\mu_1}} = \sqrt{\frac{2.48 \times 10^7 \times 11.25}{43.15}} = 2\,542.8$$

$$\frac{H\mu_1}{m_b} = \frac{19.6 \times 43.15}{1\,270} = 0.67$$

$$\omega_f = \frac{3.515}{19.6^2} \times 2\,542.8 \times (-0.036\,1 \times 0.67 + 0.363\,3 \times \sqrt{0.67} + 0.098\,1) =$$
$$8.64 \ \text{rad/s}$$

$$U = \frac{EI_1 \delta_\varphi}{H} = \frac{2.48 \times 10^7 \times 11.25 \times 6.28 \times 10^{-9}}{19.6} = 0.089$$

$$\omega_1 = \frac{8.64}{1 + 0.982\,5 \times 0.089 - 0.084\,4 \times 0.089^2 + 0.003\,4 \times 0.089^3} =$$
$$7.95 \ \text{rad/s}$$

$$T_1 = \frac{2\pi}{\omega_1} = 0.79 \ \text{s}$$

$$\beta_1 = \frac{0.675}{T_1} = 0.85$$

④墩底剪力和弯矩计算

$z = H\sqrt{T_1} = 19.6 \times \sqrt{0.79} = 17.42$

$q_0 = -6.51 \times 10^{-6} \times 17.42^3 + 0.000\,72 \times 17.42^2 - 0.014\,3 \times 17.42 + 0.831 =$
 0.77

$m_0 = 4.532 \times 10^{-5} \times 17.42^2 - 0.002\,6 \times 17.42 + 0.982 =$
 0.95

η_c 按规范取为0.2。

墩底剪力为

$Q_0 = 0.2 \times 0.2 \times 0.85 \times 19\,500 \times 0.77 = 510.5 \ \text{kN}$

墩底弯矩为

$$M_0 = 0.2 \times 0.2 \times 0.85 \times 19\ 500 \times 15.9 \times 0.95 = 10\ 014.6\ \text{kN} \cdot \text{m}$$

本章小结 铁路与公路工程抗震设计规范仍沿用基于强度准则的一阶段抗震设计法,与建筑抗震设计规范中所采用的三水准二阶段设计法及国外发达国家的桥梁延性抗震设计方法相比有较大差距。目前,铁路及公路抗震设计规范正在向国际上通行的二阶段抗震设计法方向进行修订。正在编写中的城市桥梁抗震设计规范也采用了三水准的抗震设计方法。

思 考 题

1. 桥梁的主要震害有哪些?

2. 我国铁路及公路工程抗震设计规范中桥梁抗震设防的要求是什么? 与建筑抗震设计规范有何区别?

3. 桥梁的地震作用计算方法与建筑结构有何不同?

4. 桥梁的抗震验算要求是什么?

5. 铁路与公路抗震设计规范的设计反应谱是否相同? 与建筑抗震设计规范的反应谱有何区别?

6. 桥台与桥墩的抗震计算方法有何不同?

7. 桥梁支座抗震计算采用的是静力法还是反应谱法?

8. 简述铁路及公路桥梁的抗震措施。

第 **8** 章
结构控制以及隔震和消能减震的设计原理

本章要点 介绍了结构振动控制的概念、分类及研究应用情况,并结合《规范》重点介绍了橡胶隔震支座基础隔震体系的设计计算要点、构造措施等,简单阐述了消能减震结构的概念及设计要点。

8.1 结构振动控制概述

随着社会的发展,诸如计算机、通讯、电力及医疗等高、精、尖技术设备进入建筑,如何保证地震发生时及发生后这些技术设备仍能正常运行而不致因建筑结构反应使其破坏,引发或加重次生灾害;随着建筑物高度的增加,如何保证结构因地震作用引起的震(振)动摇晃不超过居住者所能承受的心理压力;在强烈地震作用下如何最大限度地确保结构的安全,不致使人民生命财产遭受重大损失。这些都是结构工程技术人员面临的一个现实而重大的课题。另外,随着社会的进步和经济的发展,人们对抗震减震、抗风的要求也越来越高。

按传统工程结构抗震设计规范,解决这些问题是比较困难的。对未控建筑而言,当遭受相当于基本烈度的地震干扰时,结构即可能进入弹塑性工作状态,产生较大的位移。一个较为合理的办法就是采用结构振动控制技术,使设计出的建筑物同时满足上述的功能性、居住性和结构安全性的要求。

工程结构振动控制不是采用传统的加强结构的抗震方法来提高结构的抗震能力,而是通过调整或改变结构动力参数的途径,以明显衰减结构的振动反应,有效地保护结构及内部设施在强地震中的安全,或在其他外干扰力作用下使结构满足更高的减震要求。这是当前在结构抗震设计方面,包括我国在内的各国正在试验、开发、应用并逐步发展起来的一条新途径,这是防震减灾积极有效的对策。

8.1.1 结构控制的概念及其分类

(1)结构控制的概念

结构控制,是指在结构的特定部位,装设某种装置(如隔震支座等),或某种机构(如消能支撑、消能剪力墙、消能器、消能节点等),或某种子结构(如调谐质量等),或施加外力(外部能量输入),以改变或调整结构的动力特性或动力作用,从而使结构在地震作用下的动力反应(位移、速度、加速度)得到合理的控制,确保结构本身及结构中的人、仪器、设备、装修等的安全和处于正常的使用环境。

一般结构的动力方程为:

$$M\ddot{x} + C\dot{x} + Kx = F(t) - M\ddot{x}_g$$

结构控制就是通过改变结构的 K、M 来调整自振频率 ω 或自振周期 T，或增大阻尼 C，或施加外力 $F(t)$，达到减震的目的。

结构控制所要解决的问题主要有：

①降低输入结构的地震能量。

②使结构的固有频率范围不在地震的卓越频率范围内，以免发生共振现象。

③避免处于因恢复力特性的非线性化而引起的共振状态。

④改善结构的振动衰减性能。

⑤通过施加力来控制结构的地震反应。

其中最后一项则要求采用主动控制的办法加以解决。

(2)结构控制的一般分类

结构控制常见的分类方法有：

①按照技术方法，可分为隔震技术、消能减震技术、质量调谐减震技术、主动控制技术和混合控制技术。

②按照是否有外部能源输入，可分为被动控制、主动控制、半主动控制和混合控制四大类。

被动控制是指考虑地震动的一般特性，为隔离或消耗输入结构内的地震能量，事先在结构内某部位安装如隔震橡胶支座、消能器等装置，使结构难以发生共振并减少主体结构地震反应的一种控制方法。如隔震、消能减震、质量调谐减震等。

主动控制是指结构受到地震干扰在振动过程中，通过自动控制系统，瞬间改变结构的刚度、阻尼或质量，或者施加控制力以衰减结构的地震反应。如主动质量阻尼或驱动装置、主动拉索或斜撑系统、主动变刚度、主动变阻尼及智能材料自控等。

半主动控制属参数控制，它是随着结构的振动反应信息或外界荷载变化情况而及时调整控制装置的参数，从而减小结构的反应。其主要特点是所需外加能源较小、装置简单、不易失稳且减震效果接近主动控制。常用的有变刚度和变阻尼两大类。

混合控制则是指同时采用被动控制和主动控制的控制方法。两种系统混合使用，取长补短，可达到更加合理、安全、经济的目的。

(3)结构控制的发展简况

结构控制中的隔震、减震概念由来已久。早在一二千年前，我国人民就开始成功应用隔震、消能、减震的概念和技术，建成了遍布全国各地的宫殿、庙宇、楼塔、民居、城墙等。这些古建筑结构物经历多次地震而屹立不毁，完整保留至今者，大都不是采用"硬抗地震、加强结构"的方法，而是采用"以柔克刚、隔震消能"的途径，充分证明隔震、消能减震技术概念合理、安全有效、简单易行。

1406 年开始营造的紫禁城不仅是我国、也是世界上现存最古老的木结构建筑群。它经历多次地震而未受损坏。这座建筑群的主要建筑都是建在汉白玉筑起的高坛上，但其下却是具有柔性和衰减性能的糯米层，尽管无从了解当时出于何种意图，但客观上这种地基处理办法起到了隔震的效果。建于北魏后期(公元 500 年)的山西浑源悬空寺，整个建筑物悬支在翠屏峰的半山陡壁上，楼面木梁的一端嵌入山崖壁石内，另一端支承在斜撑立柱上，可以水平晃动，整个建筑物犹如一个"隔震结构"。建于 900 多年前的辽清宁二年(公元 1056 年)的山西应县木塔是我国现存最古最高的木构佛塔，塔高八层，67.31m，下三层为石砌，上五层为木结构。塔身为八角形,采用内外双层环形空间构架,梁柱节点为斗拱,内外层柱之间设有多层木支撑,斗拱和木支撑均具有消能作用。再如建于 1300 多年前的隋大业年间(公元 605～617 年)的河北赵州桥成功地应用了石砌结构消能的原理,地震时块石压密,消能减震,并使拱体更加密实稳定。建于 1500 多年前(公元 497 年)的四川都江堰的竹索桥为多跨竹编索桥,全桥由 20 根主索组成,每根主索由 3 根竹条绞成。由于每根主索的 3 根竹条之间的摩擦消能,使该桥在强风及人行情况下不产生过大的晃动。这是大跨度结构摩擦消能减震被动控制的成功例子。

建于 7、8 世纪的奈良法隆寺,是日本现存最古老的佛教寺院,经历多次强烈地震而完好无损。许多著名学者对其抗震性能解说纷云,至今尚未完全给予说明。但有一点是值得注意的,这批古建筑具有与中国古建筑大致相同的结构特点,即柱基铰接隔震消能、梁柱做成斗拱消能节点、塔基建于整片花岗岩石上的隔震消能做法等。其中,五重塔的上部吊有像电线杆那样的长木竿,竿的自重对塔起到预压力作用,提高了塔的抗弯能力,竿的下部置于比竿直径还大的圆筒形洞内,地震时五重塔振动的一部分能量被竿的振动所转移,竿犹如振子振动碰撞洞壁,使能量耗散,这种增加强度和阻尼来控制结构反应的处理办法与近代许多控制系统所采用的原理相当一致。欧洲、非洲等地的许多保存至今的古建筑也都不同程度地利用了隔震、消能的原理。如,建于公元 70 年的意大利罗马斗兽场,其实体结构由灰华石、凝灰石、浮石砌成,柱子与墙身由大理石垒砌,形成一个消能结构体。地震时,石块之间错动压密,消耗大量地震能量,而且使结构体更加密实稳定。

1880 年,在日本曾将一栋不大的建筑物置于凸凹不规则的铁球上,将结构与地面隔离的同时也起到增加阻尼的作用。1881 年 12 月,日本学者河合浩藏发表了"地震时不受大震动的结构"一文,提出用圆木分层纵横交叉排列、重叠后,其上浇注相当厚的素混凝土,将建筑物建在这样的地基上,以削弱地震作用向建筑物的传递。1909 年,英国一名医生申请了关于在建筑物和基础之间设置滑石或云母层,使建筑物在地震时滑动,以及为保证各种管道设备安全采取相应措施的专利。1921 年,冠以最早的隔震建筑名称的帝国饭店在日本东京建成,设计人用密集的短桩穿过表层硬土,插到软泥土层底部,利用软泥作为"防止灾难性冲击的隔震垫"。在 1923 年的关东大地震中,帝国饭店保持完好,经受了地震的考验,而其他建筑物普遍严重破坏。1927 年,日本的中村太郎提出了吸收地震能量的必要性和增加阻尼器的做法,这正是以前各种隔震方案所忽略的。

20 世纪 60 年代以来,新西兰、日本、美国等多地震的国家对隔震系统投入相当多的人力物力,开展了深入系统的理论、试验研究。现代最早的隔震建筑可能是南斯拉夫的贝斯特洛奇小学,于 1969 年建成,采用纯天然橡胶制成的隔震支座,现在看来,变形过大,且由于水平和竖向刚度比较接近,地震时可能产生较大的摇摆晃动。70 年代起,新西兰学者 R. H. Robinson 等率先开发了可靠、经济、实用的隔震元件——铅芯橡胶支座,大大推动了隔震技术的实用化进程。1981 年在新西兰完成的 William Clayton 政府办公大楼,是世界上首座采用铅芯橡胶支座的隔震建筑。1982 年日本建成第一栋现代隔震建筑,是一座二层民用住宅。1985 年美国建成的加州圣丁司法事务中心是美国的第一栋隔震建筑,也是世界上首座采用高阻尼隔震橡胶支座的建筑。随着以性能可靠的橡胶隔震支座为代表的隔震元件的诞生,隔震技术已越来越多地应用于实际工程。到 90 年代中期,美、日、新、法、意等国已建造了 400 栋左右的采用橡胶支座的隔震建筑和桥梁。在 1994 年美国洛杉矶北岭地震和 1995 年阪神地震中,采用橡胶支座的隔震建筑表现出了令人惊叹的减震效果。国际上兴起一股隔震应用热。各国相继推出了自已的更加详尽和严格的隔震建筑设计规范和隔震支座的质量和验收标准,以保证其在大规模应用时的可靠性。

进入 80 年代,隔震研究在国内得到重视,主要集中在摩擦滑移隔震体系和叠层橡胶支座隔震体系方面,取得了丰硕的成果。从 90 年代中期至今,国内的研究重点已转向工程试点和推广应用中的关键及配套技术的研究。这些研究一方面结合了大量的试点工程实际,积累了丰富的实践经验,同时也为编制规范和产品标准奠定了基础。目前,国内已在汕头、西昌、安阳、太原、兰州等地修建了许多隔震建筑,其中以橡胶支座隔震为主,有部分为摩擦滑移隔震。据不完全统计,橡胶支座隔震建筑至少已有 150 万平方米以上,分布在山西、新疆、云南、江苏、天津、北京、陕西、辽宁、甘肃、广东、福建、河北、四川、河南、宁夏、吉林、上海、湖南、浙江等 19 个省市,覆盖了我国地震区的大部分。结合研究及工程试点情况,国内相继完成了《叠层橡胶支座隔震技术规程》、《建筑隔震橡胶支座》(JG118—2000),《建筑抗震设计规范》中也新增了"隔震和消能减震房屋"一章。

尽管隔震建筑至今也有做到十几层的高度,但隔震由于其自身特性的限制,一般只适合于低多层建筑,对高层建筑及其他特殊建筑物、构筑物则不易实现减震效果。另外,在 Ⅳ 类场地土上采用隔震结构也要慎重,因为长周期地震动对隔震建筑将会带来不利的影响。这时,采用在上部结构上设置各种消能器或调谐机构等被动减震措施,对于耗散地震能量、减小结构地震反应是比较合适的。事实上,1980 年左右大量出现的超高层建筑中采用的地震反应控制方法,基本上属于这一类型。消能器开始主要用于减轻风振造成建筑物的过大晃动。1969 年,纽约世界贸易中心的双塔楼上安装了粘弹阻尼器,每个塔楼有接近 10 000 个粘弹阻尼器,平均分布在第 10 层到 110 层,有效地控制了结构的风振反应,增加了人体的舒适度。目前,被动消能已应用于实际工程,包括建筑物和桥梁等。国内,近期在沈阳、北京、云南等地将摩擦型、粘滞型及粘滞摩擦型阻尼消能器等应用于新建建筑物及旧有建筑的抗震加固,有效地提高了结构的抗震能力。

主动控制的早期研究,如 1954 ~ 1965 年间日本胜田千利等人的工作。他们利用电气油压式自动控制,根据结构物的动态反应进行控制。系统由测震器、电气油压传动装置及电子线路组成;在滚轴支承的结构内设置测震器,由基础取得反力来驱动传动装置。无疑,主动控制方法是一种比较理想的方法,它对于提高抵抗地面运动不确定性的能力;直接减小输入的干扰力,以及在地震发生时连续自动地调整结构动力特性的功能等方面均优于被动控制方法。但直接将能量转变为控制力在土木工程中的应用具有相当的困难,而且系统价格昂贵,对其应用也造成了一定的影响。因此不得不转向主动质量阻尼或驱动装置、变刚度和变阻尼等机械调节式半主动控制装置。日本已建成数十栋设置半主动控制装置的建筑,显示出了良好的抗风抗震性能。

新型智能驱动材料如电/磁流变体、压电材料、电/磁致伸缩材料及形状记忆材料等的发展为土木工程结构的振动控制开辟了新的天地。采用智能驱动材料可以制作电/磁或温度等调节的被动阻尼减震装置或主动控制的驱动装置。

本节提及的只是结构控制的一部分。事实上,除了地震以外,像风、爆炸冲击波、微振等的影响有时也不能忽视。如安置有自动诱导系统设备或需避开重力波的设备的建筑物,就要求防御经常存在的车辆运行、机械运转、海浪冲击等所产生的环境噪音等引起的微振。计算机、通讯、电力以及医疗等对振动比较敏感的设备本身,其反应控制也是十分重要的。

限于篇幅,本章仅介绍《规范》中规定的建筑隔震体系和消能体系。

8.2　基础隔震结构

《规范》中的建筑隔震体系是指在建筑上部结构与基础之间设置隔震元件,以增大原结构体系的自振周期和阻尼,减少输入上部结构的地震能量,达到预期防震要求的建筑体系。它包括上部结构、隔震层和下部结构三部分。《规范》中的隔震层是指在房屋底部设置的由橡胶隔震支座和阻尼器等部件组成的结构层,目的是隔离地震能量并支承建筑物的重力。

隔震体系通过延长结构的自振周期能够减小结构的水平地震作用,这已被国外强震记录所证实。国内外的大量试验和工程经验表明,隔震一般可使结构的水平地震加速度降低 60% 左右,从而消除或有效地减轻结构和非结构的地震损坏,提高建筑物及其内部设施和人员的地震安全性,增加了震后建筑物继续使用的功能。

8.2.1　隔震元件的基本要求

(1)隔震元件的基本特性

为了达到明显的减震效果,隔震元件必须具有下述基本特性:

①承载特性。隔震元件必须具有较大的竖向承载能力,在建筑结构物使用状况下,安全地支承着上部结构的所有重量和使用荷载,具有很大的竖向承载力安全系数,确保建筑结构物使用状况下的绝对安全和满足使用要求。

②隔震特性。隔震元件要具有可变的水平刚度(图 8.1),在强风或微振时($F \leqslant F_1$),具有足够的水平刚度 K_1,使上部结构的位移较小,不影响使用要求;在中强地震发生时($F > F_1$),其水平刚度 K_2 较小,使上部结构可以水平移动,使"刚性"的抗震结构体系变为"柔性"的隔震结构体系,结构的自振周期大大延长,从而可远离场地的特征周期,将地面震动有效地隔开,明显降低上部结构的地震反应,可使上部结构的加速度反应降低为传统结构的 1/4 ~ 1/12。由于隔震装置的水平刚度远远小于上部结构的层间水平刚度,故上部结构在地震中的变形从传统结构的"放大晃动型"变为隔震结构的"整体平动型"(图 8.2),从有较大的层间变位变为只有很微小的层间变位,使上部结构在强地震中仍然处于弹性状态。这样,既能保护结构本身,也能保护结构内部的装饰、精密设备仪器等不遭损坏。

③复位特性。隔震元件具有水平弹性恢复力,使隔震结构体系在地震中具有瞬时自动复位功能,上部结构可恢复至初始状态,满足正常使用要求。

④阻尼消能特性。隔震元件具有足够的阻尼。较大的阻尼可使上部结构的位移明显减小。

橡胶隔震支座应由橡胶和薄钢板相间层叠组成,经高温硫化而成。

建筑隔震橡胶支座可按中孔是否有插芯划分为普通型(无芯型)和有芯型两种,常用的截面形状为圆形或矩形。GZP400 表示普通型,截面形状为圆形,有效直径为 400mm 的支座;GZP400× 360A 表示普通型,截面形状为矩形,长边有效边长为 400mm,短边有效边长为 360mm,且经第一次改型的支座;GZY400 表示有芯型,且截面形状为圆形,有效直径为 400mm 的支座。

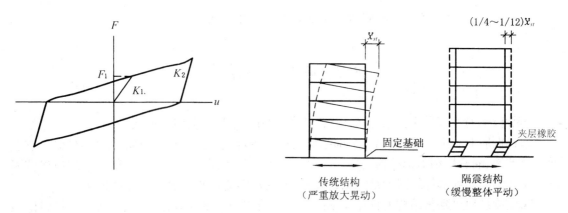

图 8.1 隔震元件的荷载—位移曲线   图 8.2 传统抗震结构与隔震结构的反应对比

对应不同的使用要求,橡胶隔震支座可以有不同的叠层结构、尺寸、制造工艺和配方设计,但应满足所需要的竖向承载力、竖向和水平刚度、水平变形能力、阻尼比等性能要求,并应具有不少于 60 年的设计工作寿命。

(2)橡胶隔震支座的基本形态要求

橡胶隔震支座的形状系数是确保其承载能力和变形能力的重要几何参数。

①第一形状系数 S_1:橡胶隔震支座中每层橡胶层的有效承压面积与其自由表面积之比。

$$S_1 = (d - d_0)/4t_r \tag{8.1}$$

要求:
$$S_1 \geqslant 15 \tag{8.2}$$

当满足式(8.2)时,橡胶隔震支座的极限受压强度可达 100 ~ 120MPa,如设计受压强度为 15MPa,则其受压承载力的安全系数可达 6.7 ~ 8.0,使隔震建筑物具有足够大的安全储备。

②第二形状系数 S_2:橡胶隔震支座有效承压体的直径与橡胶总厚度之比。

$$S_2 = d/nt_r \tag{8.3}$$

要求:
$$S_2 \geqslant 5 \tag{8.4}$$

S_2 表征橡胶隔震支座承压体的宽高比,反映了其受压时的稳定性,即 S_2 越大,橡胶隔震支座越粗矮,其受压稳定性越好,受压失稳临界荷载就越大,但 S_2 越大,橡胶隔震支座的水平刚度也越大,水平极限变形能力将越小。因此,S_2 既不能太小,也不能太大。

式中 d、d_0——分别为隔震支座的有效直径和中央开孔直径;

t_r——单层橡胶厚度;

n——橡胶层数。

(3)橡胶隔震支座应具有由试验确定的以下参数

①设计竖向荷载(10、12 或 15MPa)时的竖向刚度和竖向变位。

②竖向保持设计荷载、剪切变形为 50% 时,在水平加载频率 0.3Hz 下的水平刚度和等效粘滞阻尼比。

③竖向保持设计荷载、剪切变形为 100% 时,在水平加载频率 0.2Hz 下的水平刚度和等效粘滞阻尼比。

④竖向保持设计荷载、剪切变形为 250% 时,在水平加载频率 0.1Hz 下的水平刚度和等效粘滞阻尼比。

⑤设计竖向荷载时的极限水平变位;应大于 $0.55d$ 和 $3nt_r$。

⑥长期使用条件下,刚度、阻尼特性变化不超过初期值的 $\pm 20\%$;徐变量不超过 $0.05nt_r$,且小于 10.0mm。

注:设计竖向荷载指表 8.1 规定确定的平均压应力限值。

表 8.1　橡胶隔震支座平均压应力限值

建筑类别	甲类建筑	乙类建筑	丙、丁类建筑
平均压应力/MPa	10	12	15

注:a. 对需验算倾覆的结构,平均压应力设计值应包括水平地震作用效应;

　　b. 对需进行竖向地震作用计算的结构。平均压应力设计值应包括竖向地震作用效应;

　　c. 当橡胶支座的第二形状系数小于 5.0 时,应降低平均压应力限值;直径小于 300mm 的支座,其平

　　　均压应力限值对丙类建筑为 12MPa。

表 8.2 是某厂生产的部分橡胶隔震支座的主要力学性能。

表 8.2　隔震支座主要力学性能

型号	设计面压 /MPa	设计承载力 /kN	等效水平刚度 /kN·mm			等效阻尼比			竖向刚度 /kN·mm	允许水平位移 /mm
			$\gamma = 50\%$	$\gamma = 100\%$	$\gamma = 250\%$	$\gamma = 50\%$	$\gamma = 100\%$	$\gamma = 250\%$		
GZP 300	10	600	0.42 ~ 0.51	0.39 ~ 0.48	0.37 ~ 0.45	0.05 ~ 0.06	0.04 ~ 0.05	0.036 ~ 0.044	720 ~ 900	165
GZP 400	10	1200	0.62 ~ 0.76	0.58 ~ 0.70	0.54 ~ 0.66	0.05 ~ 0.06	0.04 ~ 0.05	0.036 ~ 0.044	1090 ~ 1350	220
GZP 500	12	2 200	0.72 ~ 0.88	0.67 ~ 0.82	0.63 ~ 0.77	0.05 ~ 0.06	0.04 ~ 0.05	0.036 ~ 0.044	1240 ~ 1520	275
GZY 300	12	800	1.24 ~ 1.51	0.83 ~ 1.01	0.55 ~ 0.68	0.28 ~ 0.34	0.25 ~ 0.30	0.17 ~ 0.21	990 ~ 1230	165
GZY 400	12	1 400	1.86 ~ 2.27	1.24 ~ 1.52	0.83 ~ 1.02	0.26 ~ 0.32	0.27 ~ 0.33	0.21 ~ 0.25	1 520 ~ 1 860	220
GZY 500	15	2 800	2.15 ~ 2.63	1.44 ~ 1.76	0.97 ~ 1.18	0.27 ~ 0.33	0.27 ~ 0.33	0.20 ~ 0.25	1 710 ~ 2 110	275

(4)隔震层中单独设置的阻尼器,应具有由试验确定的下列参数

①第一刚度、屈服剪力或屈服位移和第二刚度;

②等效粘滞阻尼比;

③极限水平变形。

橡胶隔震支座、阻尼器使用前,应对上述规定的性能参数进行抽样检测。试样应为工程中所用的各种类型和规格的原型构件,且每种类型和每一规格的数量不应少于 3 个。抽样检测的合格率应为 100% 。

8.2.2　建筑隔震体系设计的一般规定

(1)隔震结构体系的适用范围

隔震结构体系可用于:

①医院、银行、保险、通讯、警察、消防、电力等重要建筑；

②首脑机关、指挥中心以及放置贵重设备、物品的房屋；

③图书馆和纪念性建筑；

④一般工业与民用建筑。

隔震结构体系除了首脑机关、医院等震时不能中断使用的建筑外，一般建筑应根据建筑抗震设防类别、设防烈度、场地条件、建筑结构方案和建筑使用要求，对结构体系进行技术、经济可行性的综合对比分析，并按规定权限批准后采用。

建筑结构采用隔震方案，应符合下列各项要求：

①不隔震时，结构基本周期小于1.0s的多层砌体房屋、钢筋混凝土框架房屋等。

一般来讲，隔震对低层和多层建筑比较适合。当不隔震时基本周期小于1.0s的建筑结构效果最佳，而对高层建筑则效果不大。

②建筑结构的体型基本规则，且抗震计算可采用第三章第八节所述的底部剪力法。

③建筑场地宜为Ⅰ、Ⅱ、Ⅲ类，并应选用刚性较好的基础类型。

④风荷载和其他非地震作用的水平荷载不宜超过结构总重力的10%。

上述2、3条是根据剪切型结构和橡胶隔震支座抗拉性能差的特点，并限制非地震作用的水平荷载，以利于结构的整体稳定性。

国内外对隔震工程的考察发现，硬土场地比较适合于隔震建筑，而软弱场地滤掉了地震波中的中高频分量，延长结构的周期将增大结构的地震反应而不是减小其地震反应。Ⅰ、Ⅱ、Ⅲ类场地的反应谱周期均较小，都可建造隔震建筑。

⑤体型复杂或有特殊要求的结构采用隔震方案，尚应通过模型试验后确定。

(2)隔震层的设置

隔震层宜设置在结构第一层以下的部位(亦即基础隔震)。当位于第一层及以上时，隔震体系的特点与普通隔震结构有较大差异，隔震层以下结构的计算也更复杂，需做专门研究。

隔震层在罕遇地震下应保持稳定，且不宜出现不可恢复的变形。

橡胶隔震支座和隔震层的其他部件还应根据隔震层所在位置的耐火等级，采取相应的防火措施。

(3)隔震结构体系上部结构的地震作用和抗震措施

隔震建筑隔震层以上结构的地震作用和抗震措施，应符合下列要求：

①地震作用计算时，水平地震影响系数的最大值可取相应设防烈度的水平地震影响系数最大值与本节三(二)中所述水平向减震系数的乘积。但竖向地震影响系数最大值不应降低。

目前的橡胶隔震支座只具有隔离水平地震的功能，对竖向地震没有隔震效果，隔震后结构的竖向地震作用可能会大于水平地震作用，应予以重视。

②抗震措施，丙类建筑可根据水平向减震系数相应降低有关对设防烈度的部分要求，并应计及竖向地震作用不减少，保留设防烈度的部分要求。

8.2.3　隔震建筑设计计算要点

(1)初步选择橡胶隔震支座型号

依据橡胶隔震支座平均压应力限值(表8.1)，按照在永久荷载和可变荷载作用下组合的竖向压力设计值，并根据结构的位移要求，初步选择橡胶隔震支座型号。

(2)确定水平向减震系数和水平向换算烈度

结构的层间剪力代表了水平地震作用取值及其分布,可用来识别结构的水平向换算烈度。

隔震层以上结构的水平地震作用,沿高度可采用矩形分布;确定其水平地震作用的水平向减震系数应按照下列规定。

1)一般情况

一般情况下,水平向减震系数应通过结构隔震与非隔震两种情况下各层最大层间剪力的分析对比,按下列要求确定:

①层间剪力的对比分析,宜采用多遇地震作用下的时程分析;

②当结构隔震后各层最大层间剪力与非隔震对应层最大层间剪力的比值不大于表 8.3 中各栏的数值时,可按表 8.3 确定水平向减震系数。

表 8.3　确定水平向减震系数的比值划分

层间剪力比值	0.53	0.35	0.26	0.13
水平向减震系数	0.75	0.5	0.38	0.25

水平向减震系数为 0.75、0.5、0.38 和 0.25 分别对应于降低水平向烈度 0.5、1、1.5 和 2 度。

采用时程分析法计算隔震和非隔震结构时,应符合下列要求:

①计算简图(图 8.3)可采用剪切型结构模型;当上部结构体型复杂时,应计入扭转变形的影响。

②输入地震波的反应谱特性和数量,应符合:按建筑场地和所处地震动特征周期分区选用不少于二条的实际强震记录和一条人工模拟的加速度时程曲线,其平均地震影响系数曲线应与振型分解反应谱法所采用的地震影响系数曲线在统计意义上相符,最大加速度峰值按规范采用。

③计算结果宜取其平均值;当处于发震断层 10km 以内时,若输入地震波未考虑近场影响,计算结果尚应乘以近场影响系数:5km 以内取 1.5,5km 以外取 1.25。

隔震层的水平动刚度和等效粘滞阻尼比可按下列公式计算:

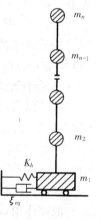

$$K_h = \sum K_j \tag{8.5}$$

$$\xi_{eq} = \sum K_j \xi_j / K_h \tag{8.6}$$

图 8.3　隔震结构
计算简图

式中　ξ_{eq}——隔震层等效粘滞阻尼比;

　　　K_h——隔震层水平动刚度;

　　　ξ_j——隔震支座的等效粘滞阻尼比;

　　　K_j——j 隔震支座的水平动刚度。

K_j、ξ_j 的取值,应按下列要求确定:验算多遇地震时,宜采用隔震支座剪切变形为 50% 时的水平动刚度和等效粘滞阻尼比。验算罕遇地震时,对直径小于 600mm 的隔震支座,宜采用隔震支座剪切变形不小于 250% 时的水平动刚度和等效粘滞阻尼比;对直径不小于 600mm 的隔震支座,可采用隔震支座剪切变形为 100% 时的水平动刚度和等效粘滞阻尼比。

2)砌体结构及与其基本周期相当的结构

①砌体结构

砌体结构的水平向减震系数,宜根据隔震后整个体系的基本周期,按下式确定:

$$\Psi = \sqrt{2}\,\eta_2\,(T_m/T_1)^\gamma \tag{8.7}$$

式中　Ψ——水平向减震系数;

　　　η_2——地震影响系数的阻尼调整系数;

　　　γ——地震影响系数的曲线下降段衰减指数;

　　　T_m——砌体结构采用隔震方案时的特征周期,当小于 0.4s 时应按 0.4s 采用;

　　　T_1——隔震后体系的基本周期,不应大于 2.0s 和 5 倍特征周期的较大值。

②与砌体结构周期相当的结构

与砌体结构周期相当的结构,其水平向减震系数宜根据隔震后整个体系的基本周期,按下式确定:

$$\Psi = \sqrt{2}\,\eta_2\,(T_g/T_1)^\gamma\,(T_0/T_g)^{0.9} \tag{8.8}$$

式中　T_0——非隔震结构的计算周期,当小于特征周期时应采用特征周期的数值;

　　　T_1——隔震后体系的基本周期,不应大于 5 倍特征周期;

　　　T_g——特征周期。

砌体结构及与其基本周期相当的结构,隔震后体系的基本周期可按下式计算:

$$T_1 = 2\pi\sqrt{G/K_h g} \tag{8.9}$$

式中　G——隔震层以上结构的重力荷载代表值;

　　　g——重力加速度。

水平向减震系数不宜低于 0.25,且隔震后结构的总水平地震作用不宜低于非隔震结构在 6 度设防时的总水平地震作用。

(3)竖向地震作用的计算

考虑到隔震层不能隔离结构的竖向地震作用,隔震结构的竖向地震作用可能大于水平地震作用,因此,竖向地震的影响不可忽略,故规范要求:

9 度时和 8 度时水平向减震系数为 0.25,隔震层以上的结构应进行竖向地震作用的计算; 8 度时水平向减震系数不大于 0.5,宜进行竖向地震作用的计算。

对砌体结构,当墙体截面抗震验算时,其砌体抗震抗剪强度的正应力影响系数,宜按减去竖向地震作用效应后的平均压应力取值。

(4)验算隔震支座在罕遇地震作用下的水平位移

隔震支座在罕遇地震作用下的水平位移,应符合下列规定:

$$u_i \leqslant [u_i] \tag{8.10}$$

$$u_i = \beta_i u_c \tag{8.11}$$

式中　u_i——罕遇地震作用下第 i 个隔震支座的水平位移;

　　　$[u_i]$——第 i 个隔震支座的水平位移限值;对橡胶隔震支座,不宜超过该支座橡胶直径的 0.55 倍和支座橡胶总厚度 3.0 倍二者的较小值;

　　　u_c——不计扭转时,隔震层在罕遇地震下的水平位移;

　　　β_i——隔震层扭转影响系数。

1)不计扭转时,隔震层在罕遇地震下的水平位移 u_c 的计算

罕遇地震下的水平位移宜采用时程分析法计算,对砌体结构及与其基本周期相当的结构,隔震层质心处在罕遇地震下的水平位移可按下式计算:

$$u_c = \lambda_s \alpha_1(\xi_{eq}) G / K_h \tag{8.12}$$

式中 λ_s——近场系数;甲、乙类建筑距发震断层 5km 以内取 1.5;5~10km 取 1.25;10km 以远取 1.0;丙类建筑取 1.0;

$\alpha_1(\xi_{eq})$——罕遇地震下的地震影响系数值,可根据隔震层参数,按第三章规定采用。

K_h——罕遇地震下隔震层的水平动刚度。

2)隔震层扭转影响系数 β_i 的计算(图 8.4)

隔震层扭转影响系数,应取考虑扭转和不考虑扭转时 i 支座计算位移的比值。当隔震支座的平面布置为矩形或接近于矩形时,可按下列方法确定:

①当隔震层以上结构的质心与隔震层刚度中心在两个主轴方向均无偏心时,边支座的扭转影响系数不宜小于 1.15;

②仅考虑单向地震作用的扭转时,可按下列公式估计:

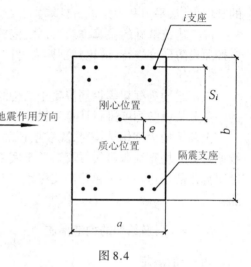

图 8.4

$$\beta_i = 1 + 12es_i / (a^2 + b^2) \tag{8.13}$$

式中 e——隔震层以下结构质心与隔震层刚度中心在垂直于地震作用方向的偏心距;

s_i——第 i 个隔震支座与隔震层刚度中心在垂直于地震作用方向的距离;

a、b——隔震层平面的两个边长。

对边支座,其扭转影响系数不宜小于 1.15;当隔震层和上部结构采取有效的抗扭措施后或扭转周期小于平动周期的 70% 时,扭转影响系数可取 1.15。

③同时考虑双向地震作用,可仍按式(8.13)计算,但其中的偏心距应采用下列公式中的较大值替代:

$$e = \sqrt{e_x^2 + (0.85e_y)^2} \tag{8.14}$$

$$e = \sqrt{e_y^2 + (0.85e_x)^2} \tag{8.15}$$

式中 e_x——仅考虑 x 方向地震作用的扭转影响系数;

e_y——仅考虑 y 方向地震作用的扭转影响系数。

对边支座,其扭转影响系数不宜小于 1.2。

(5)其他计算

1)隔震支座的水平剪力

隔震支座的水平剪力应根据隔震层在罕遇地震下的水平剪力按各隔震支座的水平刚度分配;当考虑扭转时,尚应计及隔震支座的扭转刚度。

隔震层在罕遇地震下的水平剪力宜采用时程分析法汁算。对砌体结构及与其基本周期相当的结构,可按下式计算:

$$V_c = \lambda_s \alpha_1 (\xi_{eq}) G \tag{8.16}$$

式中 V_c——隔震层在罕遇地震下的水平剪力。

2)隔震层以下结构的计算

隔震层以下结构(包括地下室)的地震作用和抗震验算,应采用罕遇地震下隔震支座底部的竖向力、水平力和力矩进行计算。

隔震建筑基础的验算,应符合《规范》有关基础验算的规定。基础抗震验算和地基处理仍应按原设防烈度进行,液化判别要求可按提高一度确定。

3)其他

上部结构为框架等钢筋混凝土结构时,隔震层顶部的纵、横梁和楼板体系应作为上部结构的一部分按设防烈度进行计算和设计。

上部结构为砌体结构时,隔震层顶部各纵、横梁均可按受均布荷载的单跨简支梁或多跨连续梁计算。均布荷载可按《规范》关于底部框架砖房的钢筋混凝土托墙梁的规定取值;当按连续梁算出的正弯矩小于单跨简支梁跨中弯矩的 0.8 倍时,应按 0.8 倍单跨简支梁跨中弯矩配筋。

8.2.4 隔震结构的构造措施

(1)一般规定

1)隔震层应由隔震支座、阻尼器和为地基微震动与风荷载提供初刚度的部件组成,阻尼器可与隔震支座合为一体,亦可单独设置。必要时,宜设置防风锁定装置。

2)隔震层顶部应设置梁板体系,且应符合下列要求:

①应采用现浇或装配整体式钢筋混凝土板。当采用装配整体式钢筋混凝土板时,现浇面层厚度不应小于 50mm,且应双向配置 6~8mm、间距 150~250mm 的钢筋网;隔震支座上方的纵、横梁应采用现浇钢筋混凝土结构。

②隔震层顶部梁板体系的刚度和承载力,宜大于一般楼面的梁板刚度和承载力;上部结构为砌体结构时,纵、横梁的构造均应符合《规范》关于底部框架砖房的钢筋混凝土托墙梁的要求;上部结构为框架等钢筋混凝土结构时,应符合《规范》关于框支层的有关要求;抗震墙下隔震支座的间距不宜大于 1.5m,支座封板与连接钢板间宜采用螺栓连接。

③隔震支座附近的梁、柱应考虑冲切和局部承压,加密箍筋并根据需要配置网状钢筋。

3)隔震建筑应采取不阻碍隔震层在罕遇地震下发生大变形的下列措施:

①上部结构的周边应设置防震缝,缝宽不宜小于各隔震支座在罕遇地震下的最大水平位移值的 1.2 倍。

②上部结构(包括与其相连的任何构件)与地面(包括地下室和与其相连的构件)之间,宜设置明确的水平隔离缝;当设置水平隔离缝确有困难时,应设置可靠的水平滑移垫层。

③在走廊、楼梯、电梯等部位,应无任何障碍物。

(2)隔震后砌体结构的构造措施

隔震后砌体结构的构造措施应符合下列要求:

①承重外墙尽端至门窗洞边的最小距离及圈梁的截面和配筋构造,仍应符合《规范》对原

设防烈度的规定。

②多层砖房钢筋混凝土构造柱的设置,水平向减震系数为 0.75 时,仍应符合《规范》对原设防烈度的规定;7~9度、水平向减震系数为 0.5 和 0.38 时,应符合表 8.4 的规定;水平向减震系数为 0.25 时,宜符合原设防烈度降低一度的规定。

③混凝土小型空心砌块房屋芯柱的设置,水平向减震系数为 0.75 时,仍应符合《规范》对原设防烈度的规定;7~9度,当水平向减震系数为 0.5 和 0.38 时,应符合表 8.5 的规定;当水平向减震系数为 0.25 时,宜符合原设防烈度降低一度的规定。

表 8.4　隔震后砖房构造柱设置要求

房屋层数			设　置　部　位	
7 度	8 度	9 度		
三、四	二、三		楼、电梯间四角,外墙四角,错层部位横墙与外纵墙交接处,较大洞口两侧,大房间内外墙交接处。	每隔 15m 或单元横墙与外墙交接处
五	四	二		每隔三开间的横墙与外墙交接处
六、七	五	三、四		隔开间横墙(轴线)与外墙交接处,山墙与内纵墙交接处;9 度四层,外纵墙与内墙(轴线)交接处
八	六、七	五		内墙(轴线)与外墙交接处,内墙局部较小墙垛处;8 度七层,内纵与隔开间横墙交接处;9 度时内纵墙与横墙(轴线)交接处

④其他构造措施,水平向减震系数为 0.75 时,仍按《规范》对原设防烈度的相应规定采用;7~9度,水平向减震系数为 0.5 和 0.38 时,可按降低一度的相应规定采用;水平向减震系数为 0.25 时,可按降低二度且不低于 6 度的相应规定采用。

(3)隔震后钢筋混凝土结构的构造措施

隔震层上部的钢筋混凝土结构,水平向减震系数为 0.75 时抗震等级仍按《规范》对原设防烈度的相应规定划分;水平向减震系数不大于 0.5 时,抗震等级宜按表 8.6 划分。各抗震等级的计算和构造措施要求,仍按相应规定采用。

表 8.5　隔震后混凝土小型空心砌块房屋芯柱设置要求

房　屋　层　数			设置部位	设置数量
7 度	8 度	9 度		
三、四	二、三		外墙转角,楼梯间四角,大房间内外墙交接处;每隔 16m 或单元横墙与外墙交接处	外墙转角,灌实 3 个孔内外墙交接处,灌实 4 个孔
五	四	二	外墙转角,楼梯间四角,大房间内外墙交接处,山墙与内纵墙交接处,隔三开间横墙(轴线)与外纵墙交接处	
六	五	三	外墙转角,楼梯间四角,大房间内外墙交接处;隔开间横墙(轴线)与外纵墙交接处,山墙与内纵墙交接处;8、9 时,外纵墙与横墙(轴线)交接处,大洞口两侧	外墙转角,灌实 5 个孔内外墙交接处,灌实 4 个孔洞口两侧各灌实 1 个孔
七	六	四	外墙转角,楼梯间四角,各内墙(轴线)与外纵墙交接处;内纵墙与横墙(轴线)交接处;8、9 时,洞口两侧。	外墙转角,灌实 7 个孔内外墙交接处,灌实 4 个孔内墙交接处,灌实 4~5 个孔洞口两侧各灌实 1 个孔

表 8.6 隔震后现浇钢筋混凝土结构的抗震等级

结构类型		7 度		8 度		9 度	
框架	高度(l)	< 20	> 20	< 20	> 20	< 15	> 15
	一般框架	四	三	三	二	二	一
抗震墙	高度(M)	< 25	> 25	< 25	> 25	< 20	> 20
	一般抗震墙	四	三	三	二	二	一

(4)其他构造

1)隔震支座和阻尼器的连接构造,应符合下列要求

①多层砌体房屋的隔震层位于地下室顶部时,隔震支座不宜直接放置在砌体墙上,并应验算砌体的局部承压。

②隔震支座和阻尼器应安装在便于维护人员接近的部位。

③隔震支座与上部结构、基础结构之间的连接件,应能传递支座的最大水平剪力。

④外露的预埋件应有可靠的防锈措施。预埋件的锚固钢筋应与钢板牢固连接,锚固钢筋的锚固长度宜大于 20 倍锚固钢筋直径,且不应小于 250mm。

2)隔震支座的连接定位,宜符合下列规定

①支座底部的中心,标高偏差不大于 5mm,平面位置的偏差不大于 3mm。

②单个支座的倾斜度不大于 1/300。

3)隔震建筑施工期间可设置必要的临时支撑或连接,避免隔震层发生水平位移。

8.2.5 隔震建筑地震考验实例

1995 年 1 月 17 日日本阪神大地震,震级 7.2,造成 5 400 多人死亡,几十万人受伤,直接经济损失约 1 000 亿美元。在地震区,5 万多幢房屋倒塌,多数房屋遭到不同程度的破坏。但是,在地震区两幢采用叠层橡胶垫隔震的房屋,不仅房屋结构完好,并且其内部装饰、设备、仪器及一切装备丝毫无损,地震过程中及震后,工作运转一切照常。这两幢隔震房屋是日本西部邮政大楼和松村研究所研究楼。

日本西部邮政大楼为地下一层、地上六层的型钢劲性钢筋混凝土结构,建筑面积 46 000m²,布置叠层橡胶垫共 120 个,是当时日本最大的叠层橡胶垫隔震建筑。该隔震建筑物与某传统抗震房屋的地震记录对比如表 8.7 所示。

表 8.7 日本西部邮政隔震楼与传统抗震楼地震加速度记录对比

地震动方向	地下室基础最大加速度	西部邮政隔震楼最大加速度 $\ddot{x}_s/g$		传统抗震房屋最大加速度 $\ddot{x}/g$	$\ddot{x}_s/\ddot{x}$
		第一层	第六层	顶层	顶层
东 – 西	0.300	0.106	0.103	0.677	0.15
南 – 北	0.263	0.057	0.075	0.965	0.07
垂直	0.213	0.193	0.377	0.368	1.02

①叠层橡胶垫隔震大楼对水平地震作用的隔震效果非常明显,水平加速度反应,隔震大楼

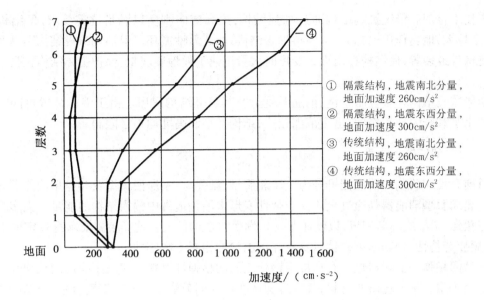

图 8.5 日本阪神大地震中西部邮政隔震楼与传统抗震楼的振型图

① 隔震结构,地震南北分量,地面加速度 260cm/s²
② 隔震结构,地震东西分量,地面加速度 300cm/s²
③ 传统结构,地震南北分量,地面加速度 260cm/s²
④ 传统结构,地震东西分量,地面加速度 300cm/s²

只相当于传统抗震房屋的 0.07 ~ 0.15(即 1/14 ~ 1/6)。

②隔震大楼与传统抗震房屋一样,对垂直地震作用无明显隔震效果。

③隔震大楼的振型:传统抗震房屋的基本振型是下小上大的"放大型",而隔震大楼的振型是单一的"整体平动型"。

8.3 消能减震结构

消能减震建筑是在建筑抗侧力结构中加入了吸能与消能装置,以消耗输入结构的地震能量,达到预期的防震要求。地震输入到建筑物的能量一部分被消能部件所消耗,一部分由结构的动能和变形能承担。

消能减震结构体系与传统抗震结构体系相比具有下述优越性:

①安全。传统抗震结构体系实质上是把结构本身及主要承重构件作为"消能"构件。按照传统抗震设计方法,容许结构本身及构件在地震中出现不同程度的损坏。由于地震烈度的随机性和结构实际抗震能力设计计算的误差,结构在地震中的损坏程度难以控制;特别是出现超烈度地震时,结构难以确保安全。而消能减震结构体系由于特别设置了非承重的消能构件或消能装置,它们具有极大的消能能力,在强地震中能率先消耗结构的地震能量,迅速衰减结构的地震反应,并保护主体结构和构件免遭损坏,确保结构在强震中的安全。消能减震结构与传统抗震结构相比,其地震反应约可降低 40% ~ 60% 。

②经济。传统抗震结构采用"硬抗"地震的途径,通过加强结构、加大构件断面、加大配筋等来提高抗震性能,因此传统抗震结构的造价大大提高。而消能减震结构是通过"柔性消能"的途径以减少结构地震反应,因而可以减少剪力墙的设置、减小构造断面、减少配筋,而其耐震安全度反而提高。因此,采用消能减震结构体系相对于采用传统抗震结构体系,可节约结构造价 5% ~ 10% 。

③技术合理。传统抗震结构通过加强结构,提高侧向刚度以满足抗震要求,但结构越加强,刚度越大,地震作用也越大,只能再加强结构,如此恶性循环。但消能减震结构则是通过设置消能构件或装置,使结构在出现大变形时大量迅速消耗地震能量,保护主体结构在强震中的安全。

消能减震结构体系宜用于钢、钢筋混凝土及其组合结构房屋。由于消能装置可同时减少结构的水平和竖向地震作用,适用范围较广,结构类型和高度均不必限制。

8.3.1　消能器的类型

目前开发和研制的消能器可分为金属屈服型、粘弹型、粘滞液体型及摩擦型消能器等。

金属屈服型消能器是通过金属的非弹性变形来消耗地震中输入结构的能量。大多数装置使用三角形、X形或环形钢板,以便屈服均匀发生在全构件上。这类装置要求有稳定的滞回性能、低周疲劳特性、长期的可靠性以及对环境温度的相对不敏感性。

典型的粘弹型消能器包含有粘接于钢板之间的粘弹性材料。建筑中应用的粘弹性材料通常是异分子聚合物或玻璃质材料,其通过剪切变形可消散能量。安置于建筑中,当结构振动引起外凸缘板与中心钢板相对移动时,就发生了剪切变形及相应的耗能。粘弹型消能器通过上下连接钢板装设于建筑物的支撑构件或联结缝中,构成消能支撑或消能联结。

粘滞液体型消能器大量地应用在航天及军事防御系统中。近年来,粘滞液体阻尼器在土木工程抗震应用方面取得了许多进展。

摩擦型消能器利用了固体摩擦机理,即两固体发生相对移动时就可提供要求的耗能。

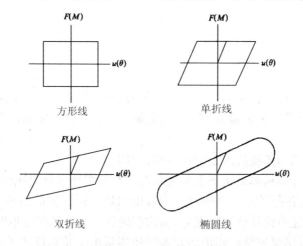

图 8.6　消能装置的力(弯矩)与位移(转角)关系曲线

依据其特性,可分为位移相关型、速度相关型和其他类型。其中,金属屈服型和摩擦型属于位移相关型,当位移达到预定的起动限才能发挥消能作用,有些摩擦型消能器的性能有时不够稳定。而粘弹型和粘滞液体型消能器属于速度相关型。

消能器的性能主要通过恢复力模型表示,应通过试验确定。

消能装置的力(弯矩)与位移(转角)关系曲线(图8.6)所包络的面积越大,消能的能力也越大,消能减震效果越显著。

消能器应具有由试验确定的下列参数:

①速度相关型消能器应具有设计容许位移、极限位移,以及设计容许位移幅值和不同环境温度条件下、加载频率为 0.1 ~ 4Hz 的滞回模型及其参数。

②位移相关型消能器应具有由往复静力加载确定的恢复力滞回模型及其参数、设计容许位移和极限位移。

③在最大允许位移幅值下,按允许的往复周期循环 60 圈后,消能器的主要性能衰减量不应超过 10% ,且不应有明显的低周疲劳现象。

速度线性相关型消能器与斜撑、填充墙或梁等支承构件组成消能部件时,该支承构件在消能器消能方向的刚度应符合下式要求:

$$K_p \geqslant (6\pi / T_1) C_v \tag{8.17}$$

式中 K_p——消能部件在消能器方向的刚度;

C_v——消能器的线性阻尼系数;

T_1——消能减震结构的基本自振周期。

位移相关型消能器与斜撑、填充墙或梁等支承构件组成消能部件时,该部件的滞回模型参数宜符合下列要求:

$$K_p / K_s \leqslant 2 \tag{8.18}$$

$$\Delta u_{py} / \Delta u_{sy} \leqslant 2/3 \tag{8.19}$$

$$(K_p / K_s)(\Delta u_{py} / \Delta u_{sy}) \geqslant 0.8 \tag{8.20}$$

式中 K_p——消能部件在水平方向的初始刚度;

Δu_{py}——消能部件的屈服位移;

K_s——设置消能部件的结构层间刚度;

Δu_{sy}——设置消能部件的结构层间屈服位移。

消能器使用前,应对上述规定的性能参数进行抽样检测。试样应为工程中所用的各种类型和规格的原型构件,且每种类型和每一规格的数量不应少于 3 个。抽样检测的合格率应为100% 。

8.3.2 消能减震结构的分析与设计

消能减震结构应根据罕遇地震下的预期结构地震位移控制要求,设置适当的消能部件,从而使主体结构在罕遇地震作用下不发生严重破坏。其设计需要解决的问题是:消能器和消能部件的选型、消能部件在结构中的分布与数量、消能器附加给结构的阻尼比估算、消能减震体系在罕遇地震下的位移计算,以及消能部件与主体结构的连接构造等。

消能部件可由消能器及斜撑、填充墙、梁或节点等组成。

消能减震房屋中的消能部件应沿结构的两个主轴方向分别设置。消能部件宜设置在层间变形较大的位置,其数量和分布应通过分析确定。

消能减震房屋的抗震计算分析,可采用下列方法:

①一般情况下,宜采用静力非线性分析或非线性时程分析方法。

②当主体结构基本处于弹性工作阶段时,可采用线性分析方法作简化估算,并根据结构的变形特征和高度等,分别采用底部剪力法、振型分解反应谱法和时程分析法。

③消能减震结构的总刚度应为结构刚度和消能部件有效刚度的总和。

④消能减震结构的总阻尼比应为结构阻尼比和消能部件附加给结构的有效阻尼比的总和。

⑤消能部件的有效刚度和有效阻尼比,应通过试验确定。

对消能减震房屋进行抗震计算分析,需要确定消能部件附加给结构的有效阻尼比和有效刚度。对非线性时程分析法,宜采用消能部件的恢复力模型计算;对静力非线性分析法,可采用下述方法确定。

①消能部件附加的有效阻尼比可按下式估算:

$$\xi_a = W_c / (4\pi W_s) \tag{8.21}$$

式中 ξ_a——消能减震结构的附加阻尼比;

W_c——所有消能部件在结构预期位移下所消耗的能量;

W_s——设置消能部件的结构在预期位移下的总应变能。

②不考虑扭转影响时,消能减震结构在其水平地震作用下的总应变能,可按下式估算:

$$W_s = \frac{1}{2} \sum F_i u_i \tag{8.22}$$

式中 F_i——质点 i 的水平地震作用标准值;

u_i——质点 i 对应于水平地震作用标准值的位移。

③速度线性相关型消能器在水平地震作用下所消耗的能量,可按下式估算:

$$W_c = (2\pi^2 / T_1) \sum C_j \cos^2 \theta_j \Delta u_j^2 \tag{8.23}$$

式中 T_1——消能减震结构的基本自振周期;

C_j——第 j 个消能器的线性阻尼系数;

θ_j——第 j 个消能器的消能方向与水平面的夹角;

Δu_j——第 j 个消能器两端的相对水平位移。

当消能器的阻尼系数和有效刚度与结构振动周期有关时,可取相应于消能减震结构基本自振周期的值。

④位移相关型、速度非线性相关型和其他类型消能器在水平地震作用下所消耗的能量,可按下式估算:

$$W_c = \sum A_j \tag{8.24}$$

式中 A_j——第 j 个消能器的恢复力滞回环在相对水平位移 Δu_j 时的面积。

消能器的有效刚度可取消能器的恢复力滞回环在相对水平位移 Δu_j 时的割线刚度。

⑤消能部件附加给结构的有效阻尼比宜大于 10%,超过 20% 时宜按 20% 计算。

消能器与斜撑、填充墙、梁或节点的连接,应符合钢构件连接或钢与钢筋混凝土构件连接的构造要求,并能承担消能器施加给连接节点的最大作用力。

消能器和连接构件应具有耐久性能和较好的易维护性。

本章小结   结构控制是通过调整或改变结构动力参数的途径,来衰减结构的振动反应,从而有效地保护结构及其内部设施、人员在强震中的安全,或在其他外干扰力作用下使结构满足更高的减震要求,这是防震减灾积极有效的对策。本章对新《规范》中列入的橡胶隔震支座基础隔震体系和消能减震体系做了概略性的介绍。

对橡胶隔震支座基础隔震体系,《规范》要求:隔震层宜设置在结构第一层以下的部位。基础隔震结构设计的主要技术环节包括:

①隔震支座初步选型与布置

②结构动力参数计算

③时程动力反应分析

a.多遇地震:自振周期、隔震前后的结构响应(层间剪力、位移等)。

b.罕遇地震:隔震层中心位移、抗倾覆验算,隔震支座考虑扭转最大位移计算。

④按规范确定换算烈度

⑤隔震结构设计

a.上部结构:按等效换算烈度设计。

b.隔震层以下结构:按罕遇地震作用下隔震支座底部的竖向力、水平力和力矩进行计算。

⑥隔震构造设计

对消能减震结构,介绍了消能器的类型及消能减震结构的分析与设计要点。

思　考　题

1. 简述结构控制的概念及其要解决的主要问题。

2. 为达到明显的减震效果,隔震元件必须具有哪些基本特性?

3. 建筑结构采用隔震方案,应符合哪些要求?

4. 简述隔震建筑的设计计算要点。

5. 消能减震结构与传统抗震结构相比,有哪些优越性?

参 考 文 献

[1] 上海科学技术情报研究所编. 国外桥梁抗震译文集. 上海:上海科学技术文献出版社,1980

[2] 中国石油化工总公司抗震办公室编译. 地震的教训—1989年美国洛马·普里埃塔地震. 北京:地震出版社,1990

[3] 日本土木学会. 阪神大震灾震害调查,1995年2月

[4] 中国科学院工程力学研究所编. 海城地震震害,北京:地震出版社,1979

[5] 刘恢先主编. 唐山大地震震害(三). 北京:地震出版社,1986

[6] 黄龙生. 桥梁震害规律及防灾探索. 工程抗震,No.1,1988

[7] 何度心. 桥梁振动研究. 北京:地震出版社,1989

[8] 户次庸夫. 菲律宾地震的灾害. 桥梁と基础,No.12,1990

[9] 川岛一彦. 日本钏路海上地震公路桥遭灾情况及其特征. 桥梁と基础,No.6,1993

[10] 王亚勇等. 澜沧—耿马大地震强震观测报告. 工程抗震,No.2,1989

[11] 李腾雁,马宁,严斌. 日本阪神大地震概要. 工程抗震,No.1,1996

[12] 周炳章. 日本阪神地震的震害及教训. 工程抗震,No.1,1996

[13] 混凝土结构设计规范及条文说明(送审稿),2000

[14] 李宏男. 建筑抗震设计原理. 北京:中国建筑工业出版社,1997

[15] 裘民川,刘大海. 单层厂房抗震设计. 北京:地震出版社,1989

[16] 丰定国,王清敏,钱国芳. 抗震结构设计. 北京:地震出版社,1991

[17] 东南大学编著. 建筑结构抗震设计. 北京:中国建筑工业出版社,1999

[18] 袁锦根. 建筑结构抗震设计. 长沙:湖南科学技术出版社,1995

[19] 郭继武. 建筑抗震设计. 北京:中国建筑工业出版社,1991

[20] 卢存恕等. 建筑抗震设计实例. 北京:中国建筑工业出版社,1999

[21] 吕西林,周德源,李思明. 房屋结构抗震设计理论与实例. 上海:同济大学出版社,1995

[22] 王松涛,曹资. 现代抗震设计方法. 北京:中国建筑工业出版社,1997

[23] 高振世,朱继澄等. 建筑结构抗震设计. 北京:中国建筑工业出版社,1997

[24] 郭继武. 建筑抗震设计. 北京:高等教育出版社,1990

[25] 周福霖. 工程结构减震控制. 北京:地震出版社,1997

[26] 武田寿一主编,纪晓惠,陈良,鄢宁译. 建筑物隔震防振与控振. 北京:中国建筑工业出版社,1997

[27] 唐家祥,刘再华. 建筑结构基础隔震. 武汉:华中理工大学出版社,1993

[28] 李宏男．结构多维抗震理论与设计方法．北京:科学出版社,1998

[29] 刘大海,杨翠如,钟锡根．高层建筑抗震设计．北京:中国建筑工业出版社,1993

[30] 吴波,李惠．建筑结构被动控制的理论与应用．哈尔滨:哈尔滨工业大学出版社,
1997

[31] Y.F.Du, D.Zhang and J.P.Han etc.Numerical Study of Effect of Damping on Non-Classi-
cally DampedIsolated Structures．Advances in Structural Dynamics, Dec., 2000

[32] Du Yong Feng and Han Jian Ping etc.Simplified Analysis of Dynamic Response of Non-Prop-
ortionally Damped 2-DOF Isolated Structures．Journal of Gansu University of Technology, E-4,
2000

[33] 中国地震局兰州地震研究所,宁夏回族自治区地震队．一九二〇年海原大地震．北
京:地震出版社,1980

[34] 朱晞．桥墩抗震计算．北京:中国铁道出版社,1982

[35] (日)伯野元彦主编,李明昭等译．土木工程振动手册．北京:中国铁道出版社,1992

[36] 胡聿贤．地震工程学．北京:地震出版社,1988

[37] 日本建筑学会,日本土木学会．1995年阪神,淡路大震灾スラィド集,丸善株式会
社．日本东京,1995

[38] 曹资等．建筑抗震理论与设计方法．北京:北京工业大学出版社

[39] 中华人民共和国国家标准,铁路工程抗震设计规范(GBJ111—87)．北京:中国计划
出版社,1989

[40] 中华人民共和国交通部标准,公路工程抗震设计规范(JTJ004—89)．北京:人民交通
出版社,1989

[41] 中华人民共和国行业标准,铁路桥梁抗震鉴定与加固技术规范(TB10116—99)．北
京:中国铁道出版社,1999

[42] 中华人民共和国国家标准,建筑抗震设计规范(GBJ11—89)．北京:中国建筑工业出
版社,1989

[43] 中华人民共和国国家标准,建筑抗震设计规范(2000年修订送审稿),2000